建筑工程施工现场专业人员培训教材

房屋建筑工程专业基础知识

（第2版）

主　编　杨庆丰　白丽红　刘凤莲

副主编　李　林　魏　杰　宋贵彩

主　审　张　玲

黄河水利出版社

·郑州·

内 容 提 要

本书是建筑工程施工现场专业人员培训教材的专业基础知识部分，共5章，主要内容有建筑材料、建筑识图与构造、力学与结构、建筑施工与管理和建筑工程法规及相关知识。

本书可作为土建各岗位资格考试的专业基础知识教材，亦可作为高职建筑工程技术、工程造价、工程监理、工程管理等工程管理类和土木工程类专业的教材，也可作为注册建造师等有关技术人员的自学参考书。

图书在版编目(CIP)数据

房屋建筑工程专业基础知识/杨庆丰，白丽红主编.—郑州：黄河水利出版社，2018.2

建筑工程施工现场专业人员培训教材

ISBN 978-7-80734-824-5

Ⅰ.①房…　Ⅱ.①杨…　②白…　Ⅲ.①建筑工程-技术培训-教材　Ⅳ.①TU71

中国版本图书馆 CIP 数据核字(2010)第 084745 号

出 版 社：黄河水利出版社

地址：河南省郑州市顺河路黄委会综合楼14层　　邮政编码：450003

发行单位：黄河水利出版社

发行部电话：0371-66026940、66020550、66028024、66022620(传真)

E-mail：hhslcbs@126.com

承印单位：河南承创印务有限公司

开本：787 mm×1 092 mm　1/16

印张：20.25

字数：492 千字　　印数：1—3 100

版次：2010年5月第1版　　印次：2018年3月第2次印刷

定价：62.00元

序

建设行业从1986年开始,在建设企事业单位实行关键岗位持证上岗制度。这项制度的实施对提高建设行业职工队伍素质、保证建设工程质量、促进安全生产起到了很大作用,因此受到市场的广泛认可。当前新材料、新技术、新工艺、新规范的更新换代越来越快,迫切需要提高从业人员的素质。鉴于这种情况,中国建设教育协会组织制定了《建设行业专业技术管理人员职业资格培训管理办法》,为建设行业、企业提供相关岗位职业水平评价服务,来满足市场经济体制下建设企业对人力资源管理、人才评价社会化服务的需要,并在广泛深入调查研究的基础上,认真分析和总结我国建筑业岗位培训工作及国外建设行业职业标准编制经验,根据住房和城乡建设部建标[2009]88号的要求,结合我国建筑施工现场专业人员人才开发的实践经验,制定了《建筑工程施工现场专业人员职业标准》,并将于2010年8月颁布实施。在这种背景下,为了做好建设行业专业技术管理人员的岗位培训工作,河南省建设教育协会根据培训工作的需要,组织建设行业有关高校和职业技术学院的专家,以及建筑工程施工现场一线专业技术人员,参照最新颁布的新规范、新标准,以岗位所需的知识和能力为主线,精编成《房屋建筑工程专业基础知识》、《装饰装修工程专业基础知识》和相应岗位专业管理实务等11本教材,以满足房屋建筑和装饰装修专业管理人员培训使用。

本系列教材主要用于建设类院校应届毕业生"双证"培训,也适用于建设企事业单位专业技术管理人员上岗前培训,从专业人员职业需要出发,深入工程建设施工实际,力求源于实践,高于实践。内容上强调科学性、先进性和实用性。文字上深入浅出,通俗易懂,使参加培训的管理人员和自学的读者,比较系统地掌握实用性技术,以达到学以致用、学有创新的目的。

由于时间紧和水平有限,书中错误和疏漏在所难免,本套教材还需在教学和实践中不断完善,敬请广大施工管理人员和教师提出宝贵意见,以便不断提高教材的质量。这套教材在编写的过程中,得到了相关建设类高校、职业技术学院和施工企业的大力支持,在此一并表示感谢。

编委会

2010年5月

序

[illegible]

编委会

[illegible]

前　言

房屋建筑工程专业基础知识是一门综合性很强的专业基础课，为增强从业者的职业能力，培养高素质的专门人才，使从业者经过培训可以上岗，本教材的编写力求提高从业者职业技能以适应企业的需求。本教材在教学内容、课程体系和编写风格上着重贯彻了以下几点。

（1）理论与实务有机结合起来，融合穿插编排，建立新的课程体系。以岗位所需知识和能力为主线，保证教材内容的系统性和完整性，注重理论联系实际。

（2）新颖性。全新的体系和全新的编写理念，打破了传统的模式，采用最新的法规政策，内容具有先进性、使用性和适度的超前性，并请企业人员审稿，以努力与当前工程实践相结合。

（3）可操作性强，注重能力的培养。本教材侧重于应用能力的培养，列举了大量工程图例，具有较强的实用性，并且结合能力目标，以必需、够用为原则。

（4）综合性强。本教材的内容包括了建筑材料、建筑识图与构造、力学与结构、建筑施工与管理、建筑工程法规及相关知识，使从业者经过培训后便可以上岗就业。

本教材由李林、白丽红、宋贵彩、魏华洁、魏杰、王莹、杨庆丰、周艳冬、宋宁等多位教师共同编写。在多年使用的基础上 2017 年 9 月由刘凤莲对全书进行修订。全书由杨庆丰、白丽红、刘凤莲任主编，由李林、魏杰、宋贵彩任副主编，由张玲任主审。

在教材编写过程中，参考了许多专家、学者的研究成果，同时注意吸收建筑领域的最新前沿动态，一并作为参考文献附于教材后，在此向这些文献的作者表示感谢。

由于编者水平所限，教材中难免有一些不足和疏漏，敬请广大读者批评指正。

编　者

2018 年 2 月

目　录

第一章　建筑材料

建筑材料是用于建筑工程的一切材料及其制品的总称。它是从事工程建设的基本物质要素，其发展决定了建筑设计、建筑结构、施工工艺及施工验收等方面的发展。

第一节　概　述

一、建筑材料的分类

建筑材料种类繁多，通常按材料的化学成分在建筑中的部位和使用功能分类。

(一)按化学成分分类

建筑材料按化学成分不同，可分为无机材料、有机材料和复合材料三大类。

(二)按在建筑中的部位和使用功能分类

建筑材料按在建筑物中的部位和使用功能不同，可分为结构用材料、围护用材料和功能性材料。

二、建筑材料的基本性质

建筑材料的基本性质包括物理性质、力学性质和耐久性。

(一)材料的物理性质

1.材料的密度

材料的密度是指材料在特定状态下单位体积的质量。按照材料体积状态的不同，材料的密度可分为实际密度、体积密度和堆积密度等。

1)实际密度

实际密度是指材料在绝对密实状态下单位体积的质量，一般简称密度，按式(1-1)计算

$$\rho = \frac{m}{V} \tag{1-1}$$

式中　ρ——材料的密度，g/cm^3；

m——材料的质量，g；

V——材料在绝对密实状态下的体积，cm^3。

绝对密实状态下的体积是指不包括孔隙在内的体积。

2)体积密度

体积密度是指材料在自然状态下单位体积的质量，按式(1-2)计算

$$\rho_0 = \frac{m}{V_0} \tag{1-2}$$

式中　ρ_0——体积密度，g/cm^3 或 kg/m^3；

m——材料的质量，g 或 kg；

V_0——材料在自然状态下的体积，cm^3 或 m^3。

自然状态下的体积是指材料含孔隙的体积。

3）堆积密度

堆积密度是指散粒状材料（如粉状、粒状或纤维状等）在堆积状态下单位体积的质量，按式（1-3）计算

$$\rho'_0 = \frac{m}{V'_0} \tag{1-3}$$

式中 ρ'_0——堆积密度，kg/m^3；

m——材料的质量，kg；

V'_0——材料在堆积状态下的体积，m^3。

堆积状态下的体积是指包括材料固体部分、孔隙部分和空隙部分等的体积。

2.密实度和孔隙率

1）密实度

密实度是指材料体积内被固体物质所充实的程度，在数值上等于固体物质的体积占其自然状态体积的百分率。它可以评定材料的密实程度，以 D 表示，按式（1-4）计算

$$D = \frac{V}{V_0} \times 100\% = \frac{\rho_0}{\rho} \times 100\% \tag{1-4}$$

2）孔隙率

孔隙率是指材料体积内，孔隙体积所占的百分率，其在数值上等于材料孔隙的体积与其自然状态体积的百分率。它也是评定材料密实性能的指标，以 P 表示，按式（1-5）计算

$$P = \frac{V_0 - V}{V_0} \times 100\% = \left(1 - \frac{\rho_0}{\rho}\right) \times 100\% \tag{1-5}$$

3）孔隙率与密实度的关系

孔隙率与密实度的关系可用式（1-6）表示为

$$P + D = 1 \tag{1-6}$$

3.填充度和空隙率

1）填充度

填充度是指散粒状材料在特定的堆积状态下，被其固体颗粒填充的程度，以 D' 表示，按式（1-7）计算

$$D' = \frac{V_0}{V'_0} \times 100\% = \frac{\rho'_0}{\rho_0} \times 100\% \tag{1-7}$$

2）空隙率

空隙率是指散粒状材料在特定的堆积体积中，颗粒之间的空隙体积所占的百分率，以 P' 表示，按式（1-8）计算

$$P' = \left(1 - \frac{V_0}{V'_0}\right) \times 100\% = \left(1 - \frac{\rho'_0}{\rho_0}\right) \times 100\% \tag{1-8}$$

3）空隙率与填充度的关系

空隙率与填充度的关系可用式（1-9）表示为

$$P' + D' = 1 \tag{1-9}$$

填充度和空隙率均可以作为评定散粒状材料颗粒之间相互填充的密实程度的技术指标,空隙率还可以作为控制混凝土集料级配与计算砂率的依据。

4.亲水性和憎水性

材料在空气中与水接触时,根据其被水润湿的程度,可将其分为亲水性材料和憎水性材料两大类。

材料被水润湿的程度可用润湿角来表示。润湿角是指在材料、水和空气三相交界处,沿水滴表面作一切线,该切线与水和材料接触面间的夹角,用 θ 表示。一般认为:润湿角 $\theta \leqslant 90°$ 的材料为亲水性材料;而 $\theta > 90°$,则表明该材料不能被水润湿,称为憎水性材料。

5.吸水性

材料在浸水状态下,吸收水分的性能称为吸水性,一般用吸水率表示。吸水率有质量吸水率和体积吸水率之分。

1)质量吸水率

质量吸水率是指材料吸水饱和时,所吸收水分的质量占材料干燥时质量的百分率,按式(1-10)计算

$$W_{质} = \frac{m_1 - m_2}{m_2} \times 100\% \tag{1-10}$$

式中 $W_{质}$——材料的质量吸水率(%);

m_1——材料吸水饱和后的质量,g;

m_2——材料烘干至恒重的质量,g。

2)体积吸水率

体积吸水率是指材料吸水饱和时,所吸收水分的体积占干燥材料自然体积的百分率,按式(1-11)计算

$$W_{体} = \frac{V_1}{V_0} \times 100\% = \frac{m_1 - m_2}{m_2} \times \frac{\rho_0}{\rho_w} \times 100\% \tag{1-11}$$

式中 $W_{体}$——材料的体积吸水率(%);

V_1——材料在吸水饱和时,吸收水的体积,cm^3;

V_0——干燥材料在自然状态下的体积,cm^3;

ρ_w——水的密度,g/cm^3,在常温下 $\rho_w = 1.00\ g/cm^3$。

3)质量吸水率与体积吸水率的关系

质量吸水率与体积吸水率存在如下关系

$$W_{体} = W_{质} \times \rho_0 \tag{1-12}$$

6.吸湿性

材料在空气中吸收水分的性质,称为吸湿性。吸湿性的大小用含水率表示。材料所含水分的质量占材料干燥质量的百分数,称为材料的含水率,按式(1-13)计算

$$W_{含} = \frac{m_{水}}{m_{干}} \times 100\% \tag{1-13}$$

式中 $W_{含}$——材料的含水率(%);

$m_{水}$——材料所含水分的质量,g;

$m_{干}$——材料干燥至恒重时的质量,g。

7.耐水性

材料长期在饱和水作用下而不破坏,其强度也不显著降低的性质称为耐水性。材料的耐水性一般用软化系数表示,按式(1-14)计算

$$K = \frac{f_1}{f_0} \tag{1-14}$$

式中 K——材料的软化系数;

f_1——材料在水饱和状态下的抗压强度,MPa;

f_0——材料在干燥状态下的抗压强度,MPa。

软化系数越小,其耐水性越差。对于经常位于水中或受潮严重的重要结构所用的材料,其软化系数应大于0.85;受潮较轻的或次要结构的材料,其软化系数不宜小于0.75。软化系数大于0.80的材料,通常可以认为是具有一定耐水性的材料。

8.抗渗性

材料抵抗压力水或其他液体渗透的性质,称为抗渗性(或不透水性),可用渗透系数表示。渗透系数越大,材料的抗渗性越差。

对于混凝土、砂浆等材料,工程中常用抗渗等级(P)表示材料的抗渗性能。如混凝土的抗渗等级为P6,即表示该混凝土能够抵抗0.6 MPa的水压而不渗透。常用的抗渗等级有P6、P8、P10、P12等。

9.抗冻性

材料在吸水饱和状态下,能经受多次冻结和融化(冻融循环)而不破坏,同时也不严重降低强度的性质,称为抗冻性,常用抗冻等级(F)表示。抵抗冻融循环的次数越多、抗冻等级越高,材料的抗冻性就越好。

10.导热性、热容量

在建筑中,常要求材料具有一定的热工性能,以维持室内温度。常需考虑的热工性能有材料的导热性和热容量。

1)导热性

材料传导热量的能力称为导热性,用导热系数(λ)表示。导热系数是指在稳定的条件下,通过厚度为1 m的材料,当其相对两侧表面的温度差为1 K时,单位面积(1 m^2)所传递的热量,可按式(1-15)计算

$$\lambda = \frac{Q\delta}{At(T_2 - T_1)} \tag{1-15}$$

式中 λ——导热系数,W/(m·K);

Q——传导的热量,J;

δ——材料厚度,m;

A——热传导面积,m^2;

t——热传导时间,s;

$T_2 - T_1$——材料两侧温差,K。

2)热容量

材料加热时吸收热量,冷却时放出热量的性质,称为热容量。热容量的大小用比热表示。比热表示1 g材料,温度升高1 K时所吸收的热量,或降低1 K时放出的热量,按

式(1-16)计算

$$Q = cm(T_2 - T_1) \tag{1-16}$$

式中 Q——材料吸收或放出的热量,J;

c——材料的比热,J/(g·K);

m——材料的质量,g;

T_2-T_1——材料受热或冷却前后的温差,K。

材料的比热对保持建筑物内部温度稳定有很大意义,比热大的材料,能在热流变动或采暖设备供热不均匀时,较好地维持室内的温度。

(二)材料的力学性质

材料的力学性质,主要是指材料在外力(或荷载)的作用下,抵抗破坏和变形的性能。

1.材料的强度

材料在外力作用下,抵抗破坏的极限能力,称为该材料的强度。其值通常以 f 表示。

按这些外力作用的方式不同,可以将强度分为抗拉强度、抗压强度、抗弯(折)强度和抗剪强度等。材料承受不同外力作用的方式如图 1-1 所示。

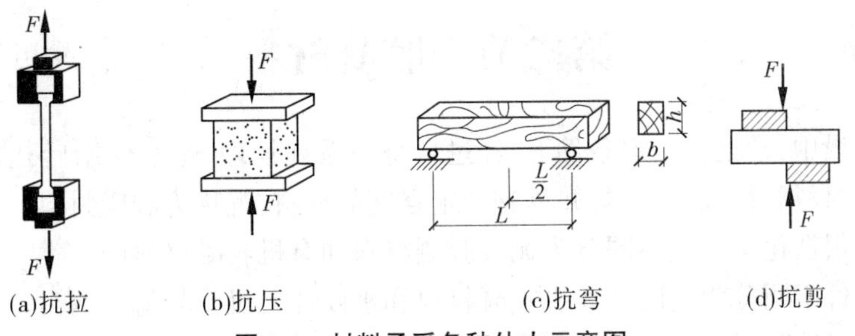

图 1-1 材料承受各种外力示意图

材料的抗拉强度、抗压强度和抗剪强度按式(1-17)计算

$$f = \frac{F}{A} \tag{1-17}$$

式中 f——材料的抗拉强度、抗压强度和抗剪强度,MPa;

F——材料抗拉、抗压和抗剪破坏时的荷载,N;

A——材料的受力面积,mm^2。

材料的抗弯强度与材料的受力情况和截面形状有关。当矩形截面的试件跨中作用一集中荷载时,材料抗弯强度按式(1-18)计算

$$f = \frac{3FL}{2bh^2} \tag{1-18}$$

式中 f——抗弯强度,MPa;

F——材料抗弯破坏时的荷载,N;

b、h——材料的截面宽度、高度,mm;

L——两支点的间距,mm。

为了合理选用材料,大部分建筑材料都可以根据其极限强度的大小,划分为若干不同的强度等级。如混凝土按抗压强度划分了 C15~C80 等 14 个强度等级,建筑用热轧钢筋按抗拉强度分为 HPB235、HRB335、HRB400、HRB500 等四个强度等级。这对在设计和施工中正

确合理地选择和使用材料及保证工程质量都是十分必要的。

2.材料的弹性与塑性

材料在外力作用下产生变形，当外力取消后，材料变形即可消失并能完全恢复原来形状的性质称为弹性。这种当外力取消后瞬间内即可完全消失的变形，称为弹性变形。

材料在外力作用下产生变形，当外力取消后，不能自行恢复到原有形状和尺寸，并且不产生裂缝的性质称为塑性。这种不能恢复的变形，称为塑性变形。

（三）材料的耐久性

材料在使用过程中，能够抵抗所处环境中各种介质的侵蚀而不破坏，并保持其原有性质的能力，称为耐久性。耐久性是材料的一种综合性能，它包括抗冻性、抗渗性、抗风化性、抗老化性、耐化学腐蚀性等。材料在使用过程中，除受到各种外力的作用外，还长期受到周围环境和各种自然因素的破坏作用。这些作用一般可分为物理作用、化学作用及生物作用等。物理作用包括材料的干湿变化、温度变化及冻融变化等；化学作用包括酸、碱、盐及有机溶剂和气体等对材料产生的侵蚀作用，使材料发生质的变化而破坏；生物作用是昆虫、菌类等对材料所产生的蛀蚀、腐朽等破坏作用。

第二节　胶凝材料

在工程建设中，常把在一定条件下，经过自身一系列物理、化学作用后，能将散粒状、块状或纤维状等材料黏结成为整体，并具有一定强度的材料，统称为胶凝材料。

胶凝材料根据化学成分不同分为无机胶凝材料和有机胶凝材料两大类。无机胶凝材料又按其硬化条件不同分为气硬性无机胶凝材料和水硬性无机胶凝材料两类。

气硬性无机胶凝材料是指只能在空气中凝结硬化，且只能在空气中保持和发展其强度的一类胶凝性材料，如石灰、石膏等。

水硬性无机胶凝材料是指不但能在空气中凝结和硬化，而且能够更好地在水中保持和发展其强度的一类胶凝性材料，如各种水泥。

一、气硬性无机胶凝材料

（一）石灰

石灰是在工程建设中最早使用的气硬性无机胶凝材料之一。因其原料分布广泛，生产工艺简单，成本低廉，使用方便，所以一直被广泛地应用在工程建设中。

1.生石灰的生产

生石灰是将以碳酸钙（$CaCO_3$）为主要成分的石灰石为主要原料，在低于烧结温度下煅烧所得的产物。其煅烧反应式如下

$$CaCO_3 \xrightarrow{900\sim1\ 000\ ℃} CaO(生石灰)+CO_2\uparrow$$

石灰石的理论分解温度为900 ℃，而考虑到各种生产因素的影响，实际生产温度一般为1 000 ℃左右。若煅烧温度过低或时间不足，会使生石灰中残留有未分解的$CaCO_3$，称为欠火石灰，欠火石灰中CaO含量低，降低了其质量等级和石灰的利用率；若煅烧温度过高或煅烧时间过长，会出现过火石灰，过火石灰质地密实，表面常包裹着一种釉状的物质，所以消化

十分缓慢,甚至会影响工程质量。

2.生石灰的熟化

生石灰的熟化是指生石灰与水作用生成熟石灰($Ca(OH)_2$)的过程。其反应式如下

$$CaO+H_2O \longrightarrow Ca(OH)_2+64.9\ kJ$$

经熟化所得的氢氧化钙称为熟石灰。正火的生石灰具有强烈的水化能力,水化时表现出两个特点:一是放出大量的热;二是产生较大的体积膨胀,一般的生石灰体积膨胀1~2.5倍。煅烧良好的生石灰,氧化钙含量高,不但消化速度快,而且放热量大,其体积膨胀可达3~4倍。

过火石灰消化速度极慢,当石灰抹灰层中含有这种颗粒时,由于它吸收空气中的水分继续熟化,即产生放热和体积膨胀,致使墙面隆起、开裂,严重影响工程质量。为了消除这种危害,生石灰在使用前应提前熟化,并使灰浆在灰坑中储存7 d以上(过3 mm的筛网),以使石灰得到充分消化,这一过程称为陈伏。陈伏期间,应在其表面保存一定厚度的水层,防止熟石灰碳化。

3.石灰的硬化

石灰浆体的硬化包含了结晶和碳化两个过程。

1)结晶过程

熟石灰用于工程实体后,石灰浆体中多余的水分或蒸发或被砌体吸收而使$Ca(OH)_2$由过去的饱和状态以晶体的形式析出,促进石灰浆体的硬化,并获得一定的强度。

2)碳化过程

由于空气中有CO_2存在,$Ca(OH)_2$在有水的条件下与之反应生成不溶于水的$CaCO_3$晶体,其反应式如下

$$Ca(OH)_2+CO_2+nH_2O=CaCO_3+(n+1)H_2O$$

碳化对强度的提高和稳定是十分有利的。但是,由于空气中的CO_2含量很低,且表面形成碳化层或结晶后,CO_2不易深入内部,还阻碍了内部水分的蒸发,所以石灰的两个硬化过程相互影响、相互制约、同时进行,因而在自然状态下石灰的硬化速度较缓慢。

4.石灰的品种及技术性质

根据建设行业标准,将不同类别的建筑石灰划分为优等品、一等品和合格品等三个质量等级,相应的技术指标如表1-1~表1-3所示。

表1-1 建筑生石灰的技术指标

项目	钙质生石灰			镁质生石灰		
	优等品	一等品	合格品	优等品	一等品	合格品
($CaO+MgO$)含量(%)≥	90	85	80	85	80	75
未消化残渣含量(5 mm圆孔筛筛余)(%)≤	5	10	15	5	10	15
CO_2含量(%)≤	5	7	9	6	8	10
产浆量(L/kg)≥	2.8	2.3	2.0	2.8	2.3	2.0

表 1-2　建筑生石灰粉技术指标

项目		钙质生石灰粉			镁质生石灰粉		
		优等品	一等品	合格品	优等品	一等品	合格品
(CaO+MgO)含量(%)≥		85	80	75	80	75	70
CO_2 含量(%)≤		7	9	11	8	10	12
细度	0.9 mm 筛的筛余量(%)≤	0.2	0.5	1.5	0.2	0.5	1.5
	0.125 mm 筛的筛余量(%)≤	7.0	12.0	18.0	7.0	12.0	18.0

表 1-3　建筑消石灰粉的技术指标

项目		钙质消石灰粉			镁质消石灰粉			白云石质消石灰粉		
		优等品	一等品	合格品	优等品	一等品	合格品	优等品	一等品	合格品
(CaO+MgO)含量(%)≥		70	65	60	65	60	55	65	60	55
游离水含量(%)		0.4~2.0	0.4~2.0	0.4~2.0	0.4~2.0	0.4~2.0	0.4~2.0	0.4~2.0	0.4~2.0	0.4~2.0
体积安定性		合格	合格	合格	合格	合格	合格	合格	合格	合格
细度	0.9 mm 筛的筛余量(%)≤	0	0	0.5	0	0	0.5	0	0	0.5
	0.125 mm 筛的筛余量(%)≤	3	10	15	3	10	15	3	10	15

5.石灰的特性

石灰具有以下特性：

(1)可塑性好,保水性好；

(2)吸湿性强；

(3)凝结硬化慢,强度低；

(4)硬化时体积收缩大；

(5)耐水性差。

6.石灰的应用

石灰的应用方式有：

(1)配制石灰砂浆和石灰乳涂料；

(2)配制灰土和三合土；

(3)制作碳化石灰板；

(4)制作硅酸盐制品；

(5)配制无熟料水泥。

7.石灰的储存

块状生石灰放置太久,会吸收空气中的水分消化成消石灰粉,然后再与空气中 CO_2 作用形成 $CaCO_3$,而失去胶凝能力。所以,储存生石灰时,不但要防止受潮,而且不宜久存。另外,生石灰熟化时要产生大量的热,因此石灰在储运时应做好防火、防燃。

熟化后的石灰应及时使用,长期放置会被碳化而失去胶结性能,故在现场储存时,熟石灰表面应保持一定的水层或加以覆盖,并且存储时间不宜过长。

(二)建筑石膏

在工程建设中使用最多的石膏是建筑石膏,其次是模型石膏。此外,还有高强石膏、无水石膏和地板石膏等,这里主要介绍建筑石膏。

1.建筑石膏的生产

生产建筑石膏是将天然石膏(主要成分 $CaSO_4 \cdot 2H_2O$)在 107~170 ℃的温度下加热脱水,再经磨细而制成。其反应式如下

$$CaSO_4 \cdot 2H_2O \xrightarrow{107 \sim 170\ ℃} CaSO_4 \cdot \frac{1}{2}H_2O + 1\frac{1}{2}H_2O$$

由此生产出的 $CaSO_4 \cdot \frac{1}{2}H_2O$ 就是建筑石膏的主要成分。这种白色粉末仅能在空气中凝结和硬化,也只能在空气中保持和发展其强度,所以它是一种气硬性无机胶凝材料。

2.建筑石膏的凝结和硬化

建筑石膏由于溶解度较大,当其与适量的水混合后,由最初形成的可塑性浆体,很快失去塑性,产生强度并迅速发展成为坚硬的固体。这个过程实际上是建筑石膏重新水化放热而生成二水石膏的化合反应过程。其反应式如下

$$CaSO_4 \cdot \frac{1}{2}H_2O + 1\frac{1}{2}H_2O = CaSO_4 \cdot 2H_2O$$

由于二水石膏在水中的溶解度仅为半水石膏在水中(常温)溶解度的 1/5~1/4,因此半水石膏的水化产物——二水石膏在过饱和溶液中沉淀并析出晶体,致使液相中原有的平衡浓度破坏,导致新一批半水石膏进一步溶解、水化,直至完全变成二水石膏。随着浆体中的自由水因水化和蒸发逐渐减少,浆体变稠失去塑性,石膏凝结。其后,二水石膏晶体继续大量形成、长大,彼此连接共生、交错搭接形成结晶结构网,使之逐渐产生强度,并不断增长,直到完全干燥,强度发展到最大值。

3.建筑石膏的技术性质

建筑石膏的密度为 2.60~2.75 g/cm^3,堆积密度为 800~1 100 kg/m^3。建筑石膏的技术性质主要有细度、凝结时间和强度。按强度和细度的差别,建筑石膏划分为优等品、一等品和合格品三个质量等级,其技术指标应符合表 1-4 的规定。

表 1-4　建筑石膏的技术指标

技术指标		优等品	一等品	合格品
强度(MPa)	抗折强度≥	2.5	2.1	1.8
	抗压强度≥	4.9	3.9	2.9
细度	0.2 mm 方孔筛筛余(%)≤	5.0	10.0	15.0
凝结时间(min)	初凝时间≥	6		
	终凝时间≤	30		

建筑石膏易受潮,凝结硬化快,因此在运输、储存的过程中,应注意避免受潮及混入杂物。不同质量等级的石膏应分别储运,不得混杂。石膏一般储存 3 个月后,强度下降 30%左右。所以,建筑石膏储存期为 3 个月,若超过 3 个月,应重新检验并确定其质量等级。

4.建筑石膏的特性

建筑石膏具有如下特性:

(1)凝结硬化快；

(2)硬化时体积微膨胀；

(3)孔隙率大，表观密度小，保温、吸声性能好；

(4)具有一定的调温、调湿性；

(5)耐水性、抗冻性差；

(6)防火性好。

5.建筑石膏的用途

在建筑工程中，建筑石膏应用广泛，如做各种石膏板材、装饰制品、空心砌块、人造大理石及室内粉刷等。

二、水泥

水泥呈粉末状，与适量的水混合后，经过一系列物理和化学变化可由可塑性的浆体变成坚硬的人造石材，并能将砂、石等材料胶结成为整体，所以水泥是一种性能良好的胶凝性材料。就硬化条件而言，水泥浆体不但能在空气中硬化，还能更好地在水中硬化，保持并增长其强度，故水泥属于水硬性胶凝材料。

水泥按其主要化学成分不同有许多类别，如硅酸盐类水泥、铝酸盐类水泥、铁酸盐类水泥等。目前，工程建设中使用较多的是硅酸盐类水泥。硅酸盐类水泥又可分为用于一般土木工程的通用硅酸盐水泥，以及适应专门用途的专用水泥。目前，在建设工程中使用较多的还是通用硅酸盐水泥。由于篇幅有限，这里仅介绍通用硅酸盐水泥。

(一)通用硅酸盐水泥概述

通用硅酸盐水泥是指由硅酸盐水泥熟料和适量的石膏及规定的混合材料制成的水硬性胶凝材料。

按照《通用硅酸盐水泥》(GB 175—2007)的规定，通用硅酸盐水泥按混合材料的品种和掺量分为硅酸盐水泥、普通硅酸盐水泥、矿渣硅酸盐水泥、火山灰质硅酸盐水泥、粉煤灰硅酸盐水泥和复合硅酸盐水泥。各品种的组分和代号应符合表1-5的规定。

表1-5 通用硅酸盐水泥的组分和代号 (%)

品种	代号	组分				
		熟料+石膏	粒化高炉矿渣	火山灰质混合材料	粉煤灰	石灰石
硅酸盐水泥	P·I	100	—	—	—	—
	P·Ⅱ	≥95	≤5	—	—	—
		≥95	—	—	—	≤5
普通硅酸盐水泥	P·O	≥80且<95	>5且≤20			—
矿渣硅酸盐水泥	P·S·A	≥50且<80	>20且≤50	—	—	—
	P·S·B	≥30且<50	>50且≤70	—	—	—
火山灰质硅酸盐水泥	P·P	≥60且<80	—	>20且≤40	—	—
粉煤灰硅酸盐水泥	P·F	≥60且<80	—	—	>20且≤40	—
复合硅酸盐水泥	P·C	≥50且<80	>20且≤50			

硅酸盐水泥是指以适当成分的生料烧至部分熔融所得的以硅酸钙为主要成分的水泥熟料,加入0~5%的石灰石或粒化高炉矿渣和适量石膏,经磨细而制成的水硬性胶凝材料。硅酸盐水泥分两种类型。不掺加混合材料的称Ⅰ型硅酸盐水泥,代号为P·Ⅰ。在硅酸盐水泥粉磨时,掺加不超过水泥质量5%的石灰石或粒化高炉矿渣的称Ⅱ型硅酸盐水泥,代号为P·Ⅱ。

普通硅酸盐水泥是指由硅酸盐水泥熟料,掺加6%~20%的混合材料及适量的石膏,经磨细制成的水硬性胶凝材料,简称普通水泥,代号为P·O。

矿渣硅酸盐水泥是指由硅酸盐水泥熟料,掺入粒化高炉矿渣和适量石膏,经磨细制成的水硬性胶凝材料,简称矿渣水泥,代号为P·S。

火山灰质硅酸盐水泥是指由硅酸盐水泥熟料,掺入火山灰质混合材料和适量石膏,经磨细制成的水硬性胶凝材料,简称火山灰水泥,代号为P·P。

粉煤灰硅酸盐水泥是指由硅酸盐水泥熟料,掺入粉煤灰混合材料及适量石膏,经磨细制成的水硬性胶凝材料,简称粉煤灰水泥,代号为P·F。

复合硅酸盐水泥是指由硅酸盐水泥熟料,掺入两种或两种以上规定的混合材料和适量石膏,经磨细制成的水硬性胶凝材料,简称复合水泥,代号为P·C。

(二)通用硅酸盐水泥熟料的矿物组成及其特性

经过两磨一烧的生产工艺后,通用硅酸盐水泥熟料中的矿物组成主要是:硅酸三钙($3CaO \cdot SiO_2$,简写为C_3S),含量为36%~37%;硅酸二钙($2CaO \cdot SiO_2$,简写为C_2S),含量为15%~37%;铝酸三钙($3CaO \cdot Al_2O_3$ 简写为C_3A),含量为7%~15%;铁铝酸四钙($4CaO \cdot Al_2O_3 \cdot Fe_2O_3$,简写为$C_4AF$),含量为10%~18%。除上述主要成分外,通用硅酸盐水泥熟料中还含有少量游离的氧化钙和游离的氧化镁等矿物成分。

通用硅酸盐水泥具有许多优良的技术性能,主要是由其水泥熟料中这些主要的矿物成分在与水化合时的特性所决定的。各种熟料矿物成分单独与水作用时表现出的特性如表1-6所示。

表1-6　硅酸盐水泥熟料各矿物成分单独与水化合时的特性

性质		硅酸三钙	硅酸二钙	铝酸三钙	铁铝酸四钙
凝结硬化速度		快	慢	最快	较快
水化热		高	低	最高	中
强度	早期	高	低	低	中
	后期	高	高	高	较高

(三)通用硅酸盐水泥的凝结硬化

1.水泥的凝结与硬化

水泥自加入适量的水拌和,由最初形成具有可塑性的浆体,到失去塑性但还不具备强度的时间,称为水泥的初凝;水泥自加入适量的水拌和,到完全失去塑性并且具有强度的时间,称为水泥的终凝。通常又把水泥由初凝至终凝的过程称为水泥的凝结;此后,产生明显的强度并逐渐形成坚硬的人造石材的这一过程称为水泥的硬化。

2.熟料矿物的水化产物

硅酸盐水泥的熟料矿物与水发生反应，形成水化物并放出一定的热量，如果忽略一些次要和少量的成分，硅酸盐水泥水化后，生成的主要水化产物有水化硅酸钙（$3CaO \cdot 2SiO_2 \cdot 3H_2O$）、水化铁酸钙（$CaO \cdot Fe_2O_3 \cdot H_2O$）、氢氧化钙（$Ca(OH)_2$）、水化铝酸钙（$3CaO \cdot Al_2O_3 \cdot 6H_2O$）、水化硫铝酸钙（$3CaO \cdot Al_2O_3 \cdot 3CaSO_4 \cdot 31H_2O$，又称钙矾石）等。其中，水化硅酸钙和水化铁酸钙是硅酸盐水泥的凝胶，通常称为 C-S-H 凝胶，约占水化产物的 70%以上，氢氧化钙约占 20%，水化铝酸钙和水化硫铝酸钙约占 7%。

（四）通用硅酸盐水泥的主要技术性质

1.密度、堆积密度

硅酸盐水泥的密度主要取决于其熟料矿物的组成，一般为 3.00~3.20 g/cm^3；硅酸盐水泥的堆积密度主要取决于水泥堆积时的紧密程度，疏松堆积时为 1 000~1 100 kg/m^3，紧密堆积时可达 1 600 kg/m^3。

2.碱含量（选择性指标）

水泥中碱含量按 $Na_2O+0.658K_2O$ 计算值表示。当使用活性集料，用户要求提供低碱水泥时，水泥中的碱含量应不大于 0.60%或由买卖双方协商确定。

3.物理指标

1）凝结时间

按照国家标准的规定：硅酸盐水泥初凝不小于 45 min，终凝不大于 390 min；普通水泥、矿渣水泥、火山灰水泥、粉煤灰水泥和复合水泥的初凝不小于 45 min，终凝不大于 600 min。

2）安定性

水泥体积安定性简称水泥安定性，是指水泥浆体在凝结硬化过程中，体积变化的均匀性。安定性不良的水泥，在浆体硬化过程中或硬化后产生不均匀的体积膨胀，使水泥制品产生膨胀性的裂缝、翘曲，甚至崩溃，严重影响工程质量。

引起水泥安定性不良的主要原因有：一是熟料中游离氧化钙含量过多，二是熟料中游离氧化镁含量过多，三是生产过程中石膏掺量过多。由于生产硅酸盐水泥所需原料及生产温度的原因，水泥熟料中难免会存在过火的游离氧化钙和氧化镁，这些物质均在水泥硬化后开始或继续进行水化反应，其反应产物体积膨胀而使水泥石开裂；石膏掺量过多，也会使水泥石产生膨胀性的裂缝。因此，国家标准规定：水泥熟料中游离氧化镁含量不得超过 5.0%，如果水泥经蒸压安定性试验合格，则允许放宽到 6%；三氧化硫含量不得超过 3.5%，用沸煮法或雷氏夹法检验必须合格。

3）强度及强度等级

水泥的强度等级是按规定龄期的抗压强度和抗折强度来划分的。不同品种、不同强度等级的通用硅酸盐水泥，其各龄期的强度应符合表 1-7 的规定。

4.细度（选择性指标）

硅酸盐水泥和普通水泥以比表面积表示，不小于 300 m^2/kg；矿渣水泥、火山灰水泥、粉煤灰水泥和复合水泥以筛余量表示，80 μm 方孔筛筛余量不大于 10%或 45 μm 方孔筛筛余量不大于 30%。

表 1-7　通用硅酸盐水泥的强度等级　（单位:MPa）

品种	强度等级	抗压强度		抗折强度	
		3 d	28 d	3 d	28 d
硅酸盐水泥	42.5	≥17.0	≥42.5	≥3.5	≥6.5
	42.5R	≥22.0		≥4.0	
	52.5	≥23.0	≥52.5	≥4.0	≥7.0
	52.5R	≥27.0		≥5.0	
	62.5	≥28.0	≥62.5	≥5.0	≥8.0
	62.5R	≥32.0		≥5.5	
普通硅酸盐水泥	42.5	≥17.0	≥42.5	≥3.5	≥6.5
	42.5R	≥22.0		≥4.0	
	52.5	≥23.0	≥52.5	≥4.0	≥7.0
	52.5R	≥27.0		≥5.0	
矿渣硅酸盐水泥、火山灰质硅酸盐水泥、粉煤灰硅酸盐水泥、复合硅酸盐水泥	32.5	≥10.0	≥32.5	≥2.5	≥5.5
	32.5R	≥15.0		≥3.5	
	42.5	≥15.0	≥42.5	≥3.5	≥6.5
	42.5R	≥19.0		≥4.0	
	52.5	≥21.0	≥52.5	≥4.0	≥7.0
	52.5R	≥23.0		≥4.5	

5.检验规则

1）取样

水泥在施工现场应按同生产厂家、同品种、同强度等级编号和取样，袋装水泥和散装水泥应分别进行编号和取样。每一编号为一取样单位。袋装水泥以 200 t 为一个检验批，散装水泥以 400 t 为一个检验批。

取样时，可连续取，亦可从 20 个以上不同部位取等量样品，总量不少于 12 kg。当散装水泥运输工具的容量超过该厂规定出厂编号吨数时，允许该编号的数量超过取样规定吨数。

2）质量判定规则

检验结果符合国家标准规定的凝结时间、安定性和强度要求的为合格品，否则为不合格品。

3)检验报告

检验报告内容应包括出厂检验项目、细度、混合材料品种和掺加量、石膏和助磨剂的品种及掺加量、属旋窑或立窑生产及合同约定的其他技术要求。当用户需要时,生产者应在水泥发出之日起 7 d 内寄发除 28 d 强度外的各项检验结果,32 d 内补报 28 d 强度的检验结果。

4)交货与验收

交货时水泥的质量验收可抽取实物试样以其检验结果为依据,也可以生产者同编号水泥的检验报告为依据。采用何种方法验收由买卖双方商定,并在合同或协议中注明。卖方有告知买方验收方法的责任。当无书面合同或协议,或未在合同、协议中注明验收方法的,卖方应在发货票上注明“以本厂同编号水泥的检验报告为验收依据”的字样。

以抽取实物试样的检验结果为验收依据时,买卖双方应在发货前或交货地共同取样和签封。取样方法按《水泥取样方法》(GB/T 12573—2008)进行,取样数量为 20 kg,分为二等份。一份由卖方保存 40 d,一份由买方按《通用硅酸盐水泥》(GB 175—2007)规定的项目和方法进行检验。

在 40 d 以内,买方检验认为产品质量不符合《通用硅酸盐水泥》(GB 175—2007)要求,而卖方又有异议时,则双方应将卖方保存的另一份试样送省级或省级以上国家认可的水泥质量监督检验机构进行仲裁检验。水泥安定性仲裁检验应在取样之日起 10 d 以内完成。

以生产者同编号水泥的检验报告为验收依据时,在发货前或交货时买方在同编号水泥中取样,双方共同签封后由卖方保存 90 d,或认可卖方自行取样、签封并保存 90 d 的同编号水泥的封存样。

在 90 d 内,买方对水泥质量有疑问时,则买卖双方应将共同认可的试样送省级或省级以上国家认可的水泥质量监督检验机构进行仲裁检验。

6.包装、标志、运输与储存

1)包装

水泥可以散装或袋装。袋装水泥每袋净含量为 50 kg,且应不少于标志质量的 99%;随机抽取 20 袋总质量(含包装袋)应不少于 1 000 kg。其他包装形式由供需双方协商确定,但有关袋装质量要求,应符合上述规定。水泥包装袋应符合《水泥包装袋》(GB 9774—2002)的规定。

2)标志

水泥包装袋上应清楚标明执行标准、水泥品种、代号、强度等级、生产者名称、生产许可证标志(QS)及编号、出厂编号、包装日期、净含量。包装袋两侧应根据水泥的品种采用不同的颜色印刷水泥名称和强度等级,硅酸盐水泥和普通水泥采用红色,矿渣水泥采用绿色,火山灰水泥、粉煤灰水泥和复合水泥采用黑色或蓝色。

散装发运时应提交与袋装标志相同内容的卡片。

3)运输与储存

水泥在运输与储存时不得受潮和混入杂物,不同品种和强度等级的水泥在储运中避免混杂。

(五)水泥石的腐蚀及防止

硬化后的硅酸盐水泥石,在正常使用条件下具有较好的耐久性。但在某些腐蚀性的介质作用下，水泥石的结构逐渐遭到破坏，强度及耐久性下降以致全部溃裂，这种现象称为水泥石的腐蚀。引起水泥石腐蚀的原因很多，情况也很复杂，以下简述几种主要的腐蚀类型。

1.软水腐蚀（一般溶出性侵蚀）

水泥石中的$Ca(OH)_2$晶体能溶于水，特别是长期在软水中能使$Ca(OH)_2$的溶解度加大，由于$Ca(OH)_2$晶体的析出会使水泥石的密实度减小，孔隙率增大，强度和耐久性降低，这类腐蚀即为软水腐蚀。在建设工程中所指的软水包括冷凝水、蒸馏水和天然的雨水、雪水以及含重碳酸盐很少的河水及湖水等。

2.盐类腐蚀

1）硫酸盐腐蚀

在含有钾、钠、铵的硫酸盐的介质中（海水、湖水、地下水等），水泥石中的$Ca(OH)_2$晶体就会与这些硫酸盐发生反应，生成具有膨胀性的化学成分硫酸钙，硫酸钙又可与水泥石中的固态水化铝酸钙进一步反应生成含水的硫铝酸钙，从而使水泥石腐蚀。由于这些生成物都具有膨胀性，所以这类腐蚀通常称为膨胀性化学腐蚀。

2）镁盐腐蚀

在含有镁盐（主要是硫酸镁和氯化镁）的海水及地下水中，水泥石中的氢氧化钙就会与这些镁盐发生反应，生成松软而无胶结能力的$Mg(OH)_2$、易溶于水的新化合物$CaCl_2$以及能够产生膨胀性破坏的二水石膏，而导致水泥石腐蚀。

3.酸类腐蚀

1）碳酸腐蚀

工业污水、地下水中常溶解有较多的二氧化碳。在水溶液的环境中，二氧化碳与水泥石中的氢氧化钙发生反应生成碳酸钙。生成的碳酸钙若继续与含碳酸的水作用，则变成易溶于水的碳酸氢钙，由于碳酸氢钙的溶失以及水泥石中其他产物的分解，而使水泥石结构破坏。

2）一般酸性腐蚀

工业废水、地下水中也常含有无机酸和有机酸，工业窑炉中的烟气中常含有二氧化硫，遇水后即生成亚硫酸。它们与水泥石中的氢氧化钙作用后生成的化合物，或易溶于水，或体积膨胀而导致水泥石破坏。对水泥石腐蚀作用最快的是无机酸中的盐酸、氢氟酸、硫酸和有机酸中的醋酸、蚁酸、乳酸。

4.强碱腐蚀

碱类溶液的浓度如果不大，一般对水泥石是无害的，但铝酸盐含量较高的硅酸盐水泥遇到强碱作用后也会产生破坏。如氢氧化钠可与水泥石中未水化的铝酸钙作用，生成易溶于水的铝酸钠。当水泥石被氢氧化钠溶液浸透后又在空气中干燥，与空气中的二氧化碳作用生成碳酸钠，碳酸钠在水泥石的毛细孔隙中结晶沉积，可使水泥石胀裂。

水泥石除上述腐蚀类型外，还可能被糖、氨盐、动物脂肪、含环烷酸的石油产品等腐蚀。

（六）通用硅酸盐水泥的特性及应用

通用硅酸盐水泥强度的特性及应用如表1-8和表1-9所示。

表 1-8 通用硅酸盐水泥的特性

品种	硅酸盐水泥（P·Ⅰ,P·Ⅱ）	普通水泥（P·O）	矿渣水泥（P·S）	火山灰水泥（P·P）	粉煤灰水泥（P·F）	复合水泥（P·C）
主要特性	1.凝结硬化速度快,早期强度高 2.水化热大 3.抗冻性好 4.干缩性小 5.耐腐蚀性差 6.耐热性差 7.耐磨性好	1.凝结硬化速度较快,早期强度较高 2.水化热较大 3.抗冻性较好 4.干缩性较小 5.耐腐蚀性较差 6.耐热性较差 7.耐磨性较好	1.凝结硬化速度慢 2.早期强度低,后期强度高 3.水化热低 4.耐热性好 5.泌水性大 6.干缩性大 7.抗冻性差 8.耐腐蚀性好 9.碱度较低,抗碳化性能差	1.凝结硬化速度慢 2.早期强度低,后期强度高 3.水化热较低 4.耐热性较好 5.耐腐蚀性好 6.干缩性较大 7.在潮湿或与水接触环境中,抗渗性好 8.干燥环境中易“起粉” 9.碱度较低,抗碳化性能差	1.凝结硬化速度慢 2.早期强度低,后期强度高 3.水化热较低 4.耐热性较好 5.耐腐蚀性好 6.干缩性较小 7.抗裂性好 8.同配合比时,和易性较好 9.碱度较低,抗碳化性能差	与所掺两种或两种以上混合材料的种类和掺量有关,其特性基本与矿渣水泥、火山灰水泥、粉煤灰水泥的特性相似

表 1-9 通用硅酸盐水泥的选用

混凝土工程特点及所处环境条件		优先选用	可以使用	不宜使用
普通混凝土	在一般气候和环境中的混凝土工程	普通水泥	矿渣水泥、火山灰水泥、粉煤灰水泥、复合水泥	
	在干燥环境中的混凝土工程	普通水泥	矿渣水泥	火山灰水泥、粉煤灰水泥
	在高潮湿环境或长期处于水中的混凝土工程	矿渣水泥、火山灰水泥、粉煤灰水泥、复合水泥	普通水泥	硅酸盐水泥
	厚大体积的混凝土工程	矿渣水泥、火山灰水泥、粉煤灰水泥、复合水泥		硅酸盐水泥
有特殊要求的混凝土	要求快硬高强(>C40)的混凝土工程	硅酸盐水泥	普通水泥	矿渣水泥、火山灰水泥、粉煤灰水泥、复合水泥
	严寒地区的露天混凝土工程,寒冷地区处于地下水位升降范围的混凝土工程	普通水泥	矿渣水泥(强度等级>32.5)	火山灰水泥、粉煤灰水泥、复合水泥
	有抗渗要求的混凝土工程	普通水泥、火山灰水泥		矿渣水泥
	有耐磨性要求的混凝土工程	硅酸盐水泥、普通水泥	矿渣水泥(强度等级>32.5)	火山灰水泥、粉煤灰水泥
	受侵蚀介质作用的混凝土工程	矿渣水泥、火山灰水泥、粉煤灰水泥、复合水泥		硅酸盐水泥

第三节　普通混凝土

一、概述

混凝土一般是指由胶凝材料、集料及其他材料，按适当比例配制，经凝结、硬化而制成的具有所需形体、强度和耐久性等性能要求的人造石材。

（一）混凝土种类

混凝土按所用胶凝性材料不同，可分为水泥混凝土、聚合物浸渍混凝土、沥青混凝土、石膏混凝土及水玻璃混凝土等。

混凝土按体积密度不同，可分为重混凝土、普通混凝土、轻混凝土。

混凝土按用途不同，可分为结构混凝土、装饰混凝土、防水混凝土、道路混凝土、防辐射混凝土、耐热混凝土、耐酸混凝土、大体积混凝土、膨胀混凝土等。

混凝土按强度等级不同，可分为普通混凝土、高强混凝土、超高强混凝土。

混凝土按生产和施工方法不同，可分为泵送混凝土、喷射混凝土、碾压混凝土、真空脱水混凝土、离心混凝土、压力灌浆混凝土、预拌混凝土（商品混凝土）等。

（二）对混凝土质量的基本要求

工程中所使用的混凝土，一般应同时满足以下基本要求：

（1）满足与设计相适应的强度要求；

（2）满足与施工相适应的和易性要求；

（3）满足与其所处环境相适应的耐久性要求；

（4）在满足上述要求的同时，还应满足经济性等要求。

这也是对混凝土质量要求的四个基本原则。无论是选择拌制混凝土所需的原材料、进行混凝土配合比设计，还是评定混凝土质量等，它都是首先应坚持的原则。

二、普通混凝土的组成材料

普通混凝土的基本组成材料是水泥、水、砂子和石子，另外还常掺入适量的外加剂和掺合料。在混凝土中，水泥和水作用形成水泥浆，包裹在砂粒表面形成砂浆并填充砂粒间的空隙，砂浆又包裹石子，并填充石子间的空隙而形成混凝土。在混凝土硬化前，水泥浆起润滑作用，赋予混凝土拌和物一定的流动性，便于施工。水泥浆硬化后，起胶结作用，把砂、石集料胶结为一个整体，成为坚硬的人造石材，产生强度，并具有耐久性。砂、石作为混凝土的主要受力部分，起骨架作用，故称为集料。砂子称为细集料，石子称为粗集料。

（一）水泥

配制混凝土所用的水泥品种，应当根据工程性质与特点、工程所处环境及施工条件等，并依据各种水泥的特性，正确、合理地选择。常用水泥品种的选用见表1-9。

水泥强度等级的选择应当与混凝土的设计强度等级相适应，既不能用低强度等级水泥配制高强度等级的混凝土，也不可用高强度等级水泥配制低强度等级的混凝土。

(二)细集料(砂)

1.细集料的概念和分类

凡粒径在 150 μm~4.75 mm 之间的颗粒,称为细集料。细集料一般按成因不同分为天然砂和人工砂。

2.细集料的主要技术性质

按《建筑用砂》(GB/T 14684—2001)的规定,对细集料的技术性能要求主要包括以下几个方面。

1)有害物质含量

砂中有害物质的含量应符合表 1-10 的规定。

表 1-10 砂中有害物质的含量

项目	指标		
	Ⅰ类	Ⅱ类	Ⅲ类
云母(按质量百分比计)(%)<	1.0	2.0	2.0
轻物质(按质量百分比计)(%)<	1.0	1.0	1.0
有机物(比色法)	合格	合格	合格
硫化物及硫酸盐(按 SO_3 质量计)(%)<	0.5	0.5	0.5
氯化物(以氯离子质量计)(%)	0.01	0.02	0.06

2)泥、泥块及石粉含量

天然砂中含泥量,是指粒径小于 0.075 mm 的颗粒含量;泥块含量,则是指砂中粒径大于 1.18 mm,经水浸洗、手捏后小于 0.006 mm 的颗粒含量;石粉含量,是指人工砂中粒径小于 0.075 mm 的颗粒含量。

天然砂中的泥附着在砂粒表面,妨碍水泥与砂的黏结,增大混凝土的用水量,降低混凝土的强度和耐久性,增大混凝土的收缩。而泥块若存在于混凝土中,也将严重影响其强度和耐久性。人工砂在生产过程中,石粉含量过多,会影响混凝土的强度和耐久性。根据国家标准,天然砂的含泥量和泥块含量及人工砂的石粉含量和泥块含量应分别符合表 1-11 和表 1-12 的规定。

表 1-11 天然砂的含泥量和泥块含量

项目	指标		
	Ⅰ类	Ⅱ类	Ⅲ类
含泥量(按质量百分比计)(%)	<1.0	<3.0	<5.0
泥块含量(按质量百分比计)(%)	0	<1.0	<2.0

表 1-12　人工砂的石粉含量和泥块含量

项目			指标		
			Ⅰ类	Ⅱ类	Ⅲ类
亚甲蓝试验	*MB* 值<1.40 或合格	石粉含量(按质量百分比计)(%)	<3.0	<5.0	<7.0*
		泥块含量(按质量百分比计)(%)	0	<1.0	<2.0
	MB 值≥1.40 或不合格	石粉含量(按质量百分比计)(%)	<1.0	<3.0	<5.0
		泥块含量(按质量百分比计)(%)	0	<1.0	<2.0

注:* 根据使用地区和用途,在试验的基础上,可由供需双方协商确定,用于 C30 的混凝土和建筑砂浆。

3)砂的颗粒级配和细度模数(M_X)

砂的颗粒级配是指不同粒径的砂颗粒相互搭配的情况。在混凝土中,砂粒之间的空隙是由水泥浆所填充的,为节约水泥和提高混凝土的密实性,应尽量减小砂粒之间的空隙。

砂的粗细程度是指不同粒径的砂粒混合在一起后的平均粗细程度。按砂的粗细程度不同将砂分为粗砂、中砂和细砂。一般用粗砂配制混凝土比用细砂所用水泥量要少。

在拌制混凝土时,砂的粗细和颗粒级配应同时考虑。当砂中含有较多的粗颗粒,并以适量的中颗粒及少量的细颗粒填充其空隙时,该种颗粒级配的砂其空隙率及总表面积均较小,这样不仅水泥用量少,而且可以提高混凝土的密实性与强度,是比较理想的细集料。

砂的颗粒级配和粗细程度常用筛分析的方法进行测定。用级配区表示砂的级配,用细度模数表示砂的粗细度。筛分析的方法,是用一套孔径为 4.75 mm、2.36 mm、1.18 mm、600 μm、300 μm、150 μm 的方孔标准筛,将 500 g 干砂试样由粗到细依次过筛,然后称量余留在各筛上的砂量,并计算出各筛上的分计筛余百分率(各筛上的筛余量占砂样总质量的百分率)a_1、a_2、a_3、a_4、a_5、a_6 及累计筛余百分率(各筛和比该筛粗的所有分计筛余百分率之和)A_1、A_2、A_3、A_4、A_5、A_6。分计筛余百分率与累计筛余百分率的关系如表 1-13 所示。

表 1-13　分计筛余百分率与累计筛余百分率的关系

方孔筛筛孔尺寸(mm)	分计筛余		累计筛余百分率(%)
	筛余量(g)	百分率(%)	
4.75	m_1	$a_1=m_1/500\times100\%$	$A_1=a_1$
2.36	m_2	$a_2=m_2/500\times100\%$	$A_2=a_1+a_2$
1.18	m_3	$a_3=m_3/500\times100\%$	$A_3=a_1+a_2+a_3$
0.60	m_4	$a_4=m_4/500\times100\%$	$A_4=a_1+a_2+a_3+a_4$
0.30	m_5	$a_5=m_5/500\times100\%$	$A_5=a_1+a_2+a_3+a_4+a_5$
0.15	m_6	$a_6=m_6/500\times100\%$	$A_6=a_1+a_2+a_3+a_4+a_5+a_6$

砂的粗细程度用细度模数(M_X)表示,按式(1-19)计算

$$M_X=\frac{(A_1+A_2+A_3+A_4+A_5)-5A_1}{100-A_1} \tag{1-19}$$

细度模数越大,表示砂粒越粗。按细度模数的不同,将砂分为粗砂、中砂和细砂,其中:

粗砂细度模数为3.7~3.1,中砂细度模数为3.0~2.3,粗砂细度模数为2.2~1.6。

砂的颗粒级配用级配区表示,以级配区或筛分曲线判定砂级配的合格性。对细度模数为3.7~1.6的普通混凝土用砂,根据600 μm方孔筛(控制粒级)的累计筛余百分率,划分成为1区、2区和3区三个级配区。普通混凝土用砂的颗粒级配,应处于表1-14中的任何一个级配区中,才符合级配要求。

表1-14 砂的颗粒级配区 (%)

筛孔尺寸(mm)	级配区		
	1区	2区	3区
9.50	0	0	0
4.75	10~0	10~0	10~0
2.36	35~5	25~0	15~0
1.18	65~35	50~10	25~0
0.60	85~71	70~41	40~16
0.30	95~80	92~70	85~55
0.15	100~90	100~90	100~90

注:1.砂的实际颗粒级配与表中所列数字相比,除4.75 mm和0.60 mm筛孔外,可以略有超出,但超出总量应小于5%。
2. Ⅰ区人工砂中0.15 mm筛孔的累计筛余可以放宽到100%~85%,2区人工砂中0.15 mm筛孔的累计筛余可以放宽到100%~80%,3区人工砂中0.15 mm筛孔的累计筛余可以放宽到100%~75%。

配制混凝土时,宜优先选用2区砂。当采用1区砂时,因砂子较粗,应适当提高砂率,并保证足够的水泥用量,以满足混凝土的和易性;当采用3区砂时,因砂子较细,宜适当降低砂率,以保证混凝土的强度。

在实际工程中,若砂的级配不良,可采用人工掺配的方法来改善,即将粗砂和细砂按适当的比例进行掺合使用,或将砂过筛,筛除过粗或过细颗粒。

综上所述,根据《建筑用砂》(GB/T 14684—2001)规定,按有害杂质的含量、泥和泥块的含量等技术指标,将建筑用砂划分为Ⅰ类、Ⅱ类、Ⅲ类三种类别。Ⅰ类宜用于强度等级大于C60的混凝土,Ⅱ类宜用于强度等级为C30~C60及抗冻、抗渗或其他要求的混凝土,Ⅲ类宜用于强度等级小于C30的混凝土和砂浆。

4)碱—集料反应

当集料中含有活性的氧化硅,而混凝土中所用的水泥碱度又较大时,就可能发生碱—集料反应。这是因为水泥中碱性氧化物水解后形成的氢氧化钠和氢氧化钾与集料中的活性氧化硅起化学反应,在集料表面能生成一种复杂的碱——硅酸凝胶。这就改变了集料与水泥石原来的界面,生成的凝胶吸水后将无限肿胀,由于凝胶被水泥石包裹,故当凝胶吸水而不断肿胀时,就会把水泥石胀裂,这种化学作用通常称为碱—集料反应。一般当水泥含碱量大于0.6%时,就需检查集料中活性氧化硅的含量,以避免发生碱—集料反应。

碱—集料反应试验是由需检验的集料与高碱度的水泥制备的试件,检验其在规定的龄期内,有无裂缝、酥裂、胶体外溢等现象,并测定其膨胀率来判定的。

5)砂的体积密度、堆积密度、空隙率

砂的体积密度应大于2 500 kg/m^3,松散堆积密度大于1 350 kg/m^3,空隙率小于47%。

(三)粗集料

1.粗集料的概念和分类

粗集料是指粒径大于4.75 mm的颗粒。普通混凝土常用的粗集料按表观形状不同,可分为卵石和碎石两类。

2.粗集料的主要技术性质

根据《建筑用卵石、碎石》(GB/T 14685—2001),对粗集料的技术要求主要包括以下几个方面。

1)有害物质的含量

卵石和碎石中有害物质含量应符合表1-15的规定。

表1-15　卵石和碎石中有害物质的含量

项目	指标		
	Ⅰ类	Ⅱ类	Ⅲ类
有机物(比色法检验)	合格	合格	合格
硫化物及硫酸盐(按 SO_3 质量计)(%)<	0.5	1.0	1.0

2)泥和泥块含量

卵石和碎石的泥含量是指粒径小于0.075 mm的颗粒含量,泥块含量是指卵石和碎石中粒径大于4.75 mm经水浸洗、手捏后小于2.36 mm的颗粒含量。

泥和泥块含量过多会降低集料与水泥的黏结力,影响混凝土的强度和耐久性。因此,卵石、碎石中泥和泥块含量应符合表1-16的规定。

表1-16　卵石、碎石中泥和泥块含量

项目	指标		
	Ⅰ类	Ⅱ类	Ⅲ类
泥含量(按质量计)(%)<	0.5	1.0	1.5
泥块含量(按质量计)(%)<	0	0.5	0.7

3)针、片状颗粒含量

粗集料中:凡颗粒长度尺寸大于该类颗粒平均粒径2.4倍者,称为针状颗粒;厚度小于平均粒径0.4倍者,称为片状颗粒。粗集料中的针、片状颗粒在施工时,会增大集料的空隙率,影响混凝土拌和物的和易性,并且在受力时容易折断,对混凝土的强度和耐久性也极为不利。按规定,粗集料中针、片状颗粒的含量应符合表1-17的要求。

表1-17　粗集料中针、片状颗粒的含量

项目	指标		
	Ⅰ类	Ⅱ类	Ⅲ类
针、片状颗粒(按质量计)(%)<	5	15	25

粗集料按技术要求分为Ⅰ类、Ⅱ类和Ⅲ类。Ⅰ类宜用于强度等级大于C60的混凝土，Ⅱ类宜用于强度等级为C30~C60及抗冻、抗渗或其他要求的混凝土，Ⅲ类宜用于强度等级小于C30的混凝土。

4)粗集料的颗粒级配

粗集料对颗粒级配的要求与细集料的颗粒级配原理相同，特别是配制高强度混凝土或高性能混凝土时，粗集料颗粒级配显得尤为重要。

粗集料的颗粒级配也是通过筛分析试验来确定的，其方孔标准筛孔径为2.36 mm、4.75 mm、9.50 mm、16.0 mm、19.0 mm、26.5 mm、31.5 mm、37.5 mm、53.0 mm、63.0 mm、75.0 mm及90.0 mm共12个筛档。其分计筛余百分率及累计筛余百分率的计算与细集料相同。依据现行国家标准，普通混凝土用卵石及碎石的颗粒级配应符合表1-18的规定。

表1-18　普通混凝土用卵石及碎石的颗粒级配

级配情况		下列方孔筛孔径(mm)的累计筛余(%)											
公称粒径(mm)		2.36	4.75	9.50	16.0	19.0	26.5	31.5	37.5	53.0	63.0	75.0	90.0
连续粒级	5~10	95~100	80~100	0~15	0								
	5~16	95~100	85~100	30~60	0~10	0							
	5~20	95~100	90~100	40~80		0~10	0						
	5~25	95~100	90~100		30~70		0~5	0					
	5~31.5	95~100	90~100	70~90		15~45		0~5	0				
	5~40		90~100	70~90		30~65			0~5	0			
单粒粒级	10~20		95~100	85~100		0~15	0						
	16~31.5		95~100		85~100			0~10	0				
	20~40			95~100		80~100			0~10	0			
	31.5~63				95~100			75~100	45~75		0~10	0	
	40~80					95~100			70~100		30~60	0~10	0

由表1-18可以看出，粗集料的级配有连续粒级和单粒粒级两种。连续粒级是指颗粒的粒径由大到小连续分布，每一级粒级都占一定的比例，又称为连续级配。连续粒级大小颗粒搭配合理，配制的混凝土拌和物和易性好，不易发生离析现象，目前使用较多。单粒粒级石子主要用于组合成具有要求级配的连续粒级，或与连续粒级混合使用。

5)粗集料的最大粒径

粗集料公称粒径的上限为该粒级的最大粒径。粗集料的公称粒径是用其最小粒径至最大粒径的尺寸标出的，如5~31.5 mm。《混凝土结构工程施工质量验收规范》(GB 50204—2002)规定：混凝土用的粗集料，其最大粒径不得超过结构截面最小尺寸的1/4，且不得大于钢筋间最小净距的3/4。对于混凝土实心板，集料的最大粒径不宜超过板厚的1/2，且不得超过50 mm。对于泵送混凝土，碎石最大粒径与输送管内径之比宜小于或等于1:2，卵石宜小于或等于1:2.5。

6)强度

为了保证混凝土的强度要求，粗集料必须具有足够的强度。碎石和卵石的强度采用岩石立方体强度和压碎指标两种方法检验。

岩石立方体强度检验,是将碎石的母岩制成直径与高均为 50 mm 的圆柱体试件或边长为 50 mm 的立方体,在水中浸泡 48 h 后的饱和状态下,测定其极限抗压强度值。根据规定,火成岩的强度值应不小于 80 MPa,变质岩应不小于 60 MPa,水成岩应不小于 30 MPa。

压碎指标检验,是将一定质量气干状态下粒径 9.0~9.5 mm 的石子装入标准筒压模内,放在压力机上均匀加荷至 200 kN,卸荷后称取试样质量 G_1,然后用孔径为 2.36 mm 的筛网,筛除被压碎的颗粒,称出剩余在筛上的试样质量 G_2,按式(1-20)计算压碎指标值 Q_c

$$Q_c = \frac{G_1 - G_2}{G_1} \times 100\% \tag{1-20}$$

压碎指标值越小,表示石子抵抗受压破坏的能力越强,工程上常采用压碎指标进行现场质量控制。根据标准,压碎指标值应符合表 1-19 的规定。

表 1-19 石子的压碎指标值 (%)

项目	指标		
	Ⅰ类	Ⅱ类	Ⅲ类
卵石压碎指标值<	10	20	30
碎石压碎指标值<	12	16	16

7)碱—集料反应

参见细集料部分。

8)体积密度、堆积密度、空隙率

粗集料的体积密度大于 2 500 kg/m³,松散堆积密度大于 1 350 kg/m³,空隙率小于 47%。

(四)混凝土拌和及养护用水

混凝土拌和及养护用水应满足表 1-20 的要求。

表 1-20 混凝土拌和及养护用水的要求

项目	预应力混凝土	钢筋混凝土	素混凝土
pH 值>	4	4	4
不溶物(mg/L)<	2 000	2 000	5 000
可溶物(mg/L)<	2 000	5 000	10 000
氯化物(以 Cl^- 计)(mg/L)<	500*	1 200	3 500
硫酸盐(以 SO_4^{2-} 计)(mg/L)<	600	2 700	2 700
硫化物(以 S^{2-} 计)(mg/L)<	100	—	—

注:* 使用钢丝或经热处理钢筋的预应力混凝土,氯化物含量不得超过 350 mg/L。

对水质有怀疑时,应将待检验水与蒸馏水分别做水泥凝结时间和砂浆或混凝土强度对比试验。对比试验测得的水泥初凝时间差和终凝时间差均不得超过 30 min,且其初凝时间及终凝时间应符合国家水泥标准的规定。用待检验水配制的水泥砂浆或混凝土的 28 d 抗压强度不得低于用蒸馏水配制的对比砂浆或混凝土强度的 90%。

三、混凝土的技术性质

(一)混凝土拌和物的技术性质

1.和易性的概念

混凝土拌和物的和易性是指混凝土拌和物易于施工操作(包括搅拌、运输、浇筑、捣实、泵送等),并能获得质量均匀、成型密实混凝土的性能。和易性是一项综合性的技术指标,它一般包括流动性、黏聚性和保水性等方面的含义。

流动性是指混凝土拌和物在自重或外力作用下,能产生流动并均匀密实地填满模板的性能;黏聚性是指混凝土拌和物各组成材料之间具有一定的凝聚力,在运输和浇筑过程中不致发生分层离析现象,使混凝土保持整体均匀的性能;保水性是指混凝土拌和物具有一定保持内部拌和水分,不易产生泌水(拌和水从混凝土拌和物中析出的现象)的性能。

混凝土拌和物的流动性、黏聚性和保水性,三者之间既互相关联又互相矛盾。若黏聚性好,则保水性容易保证,但流动性可能较差。因此,要使混凝土拌和物的和易性满足要求,就要统筹解决这三方面的性能,使其在具体工作条件中得到统一。

2.和易性的测定

根据现行国家标准《普通混凝土拌合物性能试验方法标准》(GB/T 50080—2002)的规定,用坍落度或维勃稠度来测定混凝土拌和物的流动性,并辅以直观和经验来评定其黏聚性和保水性,由此来综合评定混凝土拌和物的和易性。这里仅介绍坍落度法。

坍落度法是将混凝土拌和物按规定的方法装入坍落度筒内,提起坍落度筒后拌和物因自重而向下坍落,坍落的高度以 mm 为单位,即为该混凝土拌和物的坍落度值,用 T 表示,它适用于塑性混凝土拌和物($T \geq 10$ mm)和易性测定,如图 1-2 所示。

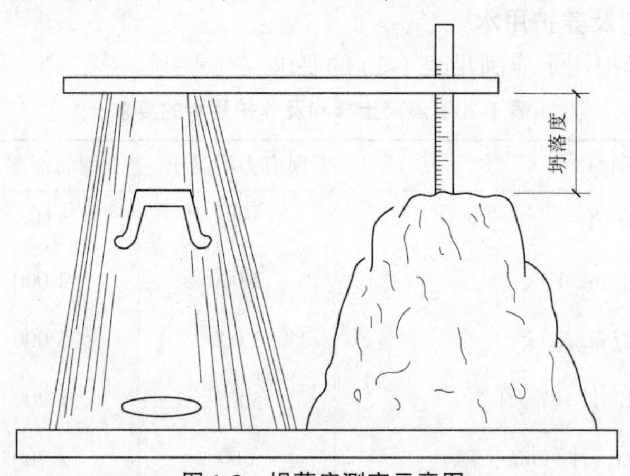

图 1-2　坍落度测定示意图

坍落度越大,则混凝土拌和物的流动性就越大。所以,坍落度是较形象地描述混凝土拌和物流动性的指标。在测定坍落度的同时,应观察其黏聚性和保水性,以便全面地评定混凝土拌和物的和易性。混凝土拌和物根据其坍落度大小分为四级,如表 1-21 所示。

表 1-21　混凝土按坍落度分级

名称	坍落度(mm)	名称	坍落度(mm)
低塑性混凝土	10~40	流动性混凝土	100~150
塑性混凝土	50~90	大流动性混凝土	≥160

注:坍落度检测结果,在分级评定时,其表示取舍至邻近的 10 mm。

3.坍落度的选择

选择合适的混凝土拌和物坍落度,对保证混凝土的施工质量、做到防范于未然、节约水泥等都具有重要的意义。原则上,要根据结构类型、构件截面大小、配筋疏密、输送方式和施工搅拌、捣实的方法等因素来综合确定。混凝土浇筑的坍落度宜按表 1-22 选用。

表 1-22　混凝土浇筑时的坍落度

结构种类	坍落度(mm)
基础或地面等的垫层、无配筋的大体积结构(挡土墙、基础等)或配筋稀疏的结构	10~30
梁、板和大型及中型截面的柱子等	35~50
配筋密列的结构(薄壁、斗仓、筒仓、细柱等)	55~70
配筋特密的结构	75~90

注:1.本表是指采用机械振捣的坍落度,当采用人工捣实时可适当增大。
2.当要求混凝土拌和物具有高的流动性时,应掺入外加剂。
3.曲面或斜面结构混凝土的坍落度应根据实际需要另行确定。
4.轻集料混凝土的坍落度宜比表中所列数据减少 10~20 mm。

4.影响混凝土拌和物和易性的主要因素

在建设工程施工现场,往往会出现混凝土拌和物的流动性、黏聚性和保水性不能同时满足需要的情况,这时必须采用正确的方法对混凝土拌和物做适当的调整,否则,就会出现严重的工程质量事故。

1)水泥浆的用量

在水灰比不变的情况下,单位体积拌和物内,如果水泥浆越多,则拌和物的流动性就越大,但水泥浆过多,又会出现漏浆现象,并使拌和物的保水性、黏聚性变差。同时,对混凝土的强度与耐久性也会产生一定的影响,且水泥用量大也不经济。水泥浆过少,就不能填满集料间空隙或不能很好包裹集料表面,拌和物就会产生崩塌现象,黏聚性也变差。因此,混凝土拌和物中水泥浆的用量,应在满足流动性和强度要求的前提下,用量最省。

2)水泥浆的稠度

水泥浆的稠度是由水灰比(用水量与水泥用量的比值)所决定的。在水泥用量不变的情况下,水灰比越小,水泥浆就越稠,混凝土拌和物的流动性就越小。当水灰比过小时,水泥浆干稠,混凝土拌和物的流动性过低,会使施工困难,不能保证混凝土的密实性。增大水灰比会使流动性加大,但如果水灰比过大,又会造成混凝土拌和物的黏聚性和保水性不良,而产生漏浆、离析等现象,并严重影响混凝土的强度和耐久性。所以,水灰比不能过大或过小,一般应根据混凝土强度和耐久性要求,合理地选用。

无论是水泥浆的多少还是水泥浆的稀稠,实际上对混凝土拌和物流动性起决定作用的是单位用水量(拌制 1 m^3 混凝土拌和物所需水的用量)的多少。但是必须指出:严禁采用单纯加大用水量的方法调整混凝土拌和物的和易性。否则,将会降低混凝土的强度和耐久性。因此,对混凝土拌和物流动性的调整,应在保证水灰比不变的条件下,以调整水泥浆用量的方法进行。用水量确定的原则应当是:在保证混凝土拌和物和易性的前提下,用水量最少为宜。

3)砂率

砂率是指混凝土中砂的质量占砂石总质量的百分率,以 β_s 表示。

在混凝土拌和物中,当水泥浆一定、砂率过大时,集料的总表面积及空隙率都会增大,相对地水泥浆就显得少,这就导致混凝土拌和物流动性降低。当砂率适宜时,砂不但填满石子间的空隙,而且还能保证粗集料间有一定厚度的砂浆层,以减小粗集料间的摩擦阻力,使混凝土拌和物有较好的流动性。这个适宜的砂率,称为合理砂率。当采用合理砂率时,在用水量及水泥用量一定的情况下,能使混凝土拌和物获得最大的流动性,并保持良好的黏聚性和保水性,或者当采用合理砂率时,能使混凝土拌和物获得所要求的流动性及良好的黏聚性与保水性的前提下,水泥用量最少。

4)组成材料品种的影响

不同的水泥品种对混凝土拌和物的和易性有一定的影响,一般粉煤灰水泥的和易性较好,而矿渣水泥的和易性较差。集料的性质对混凝土拌和物的和易性影响也较大。级配良好的集料,空隙率小,在水泥浆用量相同的情况下,包裹集料表面的水泥浆较厚,和易性好。碎石比卵石表面粗糙,所配制的混凝土拌和物流动性较卵石配制的差。细砂的比表面积大,用细砂配制的混凝土比用中砂、粗砂配制的混凝土拌和物流动性小。

5)外加剂

外加剂(如减水剂、引气剂等)对拌和物的和易性有很大的影响,在拌制混凝土时,加入少量的外加剂能使混凝土拌和物在不增加水泥用量的条件下,获得良好的和易性,不仅流动性显著增加,而且还有效地改善混凝土拌和物的黏聚性和保水性。

6)时间和温度

搅拌后的混凝土拌和物,随着时间的延长而逐渐变得干稠,和易性变差。其主要原因是水分的减少,其中一部分水参与水泥的水化或被集料吸收,另一部分水分由于蒸发而损失,加之混凝土凝聚结构的逐渐形成,致使混凝土拌和物的流动性变差。

混凝土拌和物的和易性也受温度的影响。因为环境温度升高,水分蒸发及水化反应速度都要加快,相应使其流动性降低。因此,在施工中为保证一定的和易性,必须注意环境温度的变化,采取相应的措施。

(二)硬化后混凝土的技术性质

1.混凝土的强度

强度是混凝土最重要的力学性质,混凝土的强度包括抗压强度和抗拉强度等。

1)混凝土的立方体抗压强度与强度等级

混凝土的立方体抗压强度是指以边长为 150 mm 的立方体试件为标准试件,按标准方法成型,在标准条件(温度(20±3)℃,相对湿度 90%以上)下,养护至 28 d 龄期,用标准试验方法测得的抗压强度值，以 f_{cu} 表示。

混凝土立方体抗压强度标准值是指在混凝土立方体极限抗压强度总体分布中，具有95%强度保证率的混凝土立方体抗压强度值，以 $f_{cu,k}$ 表示。

混凝土的强度等级是按混凝土立方体抗压强度标准值来划分的。采用符号 C 与立方体抗压强度标准值（单位为 MPa）表示，有 C15、C20、C25、C30、C35、C40、C45、C50、C55、C60、C65、C70、C75、C80 共 14 个强度等级。

2）混凝土的轴心抗压强度

轴心抗压强度是指采用 150 mm×150 mm×300 mm 的棱柱体作为标准试件，按标准的试验方法成型，在标准的养护条件下，养护至 28 d，所测得的抗压强度值，以 f_{cp} 表示。试验表明，相同混凝土的轴心抗压强度与立方体抗压强度之比为 0.7~0.8。

3）混凝土的抗拉强度

混凝土的抗拉强度（以 f_{tk} 表示）只有抗压强度的 1/20~1/10，并且该强度值随混凝土强度等级的提高而降低。由于混凝土受拉时呈脆性破坏，破坏时又无明显变形征兆，故在钢筋混凝土结构设计时，一般不考虑混凝土承受拉力。

2.影响混凝土强度的主要因素

影响混凝土强度的因素很多，其主要影响因素包括原材料的质量、水泥石的强度及其与集料的黏结强度、水灰比、试验方法、试件尺寸，此外，还有施工质量、养护条件及龄期等。

1）集料的质量

粗集料、细集料的质量对混凝土的强度有较大的影响，详见粗集料、细集料部分。由于碎石表面粗糙并富有棱角，与水泥的黏结力较强，在同配合比的条件下，所配制的混凝土强度比用卵石的要高。集料级配良好、砂率适当，能组成密实的骨架，也能使混凝土获得较高的强度。

2）水泥强度等级和水灰比

水泥强度等级和水灰比是决定混凝土强度最主要的因素。在使用材料相同时，水泥强度等级越高，配制成的混凝土强度也越高。若水泥强度等级相同，则混凝土的强度主要取决于水灰比，水灰比越小，配制成的混凝土强度越高。

根据大量的试验结果，在正常水灰比情况下，可以建立混凝土强度经验公式为

$$f_{cu} = \alpha_a f_{ce}\left(\frac{C}{W} - \alpha_b\right) \tag{1-21}$$

式中 f_{cu}——混凝土 28 d 龄期的立方体抗压强度，MPa；

f_{ce}——水泥 28 d 实测抗压强度值，MPa；

$\frac{C}{W}$——灰水比；

α_a、α_b——回归系数，碎石混凝土取 $\alpha_a = 0.46$，$\alpha_b = 0.07$，卵石混凝土取 $\alpha_a = 0.48$，$\alpha_b = 0.33$。

强度经验公式适用于 $\frac{C}{W} = 0.40 \sim 0.80$ 的低流动性混凝土和塑性混凝土，不适用于干硬性混凝土。

3）养护条件

混凝土的养护是指在混凝土振捣成型后的一段时间内，保持适当的温度和湿度，使水泥充分水化的过程。国家标准规定，在混凝土浇筑完毕后的12 h内，应对混凝土加以覆盖和浇水，其浇水养护时间，对硅酸盐水泥、普通水泥和矿渣水泥拌制的混凝土不得少于7 d，对掺用缓凝型外加剂或有抗渗要求的混凝土不得少于14 d。

4）龄期

龄期是指混凝土在拌制成型后所历经的时间。在正常的养护条件下，混凝土的强度将随龄期的增长而增大，最初的3～14 d强度增长速度较快，以后逐渐缓慢。

普通水泥制成的混凝土，在标准的养护条件下，混凝土强度的发展与龄期大致成正比例关系，可用式（1-22）表示为

$$f_{28}=\frac{\lg 28}{\lg n}f_n \quad (\text{龄期}\ n \geqslant 3\ \text{d}) \tag{1-22}$$

5）施工质量

在工程建设中，施工质量是决定混凝土强度的主要因素。在配料、搅拌、运输、振捣和养护等过程中，若有任何一个环节出现失误，都将直接导致混凝土强度的降低。所以，一定要严格遵守施工操作规程，严格质量控制和管理，确保混凝土强度满足设计要求。

6）试验条件

试件的尺寸、形状、表面状态及加荷速度等，称为试验条件。

实践证明：材料用量相同的混凝土试件，其试件尺寸越大，测得的强度越低。其原因有：一是试件尺寸大时，内部孔隙、缺陷等出现的几率也增大，会导致混凝土强度降低；二是试件在无侧限受压时，试件受压面与试件承压板之间将产生静摩擦力，对试件相对于承压板的横向膨胀起着约束作用，该约束作用有利于混凝土试件强度的提高，通常，这种作用称为环箍效应的影响。

按照国家标准的规定，边长为150 mm的立方体试件为混凝土标准试件。当使用非标准试件时，应将其抗压强度乘以表1-23中相应的换算系数，换算成标准试件的强度值。

表1-23　试件尺寸及换算系数

粗集料的最大粒径（mm）	试件尺寸（mm×mm×mm）	折算系数
≤30	100×100×100	0.95
≤40	150×150×150	1.00
≤60	200×200×200	1.05

加荷速度越快，测得的混凝土强度值越大。因此，《普通混凝土力学性能试验方法标准》（GB/T 50081—2002）规定测定混凝土抗压强度：当混凝土强度等级小于C30时，加荷速度为0.3～0.5 MPa/s；当混凝土强度等级等于或大于C30时，取0.5～0.8 MPa/s，并应连续均匀地进行加荷。

3.混凝土的耐久性

混凝土在实际使用条件下抵抗所处环境各种不利因素的作用，长期保持其使用性能和外观完整性，维持混凝土结构的安全和正常使用的能力称为混凝土的耐久性。混凝土的耐

久性主要包括抗冻性、抗渗性、抗碳化性、抗侵蚀性、碱—集料反应及抗风化性能等。

1)抗冻性

混凝土的抗冻性用抗冻等级评定。抗冻等级是以28 d龄期的混凝土标准试件,在吸水饱和后承受反复冻融循环,以抗压强度损失不超过25%、质量损失不超过5%时所能承受的最大冻融循环次数来表示。混凝土的抗冻等级有F10、F15、F25、F50、F100、F150、F200、F250、F300等9个等级,分别表示混凝土能承受冻融循环的次数不少于10次、15次、25次、50次、100次、150次、200次、250次和300次。

2)抗渗性

混凝土的抗渗性一般用抗渗等级表示。抗渗等级是以28 d龄期的标准试件(圆台形),按标准试验方法进行试验,测其所能承受的最大静水压力来确定的。抗渗等级有P6、P8、P10、P12等4个等级。

3)抗碳化性

混凝土的碳化是指空气中的二氧化碳在潮湿的条件下与水泥石中的氢氧化钙晶体发生反应,生成碳酸钙和水的过程,也称中性化。

如果混凝土的抗碳化性能差,混凝土就极易被碳化,而使其碱度降低,也就减弱了对钢筋的保护作用,易引起钢筋锈蚀;碳化还会引起混凝土产生不可恢复的收缩变形,而导致制品形成细微裂缝,使混凝土的抗拉强度、抗折强度和耐久性降低。

由于碳化作用生成的碳酸钙可填充到混凝土的孔隙中,并且碳化后放出的水分又可加速水泥的水化,所以碳化可提高混凝土表层的密实度和抗压强度。这也是工程中提高混凝土表面硬度的一种行之有效的方法。

4)抗侵蚀性

混凝土的抗侵蚀性是指混凝土在使用中,抵抗环境各种侵蚀性介质作用的性能。它主要取决于水泥的抗侵蚀性,可参看水泥部分相关内容。

5)碱—集料反应

碱—集料反应的概念见混凝土组成材料中细集料部分。混凝土发生碱—集料反应必须同时具备以下三个条件:

(1)水泥中碱含量大于0.6%;

(2)粗集料、细集料中含有一定量的活性成分;

(3)有水存在。

6)提高混凝土耐久性的措施

提高混凝土耐久性的主要措施有:

(1)根据环境条件,选择合适的水泥品种。

(2)严格控制原材料的质量,使之符合相关规范的要求。

(3)提高混凝土的密实性。

(4)严格控制水灰比,保证足够的水泥用量。《普通混凝土配合比设计规程》(JGJ 55—2000)规定了混凝土的最大水灰比和最小水泥用量,如表1-24所示。

(5)掺入合适的外加剂(如减水剂和引气剂等)。

（6）提高施工质量，加强过程控制（包括计量、搅拌、浇筑、振捣、养护等）。

表 1-24　混凝土的最大水灰比和最小水泥用量

环境条件		结构物类别	最大水灰比			最小水泥用量（kg/m^3）		
			素混凝土	钢筋混凝土	预应力混凝土	素混凝土	钢筋混凝土	预应力混凝土
干燥环境		正常的居住或办公用房屋内部件	不作规定	0.65	0.60	200	260	300
潮湿环境	无冻害	高湿度的室内部件 室外部件 在非侵蚀性土和（或）水中的部件	0.70	0.60	0.60	225	280	300
潮湿环境	有冻害	经受冻害的室外部件 在非侵蚀性土和（或）水中且经受冻害的部件 高湿度且经受冻害的室内部件	0.55	0.55	0.55	250	280	300
		有冻害和除冰剂的潮湿环境	0.50	0.50	0.50	300	300	300

注：1.当用活性掺合料取代部分水泥时，表中的最大水灰比及最小水泥用量即为替代前的用量。

2.配制 C15 及以下等级的混凝土时，可不受本表限制。

四、普通混凝土配合比设计

普通混凝土配合比是指混凝土中各组成材料之间用量的关系。配合比常用的表示方法有两种：一种是以每立方米混凝土拌和物中各种材料的质量表示，如水泥 300 kg/m^3、砂 660 kg/m^3、石子 1 240 kg/m^3、水 180 kg/m^3；另一种是以各种材料的质量比表示（以水泥质量为1），将其换算成质量比为：水泥:砂:石子 = 1:2.2:4.1，$\frac{W}{C}=0.60$。

（一）混凝土配合比设计中的三个参数

混凝土配合比设计，实质上就是合理地确定水泥、砂、石子和水这四种基本组成材料用量，而确定其用量，首先应确定其比例关系。

1.水灰比$\left(\frac{W}{C}\right)$

水灰比是影响混凝土强度和耐久性的主要因素。其确定原则是在满足强度和耐久性的前提下，尽量选择较大值。

2.砂率（β_s）

确定砂率的原则是在用水量及水泥用量一定的情况下，能使混凝土拌和物获得最大的流动性，并保持良好的黏聚性和保水性；或者，能使混凝土拌和物获得所要求的流动性及良好的黏聚性与保水性的前提下，水泥用量最少。

3.单位用水量（m_{w0}）

单位用水量是指 1 m^3 混凝土拌和物中，拌和水的用量。它反映混凝土中水泥浆用量的多少。其确定原则是在满足流动性要求的条件下，尽量取较小值。

（二）混凝土配合比设计的方法与步骤

混凝土配合比设计，应首先根据对混凝土的基本要求及所用的原材料进行初步计算，得出初步配合比；再经实验室试拌，检验和易性并经调整后，得出基准配合比；然后经过强度和相关耐久性的检验，确定出满足混凝土基本要求的实验室配合比；最后根据施工现场砂、石集料的含水率，对实验室配合比进行换算，即可得出满足实际需要的施工配合比。

1.初步配合比的确定

1）初步确定混凝土配制强度（f_{cu}）

混凝土配制强度按式（1-23）确定

$$f_{cu} = f_{cu,k} + 1.645\sigma \tag{1-23}$$

式中 f_{cu}——混凝土配制强度，MPa；

$f_{cu,k}$——混凝土立方体抗压强度标准值，MPa；

σ——混凝土强度标准差，MPa。

混凝土强度标准差 σ 宜根据同类混凝土统计资料计算确定，并应符合下列规定：

（1）当施工单位具有近期同品种混凝土强度统计资料时，标准差按式（1-24）计算

$$\sigma = \sqrt{\frac{\sum_{i=1}^{n} f_{cu,i}^{2} - n\bar{f}_{cu}^{2}}{n-1}} \tag{1-24}$$

式中 $f_{cu,i}$——第 i 组混凝土的强度值，MPa；

$\bar{f}_{cu}$——同一验收批混凝土立方体抗压强度平均值，MPa；

n——混凝土试件的组数，$n \geq 25$。

当混凝土强度等级为 C20 和 C25，其强度标准差计算值小于 2.5 MPa 时，计算配制强度用的标准差应取不小于 2.5 MPa；当混凝土强度等级等于或大于 C30，其强度标准差计算值小于 3.0 MPa 时，计算配制强度用的标准差应取不小于 3.0 MPa。

（2）当无统计资料计算混凝土强度标准差时，其值应按表 1-25 选取。

表 1-25 混凝土强度标准差取值

混凝土强度等极	<C20	C20～C35	>C35
标准差 σ（MPa）	4.0	5.0	6.0

2）初步确定水灰比$\left(\frac{W}{C}\right)$

水灰比按混凝土强度公式计算，可用式（1-25）表示为

$$\frac{W}{C} = \frac{\alpha_a \cdot f_{ce}}{f_{cu} + \alpha_a \cdot \alpha_b \cdot f_{ce}} \tag{1-25}$$

式中 f_{ce}——水泥 28 d 实测抗压强度值，MPa。

当无水泥 28 d 抗压强度实测值时，可按式（1-26）确定

$$f_{ce} = \gamma_c \cdot f_{ce,k} \tag{1-26}$$

式中 γ_c——水泥强度等级值的富余系数，$\gamma_c \geq 1.0$，也可按实际统计资料确定；

$f_{ce,k}$——水泥强度等级值，MPa。

由式（1-25）计算的水灰比值，是从强度方面考虑水灰比的大小，还必须满足混凝土耐久性的要求，将计算值与表 1-24 作对比后，取较小值。由此得到的水灰比值既能满足强度的要求，又能满足耐久性的要求。

3）初步确定单位用水量（m_{w0}）

水灰比为 0.40~0.80 时，根据粗集料的品种、粒径及施工要求的混凝土拌和物稠度，按表 1-26 选取用水量。

表 1-26　塑性和干硬性混凝土的用水量选用　　（单位：kg/m^3）

项目	指标	卵石最大粒径（mm）				碎石最大粒径（mm）			
		10	20	31.5	40	16	20	31.5	40
维勃稠度（s）	16~20	175	160		145	180	170		155
	11~15	180	165		150	185	175		160
	5~10	185	170		155	190	180		165
坍落度（mm）	10~30	190	170	160	150	220	185	175	165
	35~50	200	180	170	160	210	195	185	175
	55~70	210	190	180	170	220	205	195	185
	75~90	215	195	185	175	230	215	205	195

注：1. 本表用水量是采用中砂时的平均取值。采用细砂时，每立方米混凝土用水量可增加 5~10 kg；采用粗砂时，则可减少 5~10 kg。

2. 掺用各种外加剂或掺合料时，用水量应相应调整。

4）初步确定单位水泥用量（m_{c0}）

根据已初步确定的水灰比 $\left(\frac{W}{C}\right)$ 和单位用水量（m_{w0}），即可计算出水泥用量为

$$m_{c0}=\frac{m_{w0}}{W/C} \tag{1-27}$$

为了满足混凝土耐久性的要求，由式（1-27）计算而得的水泥用量应与表 1-24 的最小水泥用量作比对后，取较大值。

5）初步确定砂率（β_s）

砂率按表 1-27 选取。

表 1-27　混凝土砂率选用　　（%）

水灰比（W/C）	卵石最大粒径（mm）			碎石最大粒径（mm）		
	10	20	40	16	20	40
0.40	26~32	25~31	24~30	30~35	29~34	27~32
0.50	30~35	29~34	28~33	33~38	32~37	30~35
0.60	33~38	32~37	31~36	36~41	35~40	33~38
0.70	36~41	35~40	34~39	39~44	38~43	36~41

注：1. 本表数值是中砂的选用砂率，对粗砂或细砂，可相应地增大或减小砂率。

2. 只用一个单粒级粗集料配制混凝土时，砂率应适当增大。

3. 对薄壁构件，砂率取偏大值。

6）初步确定粗集料、细集料用量（m_{s0}，m_{g0}）

确定粗集料、细集料的方法有质量法和体积法。

（1）当采用质量法时，应按式（1-28）计算

$$\left.\begin{aligned} m_{c0}+m_{w0}+m_{s0}+m_{g0}=m_{cp} \\ \beta_s=\frac{m_{s0}}{m_{s0}+m_{g0}}\times 100\% \end{aligned}\right\} \tag{1-28}$$

式中 m_{c0}——每立方米混凝土的水泥用量，kg；

m_{w0}——每立方米混凝土的用水量，kg；

m_{s0}——每立方米混凝土的细集料用量，kg；

m_{g0}——每立方米混凝土的粗集料用量，kg；

β_s——砂率（%）；

m_{cp}——每立方米混凝土拌和物的假定质量，kg，其值可取 2 350~2 450 kg。

（2）当采用体积法时，应按式（1-29）计算

$$\left.\begin{aligned} \frac{m_{c0}}{\rho_c}+\frac{m_{w0}}{\rho_w}+\frac{m_{s0}}{\rho_s}+\frac{m_{g0}}{\rho_g}+10\alpha=1\ 000 \\ \beta_s=\frac{m_{s0}}{m_{s0}+m_{g0}}\times 100\% \end{aligned}\right\} \tag{1-29}$$

式中 ρ_c——水泥的密度，可取 2.90~3.10 g/cm^3；

ρ_w——水的密度，可取 1.00 g/cm^3；

ρ_s——细集料的体积密度，g/cm^3；

ρ_g——粗集料的体积密度，g/cm^3；

α——混凝土含气量的百分数值，在不使用引气型外加剂时，可取 $\alpha=1.0$。

解上述联立方程，即可求出细集料（m_{s0}）、粗集料（m_{g0}）用量。

2.混凝土基准配合比的确定

由上述计算过程可以看出，在确定混凝土初步配合比时，采用了许多经验公式、经验表格和假设参数。初步配合比是否满足基本要求，必须经过试拌确定。首先应检验其和易性。

混凝土配合比试配时，一般拌制 12~15 L。进行混凝土配合比试拌时，应采用工程中实际使用的原材料。拌和方法宜与生产时使用的方法相同。

按初步配合比的材料用量和规定的拌制方法试拌后，即检查拌和物的和易性。当试拌得出的拌和物流动性不能满足要求，或黏聚性和保水性不好时，应在保证水灰比不变的条件下相应调整水泥浆的用量或砂率等（详见影响混凝土拌和物和易性的主要因素部分），直到符合要求，即得出满足混凝土拌和物和易性要求的基准配合比。

3.实验室配合比的确定

按基准配合比和标准的制作方法，制作规定的混凝土试块进行混凝土强度检验。为了一次性得到试验结果，应至少采用 3 个不同的配合比，1 个为基准配合比，另外 2 个配合比的水灰比宜较基准配合比分别增加和减少 0.05，用水量应与基准配合比相同，砂率可分别增

加和减少 1%，将 3 个配合比的拌和物分别检验流动性、黏聚性、保水性和体积密度，并满足相关要求。以此结果代表相应配合比的混凝土拌和物性能；然后，制作强度试件，标准养护到 28 d 时试压。

根据试验得出的混凝土强度与其相对应的灰水比关系，用作图法或计算法求出与混凝土配制强度相对应的水灰比，然后按下列原则确定各材料用量：

(1)用水量(m_w)应取基准配合比中的用水量，并根据制作强度试件时测得的坍落度(或维勃稠度)进行调整确定。

(2)水泥用量(m_c)应以用水量除以选定出来的水灰比计算确定。

(3)细集料、粗集料用量(m_s、m_g)应取基准配合比中的细集料、粗集料用量，并按选定的水灰比进行调整。

(4)经试配确定配合比后，还应按下列步骤校正：

①根据确定的材料用量，用式(1-30)计算混凝土的体积密度计算值为

$$\rho_{c,c} = m_c + m_w + m_s + m_g \tag{1-30}$$

②用式(1-31)计算混凝土配合比校正系数

$$\delta = \frac{\rho_{c,t}}{\rho_{c,c}} \tag{1-31}$$

式中　δ——混凝土配合比体积密度校正系数；

$\rho_{c,t}$——混凝土体积密度实测值，kg/m^3；

$\rho_{c,c}$——混凝土体积密度计算值，kg/m^3。

③当混凝土体积密度实测值与计算值之差的绝对值不超过计算值的 2%时，不必校正；当二者之差超过 2%时，应将配合比中每项材料用量均乘以校正系数 δ，即为确定的实验室配合比。

在设计中，若对混凝土还有耐久性(如抗渗性、抗动性等)要求，尚应作相应的耐久性检验。如果不满足要求，还需作相应调整。但调整后，还应先检验和易性和强度，后检验耐久性，直至满足全部设计要求，才最终得到实验室配合比。

4.施工配合比

上述实验室配合比中的集料是以干燥状态为准确定出来的。而施工现场的砂、石集料常含有一定量的水分，并且含水率随环境温度和湿度的变化而改变。为保证混凝土质量，现场材料的实际称量应按施工现场砂、石的含水情况进行修正，修正后的配合比称为施工配合比。若施工现场实测砂子的含水率为 $a\%$($a\%>0.5\%$)，石子含水率为 $b\%$($b\%>0.2\%$)，则应将上述实验室配合比换算为施工配合比，即

$$\left.\begin{aligned} m'_c &= m_c \\ m'_s &= m_s(1 + a\%) \\ m'_g &= m_g(1 + b\%) \\ m'_w &= m_w - a\% m_s - b\% m_g \end{aligned}\right\} \tag{1-32}$$

式中　m'_c、m'_s、m'_g、m'_w——1 m^3 混凝土拌和物中，水泥、砂子、石子、水的施工用量，kg。

第四节　建筑砂浆和墙体材料

一、建筑砂浆

建筑砂浆是指由胶凝材料、细集料和其他材料，按一定的比例配合而成的建筑材料，在建设工程中主要起黏结、衬垫和传递荷载等作用。建筑砂浆按用途可分为砌筑砂浆、抹面砂浆、装饰砂浆、防水砂浆等，按所用胶凝型材料可分为水泥砂浆、石灰砂浆、水玻璃砂浆、水泥石灰混合砂浆等。

（一）砌筑砂浆的组成材料及技术要求

能将砖、石、砌块等墙体材料黏结成砌体的砂浆称为砌筑砂浆。砌筑砂浆在建筑工程中用量最大，起黏结、衬垫及传递荷载的作用。

1.砌筑砂浆的组成材料

1）水泥

常用的水泥品种是通用水泥和砌筑水泥等。水泥品种应根据使用部位的耐久性要求来选择。对水泥强度等级的要求：水泥砂浆中不宜超过 32.5 级，水泥混合砂浆中不宜超过 42.5 级。

2）掺加料

掺加料是为了改善建筑砂浆的和易性而加入到砂浆中的无机材料。常用掺加料有石灰膏、磨细生石灰粉、黏土膏、粉煤灰、沸石粉等无机材料，或松香皂、微沫剂等有机材料。生石灰粉、石灰膏和黏土膏必须配制成稠度为（120±5）mm 的膏状体，并过 3 mm×3 mm 的滤网。生石灰粉的熟化时间不得少于 2 d，石灰膏的熟化时间不得少于 7 d。严禁使用已经干燥脱水的石灰膏。消石灰粉不得直接用于砌筑砂浆中。

3）砂

砂的技术指标应符合《建筑用砂》（GB/T 14684—2001）的规定。砌筑砂浆宜采用中砂，并且应过筛，砂中不得含有杂质，含泥量不应超过 5%。

4）拌和及养护用水

拌和及养护用水应符合《混凝土拌合用水标准》（JGJ 63—89）的规定，选用不含有害杂质的洁净的淡水或饮用水。

2.砌筑砂浆的技术性质

砌筑砂浆的技术性质主要包括新拌砂浆的流动性和保水性、砂浆硬化后的强度和黏结力。

1）新拌砂浆的流动性

砂浆的流动性又称砂浆稠度，是指新拌砂浆在自重或外力作用下能够产生流动的性能，用沉入度表示。沉入度用砂浆稠度仪测定，以 mm 为单位。砌筑砂浆的稠度具体根据砌体的种类、施工条件和气候条件，从表 1-28 中选择。

表 1-28　砌筑砂浆的稠度选择

砌体种类	砂浆稠度(mm)
烧结普通砖砌体	70~90
轻集料混凝土小型砌块砌体	60~90
烧结多孔砖、空心砖砌体	60~80
烧结普通砖平拱式过梁 空斗墙、筒拱 普通混凝土小型空心砌体 加气混凝土砌块砌体	50~70
石砌体	30~50

2)新拌砂浆的保水性

砂浆的保水性是指砂浆保持水分不易析出的性能,用分层度表示,以 mm 为单位,用分层度测定仪测定。砂浆的分层度越大,保水性越差,且容易产生分层离析。根据《砌筑砂浆配合比设计规程》(JGJ 98—2000)规定:砌筑砂浆的分层度应为10~30 mm。

3)砂浆硬化后的强度

砂浆强度是按标准方法制作的,以边长为70.7 mm×70.7 mm×70.7 mm 的立方体试件,按标准养护至28 d 测得的抗压强度值确定。砌筑砂浆按抗压强度划分为 M30、M25、M20、M15、M10、M7.5 等6个强度等级。例如,M15 表示28 d 抗压强度值不低于15 MPa。

影响砂浆的抗压强度的因素很多,其中最主要的影响因素是水泥。用于黏结吸水性较大的底面材料的砂浆,其强度主要取决于水泥的强度和用量;用于黏结吸水性较小、密实的底面材料的砂浆,其强度取决于水泥强度和水灰比。

4)砂浆硬化后的黏结力

砌筑砂浆必须具有足够的黏结力。黏结力的大小会影响砌体的强度、稳定性、耐久性和抗震性能。一般来说,砂浆的黏结力与其抗压强度成正比。另外,砂浆的黏结力还与基层材料的清洁程度、含水状态、表面状态、养护条件等有关。

(二)普通抹面砂浆

普通抹面砂浆是指涂抹在建筑物表面保护墙体,又具有一定装饰性的一类砂浆的统称。抹面砂浆通常都是手工操作,且易脱落。为了获得更好的和易性和黏结力,抹面砂浆的胶凝材料用量一般比砌筑砂浆多。

抹面砂浆与砌筑砂浆的组成材料基本相同。但为了防止抹面砂浆表层开裂,有时需加入适量的纤维材料(如麻刀、玻璃纤维、纸筋等);有时为了满足某些功能性要求需加入一些特殊的集料或掺加料(保温砂浆、防辐射砂浆等)。

为了保证普通抹面砂浆的表面平整,不容易脱落,应分两层或三层施工,各层砂浆所用砂的最大粒径以及砂浆稠度如表1-29所示。底层砂浆的作用主要是增加基层与抹灰层的黏结力,多用混合砂浆,有防水防潮要求时采用水泥砂浆,对于板条或板条顶板的底层抹灰多采用石灰砂浆或混合砂浆,对于混凝土墙体、柱、梁、板、顶板多采用混合砂浆;中层砂浆主要起找平作用,又称找平层,一般采用混合砂浆或石灰砂浆;面层起装饰作用,多用细砂配制的混合砂浆、麻刀石灰砂浆或纸筋石灰砂浆。在容易受碰撞的部位如窗台、窗口、踢脚板等采用水泥砂浆。普通抹面砂浆的配合比可用质量比,也可用体积比。常用抹面砂浆的配合比及适用范围如表1-30所示。

表1-29　砂浆用砂的最大粒径及砂浆稠度选择表

抹面层	沉入度(mm)	砂子的最大粒径(mm)
底层	100~120	2.5
中层	70~90	2.5
面层	70~80	1.2

表1-30　常用抹面砂浆的配合比及适用范围

砂浆品种	配合比(体积比)	适用范围
石灰:砂	(1:2)~(1:4)	用于砖石墙表面(檐口、勒脚、女儿墙及潮湿房间的墙除外)
石灰:石膏:砂	(1:1:4)~(1:1:3)	用于不潮湿房间的墙及天花板
石灰:石膏:砂	(1:2:2)~(1:2:4)	用于不潮湿房间的线脚及其他装饰工程
石灰:水泥:砂	(1:0.5:4.5)~(1:1:5)	用于檐口、勒脚、女儿墙及比较潮湿的部位
水泥:砂	(1:3)~(1:2.5)	用于浴室、潮湿房间的墙裙、勒脚或地面基层
水泥:砂	(1:2)~(1:1.5)	用于地面、天棚或墙面面层
水泥:砂	(1:0.5)~(1:1)	用于混凝土地面面层
白灰:麻刀	100:2.5(质量比)	用于板条的底层抹灰
石灰膏:麻刀	100:1.3(质量比)	用于板条的面层抹灰
水泥:白石子	(1:2)~(1:1)	用于水磨石(打底用1:2.5水泥砂浆)
水泥:白石子	1:1.5	用于斩假石(打底用(1:2)~(1:2.5)水泥砂浆)

二、墙体材料

墙体在房屋建筑中具有承重、围护和分隔的作用。它对建筑物的造价、自重、施工进度以及建筑能耗等都起着重要的作用。因此,用于墙体建造的墙体材料也是建设工程中十分重要的材料之一。目前,用于建设工程中的墙体材料主要有砌墙砖、砌块、墙板三大类。

(一)砌墙砖

不经焙烧而制成的砖为非烧结砖。本节仅介绍非烧结砖,常见的品种有混凝土多孔砖、蒸压粉煤灰砖等。

1.混凝土多孔砖

混凝土多孔砖是指以水泥、砂、石为主要原料,经加水搅拌、成型、养护制成的孔洞率不小于30%,且有多排小孔的混凝土砖。

1)混凝土多孔砖的技术性能

(1)形状尺寸。混凝土多孔砖的外形为直角六面体,其主规格尺寸为240 mm×115 mm×90 mm,配砖规格尺寸有半砖(120 mm×115 mm×90 mm)、七分头(180 mm×115 mm×90 mm)、混凝土实心砖(240 mm×115 mm×53 mm)等。

(2)尺寸偏差及壁厚。混凝土多孔砖尺寸偏差应符合表1-31的规定。

表1-31 混凝土多孔砖尺寸允许偏差

(单位:mm)

项目名称	一等品	合格品
长度	±1.0	±2.0
宽度	±1.0	±2.0
高度	±1.0	±3.0

混凝土多孔砖的最小外壁厚不应小于15 mm,最小肋厚不应小于10 mm。

(3)混凝土多孔砖的孔洞及其结构。混凝土多孔砖的孔洞及其结构应符合表1-32的规定。

表1-32 混凝土多孔砖的孔洞及其结构

产品等级	孔形	孔洞率	孔洞排列
一等品	矩形孔或其他孔形	≥30%	多排、有序交错排列
合格品	矩形孔或其他孔形		条面方向至少2排以上

注:1.矩形条孔的孔长与宽之比不小于3。

2.矩形孔或矩形条孔的4个角应为圆角,其半径大于8 mm。

3.铺浆面应为半盲孔,其内切圆直径不大于8 mm。

(4)强度等级。混凝土多孔砖按抗压强度划分为MU30、MU25、MU20、MU15、MU10等5个强度等级。

(5)其他技术性能。

①混凝土多孔砖的线干燥收缩率不应大于0.45 mm/m。

②混凝土多孔砖的抗冻性应符合《混凝土多孔砖》(JC 943—2004)的规定。

③用于外墙的混凝土多孔砖,其抗渗性应满足3块中任何一块水面下降高度不大于10 mm。

④混凝土多孔砖的相对含水率应符合表1-33的规定。

表1-33 混凝土多孔砖的相对含水率

线干燥收缩率(mm/m)	相对含水率(%)		
	潮湿	中等	干燥
<0.3	≤45	≤40	≤35
0.3~0.45	≤40	≤35	≤30

注:1.相对含水率为混凝土多孔砖含水率与吸水率之比。

2.使用地区的湿度条件:潮湿是指年平均相对湿度大于75%,中等是指年平均相对湿度为50%~75%,干燥是指年平均相对湿度小于50%。

⑤尺寸偏差、孔洞及结构、壁厚、肋厚的试验方法按现行国家标准《砌墙砖试验方法》(GB/T 2542—2003)进行,线干燥收缩率及相对含水率的试验方法按现行国家标准《混凝土小型空心砌块试验方法》(GB/T 4111—1997)进行。

2)混凝土多孔砖的应用

混凝土多孔砖是一种新型的墙体材料,它的推广应用将有助于减少烧结砖的生产和使用,有助于节约能源,保护土地资源。除清水墙外,混凝土多孔砖与烧结普通砖和烧结多孔砖的应用范围基本相同。

2.蒸压粉煤灰砖

蒸压粉煤灰砖是指以粉煤灰、石灰和水泥等为主要原料,掺加适量石膏、外加剂和集料,经高压或常压蒸汽养护而成的实心或多孔粉煤灰砖。砖的外形、公称尺寸同烧结普通砖或烧结多孔砖。

《粉煤灰砖》(JC 239—91)中规定:粉煤灰砖有彩色和本色两种;按抗压强度和抗折强度划分为MU30、MU25、MU20、MU15、MU10等5个强度等级;按外观质量、尺寸偏差、强度和干燥收缩值分为优等品(A)、一等品(B)和合格品(C),优等品强度等级应不低于MU15;蒸压粉煤灰砖的干燥收缩值,优等品和一等品应不大于0.60 mm/m,合格品应不大于0.75 mm/m,碳化系数不低于0.8;色差不显著。

蒸压粉煤灰砖可用于工业及民用建筑的墙体和基础,但用于基础和易受冻融及干湿交替作用的部位时,强度等级必须在MU15以上。该砖不得用于长期受热200 ℃以上、受急冷、急热或有酸性介质侵蚀的建筑部位。

(二)蒸压加气混凝土砌块

砌块是指用于墙体砌筑、形体大于砌墙砖的人造墙体材料,多为直角六面体。砌块主规格尺寸中的长度、宽度和高度,至少有一项相应大于365 mm、240 mm、115 mm,但高度不大于长度或宽度的6倍,长度不超过高度的3倍。

砌块按用途可分为承重砌块和非承重砌块,按有无空洞可分为实心砌块和空心砌块,按产品规格又可分为大型(主规格高度>980 mm)、中型(主规格高度为380~980 mm)和小型(主规格高度为115~380 mm)砌块。这里仅介绍蒸压加气混凝土砌块。

蒸压加气混凝土砌块,是以钙质材料(水泥、石灰等)和硅质材料(砂、火山灰、矿渣或粉煤灰等)加入铝粉(做加气剂),经蒸压养护而成的多孔轻质块体材料,简称加气混凝土砌块。

1.蒸压加气混凝土砌块的技术性能

1)规格尺寸

按《蒸压加气混凝土砌块》(GB 11968—2006)规定:砌块长度为600 mm,宽度为100 mm、120 mm、125 mm、150 mm、180 mm、200 mm、240 mm、250 mm、300 mm,高度为200 mm、240 mm、250 mm、300 mm等多种规格。

2)强度等级

蒸压加气混凝土砌块按抗压强度可分为A1.0、A2.0、A2.5、A3.5、A5.0、A7.5、A10等7个强度等级,各强度等级的立方体抗压强度不得小于表1-34的规定。

表 1-34　蒸压加气混凝土砌块的各强度等级的抗压强度

强度等级	立方体抗压强度(MPa)	
	平均值≥	单块最小值≥
A1.0	1.0	0.8
A2.0	2.0	1.6
A2.5	2.5	2.0
A3.5	3.5	2.8
A5.0	5.0	4.0
A7.5	7.5	6.0
A10	10.0	8.0

注:蒸压加气混凝土砌块的抗压强度是以边长为 100 mm 的立方体试块测定的。

3)密度等级

蒸压加气混凝土砌块按干体积密度可分为 B03、B04、B05、B06、B07、B08 等 6 个等级。各密度等级应符合表 1-35 的规定。

表 1-35　蒸压加气混凝土砌块的密度等级

密度等级		B03	B04	B05	B06	B07	B08
干体积密度(kg/m^3)	优等品≤	300	400	500	600	700	800
	一等品≤	330	430	530	630	730	830
	合格品≤	350	450	550	650	750	850

4)尺寸偏差和外观质量

蒸压加气混凝土砌块的尺寸偏差和外观要求应符合表 1-36 的规定。

表 1-36　蒸压加气混凝土砌块的尺寸偏差和外观要求

项目		技术指标		
		优等品	一等品	合格品
尺寸允许偏差(mm)	长度	±3	±4	±5
	宽度	±2	±3	±3,-4
	高度	±2	±3	±3,-4
缺棱掉角	个数(个)≤	0	1	2
	最大尺寸(mm)≤	0	70	70
	最小尺寸(mm)≤	0	30	30
裂纹	条数≤	0	1	2
	任一面上裂纹长度不得大于裂纹方向尺寸的	0	1/3	1/2
	贯穿一棱两面的裂纹长度不得大于裂纹所在面的裂纹方向总和的	0	1/3	1/3

续表 1-36

<table>
<tr><th rowspan="2">项目</th><th colspan="3">技术指标</th></tr>
<tr><th>优等品</th><th>一等品</th><th>合格品</th></tr>
<tr><td>平面弯曲(mm)≤</td><td>0</td><td>3</td><td>5</td></tr>
<tr><td>表面疏松、层裂、油污</td><td colspan="3">不允许</td></tr>
<tr><td>爆裂、黏膜和损坏深度(mm)≤</td><td>10</td><td>20</td><td>30</td></tr>
</table>

5)质量等级、干燥收缩、抗冻性和导热系数

按尺寸偏差、外观质量、干体积密度及抗压强度划分为优等品(A)、一等品(B)和合格品三个质量等级。各质量等级干体积密度和相应的抗压强度应符合表 1-37 的规定,砌块的干燥收缩值、抗冻性和导热系数应符合表 1-38 的规定。

表 1-37　蒸压加气混凝土砌块的强度等级

<table>
<tr><th colspan="2">体积密度等级</th><th>B03</th><th>B04</th><th>B05</th><th>B06</th><th>B07</th><th>B08</th></tr>
<tr><td rowspan="3">强度等级</td><td>优等品(A)</td><td rowspan="3">A1.0</td><td rowspan="3">A2.0</td><td>A3.5</td><td>A5.0</td><td>A7.5</td><td>A10</td></tr>
<tr><td>一等品(B)</td><td>A3.5</td><td>A5.0</td><td>A7.5</td><td>A10</td></tr>
<tr><td>合格品</td><td>A2.5</td><td>A3.5</td><td>A5.0</td><td>A7.5</td></tr>
</table>

表 1-38　蒸压加气混凝土砌块的干燥收缩值、抗冻性和导热系数

<table>
<tr><th colspan="3">体积密度等级</th><th>B03</th><th>B04</th><th>B05</th><th>B06</th><th>B07</th><th>B08</th></tr>
<tr><td rowspan="2">干燥收缩值</td><td>标准法≤</td><td rowspan="2">mm/m</td><td colspan="6">0.50</td></tr>
<tr><td>快速法≤</td><td colspan="6">0.80</td></tr>
<tr><td rowspan="2">抗冻性</td><td colspan="2">质量损失(%)≤</td><td colspan="6">5.0</td></tr>
<tr><td colspan="2">冻后强度(MPa)≥</td><td>0.8</td><td>1.6</td><td>2.0</td><td>2.8</td><td>4.0</td><td>6.0</td></tr>
<tr><td colspan="3">导热系数(干燥状态)(W/(m·K))</td><td>0.10</td><td>0.12</td><td>0.14</td><td>0.16</td><td>—</td><td>—</td></tr>
</table>

注:1.规定采用标准法、快速法测定砌块干燥收缩值,当测定结果发生矛盾不能判定时,则以标准法测定的结果为准。
2.用于墙体的砌块,允许不测导热系数。

2.蒸压加气混凝土砌块的应用

蒸压加气混凝土砌块具有体积密度小、保温隔热性好、隔声性好、易加工、抗振性好及施工方便等特点,适用于低层建筑的承重墙,多层和高层建筑的隔墙、填充墙及工业建筑物的维护墙体。作为保温材料也可用于复合墙板和屋面中。在无可靠的防护措施时,不得用在处于水中、高湿度和有侵蚀介质作用的环境中,也不得用于建筑结构的基础和长期处于 80 ℃的建筑工程。

(三)墙板

我国目前可用于墙体的轻质隔墙条板品种较多,各种墙板都各具特色。一般可分为薄板、条板、轻质复合板等。每类板中又有许多品种。不同类别的轻质隔墙条板的技术性能差

异较大,并具有不同的特点,见表1-39。

表1-39　各种轻质隔墙条板的特点比较

墙板类别	胶凝材料	墙板名称	优点	缺点
普通建筑石膏类	普通建筑石膏	普通石膏珍珠岩空心隔墙条板、石膏纤维空心隔墙条板	1.质轻,保温,隔热,防火性好 2.可加工性好 3.使用性能好	1.强度较低 2.耐水性较差
	普通建筑石膏、耐水粉	耐水增强石膏隔墙条板、耐水石膏陶粒混凝土实心隔墙条板	1.质轻,保温,防水性能好 2.可加工性好 3.使用性能好 4.强度较高 5.耐水性较好	1.成本较高 2.实心板稍重
水泥类	普通水泥	无砂陶粒混凝土实心隔墙条板	1.耐水性好 2.隔声性好	1.双面抹灰量大 2.生产效率低 3.可加工性差
	硫铝酸盐或铁铝酸盐水泥	GRC 珍珠岩空心隔墙条板	1.强度调节幅度大 2.耐水性好	1.原材料质量要求较高 2.成本较高
	菱镁水泥	菱苦土珍珠岩空心隔墙条板	1.保温隔热性能好 2.与植物类物质黏结性能好	1.耐水性差 2.长期使用变形较大

第五节　建筑钢材

建筑钢材是使用于工程建设中的各种钢材的总称,包括钢结构用各种型材(圆钢、角钢、槽钢、工字钢、钢管、板材等)和钢筋混凝土结构中的各种钢筋、钢丝、钢绞线等。由于钢材是在严格的工艺条件下生产的,故具有材质均匀、性能可靠、轻质高强、良好的塑性、承受冲击和振动荷载作用的能力等性能,并且具有可焊接、铆接或螺栓连接,便于装配等特点。其缺点是易锈蚀,耐火性差,维修费用大。

一、钢材的分类及主要技术性能

(一)钢材的分类

1.按化学成分分类

钢材按化学成分分为碳素钢和合金钢。碳素钢(也称非合金钢)按含碳量的多少,又分为低碳钢(含碳量<0.25%)、中碳钢(含碳量为0.25%~0.60%)和高碳钢(含碳量>0.60%)。合金钢是为了改善钢材的某些性能,加入适量的合金元素而制成的钢。按合金元素的含量,分为低合金钢(合金元素总量<5%)、中合金钢(合金元素总量为5%~10%)和高合金钢(合

金元素总量>10%)。

2.按脱氧方法分类

按脱氧方法不同钢材又分为沸腾钢、镇静钢、半镇静钢和特殊镇静钢。

1)沸腾钢

仅用弱脱氧剂锰铁进行脱氧,脱氧不充分,铸锭后在钢液冷却时,有大量的一氧化碳气体逸出,引起钢液表面剧烈沸腾,故称沸腾钢。沸腾钢的质量差,但成本低。

2)镇静钢

同时用一定数量的硅铁、锰铁和铝锭等脱氧剂进行彻底脱氧,铸锭后在钢液冷却时,表面非常平静,故称镇静钢。镇静钢的质量好,但成本高。

3)半镇静钢

半镇静钢的脱氧方法及质量介于沸腾钢与镇静钢之间。

4)特殊镇静钢

为满足特殊的需要,采用特效的脱氧剂而制得的高质量的钢材为特殊镇静钢。

3.按质量等级分类

按质量等级将钢材分为普通碳素钢(硫含量≤0.055%~0.065%,磷含量≤0.045%~0.085%)、优质碳素钢(硫含量≤0.03%~0.045%,磷含量≤0.035%~0.04%)和高级优质钢(硫含量≤0.02%~0.03%,磷含量≤0.027%~0.035%)。

4.按用途分类

按用途将钢材分为结构钢、工具钢和特殊钢。其中,结构钢包括建筑工程用结构钢和机械制造用结构钢。

(二)建筑钢材的主要技术性能

建筑钢材的主要技术性能包括力学性能和工艺性能。

1.力学性能

钢材的力学性能包括拉伸性能、冲击韧性、疲劳强度、塑性性能等。

1)拉伸性能

拉伸性能由拉伸试验测出。拉伸试验是将特制的拉伸试样(形状及尺寸见图1-3)置于拉力试验机上,在试件两端施加一缓慢增加的拉伸荷载,观察加荷过程中产生的弹性和塑性变形,直至试件被拉断,绘出整个试验过程的应力—应变曲线。低碳钢是广泛使用的一种材料,它在拉伸试验中表现的应力和应变关系比较典型,其应力—应变曲线如图1-4(a)所示。

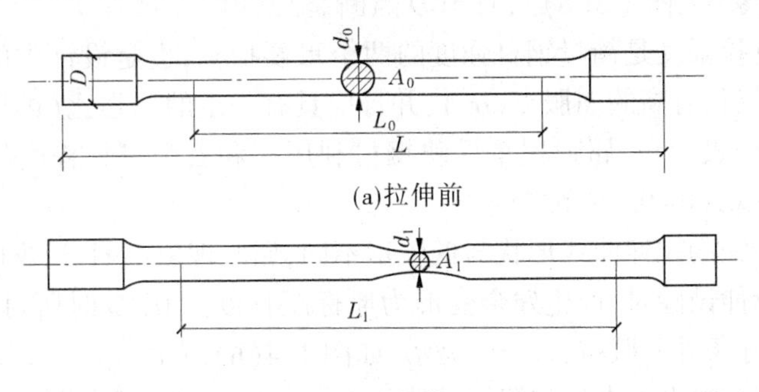

图1-3 钢材拉伸试件示意

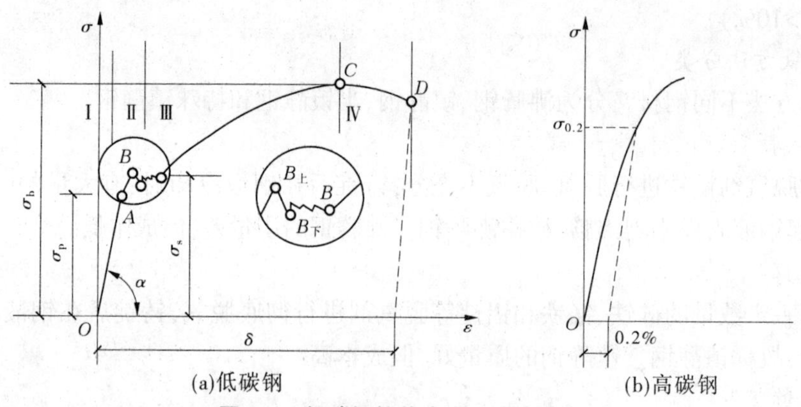

图 1-4　低碳钢拉伸应力—应变曲线

通过拉伸试验而得的应力—应变曲线可以看出,低碳钢在外力作用下的拉伸变形一般可分为四个阶段:弹性阶段、屈服阶段、强化阶段和颈缩阶段。

(1)弹性阶段(*OA* 阶段)。

从图 1-4(a)中的曲线可以看出,钢材受拉开始阶段,荷载较小,*OA* 是一条直线,应力与应变成正比,此阶段产生的变形是弹性变形,*A* 点的应力叫弹性极限(σ_p)。在弹性极限范围内应力 σ 与应变 ε 的比值,称为弹性模量,用符号 *E* 表示,单位为 MPa。弹性模量是反映钢材产生弹性变形难易程度和计算钢结构变形的重要指标。

(2)屈服阶段(*AB* 阶段)。

在 *AB* 范围内,应力与应变不再成正比关系,钢材在静荷载作用下发生了弹性变形和塑性变形。当应力达到 $B_上$ 点时,即使应力不再增加,塑性变形仍明显增大,钢材出现了“屈服”现象。图中 $B_下$ 点对应的应力值 σ_s 称为屈服点(或称屈服强度)。钢材受力达到屈服点以后,变形即迅速发展,尽管尚未破坏,但已不能满足使用要求,故设计中一般以屈服点 σ_s 作为强度取值的依据。

(3)强化阶段(*BC* 阶段)。

在 *BC* 阶段,钢材抵抗变形的能力又重新提高,故称强化阶段。其中 *C* 点对应的应力值称为极限强度,又叫抗拉强度,用 σ_b 表示。

(4)颈缩阶段(*CD* 阶段)。

过 *C* 点后,钢材抵抗变形的能力明显降低,在受拉试件的某处,迅速发生较大的塑性变形,出现“颈缩”现象(见图 1-3(b)),直至 *D* 点断裂。

屈服强度和抗拉强度是衡量钢材强度的两个重要指标,也是设计中的重要依据。在工程中,希望钢材不仅具有高的屈服点(σ_s),并且应具有一定的屈强比(即屈服强度与抗拉强度的比值,用 σ_s/σ_b 表示)。屈强比是反映钢材利用率和安全可靠程度的一个指标。合理的屈强比一般应在 0.60~0.75 范围内。

中碳钢和高碳钢的拉伸曲线形状与低碳钢不同,屈服现象不明显,难以测定屈服点。按规定该类钢材在拉伸试验时,产生残余变形为原标距长度的 0.2%时所对应的应力值,即作为其屈服强度值,称条件屈服点,以 $\sigma_{0.2}$ 表示,如图 1-4(b)所示。

通常以伸长率 δ 的大小来评定塑性性能的大小。伸长率 δ 越大表示塑性越好。伸长率是指试件标距的增量与初始标距的百分率,按式(1-33)计算

$$\delta = \frac{L_1 - L_0}{L_0} \times 100\% \quad (1\text{-}33)$$

式中 L_0——试件标距初始长度，mm；

L_1——试件拉断后的标距长度，mm。

对于一般非承重结构或由构造决定的构件，只要保证钢材的抗拉强度和伸长率即能满足要求；对于承重结构，则必须具有抗拉强度、伸长率和屈服强度三项指标合格的保证。

2）冲击韧性

冲击韧性是指钢材抵抗冲击或振动荷载作用，而不破坏的性能，以冲击韧性指标 a_k 表示，单位 J/cm^2。a_k 越大，冲断试件消耗的能量越大，说明钢材的韧性越好。

3）疲劳强度

钢材在大小交变的荷载作用下，在最大应力远低于抗拉强度的情况下突然破坏，这种破坏称为疲劳破坏。钢材的疲劳破坏以疲劳强度评定。疲劳强度是指试件在大小交变应力的作用下，不发生疲劳破坏的最大应力值。疲劳破坏属于脆性破坏，发生突然，而且具有很大的危险性和伤害性，故在设计和使用承受往复荷载作用的结构或构件，且进行疲劳验算时，应当重点考虑钢材的疲劳强度。

2.工艺性能

工艺性能也是钢材的一项重要的技术性能，一般包括冷弯性能和可焊性能等。

1）冷弯性能

冷弯是指钢材在常温下承受弯曲变形的能力。冷弯是通过检验试件经规定的弯曲程度后，弯曲处拱面及两侧面有无裂纹、起层、鳞落和断裂等情况进行评定的，一般以试件弯曲角度 α 和弯心直径 d 与钢材的厚度（或直径）a 的比值 d/a 来表示。如图 1-5 所示，弯曲角度 α 越大，d 与 a 的比值越小，表明冷弯性能越好。

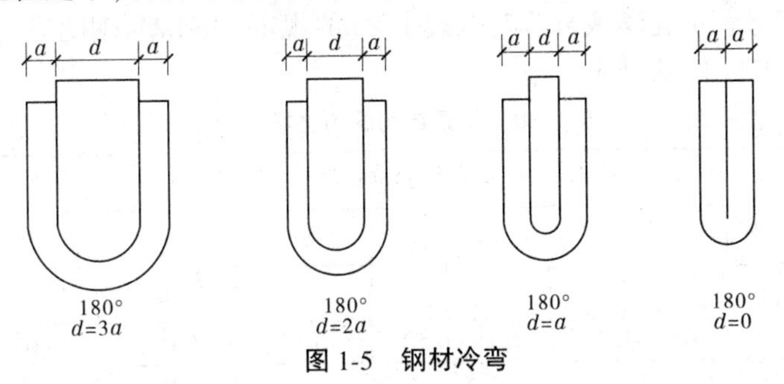

图 1-5 钢材冷弯

冷弯也是检验钢材塑性性能的一种方法，伸长率大的钢材，其冷弯性能较好，但冷弯检验对钢材塑性的评定比拉伸试验更严格、更敏感，也可以用冷弯的方法来检验钢材的焊接质量。对于重要结构和弯曲成型的钢材，冷弯性能必须合格。

2）可焊性能

焊接是各种型钢、钢板、钢筋的重要连接方式，是钢材一种特有的加工工艺。通过焊接使钢材组成庞大的整体结构，建设工程的钢结构有 90%以上都是焊接结构。焊接的质量取决于焊接工艺、焊接材料及钢的可焊性能。

可焊性是指钢材按特定的焊接工艺，在焊缝及附近过热区是否产生裂缝及硬脆倾向，焊接后的力学性能，特别是强度是否与原钢材相近的性能。钢材的可焊性主要受其化学成分及含量的影响，当含碳量超过0.3%、硫和其他杂质含量高以及合金元素含量较高时，钢材的可焊性能降低。

一般焊接结构用钢应选用含碳量较低的氧气转炉或平炉的镇静钢，对于高碳钢及合金钢，为了改善焊接后的硬脆性，焊接时一般要采取焊前预热及焊后热处理等措施。

钢材在焊接之前，焊接部位应进行清除铁锈、熔渣和油污等；尽量避免不同国家的进口钢材之间或进口钢材与国产钢材之间的焊接；冷加工钢材的焊接，应在冷加工之前进行。

二、建筑钢材的选用

建筑钢材可分为钢结构用型钢和钢筋混凝土结构用钢两大类。各种型钢和钢筋的选择主要取决于所用的钢种、环境、耐久性要求及加工方式等因素。

（一）钢结构用型钢

目前，国内建筑工程钢结构用型钢主要是碳素结构钢和低合金高强度结构钢。

1.碳素结构钢

1）牌号表示方法

根据《碳素结构钢》（GB/T 700—2006）规定，碳素结构钢的牌号由代表屈服点的字母、屈服点数值、质量等级符号和脱氧方法等四部分按顺序组成。其中，以"Q"代表屈服点；屈服点数值共分195 MPa、215 MPa、235 MPa、255 MPa和275 MPa五种；质量等级以硫、磷等杂质含量由多到少分别用符号A、B、C、D表示；脱氧方法以F表示沸腾钢、b表示半镇静钢、Z和TZ分别表示镇静钢和特殊镇静钢，Z和TZ在钢的牌号中予以省略。例如，Q235-D表示该钢材是碳素结构钢中屈服点为235 MPa、质量等级为D级的特殊镇静钢。

2）主要技术性能

碳素结构钢的技术性能包括化学成分、力学性能、工艺性能、冶炼方法、交货状态及表面质量等内容。各牌号钢的化学成分应符合表1-40的规定。各牌号钢的力学性能、冷弯性能应符合表1-41和表1-42的规定。

表1-40 碳素结构钢的化学成分

牌号	质量等级	化学成分（%）					脱氧方法
		C	Mn	Si	S	P	
				≤			
Q195	—	0.06~0.12	0.25~0.50	0.30	0.050	0.045	F、b、Z
Q215	A	0.09~0.15	0.25~0.55	0.30	0.050	0.045	F、b、Z
	B				0.045		
Q235	A	0.14~0.22	0.30~0.65①	0.30	0.050	0.045	F、b、Z
	B	0.12~0.20	0.30~0.70②		0.045		
	C	≤0.18	0.35~0.80		0.040	0.040	Z
	D	≤0.17			0.035	0.035	YZ
Q255	A	0.18~0.28	0.40~0.70	0.30	0.050	0.045	Z
	B				0.045		
Q275	—	0.28~0.38	0.50~0.80	0.35	0.050	0.045	Z

注：①、②*Q235A*、*Q235B*级沸腾钢锭含量上限为0.60%。

表 1-41　碳素结构钢的力学性能

牌号	质量等级	拉伸试验														冲击试验
		屈服点 $\sigma_s(MPa)$						抗拉强度 σ_b (MPa)	伸长率 $\delta_5(\%)$						温度(℃)	V 型冲击功(纵向)(J)
		钢材厚度(直径)(mm)							钢材厚度(直径)(mm)							
		≤16	>16~40	>40~60	>60~100	>100~150	>150		≤16	>16~40	>40~60	>60~100	>100~150	>150		
		≥							≥							≥
Q195	—	(195)	(185)	—	—	—	—	315~390	33	32	—	—	—	—	—	—
Q215	A	215	205	195	185	175	165	335~410	31	30	29	28	27	26	—	—
	B														20	27
Q235	A	235	225	215	205	195	185	375~460	26	25	24	23	22	21	—	—
	B														20	27
	C														0	
	D														-20	
Q255	A	255	245	235	225	215	205	415~510	24	23	22	21	20	19	—	—
	B														20	27
Q275	—	275	265	255	245	235	225	490~610	20	19	18	17	16	15	—	—

表 1-42　碳素结构钢的冷弯性能

牌号	试样方向	冷弯试验 $B=2a$,180°		
		钢材厚度(直径)(mm)		
		60	>60~100	>100~200
		弯心直径 d		
Q195	纵向	0		
	横向	0.5a		
Q215	纵向	0.5a	1.5a	2a
	横向	a	2a	2.5a
Q235	纵向	a	2a	2.5a
	横向	1.5a	2.5a	3a
Q255		2a	3a	3.5a
Q275		3a	4a	4.5a

注:B 为试样宽度,a 为钢材厚度(直径)。

3)碳素结构钢的性能特点和选用

碳素结构钢牌号数值越大,含碳量越高,其强度、硬度也就越高,但塑性、韧性和可加工性降低。一般碳素结构钢以热轧状态交货,表面质量也应符合有关规定。

建筑中主要应用的碳素钢是 Q235,其含碳量为 0.14%~0.22%,属低碳钢。它具有较高的强度,良好的塑性、韧性及可加工性,能满足一般钢结构和钢筋混凝土用钢的要求,且成本较低。用Q235号碳素钢可热轧成各种型材、钢板、管材和钢筋等。

Q195、Q215号碳素结构钢,强度较低,塑性和韧性较好,易于冷加工,常用于钢钉、铆钉、螺栓及铁丝等制作。Q215号钢经冷加工后,可取代Q235号钢使用。

Q255、Q275号钢,强度较高,但塑性、韧性及可焊性较差,常用于机械零件和工具的制作。工程中不宜用于焊接和冷弯加工,可用于轧制带肋钢筋、制作螺栓配件等。

2.低合金高强度结构钢

低合金高强度结构钢是在碳素结构钢的基础上,添加少量的一种或几种合金元素而制成的一种钢材。

1)牌号表示方法

根据《低合金高强度结构钢》(GB/T 1591—2008)规定,低合金高强度结构钢共有5个牌号。其牌号的表示方法由屈服点字母Q、屈服点数值和质量等级三个部分组成。

2)主要技术性能

低合金高强度结构钢的力学性能和工艺性能如表1-43所示。

表1-43 低合金高强度结构钢的力学性能及工艺性能

牌号	质量等级	屈服点 σ_s(MPa) 厚度(直径,边长)(mm) ≥				抗拉强度 σ_b(MPa)	伸长率 δ_5(%) ≥	V型冲击试验(A_{kv},纵向)(J) ≥				180°弯曲试验 d—弯心直径 a—试件厚度(直径) 钢材厚度(直径)(mm)	
		≤15	>16~35	>35~50	>50~100			+20℃	0℃	-20℃	-40℃	≤16	>16~100
Q295	A	295	275	255	235	390~570	23					$d=2a$	$d=3a$
	B	295	275	255	235	390~570	23	34				$d=2a$	$d=3a$
Q345	A	345	325	295	275	470~630	21					$d=2a$	$d=3a$
	B	345	325	295	275	470~630	21	34				$d=2a$	$d=3a$
	C	345	325	295	275	470~630	22		34			$d=2a$	$d=3a$
	D	345	325	295	275	470~630	22			34		$d=2a$	$d=3a$
	E	345	325	295	275	470~630	22				27	$d=2a$	$d=3a$
Q390	A	390	370	350	330	490~650	19					$d=2a$	$d=3a$
	B	390	370	350	330	490~650	19	34				$d=2a$	$d=3a$
	C	390	370	350	330	490~650	20		34			$d=2a$	$d=3a$
	D	390	370	350	330	490~650	20			34		$d=2a$	$d=3a$
	E	390	370	350	330	490~650	20				27	$d=2a$	$d=3a$
Q420	A	420	400	380	360	520~680	18					$d=2a$	$d=3a$
	B	420	400	380	360	520~680	18	34				$d=2a$	$d=3a$
	C	420	400	380	360	520~680	19		34			$d=2a$	$d=3a$
	D	420	400	380	360	520~680	19			34		$d=2a$	$d=3a$
	E	420	400	380	360	520~680	19				27	$d=2a$	$d=3a$
Q460	C	460	440	420	400	550~720	17		34			$d=2a$	$d=3a$
	D	460	440	420	400	550~720	17			34		$d=2a$	$d=3a$
	E	460	440	420	400	550~720	17				27	$d=2a$	$d=3a$

3)低合金高强度结构钢的性能特点及应用

由于在低合金高强度结构钢中加入了合金元素,所以其屈服强度、抗拉极限强度、耐磨性、耐蚀性及耐低温性能等都优于碳素结构钢。它是一种综合性较为理想的建筑结构用钢,尤其是对于大跨度、承受动荷载和冲击荷载的结构更为适用。

(二)钢筋混凝土结构用钢

钢筋混凝土结构用钢主要有各种钢筋和钢丝,主要品种有热轧钢筋、冷加工钢筋、热处理钢筋、预应力混凝土用钢丝及钢绞线等。按直条或盘条供货。这里仅介绍热轧钢筋、钢丝和钢绞线。

1.热轧钢筋

热轧钢筋主要有用Q235号钢轧制的光圆钢筋和用合金钢轧制的带肋钢筋两类。

1)主要技术性能

按规定,热轧光圆钢筋的强度等级为HPB235,热轧带肋钢筋强度等级由HRB和钢材的屈服点最小值表示,包括HRB335、HRB400、HRB500。热轧钢筋的力学性能和工艺性能如表1-44所示。

表1-44　热轧钢筋的力学性能和工艺性能

外形	强度等级	钢种	公称直径(mm)	屈服强度(MPa)	抗拉强度(MPa)	伸长率δ_5(%)	冷弯试验	
							角度	弯心直径
光圆	HPB235	低碳钢	5.5~20	235	370	26	180°	$d=a$
月牙肋	HRB335	低碳钢 合金钢	6~25 28~50	335	455	16	180°	$d=3a$ $d=4a$
	HRB400		6~25 28~50	400	540	14	180°	$d=4a$ $d=5a$
等高肋	HRB500	中碳钢 合金钢	6~25 28~50	500	630	12	180°	$d=6a$ $d=7a$

2)应用

由表1-44可以看出,热轧钢筋随强度等级的提高,屈服强度和抗拉强度增大,塑性和韧性下降。普通混凝土非预应力钢筋可根据使用条件选用HPB235钢筋或HRB335、HRB400钢筋;预应力钢筋应优先选用HRB400钢筋,也可以选用HRB335钢筋。热轧钢筋除HPB235是光圆钢筋外,HRB335和HRB400为月牙肋钢筋,HRB500为等高肋钢筋,其粗糙表面可提高混凝土与钢筋之间的握裹力。

2.预应力混凝土用钢丝及钢绞线

预应力混凝土用钢丝及钢绞线是用优质碳素结构钢经冷加工、再回火、冷轧或绞捻等加工而成的专用产品,也称为优质碳素钢丝及钢绞线。

《预应力混凝土用钢丝》(GB/T 5223—2003)规定,预应力混凝土用钢丝分为矫直回火钢丝、矫直回火刻痕钢丝和冷拉钢丝三种。钢丝直径有3 mm、4 mm、5 mm、6 mm、7 mm、8 mm、9 mm 7种规格,抗拉强度可达1 500 MPa以上,屈服强度可达1 100 MPa。冷拔低碳钢丝的力学性能如表1-45所示。

表 1-45　冷拔低碳钢丝的力学性能

钢丝级别	直径（mm）	抗拉强度（MPa）		伸长率 δ_{100}（%）	180°反复弯曲（次数）
		1组	2组	≥	≥
		≥			
甲组	5	650	600	3.0	4
	4	700	650	2.5	4
乙组	3~5	550		2.0	4

注：1.甲组钢丝应采用符合 HPB235 强度等级的热轧钢筋标准的圆盘条拔制。

2.预应力冷拔低碳钢丝经机械调直后，抗拉强度标准值应降低 50 MPa。

钢绞线是由 7 根钢丝经绞捻热处理制成的，《预应力混凝土用钢绞线》（GB/T 5224—2003）规定：钢绞线直径为 9~15 mm，破坏荷载达 220 kN，屈服荷载可达 185 kN。

钢丝和钢绞线均具有强度高、塑性好，使用时不需要接头等优点，尤其适用于需要曲线配筋的预应力混凝土结构、大跨度或重荷载的屋架等。

第六节　防水材料

防水材料是指能防止雨水、雪水、地下水等对建筑物和各种构筑物的渗透、渗漏和侵蚀的材料的总称。防水材料按主要成分分为沥青防水材料、高聚物改性沥青防水材料及合成高分子防水材料三大类；按其应用特点分为刚性防水材料和柔性防水材料两大类。按材质分为防水卷材和防水涂料等。这里仅介绍常用的防水卷材和防水涂料。

一、防水卷材

防水卷材是一种可卷曲的片状制品，按组成材料分为氧化沥青卷材、高聚物改性沥青卷材、合成高分子卷材三大类。这里仅介绍高聚物改性沥青卷材。

高聚物改性沥青卷材是以合成高分子聚合物改性沥青为涂盖层，纤维织物或纤维毡为基胎，粉状、粒状、片状或薄膜材料为防粘隔离层制成的防水卷材。其具有高温不流淌、低温不脆裂、拉伸强度高、延伸率较大等优异性能。防水卷材常用品种有弹性体改性沥青防水卷材、塑性体改性沥青防水卷材等。

（一）弹性体改性沥青防水卷材

弹性体改性沥青防水卷材是以苯乙烯-丁二烯-苯乙烯（SBS）热塑性弹性体做改性剂，以聚酯毡（PY）或玻纤毡（G）为胎基，两面覆盖以聚乙烯膜（PE）、细砂（S）或矿物粒（片）料（M）制成的卷材，简称 SBS 卷材，属弹性体卷材。

根据《弹性体改性沥青防水卷材》（GB 18242—2008）的规定，SBS 卷材按组成材料不同分为 6 个品种。卷材幅宽为 1 000 mm，聚酯毡的厚度有 3 mm、4 mm 两种，玻纤毡的厚度有 2 mm、3 mm、4 mm 三种。分为Ⅰ型、Ⅱ型两类。每卷面积有 15 m^2、10 m^2、7.5 m^2 三种。其物理力学性能应符合表 1-46 的规定。

SBS 卷材属高性能的防水材料，保持了沥青防水的可靠性和橡胶的弹性，提高了柔韧性、延展性、耐寒性、黏附性、耐气候性，具有良好的耐高温和低温性，可形成高强度防水层，并耐穿刺、烙伤、撕裂和疲劳，出现裂缝能自我愈合，能在寒冷气候热熔搭接，密封可靠，被广泛应用于各种领域和类型的防水工程。SBS 卷材最适用于工业与民用建筑的常规及特殊屋面防水，工业与民用建筑的地下工程的防水、防潮，室内游泳池等的防水，以及各种水利设施及市政防水工程。

表 1-46　弹性体改性沥青防水卷材物理力学性能

<table>
<tr><td rowspan="2">序号</td><td colspan="3">胎基</td><td colspan="2">PY</td><td colspan="2">G</td></tr>
<tr><td colspan="3">型号</td><td>Ⅰ</td><td>Ⅱ</td><td>Ⅰ</td><td>Ⅱ</td></tr>
<tr><td rowspan="3">1</td><td colspan="2" rowspan="3">可溶物含量(g/m^2)≥</td><td>2 mm</td><td colspan="2">—</td><td colspan="2">1 300</td></tr>
<tr><td>3 mm</td><td colspan="4">2 100</td></tr>
<tr><td>4 mm</td><td colspan="4">2 900</td></tr>
<tr><td rowspan="2">2</td><td rowspan="2">不透水性</td><td colspan="2">压力(MPa)≥</td><td colspan="2">0.3</td><td>0.2</td><td>0.3</td></tr>
<tr><td colspan="2">保持时间(min)≥</td><td colspan="4">30</td></tr>
<tr><td rowspan="2">3</td><td colspan="3" rowspan="2">耐热度(℃)</td><td>90</td><td>105</td><td>90</td><td>105</td></tr>
<tr><td colspan="4">无滑动、流淌、滴落</td></tr>
<tr><td rowspan="2">4</td><td colspan="2" rowspan="2">拉力(N/(50 min))≥</td><td>纵向</td><td rowspan="2">450</td><td rowspan="2">800</td><td>350</td><td>500</td></tr>
<tr><td>横向</td><td>250</td><td>300</td></tr>
<tr><td rowspan="2">5</td><td colspan="2" rowspan="2">最大拉力延伸率(%)≥</td><td>纵向</td><td rowspan="2">30</td><td rowspan="2">40</td><td colspan="2" rowspan="2">—</td></tr>
<tr><td>横向</td></tr>
<tr><td rowspan="2">6</td><td colspan="3" rowspan="2">低温柔度(℃)</td><td>-18</td><td>-25</td><td>-18</td><td>-25</td></tr>
<tr><td colspan="4">无裂纹</td></tr>
<tr><td rowspan="2">7</td><td colspan="2" rowspan="2">撕裂强度(N)≥</td><td>纵向</td><td rowspan="2">250</td><td rowspan="2">350</td><td>250</td><td>350</td></tr>
<tr><td>横向</td><td>170</td><td>200</td></tr>
<tr><td rowspan="5">8</td><td rowspan="5">人工气候加速老化</td><td colspan="2" rowspan="2">外观</td><td colspan="4">1 级</td></tr>
<tr><td colspan="4">无滑动、流淌、滴落</td></tr>
<tr><td>拉力保持率(%)≥</td><td>纵向</td><td colspan="4">80</td></tr>
<tr><td colspan="2" rowspan="2">低温柔度</td><td>-10</td><td>-20</td><td>-10</td><td>-20</td></tr>
<tr><td colspan="4">无裂纹</td></tr>
</table>

(二)塑性体改性沥青防水卷材

塑性体改性沥青防水卷材是指以聚酯毡或玻纤毡为胎基，无规聚丙烯(APP)或聚烯烃类聚合物做改性剂，两面覆以隔离材料所制成的防水卷材，简称 APP 防水卷材。卷材的品种、规格、外观要求同 SBS 卷材，其物理力学性能应符合《塑性体改性沥青防水卷材》(GB 18243—2008)的规定，见表 1-47。

APP 防水卷材具有良好的防水性能、耐高温性能和较好的低温柔韧性，能形成高强度、耐撕裂、耐穿刺的防水层,耐紫外线照射、耐久、寿命长,热熔法黏结,可靠性强。APP 防水卷材广泛用于各种工业与民用建筑的屋面及地下防水、地铁、隧道桥和高架桥上沥青混凝土桥面的防水,尤其适用于较高温度环境的建筑防水,但必须用专用胶粘剂黏结。

表 1-47 塑性体改性沥青防水卷材物理力学性能

序号	胎基			PY		G	
	型号			Ⅰ	Ⅱ	Ⅰ	Ⅱ
1	可溶物含量(g/m^2)≥		2 mm	—		1 300	
			3 mm	2 100			
			4 mm	2 900			
2	不透水性	压力(MPa)≥		0.3		0.2	0.3
		保持时间(min)≥		30			
3	耐热度(℃)			110	130	110	130
				无滑动、流淌、滴落			
4	拉力(N/(50 min))≥		纵向	450	800	350	500
			横向			250	300
5	最大拉力延伸率(%)≥		纵向	30	40	—	
			横向				
6	低温柔度(℃)			−5	−15	−5	−15
				无裂纹			
7	撕裂强度(N)≥		纵向	250	350	250	350
			横向			170	200
8	人工气候加速老化	外观		1 级			
				无滑动、流淌、滴落			
		拉力保持率(%)≥	纵向	80			
		低温柔度		3	−10	3	−10
				无裂纹			

(三)高聚物改性沥青防水卷材的储存、运输与保管

不同品种、等级、标号、规格的产品应有明显标记,不得混放;卷材应存放在远离火源、通风、干燥的室内,防止日晒、雨淋和受潮;卷材必须立放,高度不得超过 2 层,不得倾斜或横压,运输时平放不宜超过 4 层;应避免与化学介质及有机溶剂等有害物质接触。

二、防水涂料

(一)冷底子油

冷底子油是将石油沥青(30 号、10 号或 60 号)加入汽油、柴油或用煤沥青(软化点为

50~70 ℃)加入苯,融合而成的沥青溶液。冷底子油一般不单独使用,而作为在常温下打底材料与沥青胶配合使用。常用配合比为:石油沥青:汽油=30:70或石油沥青:煤油或柴油=40:60。一般现用现配,用密闭容器储存,以防溶剂挥发。

(二)沥青胶

沥青胶是在沥青材料中加入填料改性,提高其耐热性和低温脆性而制成的。粉状填料有石灰石粉、白云石粉、滑石粉、膨润土等,纤维状填料有木纤维、石棉屑等。其主要技术指标有耐热性、柔韧性、黏结力,如表1-48所示;标号选择如表1-49所示。

表1-48　石油沥青胶的技术指标

<table>
<tr><td rowspan="2">项目</td><td colspan="6">标号</td></tr>
<tr><td>S-60</td><td>S-65</td><td>S-70</td><td>S-75</td><td>S-80</td><td>S-85</td></tr>
<tr><td rowspan="2">耐热性</td><td colspan="6">用2 mm厚沥青胶黏和两张沥青油纸,在不低于下列温度(℃)下,于45°的坡度上,停放5 h,沥青胶结料不应流出,油纸不应滑动</td></tr>
<tr><td>60</td><td>65</td><td>70</td><td>75</td><td>80</td><td>85</td></tr>
<tr><td>黏结力</td><td colspan="6">将两张用沥青胶粘贴在一起的油纸揭开时,当被撕开的面积超过粘贴面积的一半时,则认为不合格;否则,认为合格</td></tr>
<tr><td rowspan="2">柔韧性</td><td colspan="6">涂在沥青油纸上的厚沥青胶层,在(18±2)℃时围绕下列直径(mm)的圆棒以5 s时间且匀速弯曲成半周,沥青胶结料不应有开裂</td></tr>
<tr><td>10</td><td>15</td><td>15</td><td>20</td><td>25</td><td>30</td></tr>
</table>

表1-49　沥青胶标号选择

沥青胶类别	屋面坡度(%)	历年极端室外温度(℃)	沥青胶标号
石油沥青胶	1~3	<38	S-60
		38~41	S-65
		41~45	S-70
	3~15	<38	S-65
		38~41	S-70
		41~45	S-75
	15~25	<38	S-75
		38~41	S-80
		41~45	S-85

沥青胶与填充料应混合均匀,不得有粉团、草根、树叶、砂土等杂质。施工方法有冷用和热用两种。热用比冷用的防水效果好;冷用施工方便,避免烫伤,但耗费溶剂。沥青胶主要用于沥青和改性沥青类卷材的黏结、沥青防水涂层和沥青砂浆层的底层。

(三)水乳型沥青基防水涂料

水乳型沥青基防水涂料是指以乳化沥青为基料或在其中加入各种改性材料的防水材

料。水乳型沥青基防水涂料主要用于Ⅲ、Ⅳ级防水等级的屋面防水、厕浴间及厨房防水。我国的主要品种有 AE-1、AE-2 型两大类。AE-1 型是以石油沥青为基料,用石棉纤维或其他矿物填充料改性的水性沥青厚质防水涂料,如水性沥青石棉防水涂料、水性沥青膨润土防水涂料;AE-2 型是用化学乳化剂配成的乳化沥青,掺入氯丁胶乳或再生橡胶等橡胶改性的水性沥青薄质防水涂料。

(四)防水涂料的储运及保管

防水涂料的包装容器必须密封严实,容器表面应标明涂料名称、生产厂名、生产日期和产品有效期的明显标志;储运及保管的环境温度应不得低于 0 ℃;严防日晒、碰撞、渗漏;应存放在干燥、通风、远离火源的室内,料库内应配备专门用于有机溶剂的消防设施;运输时,运输工车轮应有接地措施,防止静电起火。

第二章　建筑识图与构造

第一节　建筑制图的基本知识

一、基本制图标准

(一)图纸的图幅

图纸幅面是指图纸的大小。为了使图纸整齐,便于装订和保管,国家标准对建筑工程的幅面作了规定。应根据所画图样的大小来选定图纸的幅面及图框尺寸,幅面及图框尺寸应符合表2-1的规定。

表2-1　图纸幅面及图框尺寸　(单位:mm)

尺寸代号	幅面代号				
	A0	A1	A2	A3	A4
$b \times l$	841×1 189	594×841	420×594	297×420	210×297
c	10			5	
a	25				

在表2-1中b及l分别代表图幅长边和短边,其短边和长边之比为$1:\sqrt{2}$,a和c分别表示图框线到图纸边线的距离。图纸以短边作为垂直边称为横式,以短边作水平边称为立式。

一般A1~A3图纸宜横式,必要时,也可立式使用,如图2-1所示。单项工程中每一个专业所用的图纸不宜多于两种。目录及表格所采用的A4幅面可不在此限。

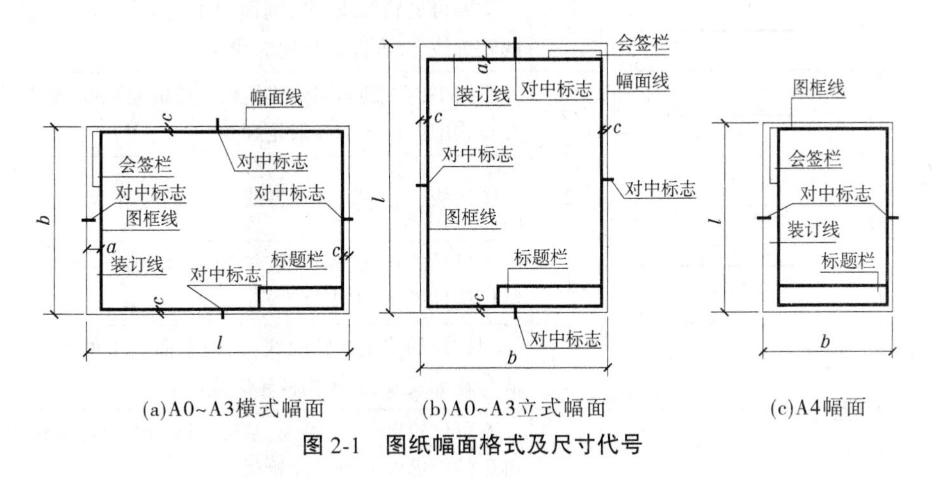

图2-1　图纸幅面格式及尺寸代号

(二)标题栏与会签栏

在图框内侧右下角的表格称为标题栏(简称图标),用以填写建设单位名称、工程名称、设计单位名称、图名、图号、设计编号及设计人、制图人、审核人的签名和日期等。横式使用的图纸应按图 2-1(a)的形式布置,立式使用的图纸应按图 2-1(b)的形式布置,立式使用的 A4 图纸应按图 2-1(c)的形式布置。图纸标题栏应按图 2-2 的格式分区。

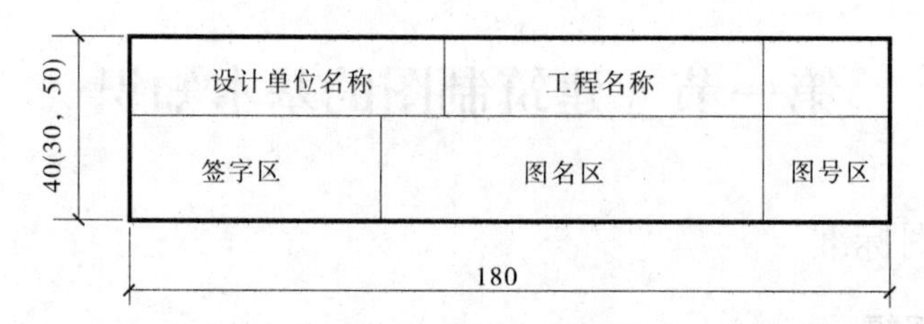

图 2-2 标题栏

需要会签的图纸,在图框外的左上角有一会签栏,它是各专业负责人签字的表格。会签栏的格式如图 2-3 所示。

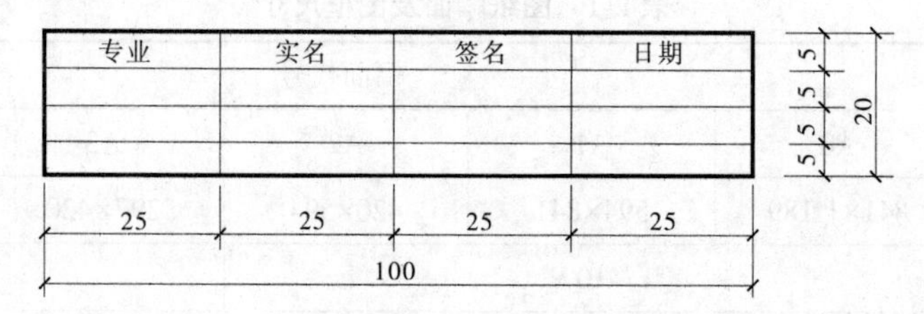

图 2-3 会签栏

(三)图线

建筑制图采用的图线分为实线、虚线、单点长画线、折断线、波浪线几种。按线的宽度不同又分为粗、中、细三种。各类图线的线型、宽度及用途见表 2-2,在一张图中线型应分开。

表 2-2 图线的线型、宽度及用途

名称	线型	线宽	用途
粗实线		b	主要可见轮廓线,平、剖面图中被剖切的主要建筑构造的轮廓线,立面图的外轮廓线
中实线		$0.5b$	室内平、立、剖面图中建筑构配件的轮廓线,建筑构造详图及构配件详图中一般轮廓线
细实线		$0.25b$	图例线、尺寸线、尺寸界线、索引符号等
粗虚线	1.5 6	b	不可见的钢筋、螺栓线,结构平面图中的不可见的单线结构构件及钢、木支撑
中虚线		$0.5b$	拟扩建的建筑物轮廓线,结构平面图中的不可见构件、墙身轮廓线及钢、木构件轮廓线
细虚线		$0.25b$	不可见轮廓线、图例线,基础平面图中的管沟轮廓线,不可见的钢筋混凝土构件轮廓线

续表 2-2

名称	线型	线宽	用途
粗单点长画线		b	起重机(吊车)轨道线、柱间支撑、垂直支撑
细单点长画线	3 15	0.25b	中心线、定位轴线、对称线
粗双点长画线		b	预应力钢筋线
细双点长画线		0.25b	原有结构轮廓线
折断线		0.25b	不需要画全的断开界线
波浪线		0.25b	不需要画全的断开界线,构造层次的断开界线

注:地坪线的线宽可用 1.4b。

(四)字体

1.汉字

图样上及说明的汉字,应采用长仿宋字。汉字的简化书写,必须遵守国务院颁布的《汉字简化方案》和有关规定。

长仿宋体字有笔画粗细一致、起落转折、顿挫有力、笔锋外露、棱角分明、清秀美观、挺拔刚韧、清晰好认的特点,所以是工程图样上适宜的字体。

为了字写得大小一致、排列整齐,在写字前先画好格子,再进行写字。字高与字宽之比为 3:2,字距约为字高的 1/4,行距约为字高的 1/3,如图 2-4 所示。

图 2-4 字格

字的大小用字号表示,字号即为字的高度,各字号的高度和宽度的关系应符合表 2-3 的规定。

表 2-3 长仿宋体字各字号的宽度和高度的关系

字号	20	14	10	7	5	3.5
字高(*mm*)	20	14	10	7	5	3.5
字宽(*mm*)	14	10	7	5	3.5	2.5

2.数字及字母

数字及字母在图样上的书写分直体和斜体两种。它们和中文字混合书写时应稍低于书写仿宋字体的高度。斜体书写应向右倾斜,并与水平线成75°。图样上数字应采用阿拉伯数字,其字高应不小于2.5 *mm*。

(五)比例

图样的比例是图形与实物相对应的线性尺寸之比,即

$$比例=\frac{图线画出的长度}{实物相应部位的长度}$$

图纸上使用比例的作用是将建筑、结构和暖通工程设备不变形地缩小或放大在图纸上。比例应用阿拉伯数字表示,如1∶1、1∶2、1∶10等。1∶10表示图纸所画物体比实体缩小10倍,1∶1表示图纸所画物体与实体一样大。

如图2-5所示,采用不同比例绘制窗的立面图,图样上的尺寸标注必须为实际尺寸。

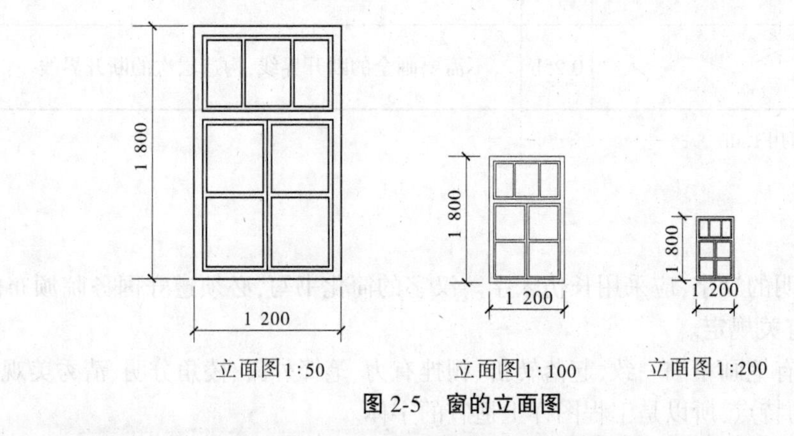

图2-5 窗的立面图

当一张图纸中有几个图形并各自选用不同的比例时,可注写在图名的右侧,比例的字高应比图名的字高小一号或两号,如图2-6所示。

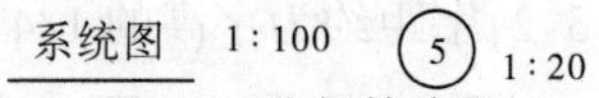

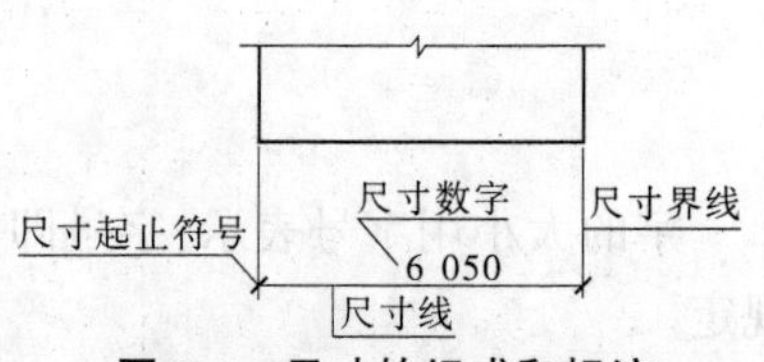

图2-6 比例的注写

(六)尺寸标注

图样上标注尺寸的要求是正确、完整、清晰。任何模糊和错误尺寸,都会给施工造成困难和损失。

1.尺寸标注的组成

一个完整的尺寸标注应包括尺寸界线、尺寸线、尺寸起止符号和尺寸数字,如图2-7所示。

1)尺寸界线

尺寸界线是表示所量度尺寸范围的边界,它用细实线绘出。必要时可利用定位轴线、中心线或图形的轮廓线来代替。

尺寸起止符号
尺寸数字
尺寸界线
6 050
尺寸线

图2-7 尺寸的组成和标注

2)尺寸线

尺寸线是表示所量度尺寸方向的线,它用细实线绘出,任何图线均不能来代替。

3)尺寸起止符号

尺寸起止符号一般应用中粗45°斜短线和箭头两种。

4)尺寸数字

图样上的尺寸,应以尺寸数字为准,不得从图上直接量取。

图样上的尺寸单位,除标高及总平面图以米(*m*)为单位外,均必须以毫米(*mm*)为单位。图中尺寸后面可以不写单位。

2.图样上尺寸的标注方法

1)直线段尺寸的标注

(1)尺寸界线。应垂直于被标注的直线段,不应与轮廓线相连,如图 2-8 所示。

(2)尺寸线。必须与标注的线段平行。当有几条相互平行的尺寸线时,大尺寸要注在小尺寸的外面。平行排列的尺寸线间距为 7 *mm* 左右,如图 2-8(*a*)所示。

(3)尺寸起止符号。应采用 45°斜短中实线绘制。

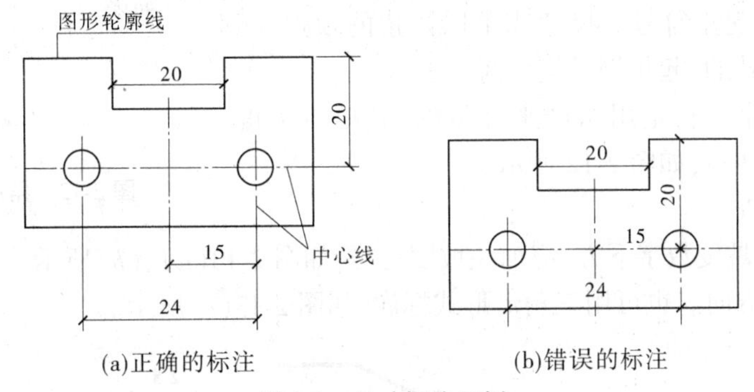

(a)正确的标注　　(b)错误的标注

图 2-8　尺寸标注示例

(4)尺寸数字。尺寸数字标注在尺寸线的上方,当尺寸界线较密时,可标注在尺寸界线外侧相临处,或相互错开,必要时也可用线引出标注,如图 2-9 所示。

当尺寸线不是水平位置时,尺寸数字应按图 2-10 规定的方向注写,尽量避免在网线内注写尺寸数字。

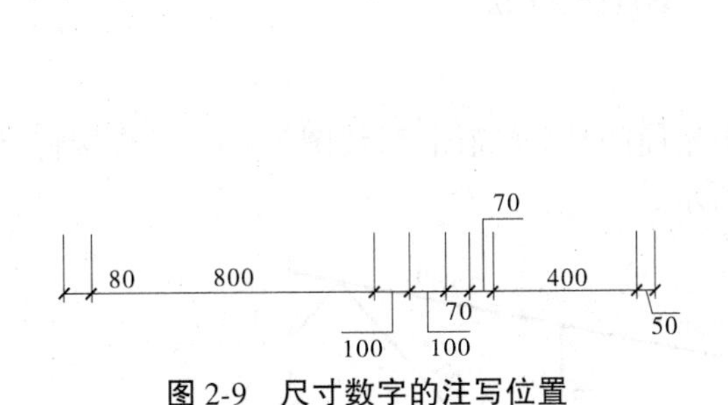

图 2-9　尺寸数字的注写位置

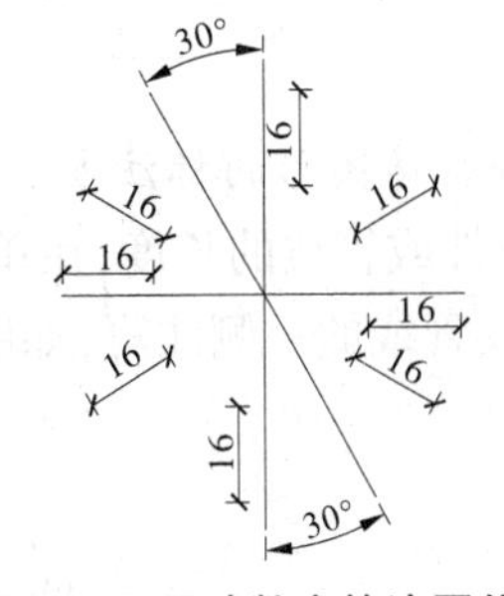

图 2-10　尺寸数字的注写位置

2)圆、圆弧及球尺寸的标注

(1)尺寸界线。用圆及圆弧的轮廓线代替。

(2)尺寸线和尺寸起止符号。尺寸线应通过圆心,尺寸线起止符号采用箭头符号和圆心表示。

(3)尺寸数字。根据国标规定,圆及圆弧的尺寸数字是以直径和半径的长度来表示的,在尺寸数字前面均应加注“*ϕ*”和“R”代号,如图 2-11 所示。标注球的直径尺寸或半径尺寸时,应在尺寸数字前面加注“*Sϕ*”和“*S*R”代号。

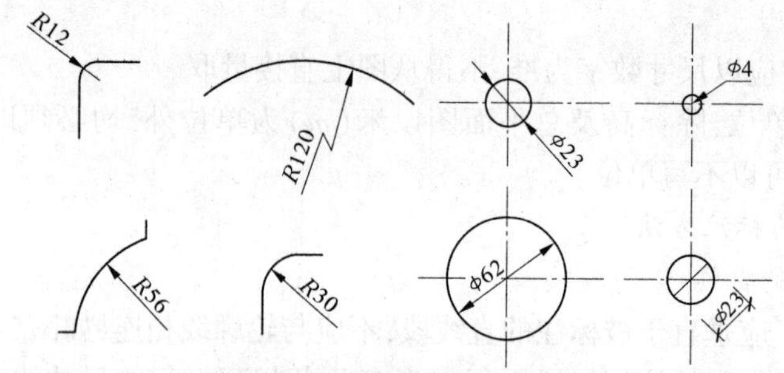

图 2-11　圆及圆弧尺寸的标注

3)角度尺寸的标注

(1)尺寸界线。它一般是以角的两边来代替的。

(2)尺寸线、起止符号。尺寸线是以该角的顶点为圆心的圆弧线来代替的,起止符号应以箭头表示。

(3)尺寸数字。它是用角度来计量的,其单位为度、分、秒,并应水平注写,如图 2-12 所示。

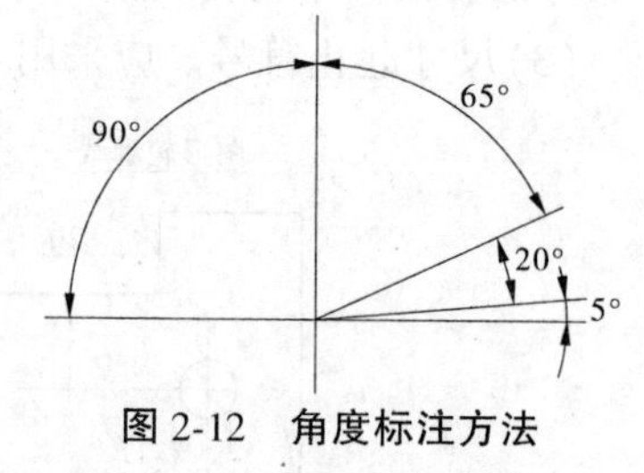

图 2-12　角度标注方法

4)坡度的标注

在标注时,在坡度数字下方,应加注坡度符号,如图 2-13(*a*)、(*b*)所示。坡度符号的箭头,一般应指向下坡方向。也可用三角形形式标注,如图 2-13(*c*)所示。

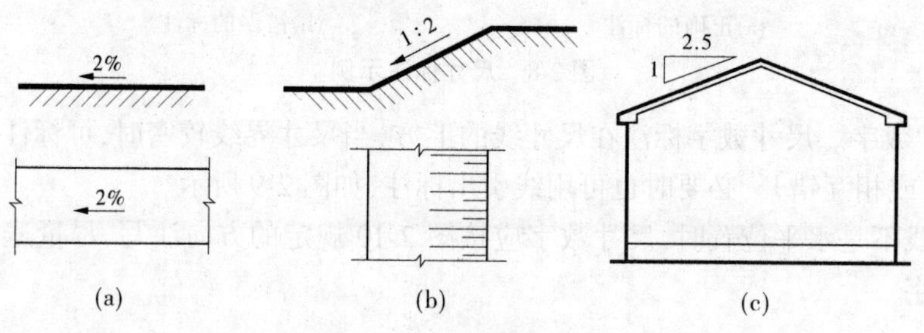

图 2-13　坡度标注方法

3.几种特殊图形的标注方法

(1)杆件或管线的长度,在单线图(桁架简图、钢筋简图、管线图等)上,可直接将尺寸数字沿杆件或管线的一侧注写,如图 2-14 所示。

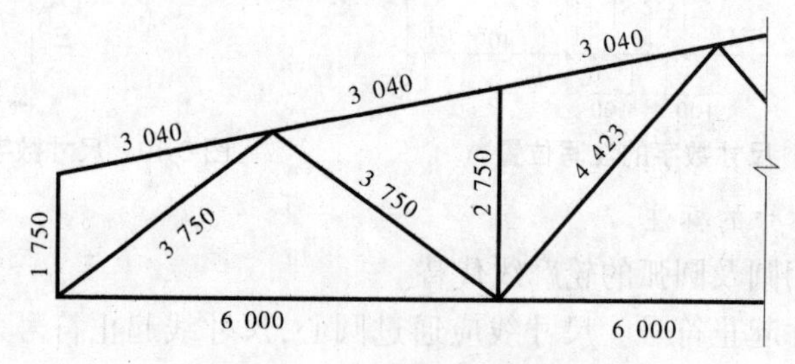

图 2-14　单线图尺寸标注方法

(2)对仅用一个图形表示的薄板(如扁钢、钢板制件)在图中其厚度尺寸数字前加厚度符号“t”,如图 2-15 所示。

(3)对于构配件内的构造要素(如孔、槽)相同,可只标注一个要素的尺寸,如图 2-16 所示。

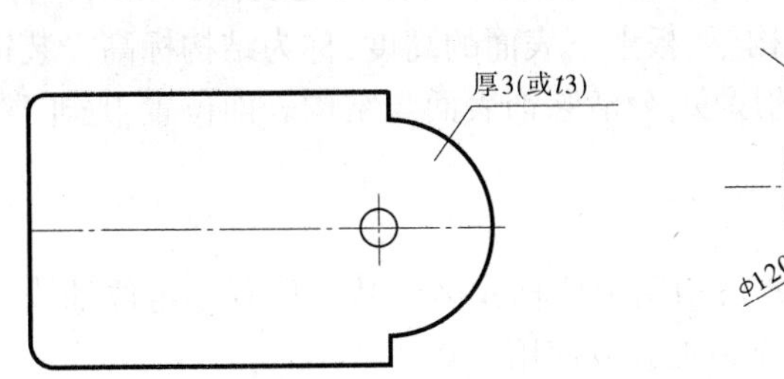

图 2-15　薄板厚度标注方法

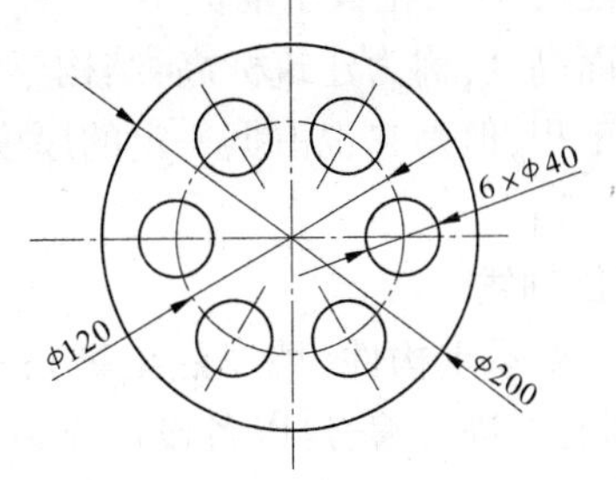

图 2-16　相同要素尺寸标注方法

(4)对于构配件,其剖面为正方形时,可在边长数字前加注正方形符号"□",如图 2-17 所示。

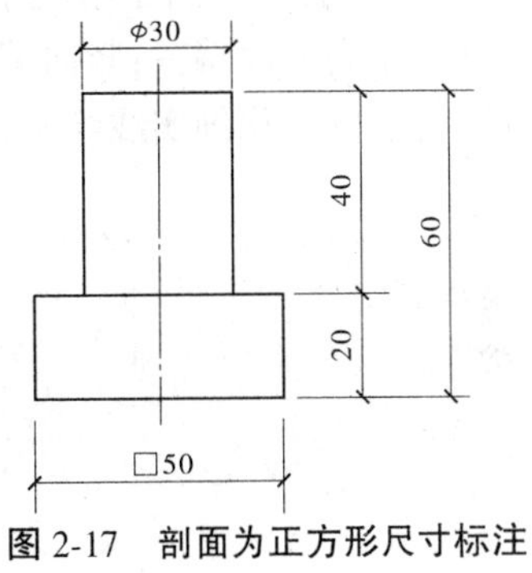

图 2-17　剖面为正方形尺寸标注

4.标高

1)标高

在建筑装饰中,各细致装饰部位的上下表面标注高度的方法叫标高。如室内地面、楼面、顶棚、窗台、门窗上沿、窗帘盒的下皮、台阶上表面、墙裙上皮、门廊下皮、檐口下皮、女儿墙顶面等部位的高度注法。

2)标高符号

标高符号应以等腰直角三角形表示,用细实线绘制。形式如图 2-18 所示。

L取适当长度注写标高数字,h根据需要取适当高度

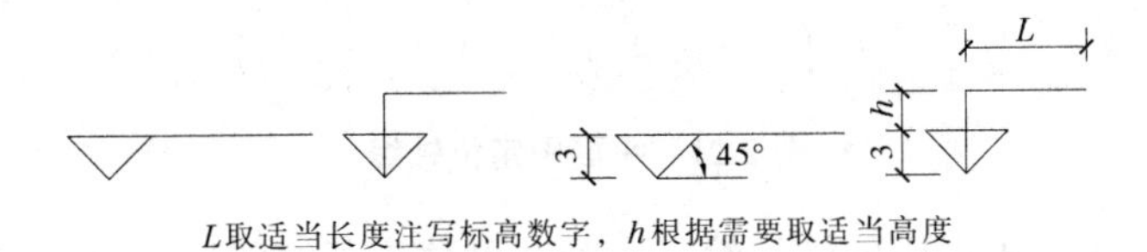

图 2-18　标高符号(一)

总平面图室外地坪标高符号,宜用涂黑的三角形表示,如图 2-19 所示。

标高符号的尖端应指至被注高度的位置。尖端一般应向下,也可向上。标高数字应注写在标高符号的左侧或右侧,如图 2-20 所示。

图 2-19　标高符号(二)

图 2-20　标高符号(三)

3)标高单位

标高均以米(m)计,注写到小数点后第三位,总平面图上注写到小数点后第二位。

4)标高的分类

标高有绝对标高和相对标高之分。绝对标高是以黄海平均海平面为零点,以此为基准

的标高。在实际施工中,用绝对标高不方便,因此习惯上将房屋底层的室内地坪高度定为零点的相对标高,高于建筑底层地坪的高度均为正数,低于建筑底层地坪的高度均为负数,并在数字前面注写“-”,正数字前面不加“+”。相对标高又可分为建筑标高和结构标高:装饰完工后的表面高度,称为建筑标高;结构梁、板上下表面的高度,称为结构标高。装饰工程虽然都是表面工程,但是它也占据一定的厚度,分清装饰表面与结构表面位置,是非常必要的,以防把数据读错。

(七)定位轴线

房屋的主要承重构件(墙、柱、梁等),均用定位轴线确定基准位置。定位轴线应用细单点长画线绘制,并进行编号,以备设计或施工放线使用。

1.定位轴线的编号顺序

制图标准规定,平面图定位轴线的编号,宜标注在下方与左方。横向编号应用阿拉伯数字,从左至右顺序编写;竖向编号应用大写拉丁字母,从下至上编写。编号应注写在轴线端部的圆内,圆应用细实线绘制,直径为 8~10 *mm*,如图 2-21 所示。

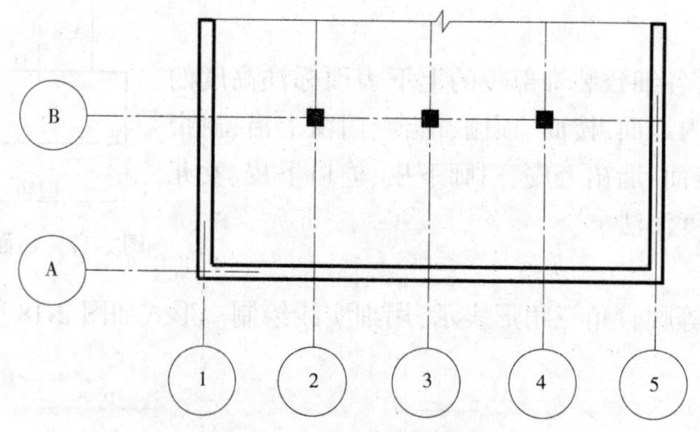

图 2-21　平面图定位轴线

拉丁字母的 *I*、*O*、*Z* 不得用做轴线编号。若字母数量不够使用,可增加双字母或单字母加数字注脚,如 A_A,B_A,…,Y_A 或 A_1,B_1,…,Y_1。

2.附加定位轴线的编号

这是在两条轴线之间,遇到较小局部变化时的一种特殊表示方法。附加定位轴线的编号,应以分数形式表示,并按下列规定编写。

两根轴线间的附加轴线,应以分母表示前一轴线的编号,分子表示附加轴线的编号,编号宜用阿拉伯数字顺序书写,如:

(1/2)表示横向②轴线后的第一条附加定位轴线;

(3/C)表示纵向Ⓒ轴线后的第三条附加定位轴线。

当在①轴线或Ⓐ轴线之前的附加轴线时,分母应以 01 或 0*A* 表示,如:

(1/01)表示横向①轴线前的第一条附加定位轴线;

(3/0A)表示纵向Ⓐ轴线前的第三条附加定位轴线。

3.一个详图适用于几根定位轴线的表示方法

一个详图适用于几根定位轴线时,应同时注明各有关轴线的编号,如图 2-22 所示。

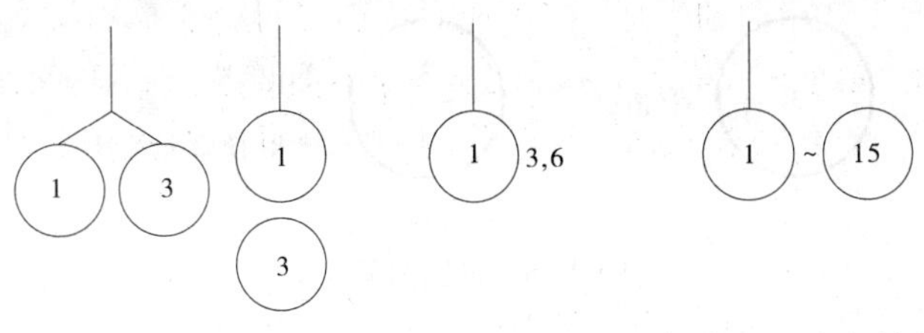

图 2-22 详图定位轴线

通用详图中的定位轴线应画圆,不注写轴线编号。

(八)常用符号和图例

1.索引符号与详图符号

1)索引符号

对于图中需要另画详图表示的局部或构件,为了读图方便,应在图中的相应位置以索引符号标出。索引符号是由直径为 10 *mm* 的圆和水平直径组成的,圆及水平直径均应以细实线绘制。当索引的详图与被索引的图在同一张图纸内时,在上半圆中用阿拉伯数字注出该详图的编号,在下半圆中间画一段水平细实线,如图 2-23(*a*)所示;当索引的详图与被索引的图不在同一张图纸内时,在下半圆中用阿拉伯数字注出该详图所在图纸的编号,如图 2-23(*b*)所示;当索引的详图采用标准图集时,在圆的水平直径的延长线上加注标准图册的编号,如图 2-23(*c*)所示。

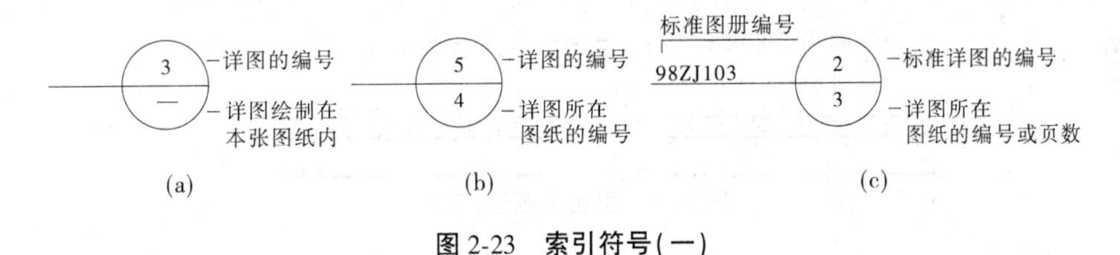

图 2-23 索引符号(一)

索引的详图是局部剖视详图时,索引符号在引出线的一侧加画一剖切位置线,引出线在剖切位置的哪一侧,表示该剖面向哪个方向作的剖视,如图 2-24 所示。

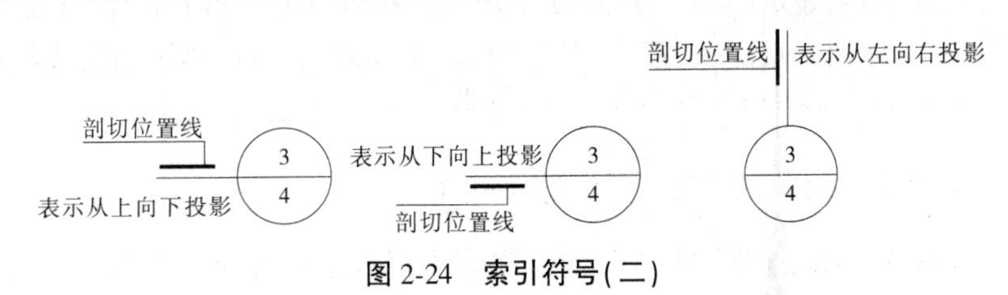

图 2-24 索引符号(二)

2)详图符号

详图符号应根据详图位置或剖面详图位置来命名,采用同一个名称表示。详图符号的圆应以直径为 14 *mm* 的粗实线绘制。

图 2-25(a)的意义是:详图与被索引的图样在同一张图纸内。

图 2-25(b)的意义是:详图与被索引的图样不在同一张图纸内。

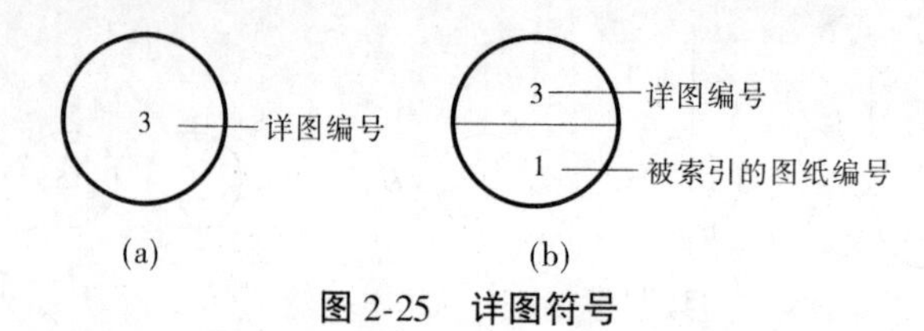

图 2-25 详图符号

2.引出线

引出线应以细实线绘制,宜采用水平方向的直线或与水平方向成 30°、45°、60°、90°的直线,或经上述角度再折为水平线。文字说明宜写在水平线的上方,也可注写在水平线的端部,如图 2-26 所示。同时引出几个相同部分的引出线时,宜互相平行,也可画成集中于一点的放射线,如图 2-27 所示。

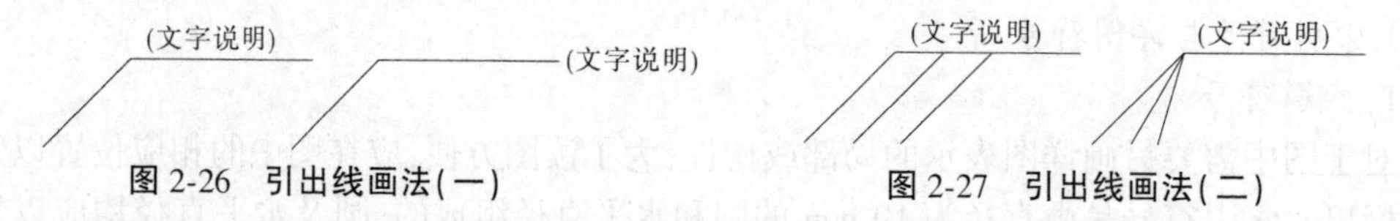

图 2-26 引出线画法(一)　　图 2-27 引出线画法(二)

多层构造或多层管道共用引出线,应通过被引出的各层。文字说明注写在水平线的上方,或注写在水平线的端部,说明的顺序应由上至下,并应与被说明的层次相互一致,如图 2-28 所示。若层次为横向排序,则由上至下的说明应与由左至右的层次相互一致。

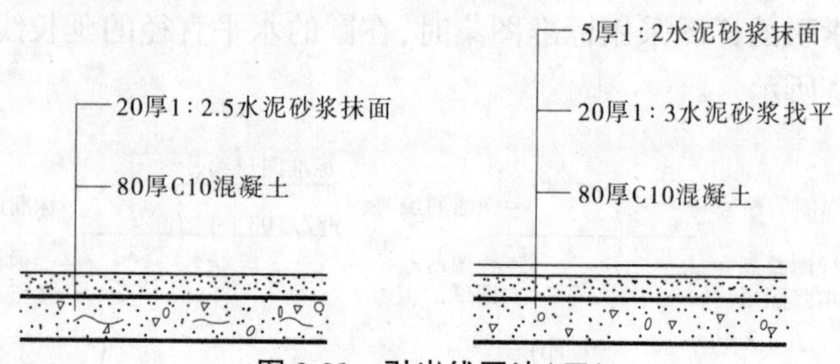

图 2-28 引出线画法(三)

3.其他符号

1)指北针和风玫瑰

总平面图不但应表示朝向,还应表现各向风力对该地区的影响。首层建筑装饰平面图旁边也画出指北针,用来表示朝向。图 2-29 是指北针和风玫瑰。指北针用 24 mm 作直径画圆,内部过圆心并对称画一长箭头,箭头尾宽取直径 1/8,即 3 mm,圆用细实线绘制,箭头涂

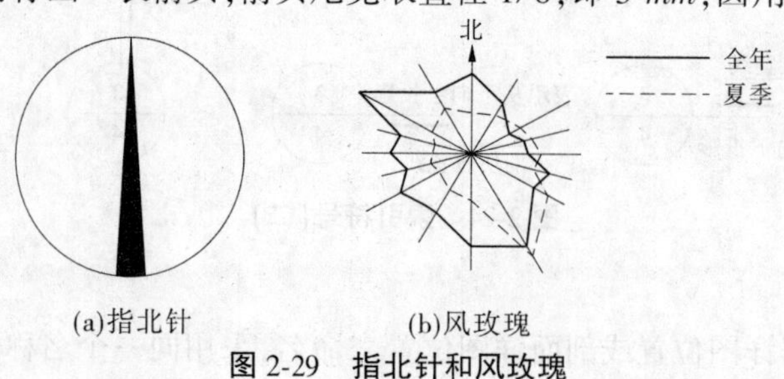

图 2-29 指北针和风玫瑰

黑。通常只画在首层平面图旁边适当位置。风玫瑰是简称，全名是风向频率玫瑰图。其表明各风向的频率，频率最高则表示该风向的吹风次数最多。

2）对称符号

对于图形为对称图形的构配件，绘图时可画对称图形的一半，并用细实线画出对称符号，如图 2-30 所示。符号中平行线的长度为 6~10 *mm*，平行线的间距宜为 2~3 *mm*，平行线在对称线两侧的长度应相等。

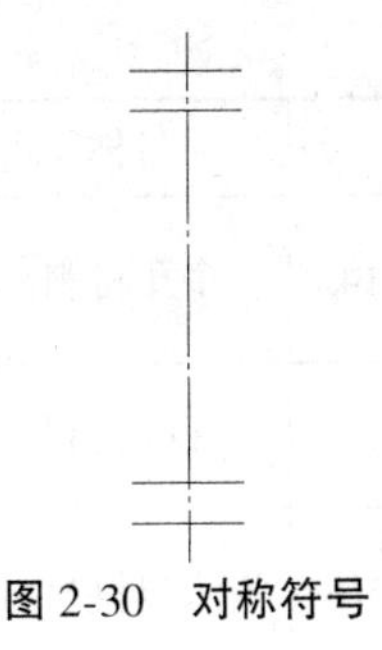

图 2-30　对称符号

4. 常用图例

建筑材料图例如表 2-4 所示。

表 2-4　建筑材料图例

序号	名称	图例	备注
1	自然土壤		包括各种自然土壤
2	夯实土壤		
3	砂、灰土		靠近轮廓线绘较密的点
4	砂砾石、碎砖三合土		
5	石材		
6	毛石		
7	普通砖		包括实心砖、多孔砖、砌块等砌体，断面较窄不易绘出图例时，可涂红
8	耐火砖		包括耐酸砖等砌体
9	空心砖		指非承重砖砌体
10	饰面砖		包括铺地砖、马赛克、陶瓷锦砖、人造大理石等
11	焦渣、矿渣		
12	混凝土		1. 本图例指能承重的混凝土及钢筋混凝土 2. 包括各种强度等级、集料、添加剂的混凝土 3. 在剖面图上画出钢筋时，不画图例线 4. 断面图形小，不易画出图例线时，可涂黑
13	钢筋混凝土		

续表 2-4

序号	名称	图例	备注
14	多孔材料		包括水泥珍珠岩、沥青珍珠岩、泡沫混凝土、非承重加气混凝土、软木、蛭石制品等
15	纤维材料		包括矿棉、岩棉、玻璃棉、麻丝、木丝板、纤维板等
16	泡沫塑料材料	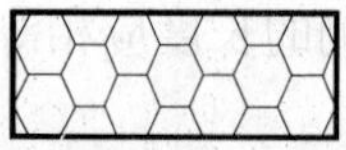	包括聚苯乙烯、聚乙烯、聚氨酯等多孔聚合物类材料
17	木材	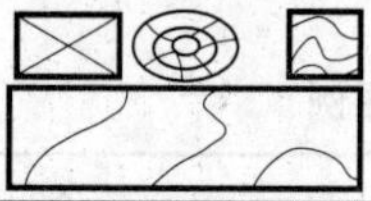	1.上图为横断面,上左图为垫木、木砖或木龙骨 2.下图为纵断面
18	胶合板	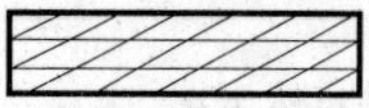	应注明为×层胶合板
19	石膏板	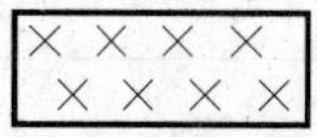	包括圆孔、方孔石膏板,防水石膏板等
20	金属		1.包括各种金属 2.图形小时,可涂黑
21	网状材料		1.包括金属、塑料网状材料 2.应注明具体材料名称
22	液体	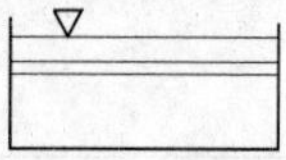	应注明具体液体名称
23	玻璃		包括平板玻璃、磨砂玻璃、夹丝玻璃、钢化玻璃、中空玻璃、夹层玻璃、镀膜玻璃等
24	橡胶		
25	塑料		包括各种软、硬塑料及有机玻璃等
26	防水材料		构造层次多或比例大时,采用上面图例
27	粉刷	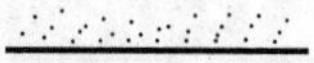	本图例采用较稀的点

注:序号 1、2、5、7、8、13、14、18、24、25 图例中的斜线、斜短线、交叉斜线等一律为 45°。

二、投影的基本知识

(一)正投影的形成及投影特性

1.正投影的形成

工程图样的基本要求是在一平面上准确、完整地表达物体的几何形状和大小。

工程图样的绘制是参照物体在光线照射后在地面或墙面上产生与物体相同或相似的影子这一道理绘制出来的。这种用投影原理在平面上表示物体的方法称为投影法。

采用投影法绘制图样时，设想把图纸平面作为地面或墙面，我们称为投影面；光源称为投影中心；光线称为投影线，并假定它是可以透过物体的；光源的射向称为投影方向；图纸上的图形称为投影图或简称为投影，如图 2-31 所示。

正投影图是用平行的投影线与墙面垂直进行投影，施工图上用的各种图样，绝大部分是应用这种投影方法。要画一块三角板的正投影图，就是像图 2-32 那样画出来的。

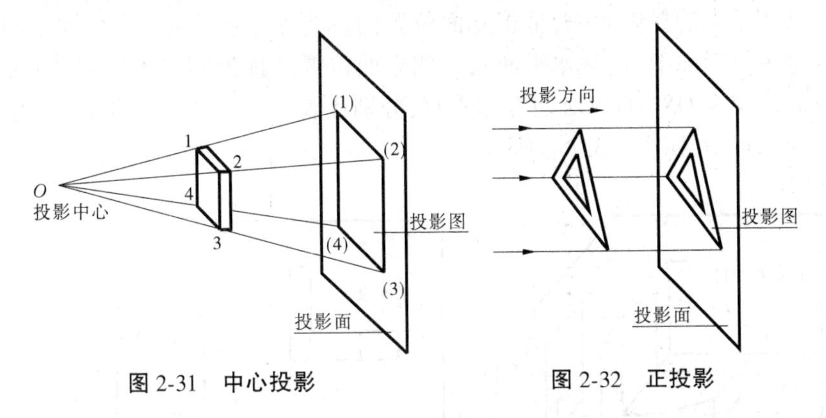

图 2-31 **中心投影**　　图 2-32 **正投影**

2. 正投影特性

1) 直线的投影特性

(1) 线段平行于投影面（投影面平行线）：其投影反映实长，即 ab = AB（见图 2-33(*a*)）。

(2) 线段垂直于投影面（投影面垂直线）：其投影积聚为一点（见图 2-33(*b*)）。

(3) 线段倾斜于投影面（投影面倾斜线）：其投影小于实长，即 ef<EF（见图 2-33(*c*)）。

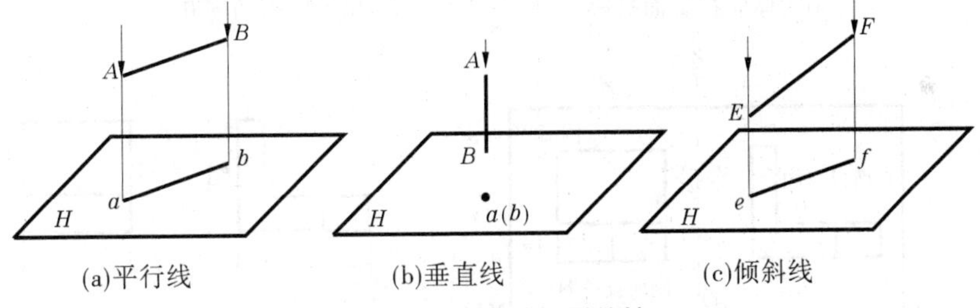

(a)平行线　(b)垂直线　(c)倾斜线

图 2-33 **直线的投影特性**

2) 平面的投影特性

(1) 平面平行于投影面（投影面平行面）：其投影反映实形，即△abc = △ABC（见图 2-34(*a*)）。

(2) 平面垂直于投影面（投影面垂直面）：其投影积聚成直线（见图 2-34(*b*)）。

(3) 平面倾斜于投影面（投影面倾斜面）：其投影类似于平面实形（见图 2-34(*c*)）。

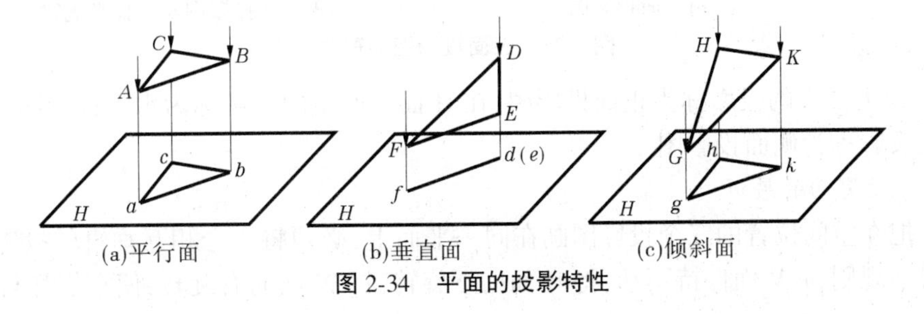

(a)平行面　(b)垂直面　(c)倾斜面

图 2-34 **平面的投影特性**

(二)三面投影图

1.三面投影图的形成

通常把物体放在由三个相互垂直的投影面所组成的体系中,然后用正投影法由前向后投影、由上向下投影、由左向右投影,由此可得到物体的三个不同方向的正投影图,如图 2-35(*a*)所示。

在三个互相垂直的投影面中,呈正立面位置的称为正立投影面 V(简称正面),呈水平位置的称为水平投影面 H(简称水平面),呈侧立面位置的称为侧立投影面 W(简称侧面)。这三个投影面的交线 OX、OY、OZ 也互相垂直,分别代表长、宽、高三个方向,称为投影轴,三轴的交点称为原点 O,如图 2-35(*c*)所示。

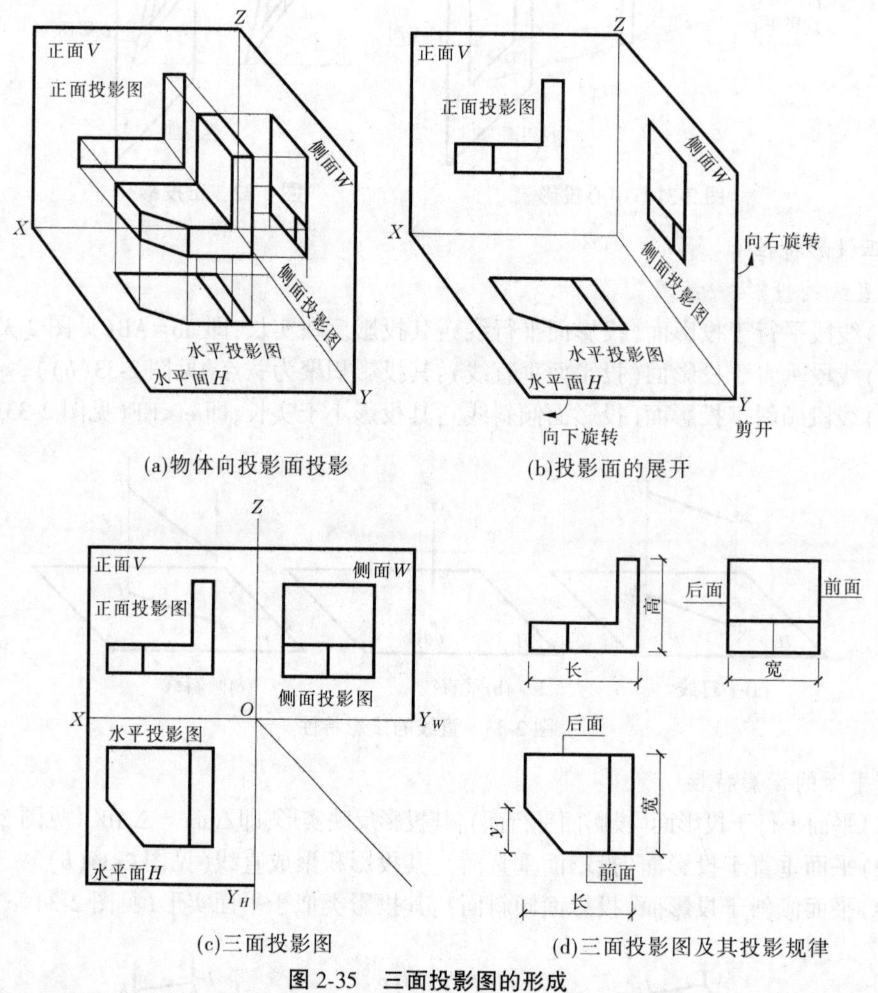

图 2-35　三面投影图的形成

在 V 面上产生的投影称为正面投影图,在 H 面上产生的投影称为水平投影图,在 W 面上产生的投影称为侧面投影图。

2.三个投影面的展开

为了把在空间位置的三个投影图画在同一平面上,必须将三个相互垂直的投影面进行展开。展平规则为:V 面保持不动,将 H 面向下旋转,将 W 面向右旋转,使它们都与 V 面处在同一平面上,如图 2-35(*c*)所示。这时,OY 轴分为两条,一条为 OY_H 轴,另一条为 OY_W 轴。由于投影面的大小与投影图无关,故有时在画三面投影图时可不画出投影面的边界,如图 2-35(*d*)所示。

3.三面投影图的投影规律

从三面投影图的形成过程中,我们可以进一步归纳出三面投影图之间的相互关系及投影规律。由图 2-35(*a*)、(*d*)可以看出,每个投影图只能反映物体长、宽、高中的两个方向的大小:正面投影图反映物体的长(x)和高(z),水平投影图反映物体的长(x)和宽(y),侧面投影图反映物体的宽(y)和高(z)。

从物体的投影图和投影面的展开过程中,概括出三面投影图的投影规律是:正面、侧面投影图高平齐(等高);正面、水平投影图长对正(等长);水平、侧面投影图宽相等(等宽),前后对应。

这三条规律,必须在初步理解的基础上,经过画图和看图的反复实践逐步达到熟练与融会贯通的程度。用三面投影图表示一个物体,是各种工程图常采用的表现方法。

4.三面投影图的作图方法

绘制三面投影图时,一般先绘制 V 面投影图或 H 面投影图,然后再绘制 W 面投影图。下面是绘制三面投影图的具体方法和步骤:

(1)在图纸上先画出水平和垂直的十字相交线,作投影轴,如图 2-36(*b*)所示。

(2)根据形体在三面投影体系中的放置位置,画出能够反映形体特征的 V 面投影图或 H 面投影图,如图 2-36(*c*)所示。

(3)根据投影关系:由"长对正"的投影规律,画出 H 面或 V 面投影图;由"高平齐"的投影规律,把 V 面投影图中各相应部位向 W 投影面作"等高的投影连线";由"宽相等"的投影规律,用过原点 O 向右下方作 45°斜线或以原点 O 为圆心作圆弧的方法,将 H 面投影的宽度过渡到 W 面投影上,求出与"等高"投影线的交点,连接关联点而得到 W 面投影图,如图 2-36(*e*)所示。

在三面投影图中,由投影轴可以反映形体与投影面的相对位置。熟练掌握三面投影图的投影规律后,也可以画出无轴的三面投影图,如图 2-36(*f*)所示。

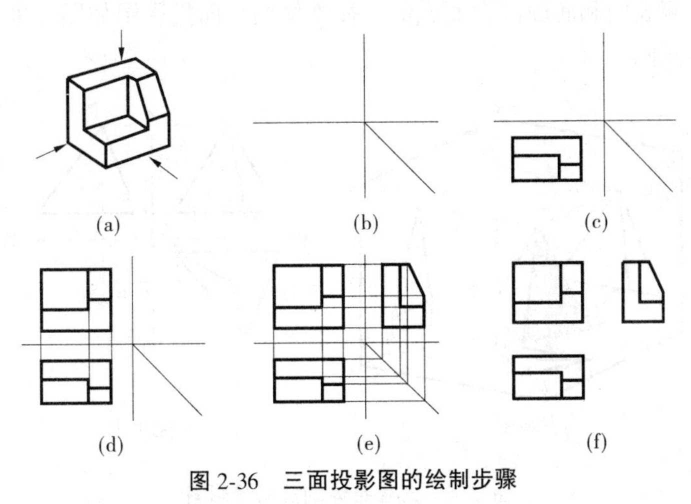

图 2-36　三面投影图的绘制步骤

(三)形体的投影图

1.基本形体的投影

基本形体按照其表面的几何性质,可以分为平面立体和曲面立体两大类。

1)平面立体的投影

所有表面均由平面围成的立体称为平面立体。平面立体的基本类型主要有棱柱体、棱锥体、棱台体等。

作平面立体的投影图,其关键是在于作出平面立体上的点(棱角)、直线(棱线)和平面(棱面)的投影。

(1)棱柱体。

棱柱体是由侧表面和顶面、底面所围合而成的。六棱柱的三面投影图如图 2-37 所示,其投影特点是:两个底面的投影在其所平行的投影面上反映实形并重合,而在另外两个投影面上积聚成为一直线。

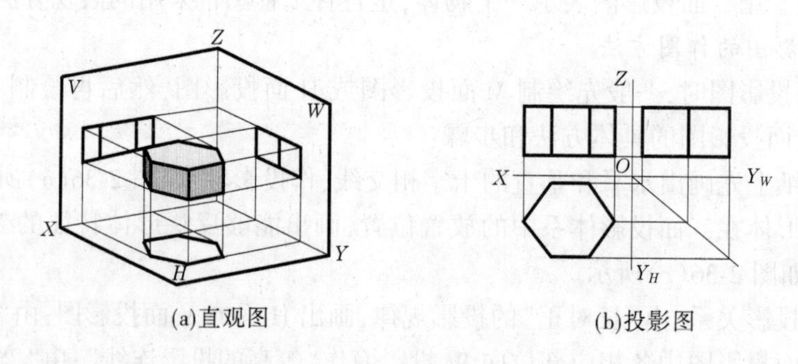

图 2-37　正六棱柱的三面投影图

棱柱体的各侧表面的投影是根据它与投影面所处位置的不同,其投影有的反映实形,有的为缩小的类似形,有的积聚成一直线。

(2)棱锥体。

棱锥体是由侧表面和底面围合而成的。棱锥体的三面投影图如图 2-38 所示,其投影特点和棱柱体基本相同。

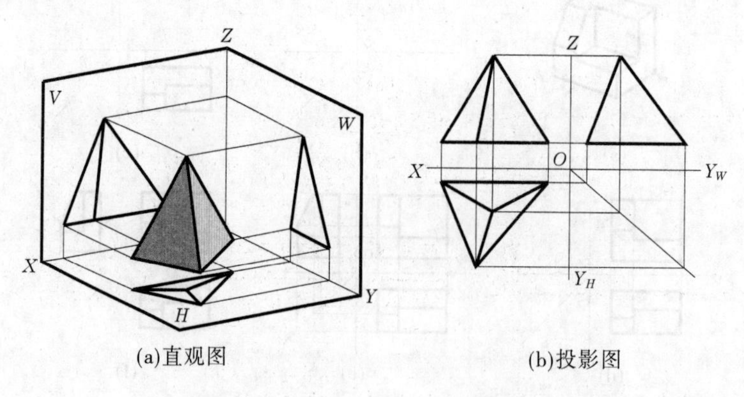

图 2-38　三棱锥体的三面投影图

(3)棱台体。

棱台体是由侧表面和顶面、底面所围合而成的。棱台体的三面投影图如图 2-39 所示，其投影特点和棱柱体基本相同。

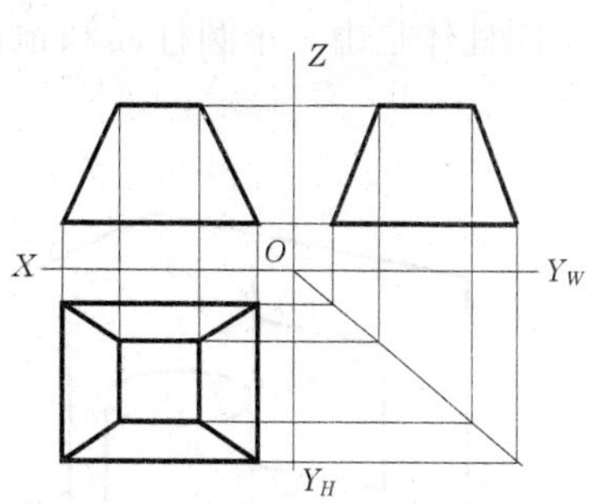

图 2-39 棱台体的三面投影图

2)曲面立体的投影

由曲面或曲面和平面围合而成的形体称为曲面体，其基本类型有圆柱、圆锥、球体等。

(1)基本知识。

①回转体的形成。

圆柱、圆锥、球体等都是回转体。因为它们的曲表面均可看成由一根动线绕一固定轴线旋转而成的回转曲面，故这类形体又可称为回转体。如图 2-40 所示，这条固定轴线称为回转轴，动线称为母线。

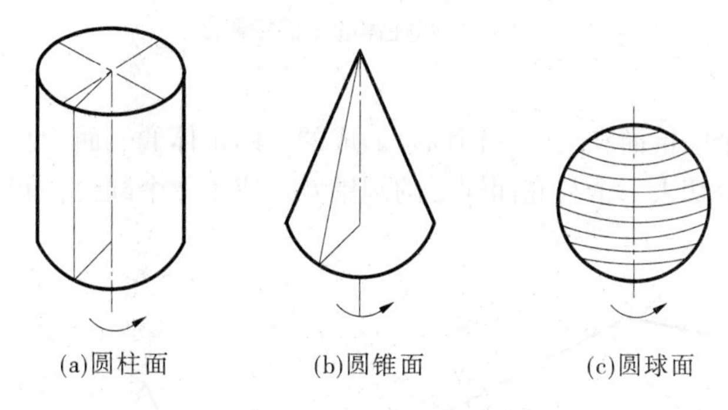

图 2-40 回转曲面的形成

当母线为直母线且与回转轴平行时，形成的曲面为圆柱面，如图 2-40(a)所示。

当母线为直母线且与回转轴相交时，形成的曲面为圆锥面，如图 2-40(b)所示。圆锥面上所有母线交于一点。

由圆母线绕其直径回转而成的曲面称为圆球面，如图 2-40(c)所示。

在回转曲面的投影图中：其回转轴是用单点长画线画出的，当轴线的投影积聚成一个点时，为确定其位置，常作“+”字相交的两条单点长画线标定。

②素线。

形成回转曲面的母线在曲面上的任何位置都称为素线。圆柱体的素线都是互相平行的直线，圆锥体的素线是汇集在锥顶的倾斜线，圆球体的素线是通过球体上下顶点的半圆弧线。

③纬圆。

在回转曲面中，过母线上任一点的轨迹是一个圆，该圆垂直于回转轴，圆心在回转轴上，此圆称为纬圆。

④回转面投影的轮廓线。

对平面体的投影实质上就是对其棱线等的投影，并依此表明平面体的形状。而曲面体由于不存在棱线，所以其投影是用它的轮廓线表示的，曲面轮廓线不仅可以反映曲面的范围和外形，同时还可反映曲面在按某一个投影方向投影时的可见部分和不可见部分的分界线。

(2)圆柱体。

圆柱体是由一个圆柱面和顶面、底面所围合而成的。圆柱体的三面投影图如图 2-41 所示。

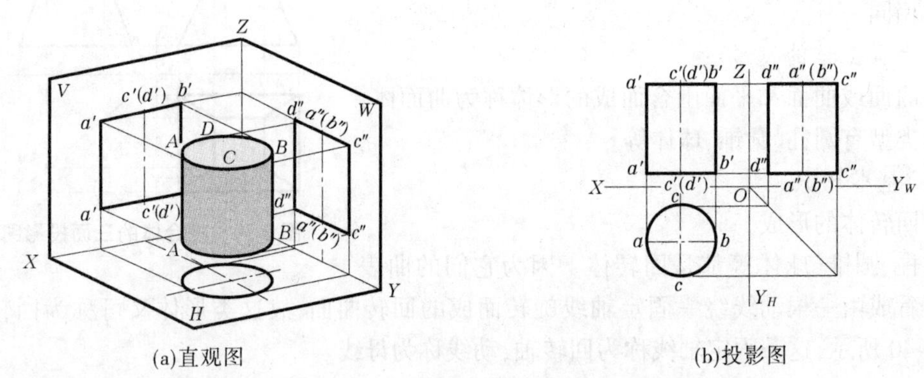

(a)直观图　　(b)投影图

图 2-41　圆柱体的三面投影图

(3)圆锥体。

圆锥体是由一个圆锥面和一个底面围合而成的。圆锥体的三面投影图如图 2-42 所示，在圆锥体的基础之上切去一个与底面同心的圆锥就形成了一个圆台，如图 2-43 所示圆台的投影图。

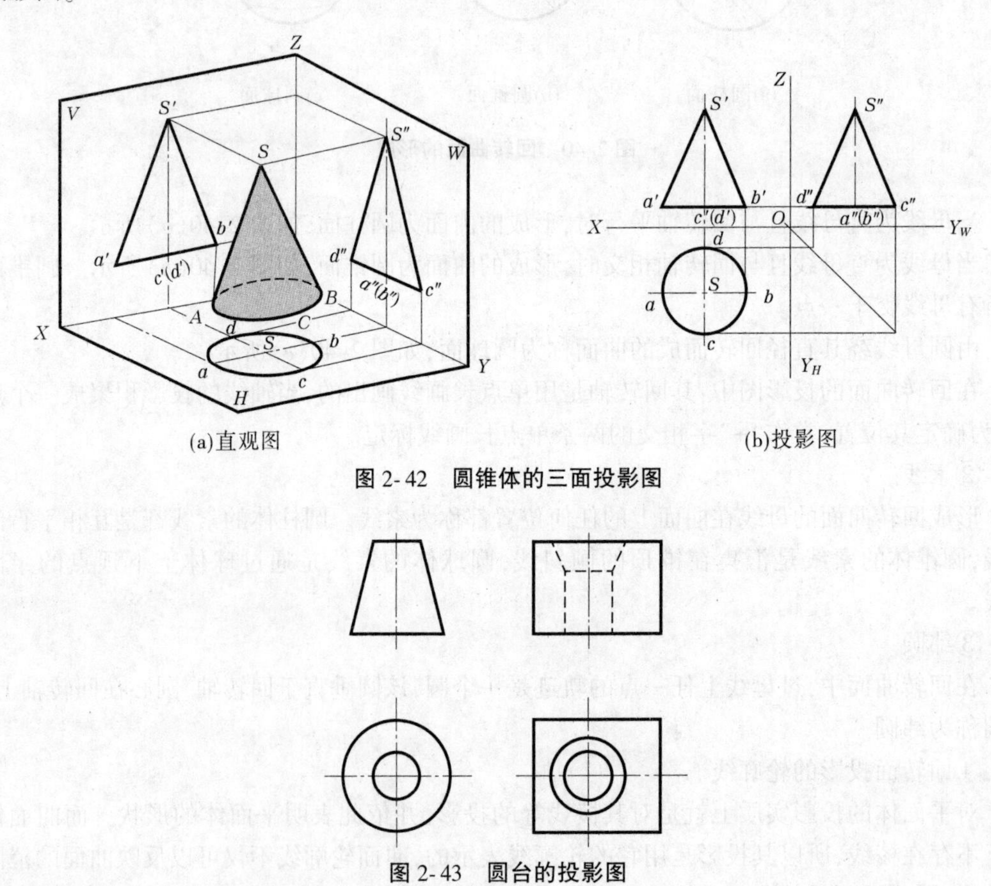

(a)直观图　　(b)投影图

图 2-42　圆锥体的三面投影图

图 2-43　圆台的投影图

(4)球体。

球体是由半圆的弧线回转而成的，其球面是曲线曲面。球体的三面投影图如图2-44(a)所示，标注球的直径时要在直径符号前冠以球形代号“S”，半球面可注半径，半径前同样要加“S”。球的位置通过标注球心的位置确定。

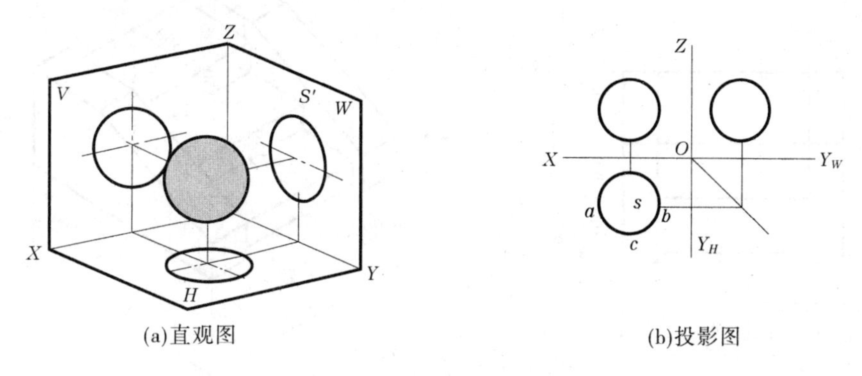

(a)直观图　　(b)投影图

图2-44　球体的三面投影图

2.组合体的投影

1)组合体的构成

由棱(圆)柱、棱(圆)锥及球等基本形体，经叠加或切割并组合而成的形体称为组合体。根据其各部分间的构成方式的不同，通常可将组合体分为三类：

(1)叠加型。组合体的各主要部分是由若干个基本形体叠加而成的。著名的美国芝加哥 *Sear* 塔楼，是由9个四棱柱叠加而成的。

(2)切割型。从一个基本形体上切割去若干基本形体而形成的组合体。如图2-45所示的组合体，可看做是由四棱柱切掉两个小四棱柱而成的。

(3)叠加和切割的组合。对于一些形状复杂的形体，通常是由叠加和切割组合而成的。

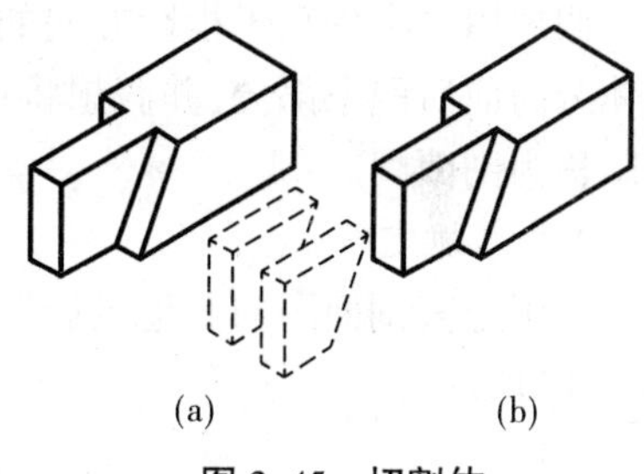

(a)　　(b)

图2-45　切割体

2)组合体投影图的尺寸标注

组合体的尺寸应包括下列三种：

(1)定形尺寸。确定组合体中各基本形体形状的尺寸。如图2-46所示中的300 *mm*、150 *mm*、1 000 *mm* 为踏步的定形尺寸。

(2)定位尺寸。确定组合体中各基本形体间的相互位置的尺寸。如图2-46中的60 *mm* 为定栏板的定位尺寸。

(3)总体尺寸。表示组合体的总长、总宽和总高的尺寸，如图2-46中的1 400 *mm*、1 160 *mm*、510 *mm*。

三、剖面图和断面图

(一)剖面图

当形体的内部构造和形状比较复杂时，在投影图中由于不可见的轮廓线(虚线)和可见

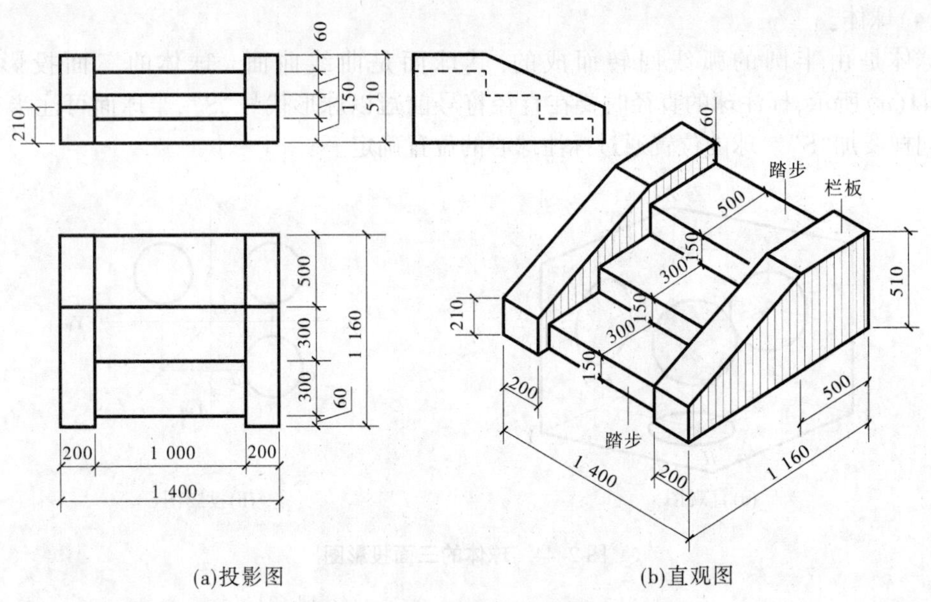

图 2-46　组合体的尺寸标注

的轮廓线(实线)往往会交叉或重合在一起,既不便于看图,也不利于标注尺寸,同时又容易产生误解。在这种情况下,采用剖面图的办法,上述缺点就迎刃而解。

1.剖面图的形成

假想用一个垂直于投影方向的平面(即剖切平面P),在形体的适当位置将形体剖开,使形体分为前后两个部分,并假想将形体前面部分移去,对后面部分的形体进行投影,所得投影图称为剖面图。

2.基本规定

为了分清剖面图与其他投影图间的对应关系,制图标准规定,应对剖面图进行标注(如图 2-47 所示)。

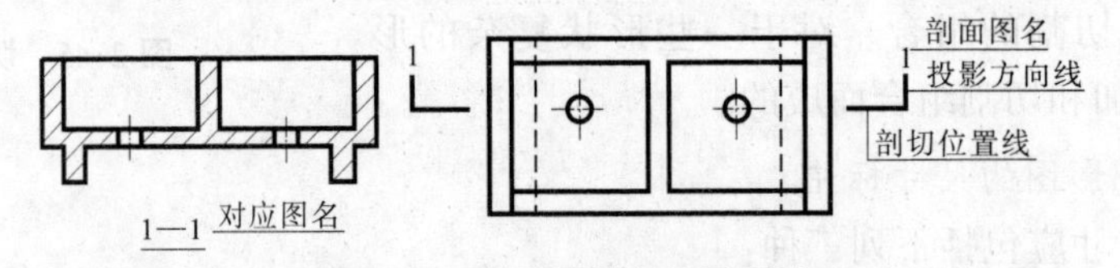

图 2-47　剖面图的标注及画法

1)剖切位置线的标注

剖切位置线由两段粗实线(即为剖切平面的积聚投影)组成,用以表示剖切平面所在的位置。该符号每段长度为 6~10 *mm*,且不得与投影图上的其他图线相接触。

2)剖切方向线的标注

剖切方向线位于剖切位置线的外侧且与剖切位置线垂直。它用来表示剖面图的投影方向,剖切方向线仍由粗实线组成,其每段长度为 4~6 *mm*。

3)剖面图名称的标注

通常,剖面图的名称可用阿拉伯数字或拉丁字母表示。在标注过程中,它们应成对出现,且同时标注两处——剖切位置线外侧和剖面图的正下方。

3.剖面图的分类

1)全剖面图

用一个剖切平面将形体完全剖开后所得的剖面图,称为全剖面图。如图 2-48 所示,用 1—1 平面剖切台阶,形体的内部形状就清楚地在 1—1 剖面图中表达出来。

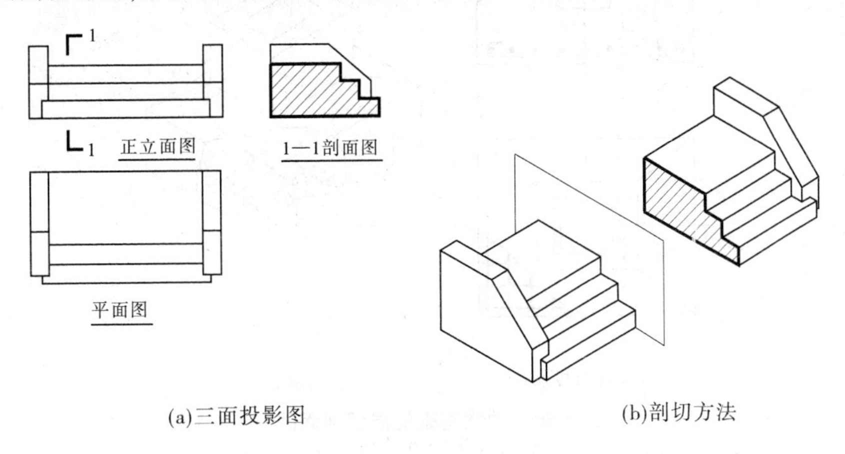

图 2-48　台阶的全剖面图

2)半剖面图

如果被剖切的形体是对称的,画图时常把投影图的一半画为剖面图;另一半画立体的外形图,而组合成一个投影图。图 2-49(*b*)所示的即是半剖面图。这种画法可以节省投影图的数量,从一个投影图可以同时观察到立体的外形和内部构造。

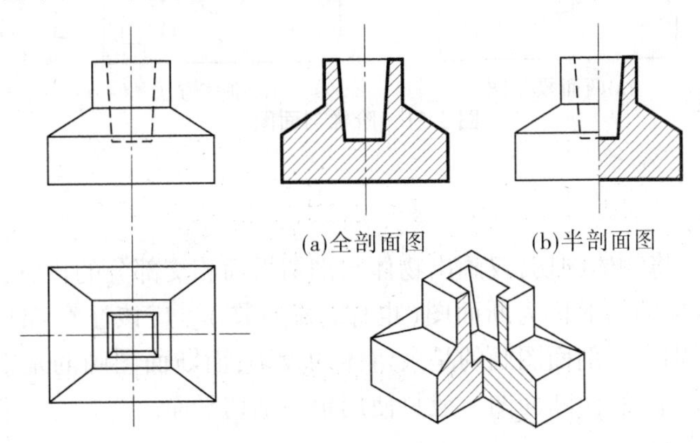

图 2-49　独立基础的剖面图

3)局部剖面图

如果所画的形体只有个别部分是隐藏的,或分层的构造物需要同时表示出来,则可采用局部剖面图表示,如图 2-50 所示 。在局部剖面的折断处,也可用波浪线作为分界线。但波浪线不可与轮廓线重合或作为轮廓线的延长线。

4)阶梯剖面图

用几个互相平行的剖切平面剖开形体所得的剖面图,称为阶梯剖面图。图 2-51 所示的即是阶梯剖面图。由于剖切是假想的,故在阶梯剖面图中不应画出两个剖切平面的交线。

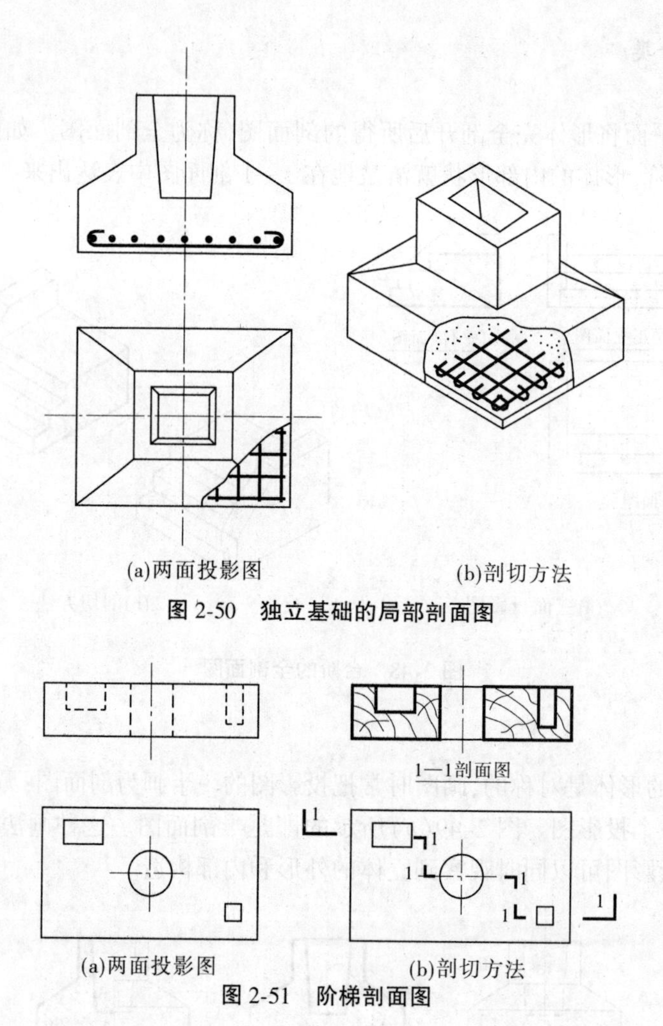

图 2-50 独立基础的局部剖面图

图 2-51 阶梯剖面图

(二)断面图

1.断面图的概念

假想用剖切平面将物体剖切,仅画出物体与剖切平面相交部分的投影,并在投影内画出相应的材料图例,这样的图形称为断面图(也称为截面图)。应该注意:剖面图与断面图是有区别的,它们的区别在于剖面图画的是余留体的投影,而断面图画的是平面的投影;剖面图可以采用多个剖切平面,而断面图一般只使用单一剖切平面。

2.基本规定

注写的剖切符号由剖切位置线和编号两部分组成。

(1)剖切位置线与剖面图中相同。

(2)剖切符号的编号采用阿拉伯数字或拉丁字母,且必须注写在剖切符号的一侧,编号所在的一侧即为剖切后的投影方向。

3.断面图的分类

按照断面图所在位置的不同,可将其分为移出断面图、重合断面图、中断断面图。

1)移出断面图

画在物体投影图外的断面图称为移出断面图。

如图 2-52 所示的“*A—A*”即为移出断面图，可知玻璃隔断中梃所用的材料及断面形状、构造做法。

2）重合断面图

画在物体投影图以内的断面图称为重合断面图。

图 2-53（*a*）为一角钢的重合断面图，该断面没有标注断面的剖切符号。图 2-53（*b*）所示的断面是对称图形，故将剖切位置线改为点画线表示，且不予编号。

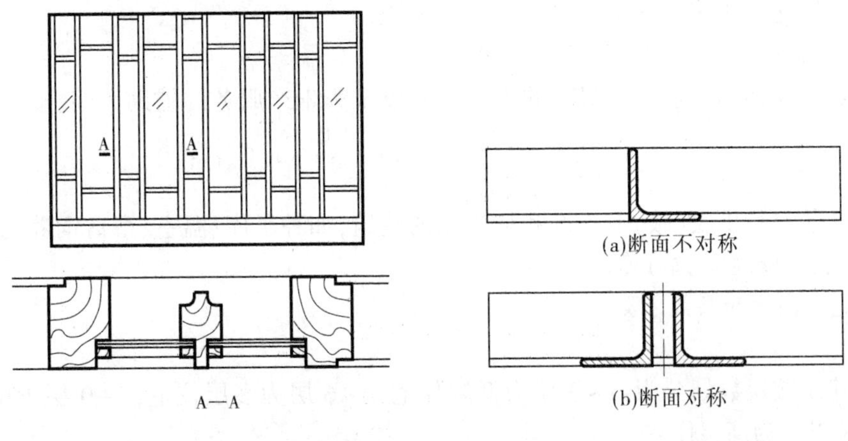

图 2-52　玻璃隔断移出断面图

图 2-53　重合断面图

3）中断断面图

画在投影图的中断处的断面图称为中断断面图。

图 2-54 所示的角钢，由于断面形状相同，可假想把角钢中间断开，将断面图画在中断处，不必标注剖切符号。

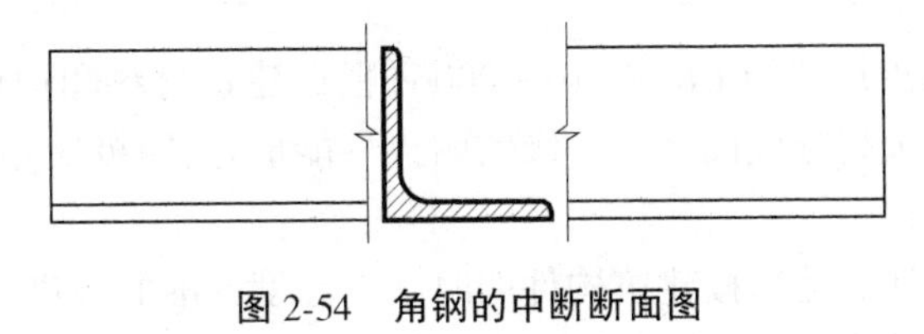

图 2-54　角钢的中断断面图

第二节　建筑构造概述

一、建筑物的分类和等级

（一）建筑的含义

建筑一般是指供人们进行生产、生活或活动的房屋、场所、设施，通常认为是建筑物和构筑物的总称。直接供人们使用的建筑称为建筑物，如住宅、学校、办公楼、影剧院、体育馆等；间接供人们使用的建筑称为构筑物，如水塔、蓄水池、烟囱、储油罐等。

（二）建筑物的分类

建筑物有多种不同的分类方式，常见的分类方式有以下几种。

1.按使用功能分类

1）民用建筑

民用建筑是指供人们工作、学习、生活、居住用的建筑物。民用建筑又分为居住建筑和公共建筑两大类。

（1）居住建筑。居住建筑是供人们居住使用的建筑，如住宅、宿舍、公寓等。

（2）公共建筑。公共建筑是供人们进行公共活动的建筑，如写字楼、图书馆、医院、体育馆、观演建筑、纪念碑等。

2）工业建筑

工业建筑是指为工业生产服务的生产车间以及为生产服务的辅助车间、动力用房、仓储等。

3）农业建筑

农业建筑是指供农（牧）业生产和加工用的建筑，如种子库、温室、畜禽饲养场、农副产品加工厂、农机修理厂（站）等。

2.按建筑高度和层数分类

1）住宅

住宅建筑按层数划分为：1~3层为低层住宅，4~6层为多层住宅，7~9层为中高层住宅，10层及以上为高层住宅。

2）其他民用建筑

（1）除住宅建筑外的民用建筑，高度不大于24 *m* 者为单层和多层建筑；大于24 *m* 者为高层建筑，但是不包括建筑高度大于24 *m* 的单层公共建筑。

（2）建筑高度大于100 *m* 的民用建筑为超高层建筑。

（三）民用建筑的等级

1.按耐火等级分

现行《建筑设计防火规范》（*GB* 50016—2006）根据建筑材料和构件的燃烧性能及耐火极限，把建筑的耐火等级划分成四级。一级的耐火性能最好，四级最差。

1）构件的耐火极限

建筑构件的耐火极限，是指按建筑构件的时间—温度标准曲线进行耐火试验，从受到火的作用时起，到失去支持能力或完整性被破坏或失去隔火作用时止的这段时间，用小时（*h*）表示。

耐火等级高的建筑其主要组成构件耐火极限的时间长。在建筑中，相同材料的构件根据其作用和位置的不同，其要求的耐火极限也不同。

2）构件燃烧性能

建筑构件按照燃烧性能分为非燃烧体（或称不燃烧体）、难燃烧体和燃烧体。

2.按耐久年限分

民用建筑按建筑主体结构的正常使用年限分成四级：

（1）一级建筑。耐久年限为100年以上，适用于重要建筑和高层建筑。

（2）二级建筑。耐久年限为50~100年，适用于一般建筑。

（3）三级建筑。耐久年限为25~50年，适用于次要建筑。

（4）四级建筑。耐久年限为15年以下，适用于临时性建筑。

大量性建造的建筑(如住宅)属于次要建筑,其耐久等级应为三级。

二、建筑物的构造组成

图 2-55 为一民用建筑的直观图,从中我们能清楚地看到一幢建筑的重要组成部分。

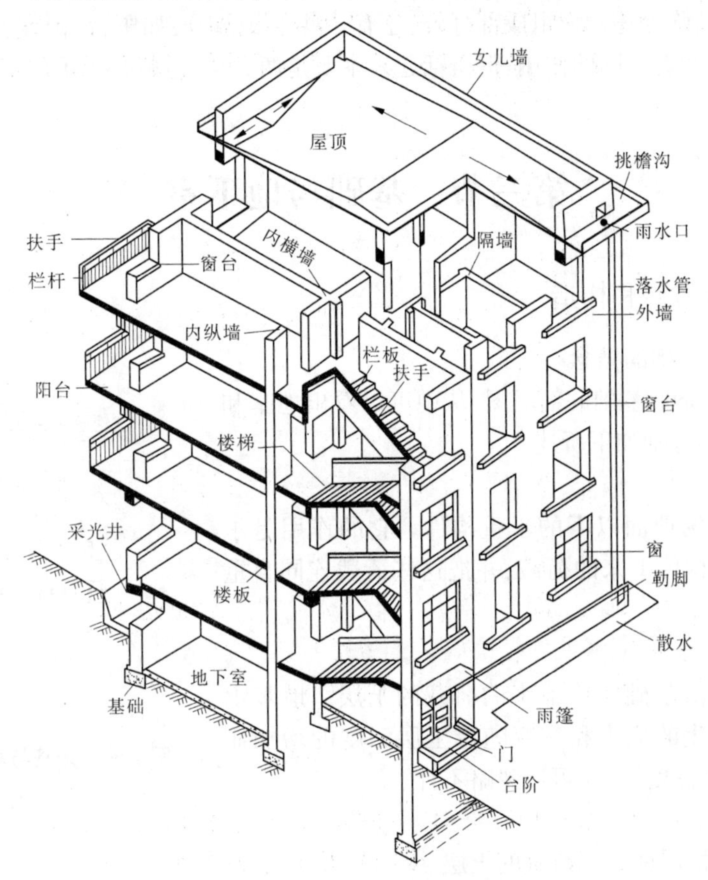

图 2-55 民用建筑构造组成

(一)基础

基础是建筑物下部的承重构件,作用是承受建筑物的全部荷载,并传递给地基。

(二)墙体和柱

墙体和柱是建筑物的承重与围护构件。作为承重构件,它要承受屋顶和楼层传来的荷载,并将这些荷载传给基础。墙体的围护作用主要体现在抵御各种自然因素的影响与破坏方面,当然可能要承受一些水平方向的荷载。

(三)楼地层

楼地层是建筑中的水平承重构件,它要承受楼层上的家具、设备和人的重量,并将这些荷载传给墙或柱。

(四)楼梯

楼梯是楼房建筑中的垂直交通设施。其作用是供人们平时上下,并供紧急疏散时使用。

(五)屋顶

屋顶是建筑物顶部的围护和承重构件,由屋面和屋面承重结构两部分组成。屋面抵御自然界雨、雪等的侵袭,屋面承重结构承受建筑顶部的荷载。

(六)门窗

门的主要作用是提供建筑物室内外及不同房间之间的联系,同时还兼有分隔房间、采光通风和围护的作用。窗的作用是通风和采光。门窗均属于非承重构件。

在建筑物中,除上述六大组成部分外,还有一些附属部分,如阳台、雨篷、台阶、勒脚等。建筑各组成部分起着不同的作用,但概括起来主要是两大类,也就是承重作用和围护与分隔作用。

第三节　基础与地下室

一、基础的类型和构造

(一)地基与基础的概念

图 2-56 为一条形基础的剖面图,从中可以看出地基和基础的构成,它们分别如下所述。

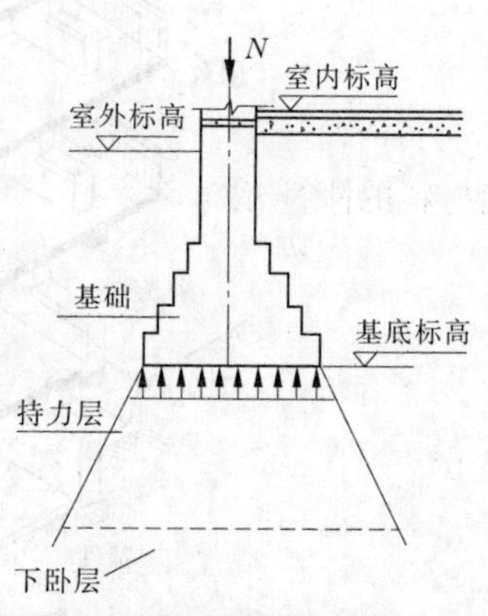

图 2-56　地基与基础的构成

1.基础

基础是建筑物地面以下的承重构件。它的作用是承受建筑物上部结构传下来的荷载,并把这些荷载连同自重一起传给地基。

2.地基

地基是承受由基础所传下来的荷载的土层。地基承受上部荷载而产生的应力和应变随着土层深度的增加而减小,在达到一定深度后,就可以忽略不计。

3.持力层

持力层是直接承受上部荷载的土层。

4.下卧层

持力层下面的土层称为下卧层。

5.基础埋深

从室外地坪至基础底面的垂直距离称为基础埋深。基础埋深一般由勘测部门根据地基情况确定。

6.基础宽度

基础宽度是基础底面的宽度。基础宽度由计算确定。

(二)基础的类型

1.按材料和受力特点分

1)刚性基础

由刚性材料制作的基础称为刚性基础。在常用的建筑材料中,砖、石、素混凝土等抗压强度高,而抗拉强度和抗剪强度低,均属刚性材料。由这些材料制作的基础都属于刚性基础。

根据试验得知,上部结构(墙或柱)在基础中传递压力是沿一定角度分布的,这个传力角度称为刚性角,用 α 表示(见图 2-57(*a*))。

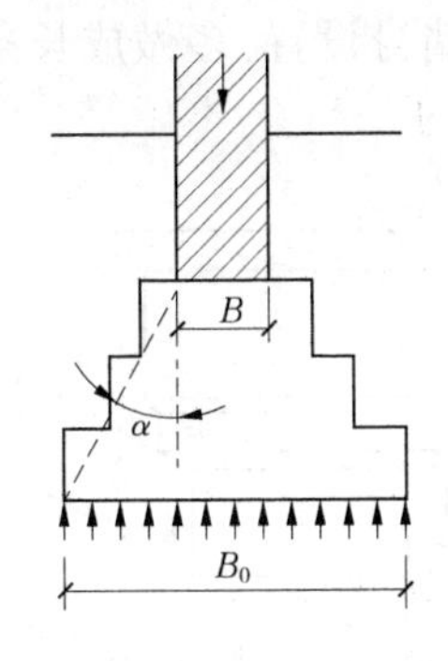

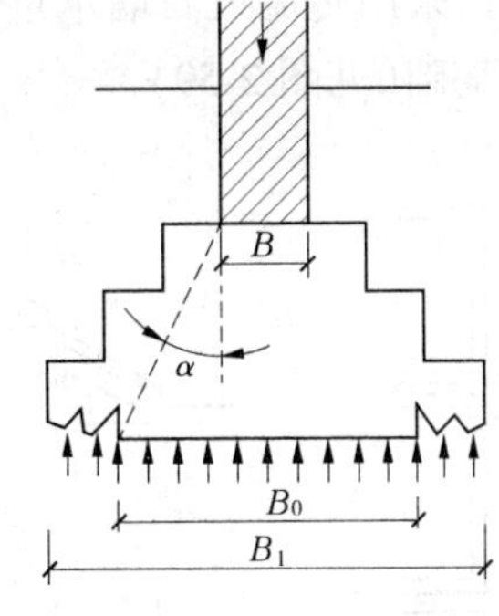

(a)基础受力在刚性角范围以内　　(b)基础宽度超过刚性角的范围而破坏

图 2-57　刚性基础的受力、传力特点

由于刚性材料抗压能力强,抗拉能力差,因此压力分布角只能在材料的抗压范围内控制。如果基础底面宽度超过控制范围,即由图中的 B_0 增大到 B_1,致使刚性角扩大,这时基础会因受拉而破坏(见图 2-57(*b*))。所以,刚性基础底面宽度的增大要受到刚性角的限制,不同材料的刚性角是不同的。

常见的刚性基础有砖基础、灰土基础、毛石基础、三合土基础等。

砖基础的剖面为阶梯形,称为大放脚。砖基础刚性角控制在 26°~33°,具体构造见图 2-58。基础底面以下需设垫层,垫层材料可选用灰土、素混凝土等,每边扩出基础顶面 50 *mm*。

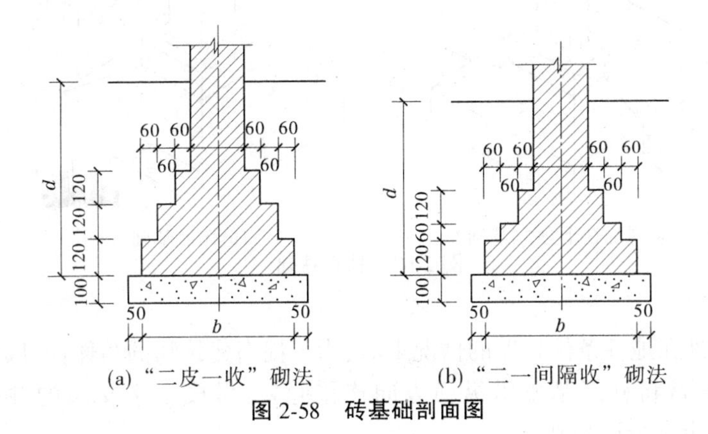

(a)“二皮一收”砌法　　(b)“二一间隔收”砌法

图 2-58　砖基础剖面图

2)柔性基础

钢筋混凝土基础为柔性基础。在同样条件下,采用钢筋混凝土基础与混凝土基础比较,可节省大量的混凝土材料和挖土工作量。为了保证在钢筋混凝土基础施工时钢筋不致陷入泥土中,常须在基础与地基之间设置混凝土垫层。

常见的柔性基础有条形基础、独立基础、井格式基础、筏式基础等。

2.按构造形式分

基础构造形式的确定随建筑物上部结构形式、荷载大小及地基土质情况而定。在一般情况下,上部结构形式直接影响基础的形式,当上部荷载增大,且地基承载能力有变化时,基础形式也随之变化。

1）条形基础

当建筑物上部结构采用砖墙或石墙承重时，基础沿墙身设置，多做成长条形，这种基础称为条形基础或带形基础（见图 2-59）。

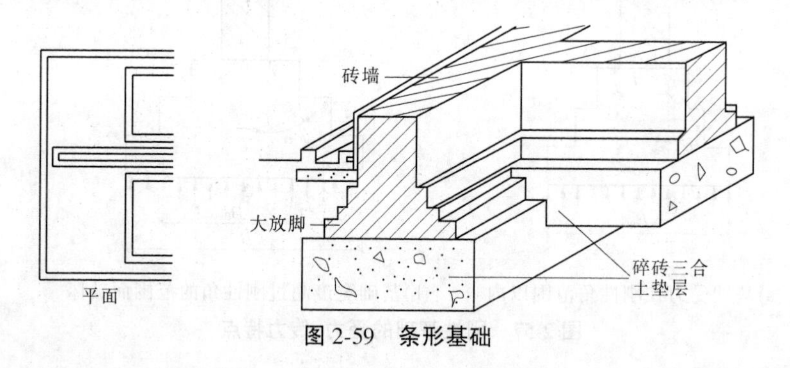

图 2-59　条形基础

2）独立基础

当建筑物上部结构采用框架结构或单层排架及门架结构承重时，其基础常采用方形或矩形的单独基础，这种基础称柱下独立基础（见图 2-60（*a*））。独立基础是柱下基础的基本形式。当柱采用预制构件时，则基础做成杯口形，然后将柱子插入并嵌固在杯口内，故称杯形基础（见图 2-60（*b*））。

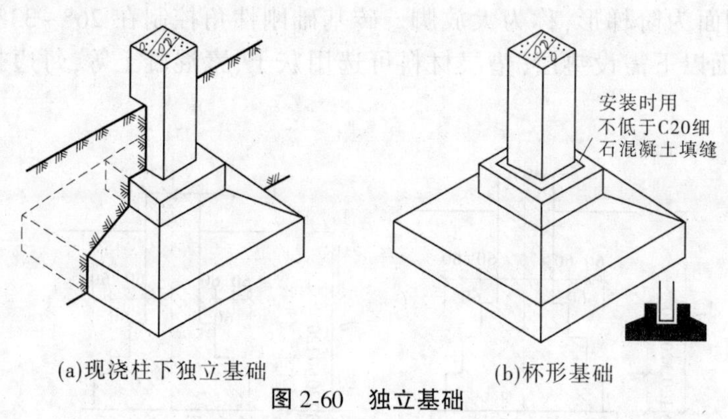

(a)现浇柱下独立基础　(b)杯形基础

图 2-60　独立基础

3）井格式基础

当框架结构处在地基条件较差的情况下时，为了提高建筑物的整体性，以免各柱子之间产生不均匀沉降，常将柱下基础沿纵横方向连接起来，做成十字交叉的井格式基础（见图 2-61），故又称十字带形基础。

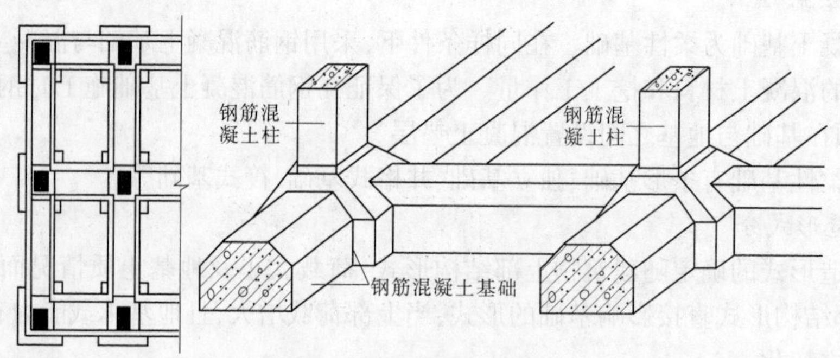

图 2-61　井格式基础

4）筏板基础

当建筑物上部荷载较大，而所在地的地基承载能力又比较弱时，这时采用简单的条形基础或井格式基础已不能适应地基变形的需要，常将墙或柱下基础连成一片，使整个建筑物的荷载作用在一块整板上，这种满堂式的板式基础称筏板基础。筏板基础有梁板式（见图 2-62）和平板式（见图 2-63）。

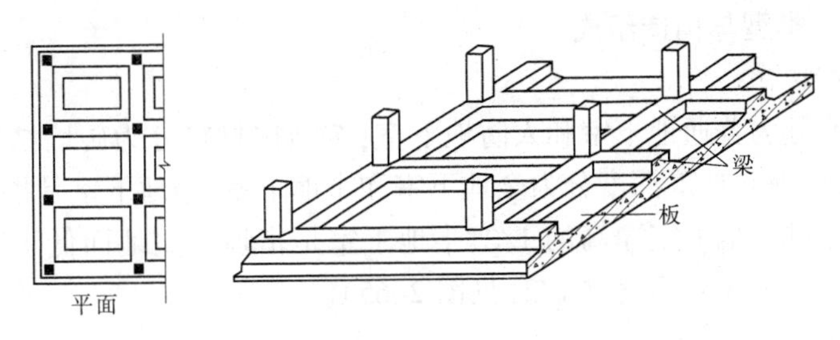

图 2-62　梁板式筏板基础

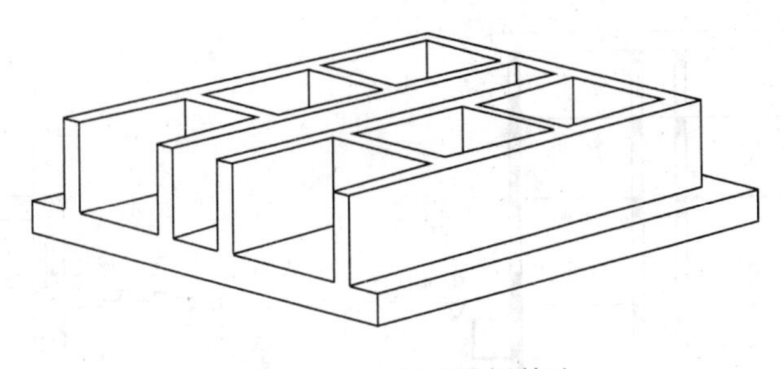

图 2-63　平板式筏板基础

5）桩基础

当建筑物的上部荷载较大时，需要将其荷载传至深层较为坚硬的地基中去，这时使用桩基础。由若干个桩来支撑一个平台，然后由这个平台托住整个建筑物，这叫桩承台。桩基础多用于高层建筑或土质不好的情况。

6）箱形基础

箱形基础是由钢筋混凝土的底板、顶板和若干纵横墙组成的，形成空心箱体的整体结构，共同来承受上部结构的荷载（见图 2-64）。箱形基础整体空间刚度大，对抵抗地基的不均匀沉降有利，一般适用于高层建筑或在软弱地基上建造的上部荷载较大的建筑物。当基础的中空部分尺度较大时，可用做地下室。

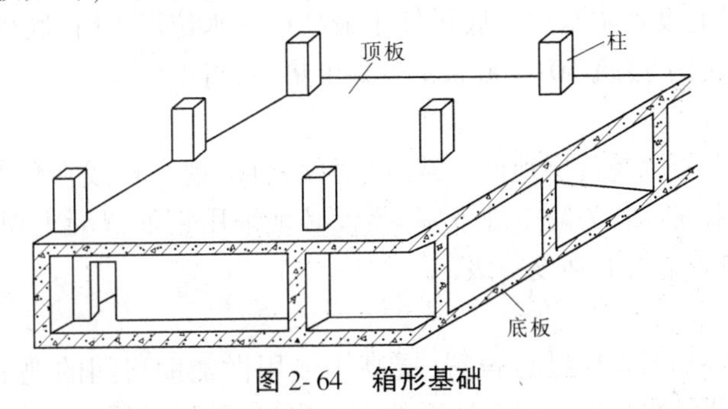

图 2-64　箱形基础

二、地下室的构造与识图

地下室是建筑物底层下面的房间,它是在有限的占地面积内争取到的使用空间,有安装设备、储藏存放、商场、餐厅、车库以及战备防空等多种用途。当高层建筑的基础埋深很深时,利用这一深度建造一层或多层地下室,并不需要增加太多的投资,比较经济。

(一)地下室的类型与构造组成

1.地下室的类型

地下室按功能分为普通地下室和人防地下室;按结构材料分为砖墙结构地下室和混凝土墙结构地下室;按埋入地下深度分为全地下室和半地下室,全地下室是指地下室地面低于室外地坪的高度超过该地下室净高的1/2,半地下室是指地下室地面低于室外地坪的高度超过该地下室净高的1/3且不超过1/2(见图2-65)。

2.地下室的组成

地下室一般由墙体、底板、顶板、楼梯、门窗等几部分组成(见图2-66)。

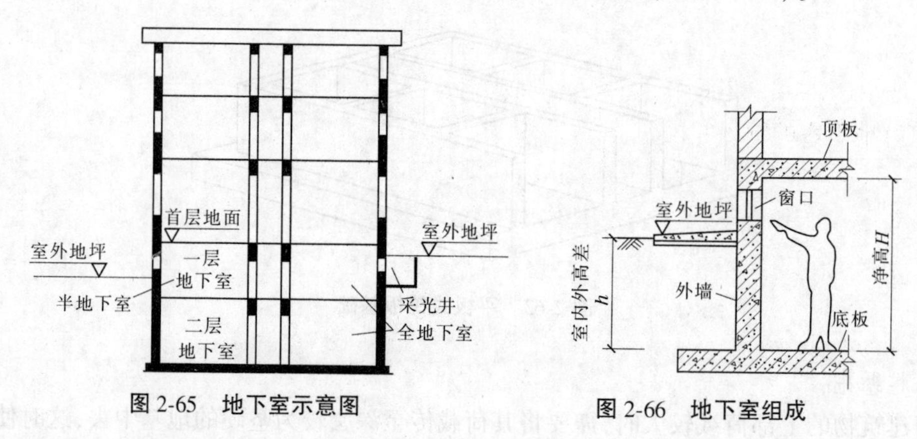

图2-65 地下室示意图

图2-66 地下室组成

1)地下室的墙体

地下室的墙体不仅要承受上部的垂直荷载,还要承受土、地下水及土壤冻结时的侧压力。所以,采用砖墙时其厚度一般不小于490 *mm*。荷载较大或地下水位较高时,最好采用钢筋混凝土墙,其厚度不小于200 *mm*。

2)地下室的底板

地下室的底板主要承受地下室地坪的垂直荷载,当地下水位高于地下室地面时,还要承受地下水的浮力,所以底板要有足够的强度、刚度和抗渗能力。常用现浇混凝土板配双层钢筋,并在底板下垫层上设置防水层。底板处于最高地下水位以上时,底板宜按一般地面工程考虑,即在夯实的土层上浇筑60~100 *mm* 混凝土垫层,再做面层。

3)地下室的顶板

地下室的顶板主要承受首层地面荷载,可用预制板、现浇板或在预制板上做现浇层,要求有足够的强度和刚度。若为防空地下室,顶板必须采用钢筋混凝土现浇板并按有关规定决定其跨度、厚度和混凝土的强度等级。

4)地下室楼梯

地下室楼梯可与上部楼梯结合设置,层高小或用做辅助房间的地下室可设单跑楼梯。防空地下室至少要设置两部楼梯通向地面的安全出口,并且必须有一个独立的安全出口。

5）地下室的门窗

普通地下室的门窗与地上房间门窗相同，窗口下沿距散水面的高度应大于 250 *mm*，以免灌水。当地下室的窗台低于室外地面时，为达到采光和通风的目的，应设采光井（见图 2-67）。

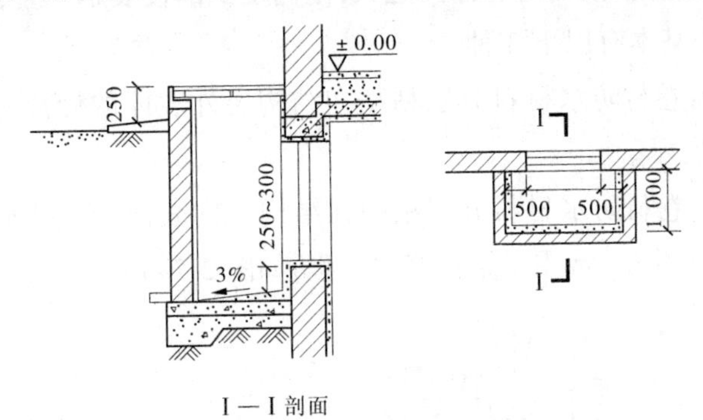

图 2-67　地下室采光井构造

采光井由底板和侧墙组成，底板一般用混凝土浇筑，侧墙多用砖砌筑，但应考虑其挡土作用，应由结构计算确定其厚度。采光井上应设防护网，井下应有排水管道。防空地下室一般不允许设窗，若需开窗，应设置战时堵严设施。

（二）地下室的防潮和防水

由于地下室必然受到地下土层潮气和地下水的侵蚀，忽视或处理不当，必导致墙面及地面受潮、生霉，面层脱落，严重者危及其耐久性。因此，解决地下室的防潮、防水成为其构造设计的主要问题。

1.地下室防潮构造

当最高水位低于地下室底板 300~500 *mm* 时，地下水不能直接侵入室内，其墙和地坪仅受到土层中潮气的影响，其构造一般只做防潮处理，具体做法如下：外墙面抹 20 *mm* 厚1∶2.5 水泥砂浆至高出地面散水 300 *mm*，再刷冷底子油一道、热沥青两道至地面散水底部；地下室外墙四周 500 *mm* 左右回填低渗透性土壤，如黏土、灰土（1∶9或2∶8）等，并逐层夯实。此外，地下室的所有墙体都必须设两道水平防潮层，一道设在地下室底板附近，另一道设在室外地坪以上 150~200 *mm* 处，如图 2-68 所示。

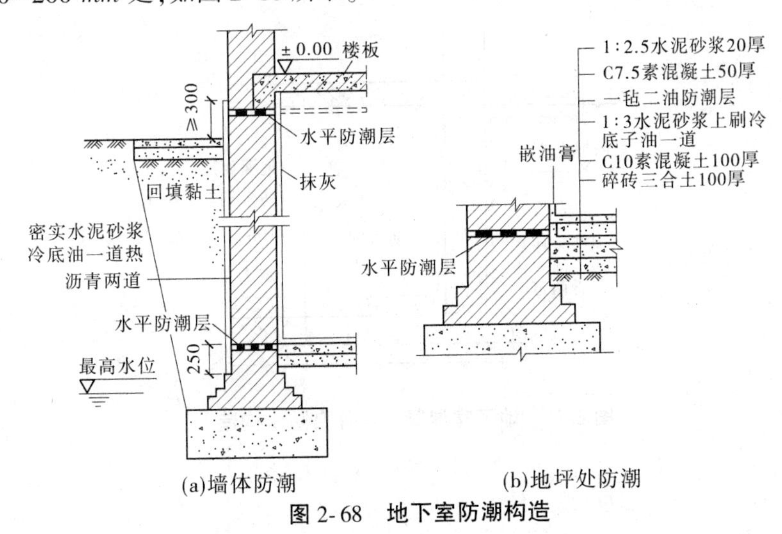

图 2-68　地下室防潮构造

2.地下室防水构造

当最高水位高于地下室地坪时,其外墙和地坪均受到水的侵袭,同时还受到水的侧压力和浮力的影响。水位越高,侧压力和浮力越大,室内受到的侵袭越严重,故必须做防水处理。地下室防水构造做法基本有以下3种。

(1)卷材外防水:卷材防水材料分层粘贴在结构层外表面的做法称为卷材外防水。其构造做法如图2-69所示。

(2)卷材内防水:卷材防水材料分层粘贴在结构层内表面的做法称为卷材内防水。此法防水效果差,但施工简单,常用于维护修缮工程,如图2-70所示。

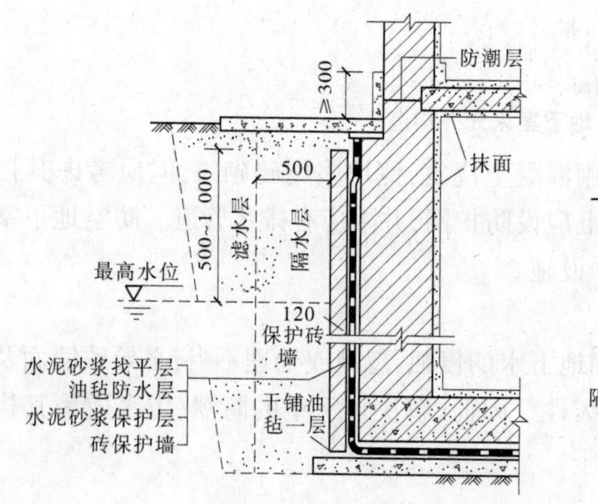

图2-69　地下室卷材外防水构造做法

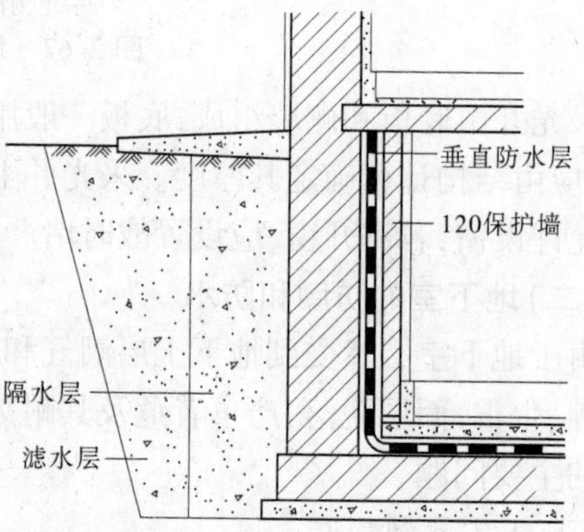

图2-70　地下室卷材内防水构造做法

(3)防水混凝土自防水:当地下室的外墙和底板均为钢筋混凝土结构时,通过调整混凝土的配合比或在混凝土中掺入外加剂等手段,改善混凝土构件的密实性,提高其抗渗性能。其构造做法如图2-71所示。

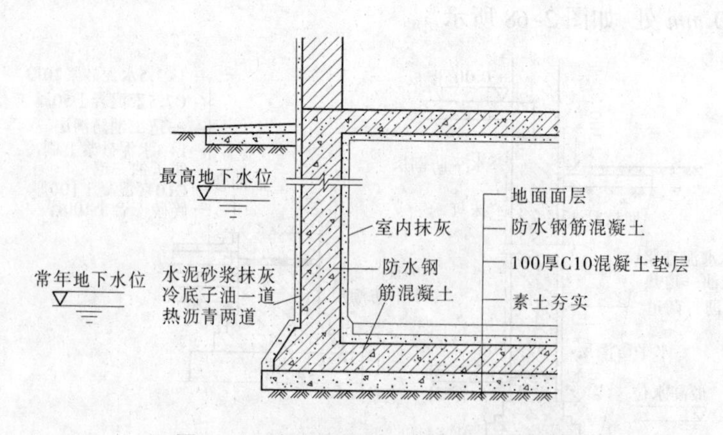

图2-71　地下室混凝土构件自防水构造

第四节　墙　体

一、墙体的类型和基本构造与识图

(一)墙体的类型与作用

如图 2-72 所示,是某宿舍楼的水平剖切轴测图。从图中我们可以看到很多面墙,由于这些墙所处位置不同,以及建筑结构布置方案的关系,它们在建筑中起的作用也不同。

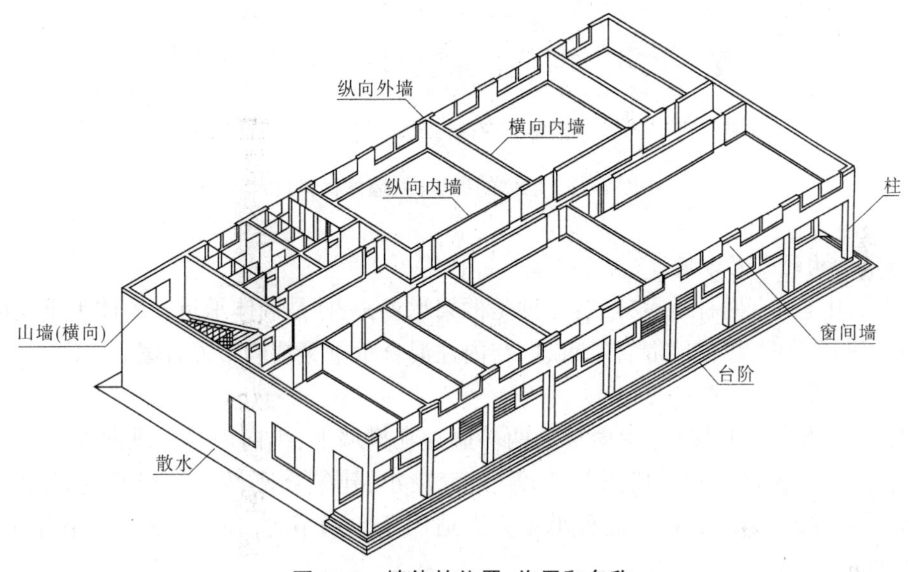

图 2-72　墙体的位置、作用和名称

1.墙体的种类

1)按受力分

墙体按受力可分为承重墙和非承重墙。

2)按方向分

墙体按方向可分为纵墙、横墙(两端称为山墙)。凡沿建筑物纵轴方向的墙称为纵墙,沿横轴方向的墙称为横墙,通常还把外横墙称为山墙。

3)按位置分

墙体按位置可分为外墙(围护墙)和内墙(分隔墙)。

窗与窗或窗与门之间的墙称为窗间墙,窗洞下方的墙称为窗下墙,屋顶上高出屋面的墙称为女儿墙。

4)按构造方法分

墙体按构造方法可分为实体墙、空体墙和组合墙。

5)按材料分

墙体按材料可分为砖墙、石墙、土墙、混凝土墙、中小砌块墙、大型板墙、框架轻板等,如图 2-73 所示。

6)按施工方法分

墙体按施工方法可分为叠砌式墙、现浇整体式墙和预制装配式墙。

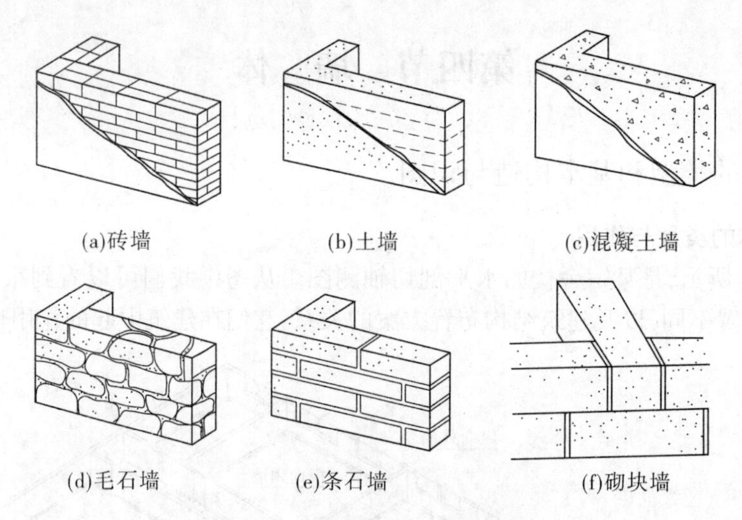

图 2-73　墙体的种类(按墙体材料)

2.墙体结构的布置方案

一般民用建筑有两种承重方式:一种是框架承重,一种是墙体承重。墙体承重又可分为横墙承重、纵墙承重、纵横墙混合承重、墙与内柱混合承重等结构布置方案。

1)横墙承重

横墙承重方案预制楼板、屋面板的两端搁置在横墙上,纵向墙只起纵向稳定和拉结的作用。这种结构的布置方案优点是跨度小、弯矩小,建筑物刚性好。但开间尺寸不够灵活,房间不易过大,消耗材料。此种承重方案适用于单身宿舍、住宅、旅馆等小开间房屋,如图 2-74(a)所示。

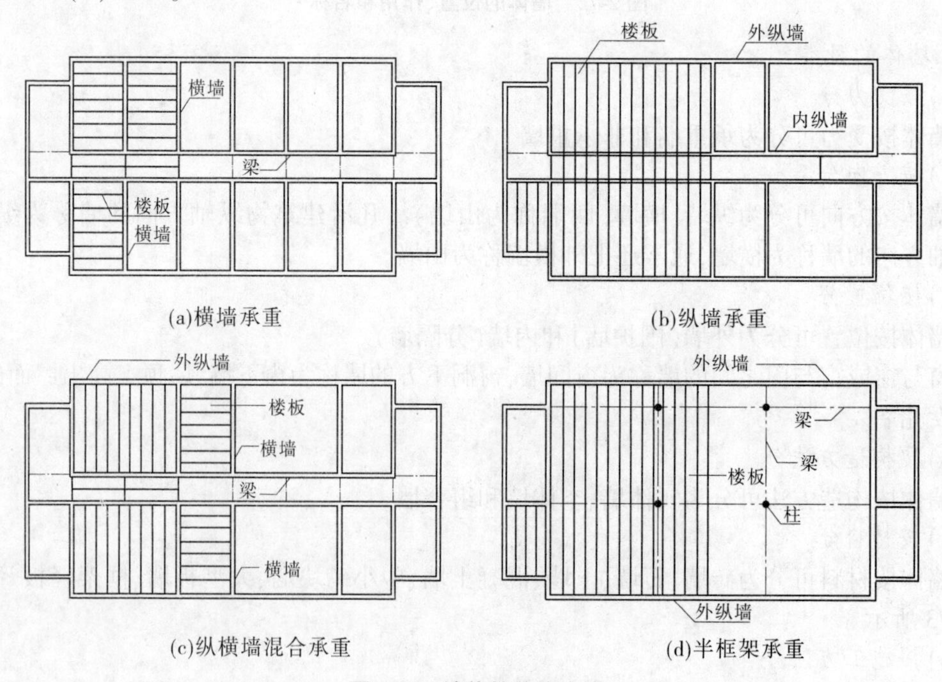

图 2-74　墙体的结构布置

2）纵墙承重

纵墙承重方案预制楼板、屋面板的两端搁置在纵墙上，横墙只起分隔房间的作用，有的起横向稳定作用。这种结构布置方案的优点是房间划分灵活，构件规格小；其缺点是房间进深较浅，门窗洞受限制，刚度较差。此种承重方案适用于教学楼、办公楼、商店等公共建筑，不易用于地震区，如图 2-74（*b*）所示。

3）纵横墙混合承重

纵横墙混合承重方案预制楼板、屋面板是根据设计需要布置在纵横墙上的，因此纵横墙均为承重墙。这种结构布置方案的优点是平面布置灵活；缺点是楼板、屋面板类型偏多，施工较麻烦。此种承重方案适用于进深较大、变化较多的房屋，如教学楼、医院等建筑，如图 2-74（*c*）所示。

4）墙与内柱混合承重

当建筑物内需设置较大房间时，可采用墙与内柱混合承重的方案（如多层住宅底层商店、餐厅等）。构造方式为室内设钢筋混凝土柱，柱上搁置大梁和连系梁，梁上搁置楼板和二层以上的墙体，也称为半框架承重，如图 2-74（*d*）所示。此种承重方案适用于室内需要较大使用空间的建筑，如商场等。

（二）砖墙的构造

1.砖墙的材料

砖墙是用砂浆将砖按一定技术要求砌筑成的砌体，其主要材料是砖与砂浆。

1）砖

砖的品种有黏土砖、粉煤灰砖、灰砂砖、耐久砖等。黏土砖又分为青砖、红砖、空心砖等。标准砖的尺寸为 240 *mm*×115 *mm*×53 *mm*。空心砖的尺寸随各地形式的不同而不同，如三孔砖为 240 *mm*×115 *mm*×115 *mm*（相当于 2 块标准砖），七孔砖为 240 *mm*×180 *mm*×115 *mm*（相当于 3 块标准砖）。

标准砖的强度等级分为 *MU*30、*MU*25、*MU*20、*MU*15 和 *MU*10。

2）砂浆

砌墙用的砂浆有水泥砂浆（水泥、砂）、混合砂浆（水泥、石灰、砂）、石灰砂浆（石灰、砂）。墙体一般采用混合砂浆砌筑，水泥砂浆主要用于砌筑地下部分的墙体和基础，石灰砂浆由于防水性能差、强度低，一般用于砌筑非承重墙。

砂浆强度等级分为 *M*15、*M*10、*M*7.5、*M*5、*M*2.5。

2.砖墙的砌法

1）砖墙的名称

墙厚的名称习惯以砖长的倍数来称呼，根据砖块的尺寸和数量可组合成不同厚度的墙体，如表 2-5 所示。

表 2-5　墙厚名称

墙厚名称	1/4 砖墙	1/2 砖墙	3/4 砖墙	1 砖墙	$1\frac{1}{2}$砖墙	2 砖墙	$2\frac{1}{2}$砖墙
标志尺寸（*mm*）	60	120	180	240	370	490	620
构造尺寸（*mm*）	53	115	178	240	365	490	615
习惯称呼	6 墙	12 墙	18 墙	24 墙	37 墙	49 墙	62 墙

2）砌法

砌法有全顺法（12 墙）、一顺一丁法（24 墙以及 24 以上墙）、三顺一丁法（24 以及 24 以上墙）、两平一侧法（18 墙）、梅花墙砌法（与一顺一丁法相同）。

其余材料砖墙基本相同。砖墙的砌法如图 2-75 所示。

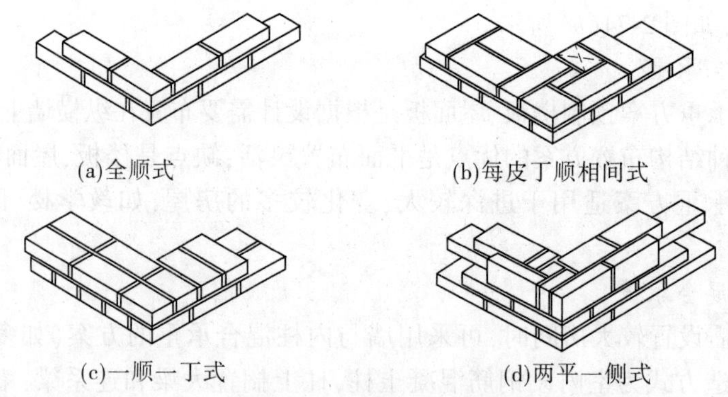

图 2-75　砖墙的组砌方式

3.墙身节点构造

1）勒脚

勒脚是外墙身下部靠近室外地面的部位。勒脚经常受地面水、屋檐滴下的雨水的侵蚀，容易因受碰撞而损坏。所以，勒脚的作用是保护墙身，防止受潮、美观。勒脚构造如图 2-76 所示。

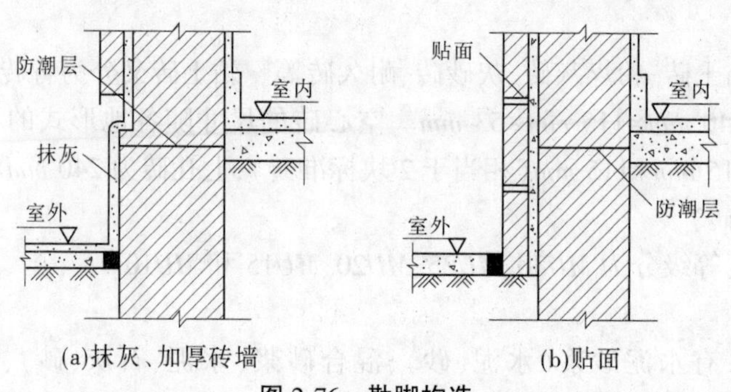

图 2-76　勒脚构造

勒脚的做法有：

（1）水泥砂浆勒脚。采用 *M*5 水泥砂浆抹面 20 *mm* 厚，高出地面 300~600 *mm*，常用 450 *mm*（当室内外高差为 300 *mm* 时，高于室内地面 150 *mm*）。

（2）将勒脚部分墙身加厚 60~120 *mm*，再抹灰。

（3）镶贴天然石材。

（4）用天然石材砌筑。

（5）当墙体材料防水性能较差时，勒脚部分的墙体应换用防水性能好的材料。

（6）水刷石勒脚。底层 1∶3水泥砂浆，10 *mm* 厚；面层水刷石，10 *mm* 厚。

勒脚的高度不受限制，常至窗台。

2）散水

为保护墙不受雨水的侵蚀，常在外墙四周将地面做成向外倾斜的坡面，以便将屋面雨水排至远处，这一坡面称散水。散水坡度一般为 3%~5%，宽度一般为 600~1 000 *mm*。当屋面排水方式为自由落水时，要求其宽度比屋檐长 200 mm。

用混凝土做散水时，为防止散水开裂，每隔 6～12 m 留一条 20 mm 的变形缝，用沥青灌实；在散水与墙体交接处设缝分开，嵌缝用弹性防水材料沥青麻丝，上用油膏做封缝处理。散水的做法一般有以下几种，如图 2-77 所示。

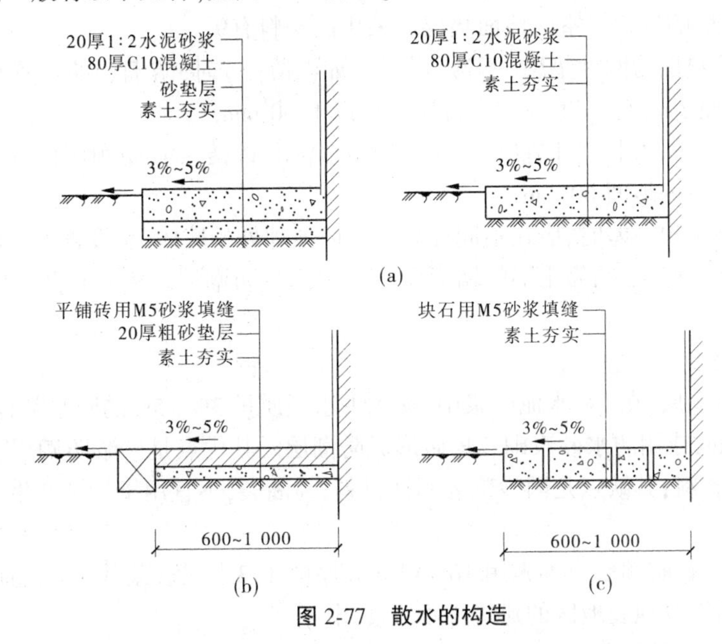

图 2-77 散水的构造

(1) 混凝土散水。C15 素混凝土，60～80 mm 厚，基层为素土夯实。

(2) 铺砖散水。平铺砖，砂浆嵌缝，砂垫层，基层为素土夯实。

(3) 块石散水。块石平铺，1∶3水泥砂浆嵌缝，基层为素土夯实。

3) 明沟

明沟是设置在外墙四周的将屋面落水有组织地导向地下排水集井的排水沟，其主要目的在于保护外墙墙基。明沟适用于室外有组织排水，做法一般有：

(1) 混凝土明沟。用 C10 混凝土浇筑成各种断面形式的明沟。

(2) 石砌明沟。用片石、块石、条石砌成的明沟。

(3) 砖砌明沟。底层铺 60 mm 厚 C10 素混凝土，两边砌 120 mm 厚墙，形成沟槽，200 mm 高。

明沟中心线应与檐口滴水中心线重合，明沟沟底和沟壁应抹光，便于排水，明沟的宽度不小于 180 mm，深 150 mm，沟底纵坡不小于 1%。

明沟应与室外排水系统连接，不宜过长；否则，断面会很深。明沟构造如图 2-78 所示。

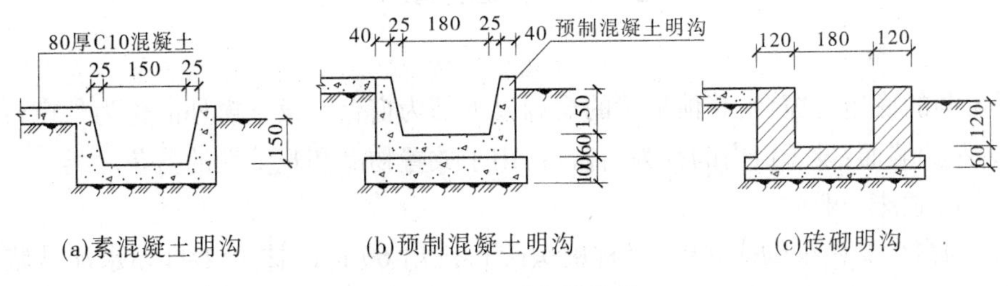

图 2-78 明沟的构造

4）防潮层

勒脚的作用是防止地面水对墙身的侵蚀，墙身防潮层的作用是防止地面水、土壤中的潮气和水分因毛细管沿墙面上升，提高墙身的坚固性和耐久性，并保证室内干燥卫生，防止物品霉烂等。

（1）水平防潮层的位置与室内地面垫层所采用的材料有关。

①当室内地面垫层为刚性垫层（不透水材料，如混凝土）时，防潮层的位置在地面垫层厚度范围之内，为便于施工，一般在室内首层地坪以下 60 mm。

②当室内地面垫层为非刚性垫层（透水材料，如碎石、碎砖）时，防潮层位置应与室内首层地坪齐平或高出室内地面 60 mm。

③当室内地面出现高差时，应在不同标高的室内地坪处的墙体上，设置上下两道水平防潮层，在两道水平防潮层之间靠土层的墙面设置一道垂直防潮层。主要是防止土层中的水分从地面高的一侧渗入墙内。

（2）防潮层做法。

①防水砂浆防潮层：在 1∶2水泥砂浆中，掺入占水泥质量 3%～5%的防水剂，就成了防水砂浆，厚 20～25 mm，或用防水砂浆砌三皮砖形成防潮层。其优点是砂浆防潮层不破坏墙体的整体性，且省工省料；其缺点是因砂浆为刚性材料，易断裂，不宜用于地基产生不均匀沉降的建筑。

②油毡防潮层：在防潮层位置先用 10～12 mm 厚的 1∶3水泥砂浆找平，上铺一毡二油。其在刚度要求较高以及地震地区的建筑中不宜使用。

③细石混凝土防潮层：用 60 mm 厚的 C20 细石混凝土，内配 3 根Φ8（或Φ6）钢筋，分布筋中距 250 mm。防潮层不易断裂，防潮效果好。其多用于整体刚度要求较高的建筑。

不设防潮层的条件：墙脚采用不透水材料（砖、料石），或防潮层位置有地圈梁时，可利用圈梁做防潮层。

防潮层的构造如图 2-79 所示。

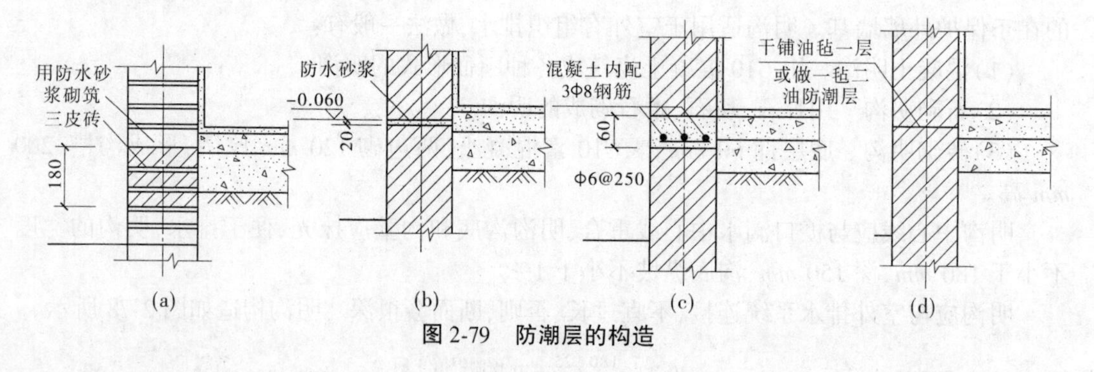

图 2-79　防潮层的构造

5）窗台

矩形窗洞的底边为窗台，其他形状的窗洞以下部为窗台。设于窗外的称为外窗台，用于排除雨水，保护墙面；设于窗内的称为内窗台，用于放置物品和观赏性的盆花之类。

外窗台的做法一般为：

（1）砖砌窗台。砖平砌或立砌（又称虎头砖），挑出 60 mm，抹 1∶2～1∶3水泥砂浆，以防止水污染窗台下的墙面，窗台下部做滴水槽。

(2)混凝土或钢筋混凝土预制窗台。尺寸按设计要求,突出墙面 60 mm,每端长度比窗洞口宽 120 mm。

内窗台的做法一般为:内窗台可以用 1:2.5 水泥砂浆抹面。做木质内窗台板时,板厚 30 mm,表面油漆,挑出墙面 40~60 mm。也可用预制或成品窗台板做内窗台,如大理石板、花岗岩板、金属板等窗台板,窗台的构造如图 2-80 所示。

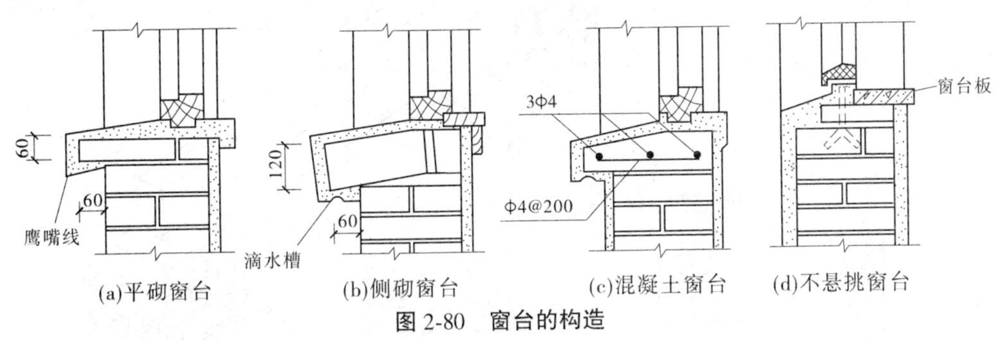

图 2-80　窗台的构造

6)过梁

为了支撑门窗洞口上面墙体的重量,并将它传给洞口两边的墙体,就需要在门窗洞口顶上放一根横梁,这根横梁就叫做过梁。在民用建筑中一般常见的过梁有三种:

(1)砖拱过梁。砖拱过梁有平拱和弧拱等,砖砌平拱是将砖立砌成楔形,两端伸入墙约 20 mm,砖砌平拱过梁的跨度,不应超过 1.2 m,无集中荷载的情况。砖拱过梁的构造如图 2-81 所示。

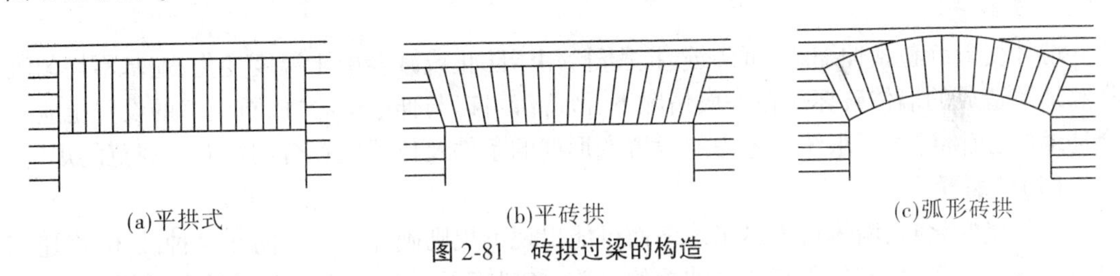

图 2-81　砖拱过梁的构造

(2)钢筋砖过梁。钢筋砖过梁是利用钢筋抗拉强度大的特点,把钢筋放在门窗洞口顶上的灰缝中,以承受洞顶上部荷载。钢筋砖过梁适用于跨度不大于 2.0 m、无集中荷载的情况,如图 2-82 所示。

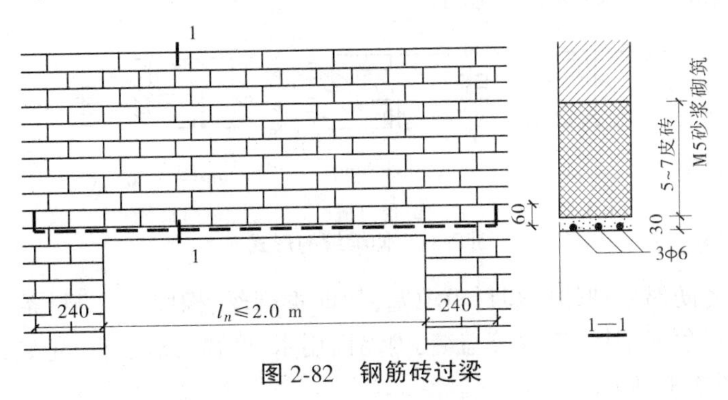

图 2-82　钢筋砖过梁

(3)钢筋混凝土过梁。钢筋混凝土过梁一般采用预制安装,也有现浇钢筋混凝土过梁,适用于各种墙体和洞口宽度。断面形式有矩形、L形等，断面高度有 60 mm、120 mm、180 mm、240 mm，宽度与墙宽一致，过梁两端伸入墙内不小于 240 mm，如图 2-83 所示。

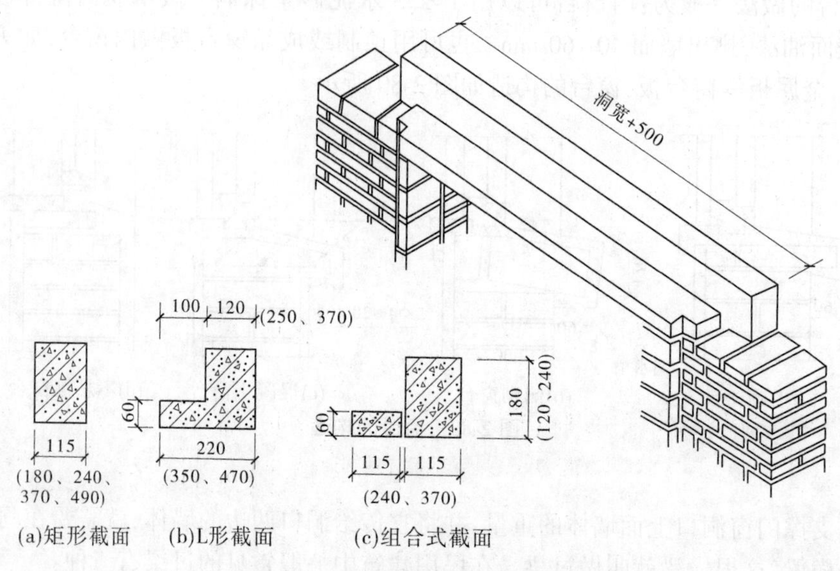

图 2-83　钢筋混凝土过梁

预制钢筋混凝土过梁的断面尺寸过大时，不便于搬运和安装，可以分成宽度较小的几片，并排组合使用。

7）变形缝

墙体变形缝包括伸缩缝、沉降缝、抗震缝，用于防止或减轻由于温度变化、地基不均匀沉降和地震造成的墙体破坏。在一般情况下，沉降缝可以与伸缩缝合并，抗震缝的设置也应结合伸缩缝、沉降缝的要求统一考虑。设置变形缝的条件及位置应符合国家有关规范的规定。

（1）伸缩缝。

当气温变化时，墙体将因热胀冷缩而可能出现不规则破坏。为了防止这种破坏，将建筑物沿长度分成几段，使各段有独立伸缩的可能，各段间的垂直缝隙从建筑物基础顶面开始，将墙体、楼地面、屋顶等全部分开，这种缝叫伸缩缝，也称温度缝。

伸缩缝的宽度一般为 20~30 mm。为了避免风、雨对室内的影响，伸缩缝应砌成错口式和企口式，也可做成平缝，如图 2-84 所示。

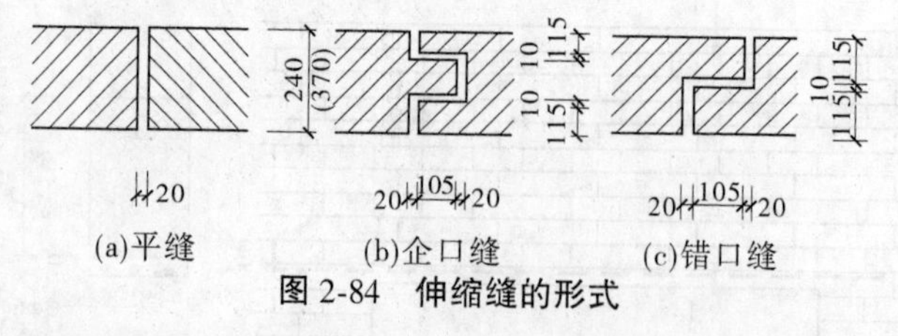

图 2-84　伸缩缝的形式

伸缩缝内用经防腐处理的可塑材料填塞，如沥青麻丝、橡胶条、塑料条。外墙面上用铁皮、镀锌薄钢板、彩色薄钢板、铝皮等盖缝，内墙面用木制盖封条或有一定装饰效果的金属调节盖板装修，如图 2-85 所示。

楼地层伸缩缝的位置和尺寸，应与墙体伸缩缝相对应。在构造上既应保证地面面层和

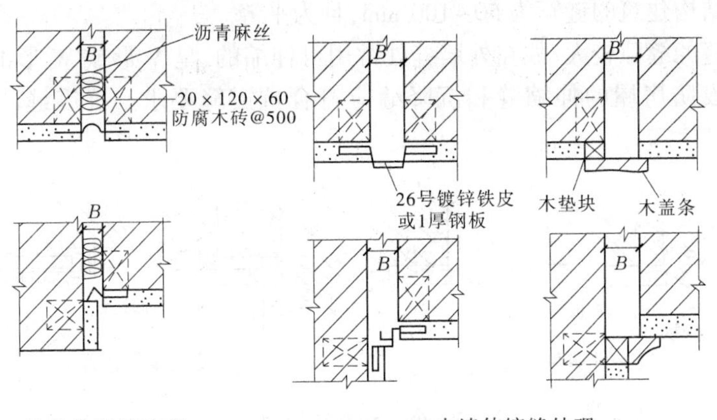

(a)外墙伸缩缝处理　　(b)内墙伸缩缝处理

图 2-85　伸缩缝的构造

顶棚美观,又应使缝两侧的构造能自由伸缩。屋顶伸缩缝的位置有两种情况:一种是伸缩缝两侧屋面的标高相同,另一种是伸缩缝两侧屋面的标高不同。伸缩缝两侧屋面的标高相同时,上人屋面和不上人屋面伸缩缝的做法也不相同,若为不上人屋面,一般在缝的两侧各砌半砖厚的小墙,按泛水构造处理。与泛水构造不同之处是在小墙上面加设钢筋混凝土盖板或铁皮盖板。刚性防水屋顶伸缩缝的构造与柔性防水屋顶的做法基本相同,只是防水材料不同而已。

(2)沉降缝。

当建筑物的地基承载能力差别较大或建筑物相邻部分的高度、荷载、结构类型有较大不同时,为防止地基不均匀沉降而破坏,应在适当的位置设置垂直的沉降缝。沉降缝应从基础底面起,沿墙体、楼地面、屋顶等在构造上全部断开,使相邻两侧各成单元各自沉降互不影响。

沉降缝可作为伸缩缝使用。沉降缝的构造与伸缩缝的构造基本相同。沉降缝的宽度随着地基情况和建筑物的高度而不同,地基越软弱,建筑物越高,缝宽也就越大。墙体的沉降缝盖缝条应满足水平伸缩和垂直沉降变形的要求,屋顶沉降缝处的金属调节盖封皮或其他构件应考虑沉降变形与维修余地,如图 2-86 所示。

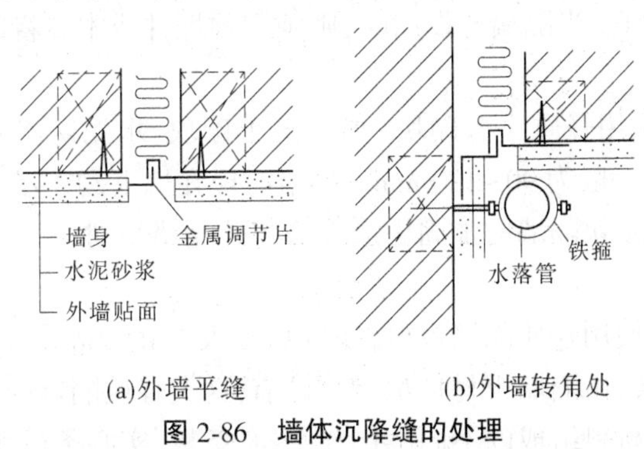

(a)外墙平缝　　(b)外墙转角处

图 2-86　墙体沉降缝的处理

(3)抗震缝。

为了防止建筑物的各部分在地震时相互撞击造成变形和破坏而设置的缝叫做抗震缝。抗震缝在建筑物中,基础处有的不断开,而其他部位则全部设置,构造要求与伸缩缝相似。

一般多层砌体结构建筑的缝宽为50~100 mm,且为平缝。

由于抗震缝的缝隙较大,故在外墙缝处常用可伸缩的、呈 V 形或 W 形的镀锌铁皮或铝皮遮盖。地震设防房屋的伸缩缝和沉降缝应符合抗震缝要求。抗震缝的构造如图 2-87 所示。

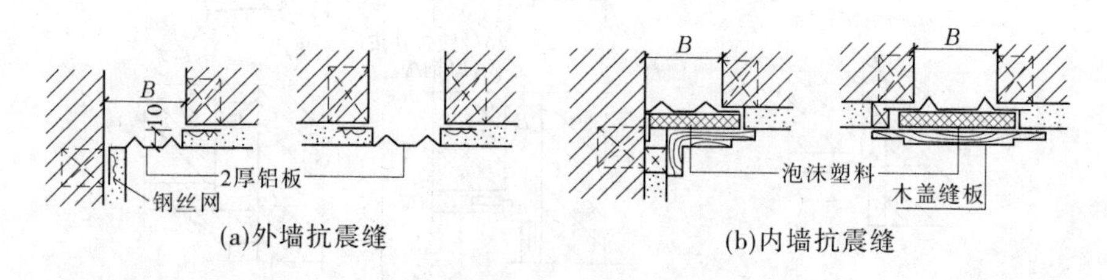

图 2-87　抗震缝的构造

二、隔墙和复合墙体的构造与识图

(一)隔墙的构造与识图

用以分隔建筑物内部空间的非承重墙称为隔墙、隔断。隔墙、隔断的区别是隔墙到顶,隔断不到顶,且不镂空。

隔墙的类型很多,有块材隔墙、板材隔墙和骨架隔墙三大类。其安装方式有固定、可活动等形式,以下是几种有代表性的隔墙。

1.块材隔墙

块材隔墙是采用普通的黏土砖、空心砖、加气混凝土块、石膏砌块等块材砌筑而成的非承重墙。

1)砖隔墙

砖隔墙采用普通砖顺砌为半砖墙,可用M2.5、M5砂浆砌筑,砖隔墙不易过长或过高,要进行稳定性验算。

半砖隔墙的高度大于3 m,长度超过5 m时,应采取加固措施。一般沿高度方向每隔10~15 皮砖放 2 ϕ 6 钢筋与承重墙拉结。隔墙顶部与楼板相接处,常采用立砖斜砌,或留出30 mm的缝隙并抹灰封口。当隔墙上设门时,则须用预埋件或木砖将门框拉结牢固。

2)砌块隔墙

为了减轻自重,常采用轻质小型砌块(如混凝土砌块、水泥矿渣空心砖、粉煤灰硅酸盐砌块等)砌筑隔墙,厚度一般为90~120 mm。砌筑时应在墙下砌3~5皮普通砖,其块不够整块时宜用普通砖填补。砌块隔墙的加固构造方法与砖隔墙相同。

2.板材隔墙

板材隔墙是指那些使用轻质隔墙板材,并将隔墙板材直接固定于建筑主体上的隔墙工程,这种隔墙不依赖骨架,由隔墙板材自承重。目前,这类轻质隔墙的应用范围很广,使用的隔墙板材类型按断面和材料组成的不同,可分为空心条板、实心条板和夹心条板等类型。常见的隔墙板材如增强水泥条板(GRC板)、增强石膏条板、轻质混凝土条板、粉煤灰泡沫水泥条板、蒸压轻质加气混凝土板、钢丝网架夹心板(泰柏板、舒乐舍板)等。板材有碳化石灰空心板、石膏空心板、加气混凝土板、蜂窝纸板等。其安装方法有黏结剂黏结、上下木楔、专用紧固件等。

3.骨架隔墙

骨架隔墙又称立筋隔墙,面板本身不具有必要的刚度,难以自立成墙,需要先制作一个骨架,再在其表面覆盖面板。骨架(统称为龙骨或墙筋)材料可以是木材和金属等,构成分为上槛、下槛、纵筋(竖筋)、横筋和斜撑,如图 2-88 所示。面板材料可以是胶合板、纸面石膏板、硅钙板、铝塑板、纤维水泥板等。

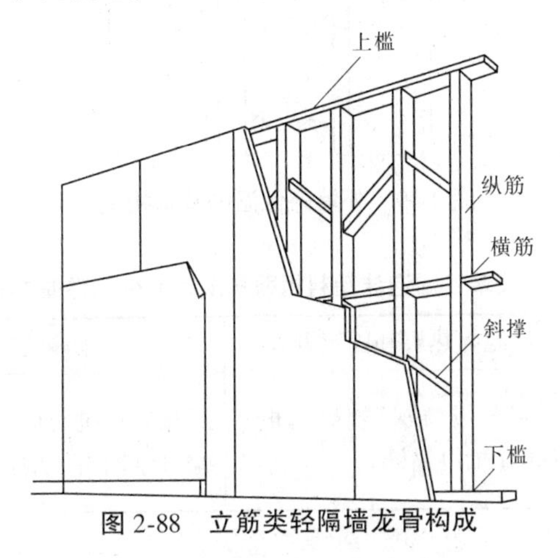

图 2-88　立筋类轻隔墙龙骨构成

传统的立筋面板隔墙是将胶合板或纤维板镶钉在木骨架上。现在使用较多的是石膏板隔墙,石膏板是以石膏为主要原料,生产时在板的两面粘贴具有一定抗拉强度的纸,以增强板材在搬运和施工时的抗弯能力,所以又称纸面石膏板。

石膏板隔墙的骨架可采用木材、石膏板条和薄壁型钢。目前,使用较多的是金属材料轧制的薄壁型钢,称之为隔墙轻钢龙骨。轻钢龙骨石膏板隔墙的做法是先用螺钉或射钉将骨架的上槛、下槛和边龙骨固定在楼板与墙面上,再安装中间龙骨和横撑,用自攻螺钉将石膏板与龙骨连接。石膏板在表面刮腻子之后就可以饰面,如喷刷涂料、贴壁纸等。

(二)复合墙体的构造与识图

复合墙体是指由两种以上材料组合而成的墙体。保温复合墙是由高效保温材料与结构材料、饰面材料组合而成的节能外墙,它以结构层承重、轻质材料保温、饰面材料装饰,实现各用所长,共同工作。

保温层的设置主要有以下三种:保温层设置在外墙室内一侧,称为内保温;保温层设置在外墙的室外一侧,称为外保温;保温层设置在外墙的中间部位,称为夹心保温。

外墙外保温是目前大力推广的一种建筑保温节能技术。这种技术不仅适用于新建的房屋,也适用于旧房改造,适用范围广,技术含量高;外保温层包在主体结构的外侧,能保护主体结构,延长建筑物的寿命;有效减少建筑结构的热桥,消除了冷凝,同时增加了建筑的有效空间,提高了居住的舒适度。外墙外保温的基本构造,如图 2-89 所示。

1.聚苯乙烯泡沫塑料板薄抹灰外墙外保温

该构造采用聚苯板做保温隔热层,用胶粘剂与基层墙体黏结,辅以锚栓固定(当建筑物高度不超过 20 m 时,也可采用单一的黏结固定方式,由个体工程设计具体情况选定并说明)。其基本构造如表 2-6 所示。

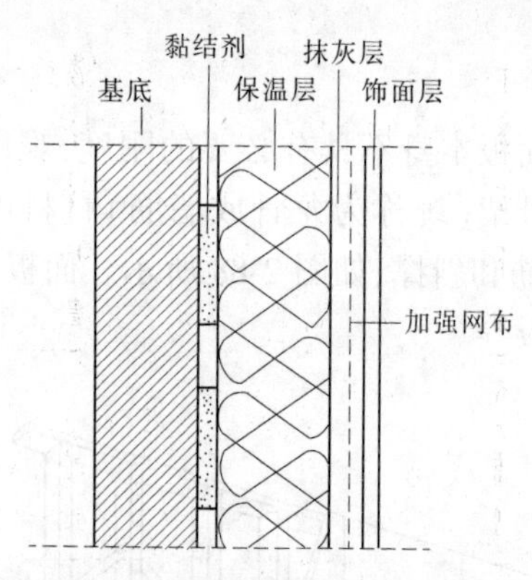

图 2-89　外墙外保温的基本构造

表 2-6　聚苯乙烯泡沫塑料板薄抹灰外墙外保温基本构造

基层墙体	保温隔热层和固定方式	防护层	饰面层
混凝土墙体、各种砌体墙体	聚苯板(或挤塑聚苯板)粘贴(辅以锚栓)	聚合物抗裂砂浆(耐碱玻璃纤维网格布增强)	涂料

聚苯板的防护层为嵌埋有耐碱玻璃纤维网格布增强的聚合物抗裂砂浆,属于薄抹灰面层,涂料饰面。防护层厚度普通型 3~5 mm,加强型 5~7 mm,涂料面层。防护层施工前,应在洞口四角部位附加耐碱玻璃纤维网格布。构造做法如图 2-90 所示。

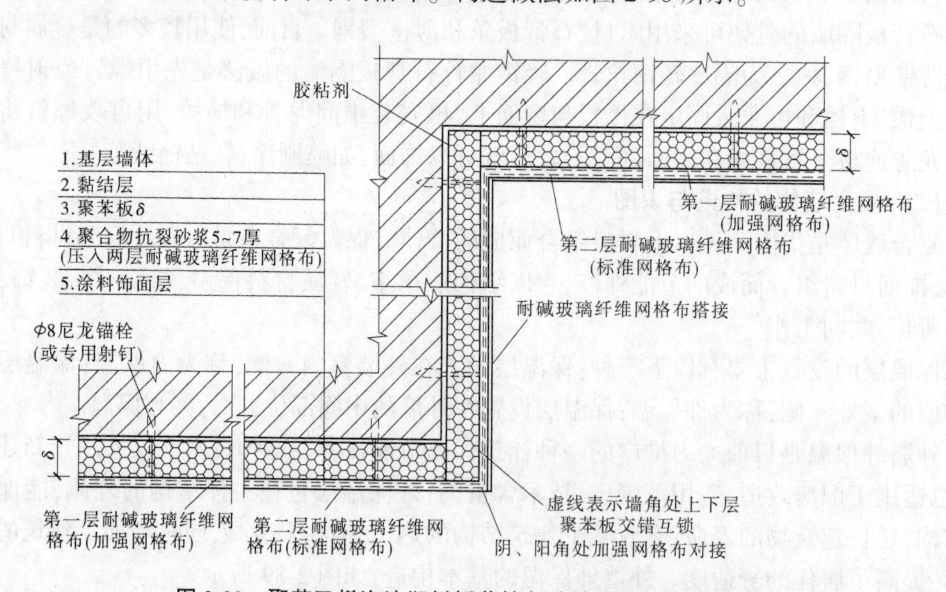

图 2-90　聚苯乙烯泡沫塑料板薄抹灰外墙外保温墙体构造

挤塑聚苯板作为第二种保温隔热材料,因其强度较高,有利于抵抗各种外力作用,可用于建筑物的首层等易受撞击的部位。基层墙体应坚实平整,砌筑墙体应将灰缝刮平,突出物应剔除找平,墙面应清洁,无妨碍黏结的污染物。

2.聚苯乙烯泡沫塑料板现浇混凝土外墙外保温

如表 2-7 所示,该构造做法的基层墙体为现浇钢筋混凝土墙,采用聚苯板做保温隔热材料,置于外墙外模内侧,并以锚栓为辅助固定件,与钢筋混凝土墙现浇为一体,聚苯板的抹面层为嵌埋有耐碱玻璃纤维网格布增强的聚合物砂浆,属于薄抹灰面层,涂料饰面。在建筑物首层等易受撞击的部位可采用挤塑聚苯板。构造如图 2-91 所示。

表 2-7 聚苯乙烯泡沫塑料板现浇混凝土外墙外保温基本构造

基层墙体	保温隔热层和固定方式	防护层	饰面层
现浇钢筋混凝土墙	聚苯板与基层墙体一次浇筑成型(辅以锚栓拉结)	聚合物抗裂砂浆,耐碱玻璃纤维网格布增强	涂料

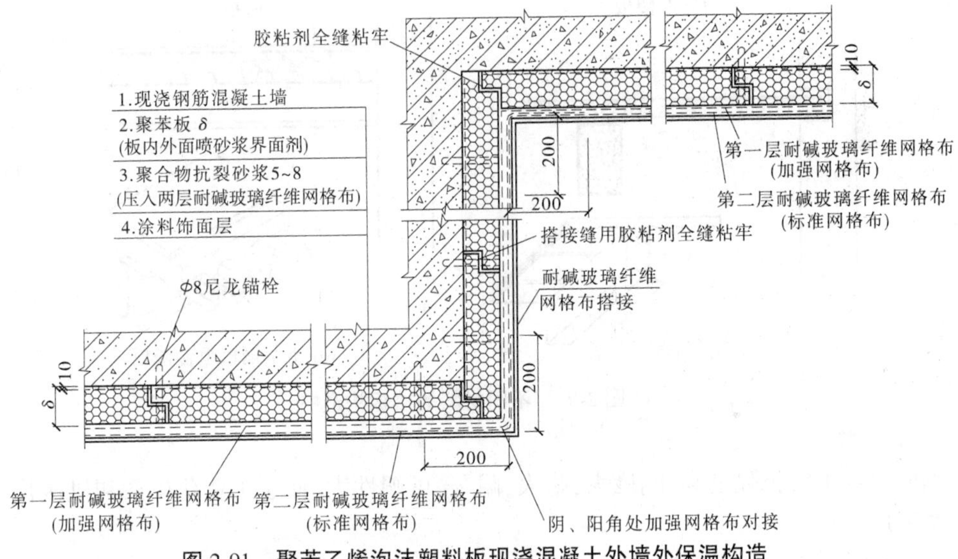

图 2-91 聚苯乙烯泡沫塑料板现浇混凝土外墙外保温构造

聚苯板内外表面均满喷砂浆界面剂,聚苯板拼装时,板间的各相邻边应全部满刷胶粘剂一遍,以使板缝紧密黏结。聚苯板表面用保温浆料局部找平时,找平厚度不得大于 10 mm。防护层施工前,应在洞口四角部位附加耐碱玻璃纤维网格布。

第五节 楼板与楼地面

一、楼板的作用、类型及构造与识图

(一)楼板的作用

楼板是分隔建筑空间的水平承重构件。它一方面承受着楼面荷载,并把这些荷载合理有序地传给墙或柱;另一方面对墙体起着水平支撑作用,帮助墙体抵抗风及地震产生的水平力,提高建筑物的整体刚度。此外,通过楼板面层的构造处理还使楼板具备一定的隔声、防火、防水、防潮、保温及隔热等能力。

(二)楼板的类型及构造

1.楼板按材料的分类

楼板根据使用材料不同,可分为木楼板、砖拱楼板、钢筋混凝土楼板和压型钢板组合楼板等,如图 2-92 所示。

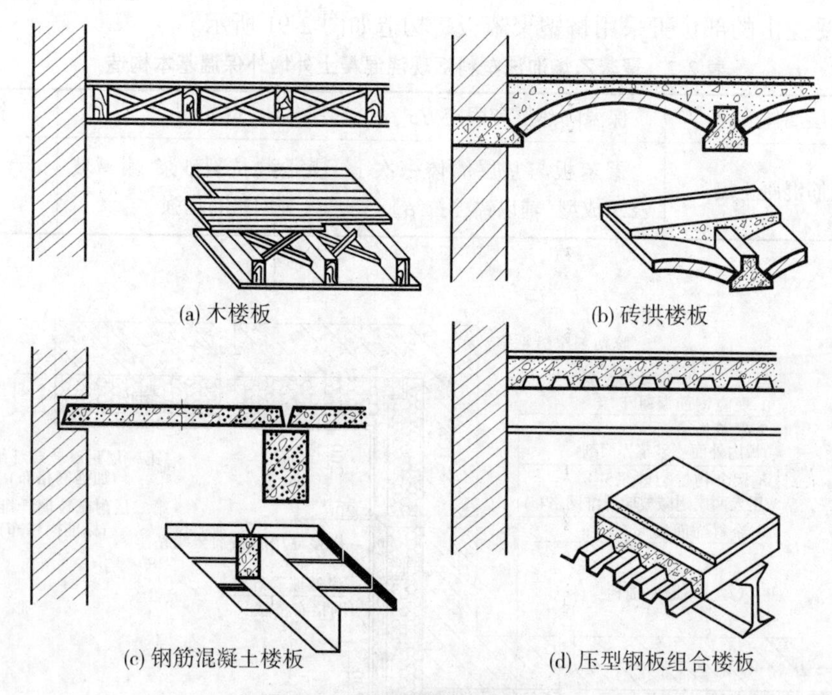

(a) 木楼板　(b) 砖拱楼板　(c) 钢筋混凝土楼板　(d) 压型钢板组合楼板

图 2-92　不同材料的楼板构造

钢筋混凝土楼板强度高,刚度大,防火,耐久,可塑性大,便于工业化生产和机械化施工,被广泛采用。

2.楼板按施工方法的分类

钢筋混凝土楼板根据施工方法不同,有现浇钢筋混凝土楼板、预制装配式钢筋混凝土楼板及装配整体式钢筋混凝土楼板三种。

1)现浇钢筋混凝土楼板

现浇钢筋混凝土楼板是在现场支模、绑扎钢筋,浇捣混凝土梁、板,经养护而成的。现浇钢筋混凝土楼板可分为板式楼板、梁板式楼板和无梁式楼板,以板式楼板和梁板式楼板最为常用。

(1)板式楼板。

楼板内不设梁,板直接搁置在墙上,称为板式楼板,有单向板和双向板之分,如图 2-93 所示。当板的长边与短边之比大于 2 时称为单向板。当板的长边与短边之比小于等于 2 时称为双向板。

通常把单向板的受力钢筋沿短边方向布置,在双向板中受力钢筋沿双向布置。双向板较单向板刚度好,并且可节约材料和充分发挥钢筋的受力作用。

板式楼板底部平整,可以得到最大的使用净高,施工方便。板式楼板适用于小跨度房间,特别是墙承重体系的建筑物,如住宅、旅馆等,或者其他建筑的走道。

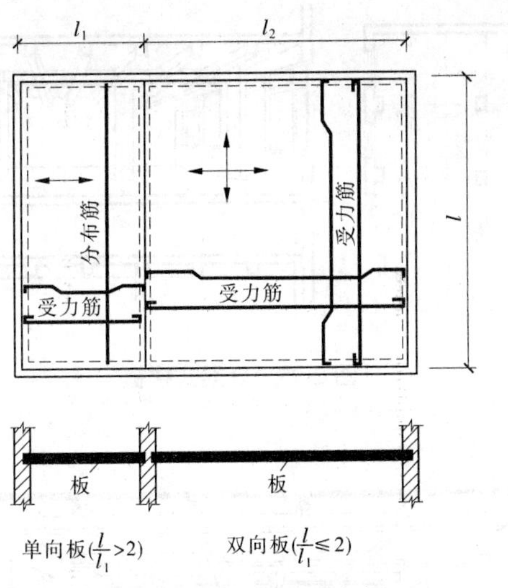

图 2-93　单向板和双向板

(2)梁板式楼板。

由板、梁组合而成的楼板称为梁板式楼板。根据梁的构造情况,梁板式楼板可分为单梁式楼板、复梁式楼板和井字梁式楼板。

①单梁式楼板。

当房间尺寸不大时,可以仅在一个方向设梁,梁可以直接支撑在承重墙上,称为单梁式楼板,如图 2-94 所示。

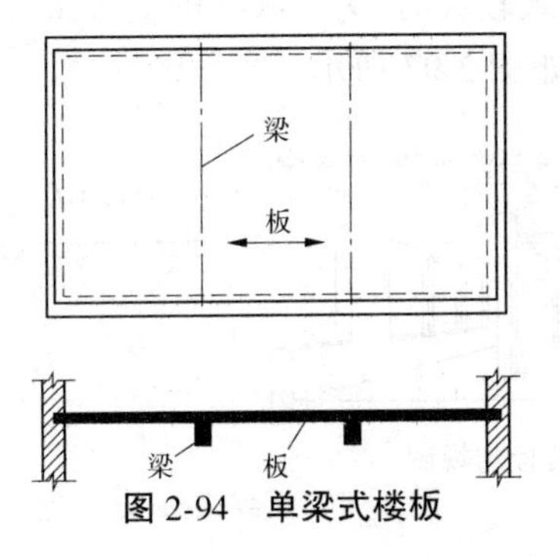

图 2-94　单梁式楼板

②复梁式楼板。

当房间双向尺寸均大于 6 m 时,则应在两个方向设梁,甚至还应设柱。其中一向为主梁,另一向为次梁。次梁一般与主梁垂直相交,板搁置在次梁上,次梁搁置在主梁上,主梁搁置在墙或柱上,称为复梁式楼板,如图 2-95 所示。

③井字梁式楼板。

井字梁式楼板是复梁式楼板的一种特例。当房间尺寸较大且接近正方形时,常沿两个方向布置等距离、等截面高度的梁(不分主次梁),板为双向板,纵梁和横梁同时承担板传递的荷载,形成井字形的梁板结构。井字梁式楼板的跨度一般不超过 6 m,常用于建筑物的门厅、大厅,如图 2-96 所示。

(3)无梁式楼板。

无梁式楼板是将楼板直接支撑在柱上的楼板。柱网一般布置为正方形或矩形,柱距以

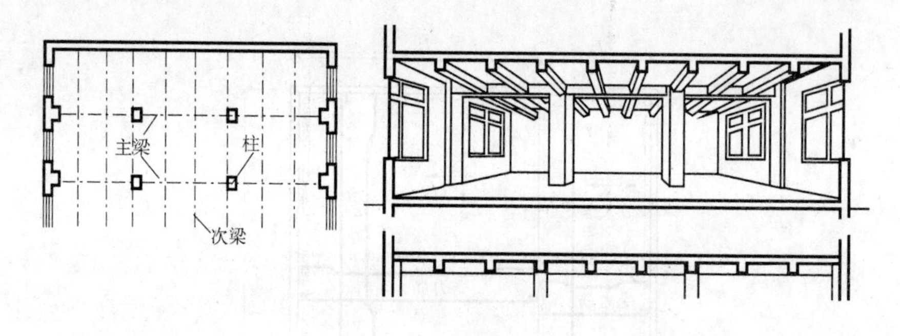

图 2-95　复梁式楼板

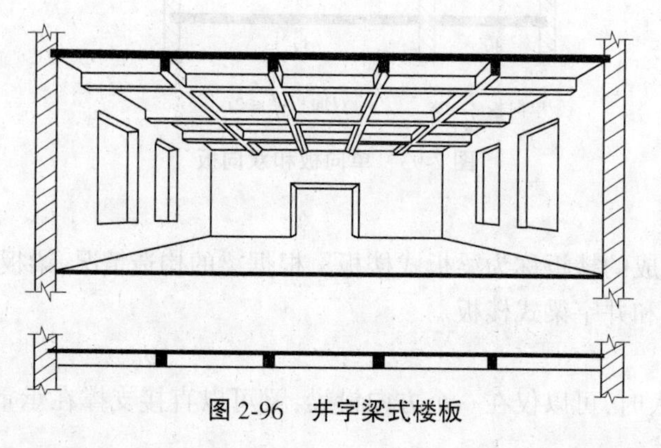
图 2-96　井字梁式楼板

6 m 左右较为经济。当楼面荷载较大时，为改善板的受力条件和加强柱对板的支撑作用，一般在柱的顶部设柱帽或托板，如图 2-97 所示。

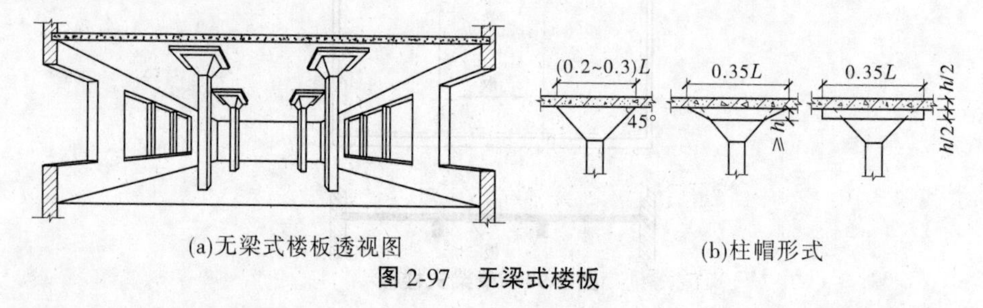

(a)无梁式楼板透视图　(b)柱帽形式

图 2-97　无梁式楼板

由于板跨度较大，板厚不宜小于 120 mm，一般为 160~200 mm。无梁板楼层净空较大，顶棚平整，采光通风条件较好，适用于活荷载较大的商店、仓库和展览馆等建筑。

2）预制装配式钢筋混凝土楼板

预制装配式钢筋混凝土楼板是将楼板在预制厂或施工现场预制，然后在施工现场装配而成的。这种楼板可节省模板，减轻劳动强度，加快施工进度，便于组织工厂化、机械化生产，但这种楼板的整体性差。

预制钢筋混凝土楼板可分为普通钢筋混凝土楼板和预应力钢筋混凝土楼板两类。常用的钢筋混凝土楼板，根据其截面形状可分为预制实心平板、预制槽形板和预制空心板三种类型。

（1）预制实心平板。

预制实心平板跨度一般在 2.4 m 以内，板厚一般为 50~80 mm，板宽为 500~900 mm。

板的两端简支在墙或梁上,如图 2-98 所示,多用做过道或小开间房间的楼板,亦可用做楼梯平台板或管道盖板等。

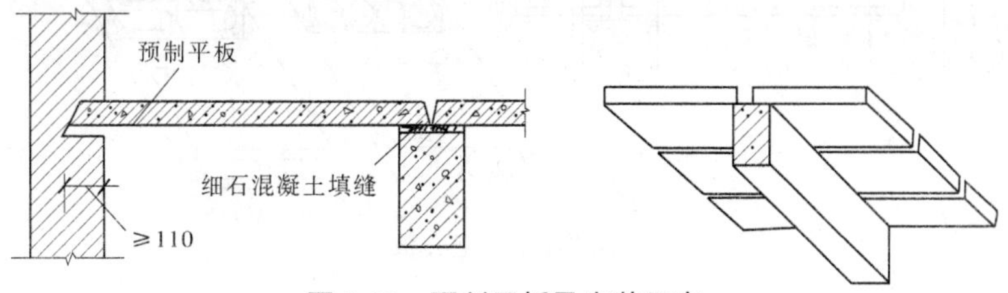

图 2-98 预制平板及安装示意

(2)预制槽形板。

预制槽形板是一种梁板结合的构件,即在实心板两侧设纵肋。当板跨达到 6 m 时,应在板的中部增设横肋。搁置时,板有正置(指肋向下)与倒置(指肋向上)两种,如图 2-99 所示。

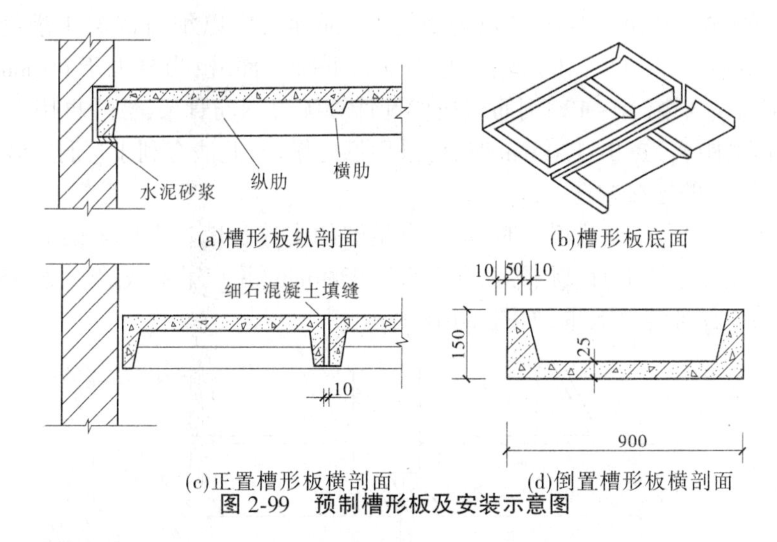

图 2-99 预制槽形板及安装示意图

槽形板承载能力较好,适应跨度较大,常用于工业建筑。

正置槽形板由于板底不平,用于民用建筑时通常需要做吊顶。倒置板可保证板底平整,但配筋与正置时不同。若不另做板面,则可以综合楼面装修共同考虑,例如,直接在其上做架空木地板。有时为考虑楼板的隔声或保温,还可在槽内填充轻质多孔材料。

(3)预制空心板。

为了减轻板的自重,并使板面上下平整,可将预制板抽孔做成空心板。空心板的孔洞形状有圆形、椭圆形和矩形等,如图 2-100 所示。短向空心板的长度为 2. 1~4. 2 m,非预应力板厚 150 mm,预应力板厚 120 mm。预应力空心板可做成 4. 5~6 m 的长向板,板厚 180~200 mm。板宽为 600~1 200 mm。

空心板板面不能随意开洞。在安装时,空心板孔的两端常用砖或混凝土填塞,以免端缝灌浇时漏浆,并保证板端的局部抗压能力。

预制空心板自重较轻,节约材料,受力合理,隔热隔声效果好,应用广泛。

3)装配整体式钢筋混凝土楼板

由于装配式钢筋混凝土楼板的整体性较差,因此楼板中的预制构件之间的节点连接构

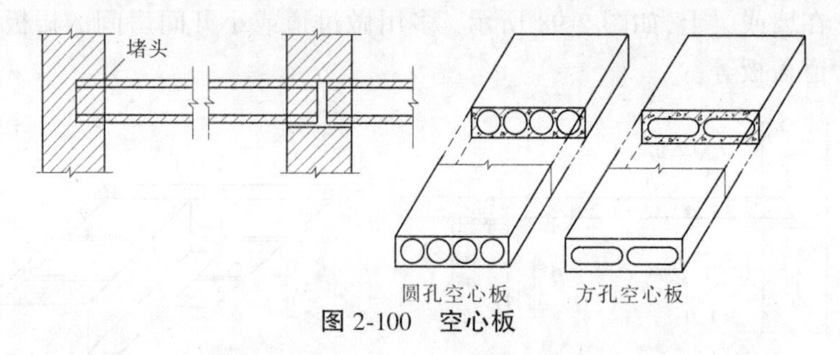

图 2-100 空心板

造十分重要,它是加强和改善楼板整体性的有效构造措施,应予高度重视。

(1)板缝构造。

安装预制板时,为使板缝灌浆密实,要求板块之间离开一定的缝隙,且板缝不得小于 20 mm,以便填入水泥砂浆或细石混凝土,预制板之间应留有 20~30 mm 的缝隙。板的排列受到板宽规格的限制,因此排板的结果常出现较大的缝隙。根据排板数和缝隙的大小,可考虑采用调整板缝的方式解决。当其缝隙为 20~30 mm 时,应以细石混凝土灌缝;当缝隙为 30~60 mm时,应加设 2 Φ(8~10)钢筋,并用细石混凝土灌缝;当缝大于 60 mm,甚至大于 120 mm 时,应加设 3 Φ(10~12)钢筋或按设计计算配置钢筋骨架,然后再用细石混凝土灌缝;当临近墙体的距离为 60~120 mm 时,可采用挑砖做法,此法有利于打洞安装竖管。

(2)板与墙、梁的连接构造。

预制板直接搁置在砖墙或梁上时,均应有足够的支撑长度。支撑于梁上时其搁置长度不小于 80 mm,支撑于墙上时其搁置长度不小于 110 mm,并在梁上或墙上坐 M5 水泥砂浆,厚度为 20 mm,以保证连接效果,如图 2-101 所示。

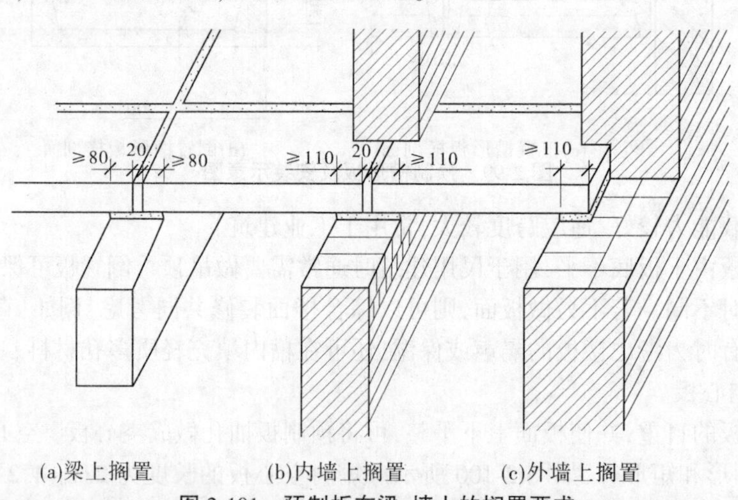

图 2-101 预制板在梁、墙上的搁置要求

为了增强建筑物的整体刚度,还应用拉结钢筋将板加以锚固。一般在非地震区拉结钢筋的间距不大于 4 000 mm,在地震区应视设防情况加密。

(3)板上隔墙的处理。

预制钢筋混凝土楼板上设置隔墙时,宜采用轻质隔墙,可搁置在楼板的任何位置。当隔墙自重较大时,若采用砖隔墙、砌块隔墙等,则应避免将隔墙搁置在一块板上,通常将隔墙设置在两块板的接缝处。当采用槽形板或小梁搁板的楼板时,隔墙可直接搁置在板的纵肋或小梁上;当采用空心板时,须在隔墙下的板缝处设现浇板带或梁来支撑隔墙,如图 2-102 所示。

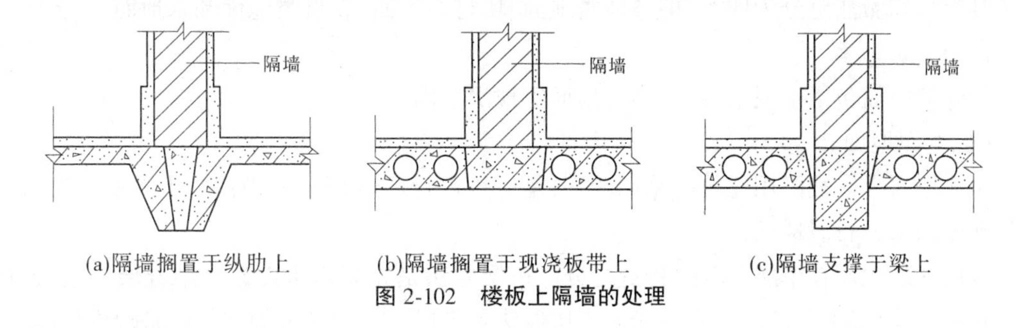

图 2-102 楼板上隔墙的处理

二、楼地面的构造与识图

(一)楼地面的组成

1.楼面的组成

楼面主要有面层、结构层和顶棚三部分组成,如图 2-103 所示。

2.地面的组成

地面主要有面层、垫层和基层三部分组成,对有特殊要求的地面,常在面层和垫层之间增设附加层,如图 2-104 所示。

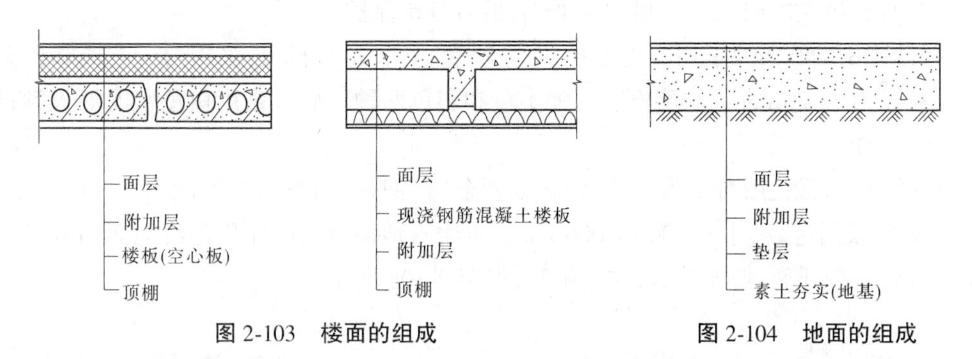

图 2-103 楼面的组成 **图 2-104 地面的组成**

垫层是指承受并传递荷载给基层的构造层,有刚性垫层和柔性垫层之分。

刚性垫层有足够的整体刚度,受力后变形很小,常采用低强度素混凝土,厚度为 50~100 mm。刚性垫层用于地面要求较高及薄而性脆的面层,如水磨石地面、大理石地面等。柔性垫层整体刚度小,受力后易产生塑性变形,常用 50 mm 厚砂,80~100 mm 厚碎砖灌浆或 100~150 mm 厚的灰土等。柔性垫层常用于厚而不易断裂的面层,如水泥制品块地面。

(二)楼地面面层构造

楼地面面层是楼面和地面的重要组成部分,起着保护楼板、改善房间使用质量和增加美观的作用,楼地面面层属于室内装修范畴。

1.对楼地面面层的要求

楼地面面层是人、家具和设备直接接触的部分,也是直接承受荷载,经常受到摩擦和清扫的部分,因此应满足一定的功能要求,即具有坚固耐久、良好的保温性能,满足隔声要求,且具有一定的弹性、防水要求、经济及节能要求。

2.常用的楼地面面层的构造做法

楼地面常以面层的材料和做法来命名,如面层为水磨石,则该地面称为水磨石地面。地面按其材料和做法可分为四类,即整体类地面、块材类地面、卷材类地面和木地面。

1)整体类地面

整体类地面包括水泥地面、水磨石地面等现浇地面。

(1)水泥地面。

水泥地面在一般民用建筑中采用较多,是应用广泛的低档地面做法。水泥地面有水泥砂浆地面和水泥石屑地面。

水泥砂浆地面有单层和双层构造之分。单层做法是先刷素水泥砂浆结合层一道,再用15~20 mm厚1:2水泥砂浆压实抹光。双层做法是先以15~20 mm厚1:3水泥砂浆打底、找平,再以5~10 mm厚1:2或1:2.5的水泥砂浆抹面,双层做法能减少地表面干缩裂纹和起鼓现象。

水泥石屑地面以石屑代替砂,性能近似水磨石,表面光洁,不易起尘,易清洁。先做一层15~20 mm的1:3水泥砂浆找平层,面层铺15 mm厚1:2的水泥石屑,提浆抹光即可。

(2)水磨石地面。

在混凝土垫层上用15 mm厚1:3水泥砂浆打底、找平,再用玻璃条或铜条按设计的图案分格,临时固定采用1:1水泥砂浆,面层用10~15 mm厚1:1.5~1:2水泥砂浆抹平,浇水养护,达到70%强度左右时用磨石机加水磨光,最后打蜡保护。

水泥砂浆中的石子要求用颜色美观、中等硬度、易磨光的石子,多用白云石或彩色大理石石渣,粒径为3~20 mm。水磨石有水泥本色和彩色两种。后者是用白色水泥加入颜料或彩色水泥制成的。

分格条也称嵌条,用料常为玻璃、塑料或者金属(铜条、铝条),高度同水磨石面层厚度,用1:1水泥砂浆固定,尺寸为400~1 000 mm。水磨石地面分格的作用是将地面划分成面积较小的区格,减少开裂,增加美观,方便维修,如图2-105所示。

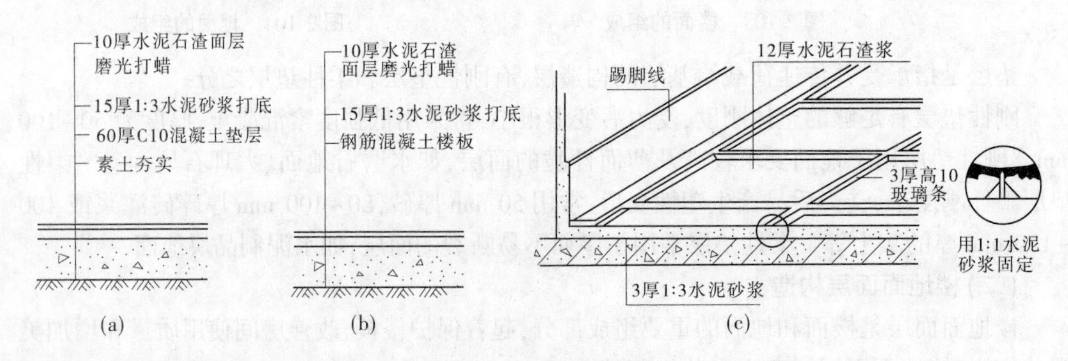

图2-105 水磨石地面

水磨石地面具有良好的耐磨性、耐久性、防水及防火性,质地美观,表面光洁,不易起灰,通常用于卫生间,公共建筑的门厅、走廊、楼梯间以及标准较高的房间。

2)块材类地面

块材类地面是把地面材料加工成块状,然后借助胶结材料铺贴在结构层上,常用的有水泥制品块地面、石板地面、缸砖等陶瓷板块地面。

(1)水泥制品块地面。

水泥制品块地面常见的有水磨石块、预制混凝土块。水泥制品块和基层连接有两种。当块体较大且厚时,常在板下干铺一层20~40 mm厚的细砂或细炉渣,校正后用砂浆嵌填板缝。该做法简单,造价低,便于维修,但不易平整,城市人行道常按此法施工。当预制块较小且薄时,采用12~20 mm厚1∶3水泥砂浆做结合层,之后用1∶1水泥砂浆嵌缝,此法坚实、平整。

(2)石板地面。

石板地面有天然石地面(大理石板、花岗石板等)和人造石地面(预制水磨石板、人造大理石板等),具有较好的装饰效果,其中磨光花岗石板的耐磨性最佳,但造价昂贵。

石板尺寸普遍较大,一般为300 mm×300 mm~500 mm×500 mm,因此对粘贴表面的平整度要求较高,须先试铺合适之后再正式粘贴。构造做法是在混凝土垫层上先用20~30 mm厚1∶3~1∶4干硬性水泥砂浆找平,再用5~10 mm厚1∶1水泥砂浆铺贴石板,缝中灌稀水泥砂浆。

(3)缸砖等陶瓷板块地面。

缸砖是用陶土焙烧而成的一种无釉砖块,形状有正方形、六边形、八角形等,其背面有凹槽,使得砖块和基层粘贴牢固,铺贴时一般用15~20 mm厚1∶3水泥砂浆做结合材料。缸砖地面具有质地坚硬、耐磨、耐水、耐酸碱、易于清洁的优点。

其他陶瓷板块有陶瓷锦砖、釉面陶瓷地砖、瓷土无釉砖等。陶瓷锦砖又称马赛克,主要用于防滑卫生要求高的卫生间、浴室地面,也可用于外墙面。

出厂前已按照各种图案反贴在牛皮纸上以便于施工,如图2-106所示,其构造做法参见表2-8。

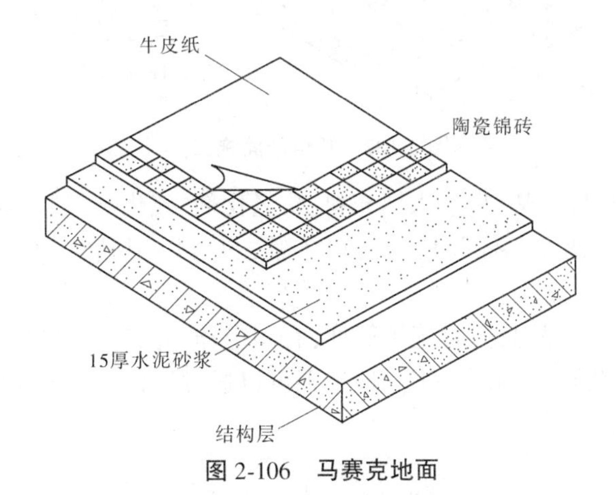

图2-106 马赛克地面

3)卷材类地面

卷材类地面是用成卷的铺材铺贴而成的,常见卷材有软质聚氯乙烯塑料地毡、橡胶地毡以及地毯等。

表 2-8　缸砖等陶瓷板块地面做法

名称	材料及做法
陶瓷锦砖（马赛克）地面	4 mm 厚陶瓷锦砖面层用白水泥浆擦缝;25 mm 厚 1:2.5 干硬性水泥砂浆结合层,上洒 1~2 mm 厚干水泥并洒清水适量;水泥结合层一道;80 mm 或 100 mm 厚 C10 混凝土垫层;素土夯实
缸砖地面	10 mm 厚缸砖面层白水泥浆擦缝;25 mm 厚 1:2.5 干硬性水泥砂浆结合层,上洒 1~2 mm 厚干水泥并洒清水适量;水泥结合层一道;80 mm 或 100 mm 厚 C10 混凝土垫层;素土夯实
陶瓷锦砖地面	4 mm 厚陶瓷锦砖面层白水泥浆擦缝;25 mm 厚 1:2.5 干硬性水泥砂浆结合层,上洒 1~2 mm 厚干水泥并洒清水适量;水泥结合层一道;80 mm 或 100 mm 厚 C10 混凝土垫层;素土夯实

软质聚氯乙烯塑料地毡的规格为宽 700~2 000 mm,长 10~20 m,厚 1~6 mm,有一定的弹性,耐凹陷性能好,但不耐燃,尺寸稳定性差,主要用于医院、住宅等。施工是在清理基层后按照设计弹线,在塑料板底涂满氯丁橡胶黏结剂 1~2 遍之后进行铺贴。地面的拼接方法是先切割成 V 形,然后用三角形塑料焊条、电热焊枪焊接。塑料地面施工如图 2-107 所示。

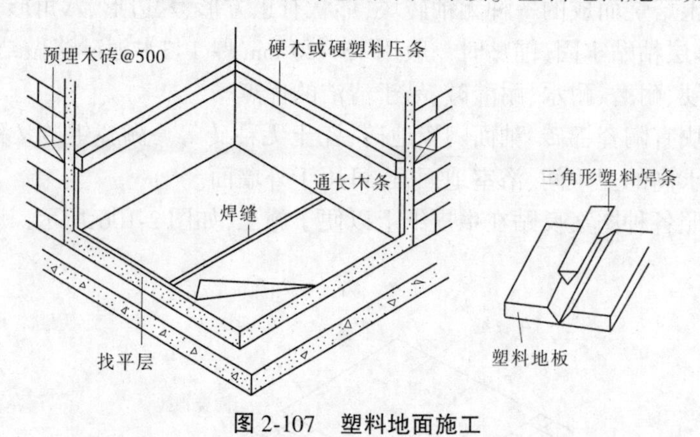

图 2-107　塑料地面施工

橡胶地毡是以橡胶粉为基料,掺入填充料、防老化剂、硫化剂等制成的卷材,耐磨、防滑、防潮、绝缘、吸声并富有弹性。橡胶地毡可以干铺,也可以用黏结剂粘贴在水泥砂浆找平层上。

地毯柔软舒适、吸声、保温,并且施工简便,有固定和不固定两种铺设方法。固定法是将地毯粘贴在地面上,或将地毯四周钉牢。地毯下可以通过铺设一层泡沫橡胶垫层,达到改善地面弹性和消声的目的。

4) 木地面

木地面具有弹性好、导热率低、不起灰、易清洁等特点,常用于住宅、宾馆、剧场、舞台、办公室等建筑中。

木地面的构造方式有架空式木地面、实铺式木地面和粘贴式木地面三种。

(1)架空式木地面。

架空式木地面常用于底层地面,主要用于舞台、运动场等有弹性要求的地面。架空式木地面多采用空铺木地板的构造形式,地板面距建筑地面高度是通过地垄墙、砖墩或钢木支架的支撑来实现的,如图 2-108 所示。底层木地面具体做法为:素土夯实后,做 3∶7灰土一步(上皮标高不低于室外地坪);用 M5 砂浆砌筑 120 mm 或 240 mm 地垄墙,中距 4 m;地垄墙顶部做 20 mm 厚 1∶3水泥砂浆找平层,并固定 100 mm×50 mm 厚垫木(用 8 号铅丝绑扎);垫木上钉 50 mm×70 mm 木搁栅,中距 400 mm;在垂直木搁栅方向钉 50 mm×50 mm 横撑,中距 800 mm;木搁栅上钉 50 mm×20 mm 硬木企口长条地板或拼花木地板等,表面烫蜡。空铺木地板应注意通风、防鼠等措施。

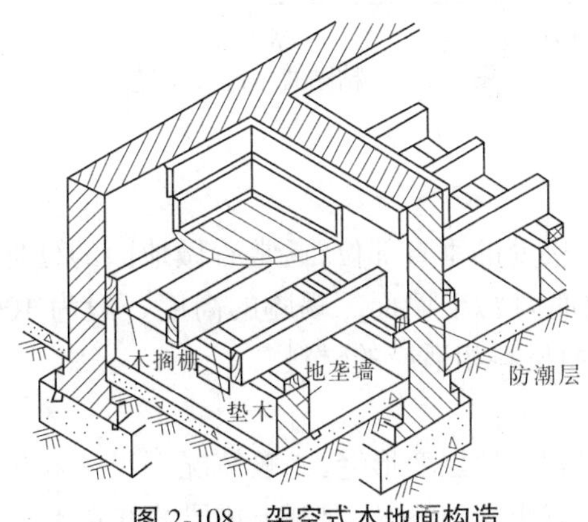

图 2-108 架空式木地面构造

(2)实铺式木地面。

实铺式木地面是将木地板直接钉在钢筋混凝土基层的木搁栅上。

这里以双层硬木地面为例介绍其做法:在钢筋混凝土楼板中伸出φ 6 钢筋,绑扎 Ω 形 φ6 铁鼻子,中距 400 mm,将 70 mm×50 mm 的木龙骨用 10 号铅丝两根,绑于 Ω 形铁件上,在垂直于龙骨的方向上钉放 50 mm×50 mm 支撑,中距 800 mm,其间填 40 mm 厚干焦渣隔声层;上铺 22 mm 厚松木毛地板,铺设方向为 45°,上铺油毡一层,表面铺 50 mm×20 mm 硬木企口长条或拼花地板,并烫硬蜡,如图 2-109 所示。

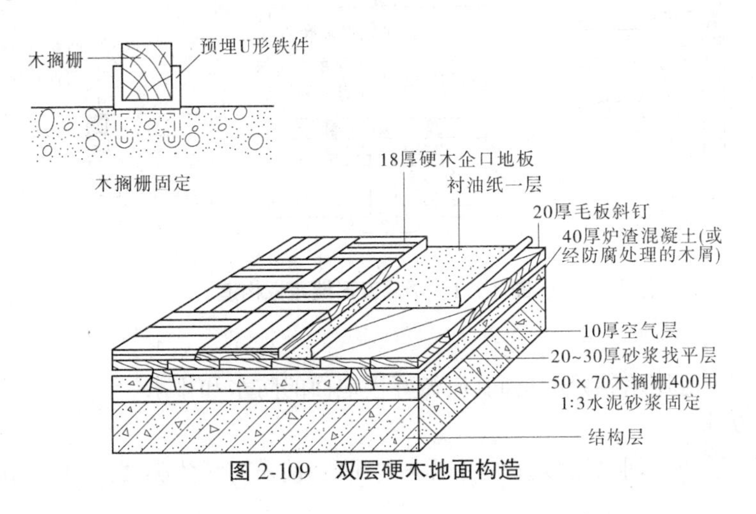

图 2-109 双层硬木地面构造

(3)粘贴式木地面。

粘贴式木地面的做法是先在钢筋混凝土基层上采用沥青砂浆找平，刷热沥青一道，用 2 mm 厚沥青胶环氧树脂乳胶等随涂随铺贴 20 mm 厚硬木长条地板，如图 2-110 所示。

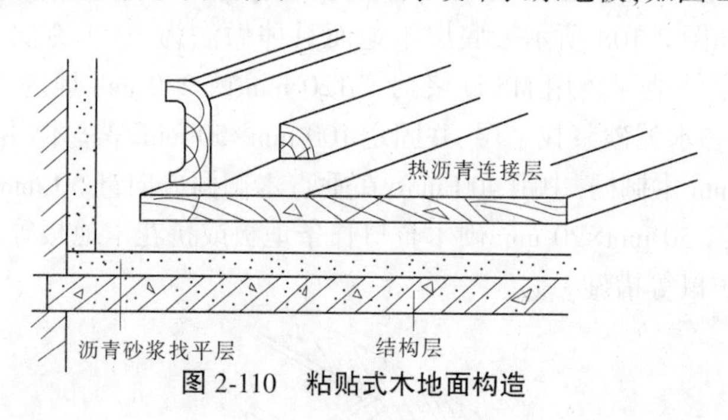

图 2-110　粘贴式木地面构造

3.楼地面的细部构造

1)踢脚线构造

踢脚线指地面与墙面交接处的垂直部位，通常看做地面的延伸部分。踢脚线可以保护室内墙脚，避免日常清扫地面时污染墙面。踢脚的高度一般为 100～150 mm，所用水泥砂浆、水磨石等应为与室内地面材料相适应的材料。

2)地面变形缝构造

地面变形缝包括楼板层和地坪层变形缝，一般情况下尺寸和位置应与墙体及屋面变形缝一致。面层变形缝宽度不应小于 10 mm，混凝土垫层的缝宽不小于 20 mm，楼板结构层的缝宽同墙体变形缝。缝内填塞沥青树脂或沥青麻丝等弹性松软材料，上铺活动盖板或橡胶条以防灰尘。楼层变形缝盖板构造如图 2-111 所示。

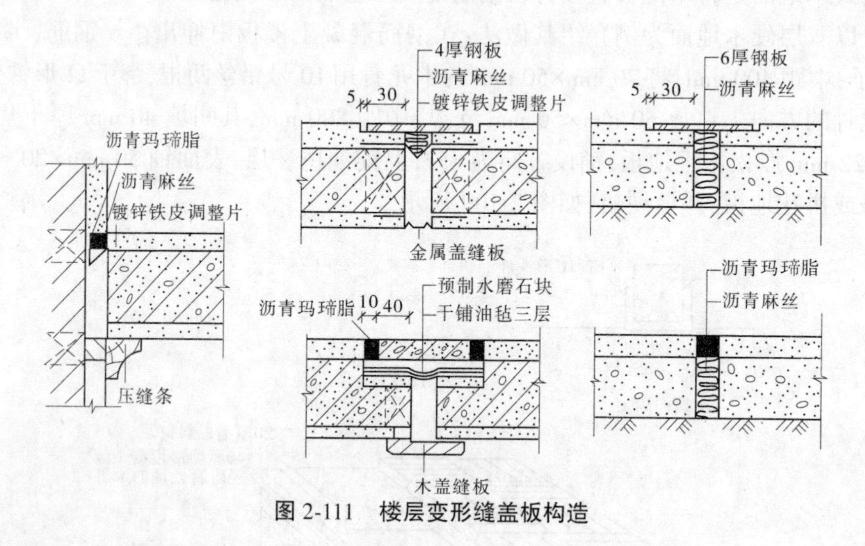

图 2-111　楼层变形缝盖板构造

3)楼地面防水构造

在厕所、浴室等用水频繁的房间，应做好楼地面的防水和排水。

(1)地面防水。

在设计上，这些房间的楼板宜采用现浇式，面层宜采用整体类楼地面。当防水要求更高时,应在楼板与面层之间设置防水层。为防止四周墙脚或无水房间受潮,应将防水层沿房间周边向上泛起至少 150 mm。当竖向管道穿越楼地面时,为防止渗透,需做相应处理:对于冷水管,可在竖管穿越区域用 C20 干硬性细石混凝土填实,再以防水卷材或涂料做密封处理;对于热水管,为适应温度变化导致的胀缩现象常在穿管位置预埋较竖管稍粗的套管,高出地面 30 mm 左右,并在缝隙内填塞防水材料。楼地面防水构造如图 2-112 所示。

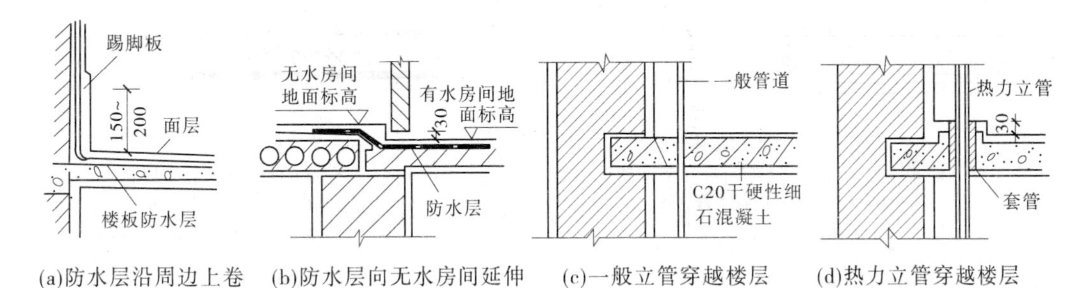

图 2-112 **楼地面防水构造**

(2)地面排水。

有水房间标高应低于相邻房间约 20 mm 或在房间门口设置相当高度的门槛。同时,为利于排水,有水房间内应设置地漏,并使地面有一定的坡度,一般为 1%~1.5%,使水能够有组织地排入地漏不致外溢。有水房间排水与防水如图 2-113 所示。

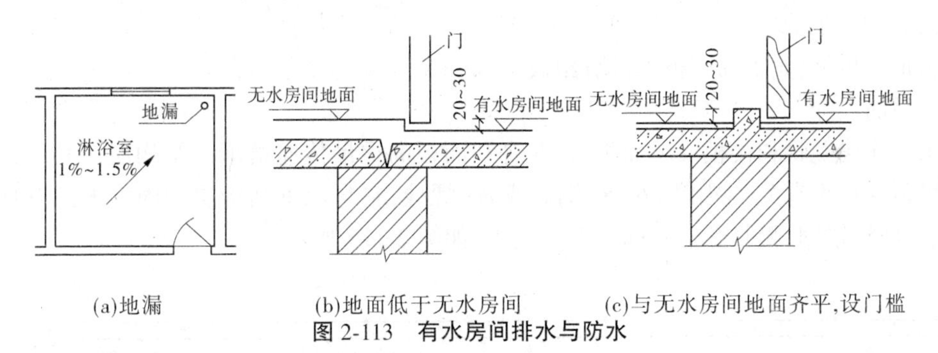

图 2-113 **有水房间排水与防水**

4.顶棚构造

顶棚又称为天棚或天花板,是楼板层或屋顶下面的装修层,其目的是保证房间清洁整齐、封闭管线、增强隔声和装饰效果。顶棚按其构造方式分为直接式顶棚和悬吊式顶棚两种。

1)直接式顶棚

直接式顶棚是在楼板下直接做饰面层,构造简单,造价较低,常见有以下三种。

(1)直接喷刷顶棚。

当楼板底面平整、室内装饰要求不高时,可直接或稍加修补刮平后喷刷大白浆、石灰浆等,以增强顶棚的反射光照作用。

(2)抹灰顶棚。

当楼板底面不够平整且室内装饰要求较高时,可在楼板底面先抹灰再喷刷涂料。抹灰可用纸筋灰、水泥砂浆、混合砂浆等,其中纸筋灰最为常用。纸筋灰的常见做法是:先用 10%火碱水清洗楼板底面,刷素水泥浆一道,以 1:3:9的水泥石灰膏砂浆打底 7 mm 厚,纸筋灰罩面

3 mm 厚,最后喷刷涂料,如图 2-114(a)所示。

(3)粘贴顶棚。

对于楼板底不需敷设管线而装饰要求较高的房间,可在楼板底面用砂浆打底找平后,用黏结剂粘贴墙纸、泡沫塑料板、铝塑板或吸声板,起到一定的保温、隔热和吸声作用,如图 2-114(b)所示。

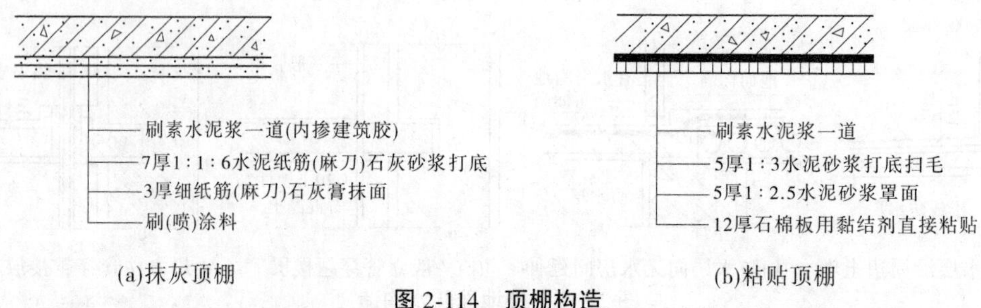

图 2-114 **顶棚构造**

2)悬吊式顶棚

悬吊式顶棚又称吊顶,其应满足以下要求:具有足够的净空,以便于敷设管线;合理安排灯具、通风口的位置,以符合照明、通风要求;选用适当材料和构造做法,使其燃烧性能和耐火极限满足防火规范要求。

(1)吊顶的组成。

吊顶由吊筋、龙骨和面板三部分组成。

①吊筋。

吊筋连接龙骨和楼板或屋面板,把龙骨和面板的重量传递给承重结构层。其形式和材料与吊顶的自重有关,常用Φ(6~8)钢筋或 $\phi 8$ 螺栓,它与承重结构层的固定方法有预埋件锚固、预埋筋锚固、膨胀螺栓锚固和射钉锚固,如图 2-115 所示。

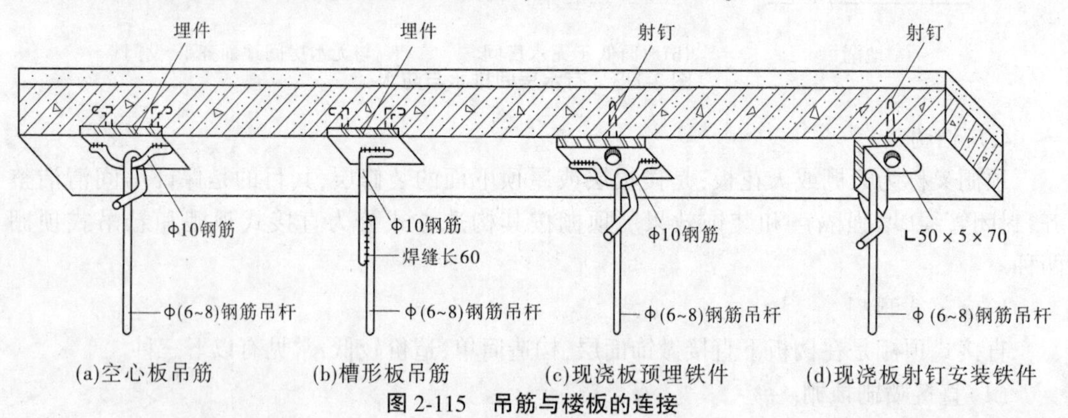

图 2-115 **吊筋与楼板的连接**

②龙骨和面板。

龙骨用来固定面板,由主龙骨和次龙骨组成。主龙骨通过吊筋和承重结构层相连,次龙骨固定在主龙骨上。龙骨有木龙骨和金属龙骨,面板有木质板、石膏板和铝合金板。

(2)吊顶的分类。

①木龙骨吊顶。

主龙骨一般为截面 50 mm×70 mm 的方木，中距 900～1 200 mm，次龙骨一般为截面 40 mm×40 mm 的方木，间距由面板规格而定。当面板采用板条抹灰时，可直接在次龙骨上钉板条，再抹灰，造价较低，但面层易出现龟裂，防火性能差；若在板上加钉一层钢丝网再抹灰，则可避免上述弊端。

木龙骨的面板可采用木质板材，如胶合板、纤维板、刨花板等，优点是干作业、施工速度快，因而应用更为广泛。木质板材吊顶如图 2-116 所示。

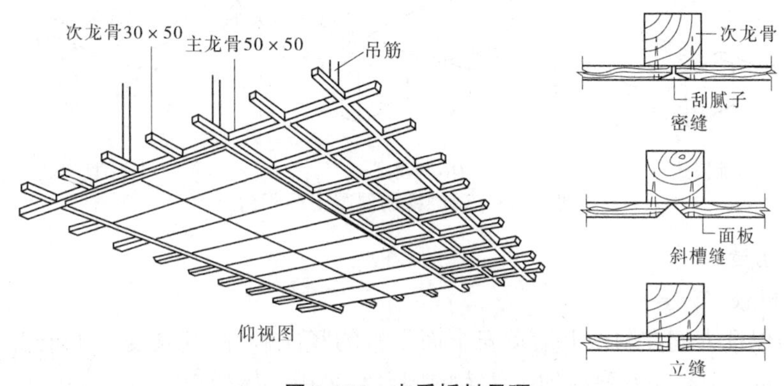

图 2-116　木质板材吊顶

②金属龙骨吊顶。

金属龙骨吊顶一般以轻钢或铝合金型材作为龙骨，具有轻质高强、刚度大、施工速度快、防火性能好的优点。主龙骨间距 900～1 200 mm，下挂次龙骨。龙骨有 U 形、⊥形和槽形。为保证龙骨的整体刚度并便于铺钉面板，在龙骨之间增设有横撑，间距视面板具体规格而定，最后在次龙骨上铺钉面板。

金属龙骨的面板有各种人造板和金属板。人造板一般有纸面石膏板、浇注石膏板、铝塑板等，金属板有铝板、铝合金板、不锈钢板等，形状多样。面板可借用自攻螺丝固定在龙骨上或直接搁置在龙骨内。

三、阳台和雨篷的构造与识图

（一）阳台

阳台按照其与外墙的相对位置分为凹阳台、凸阳台和半凸半凹阳台，如图 2-117 所示。按施工方式有现浇钢筋混凝土阳台和预制钢筋混凝土阳台。

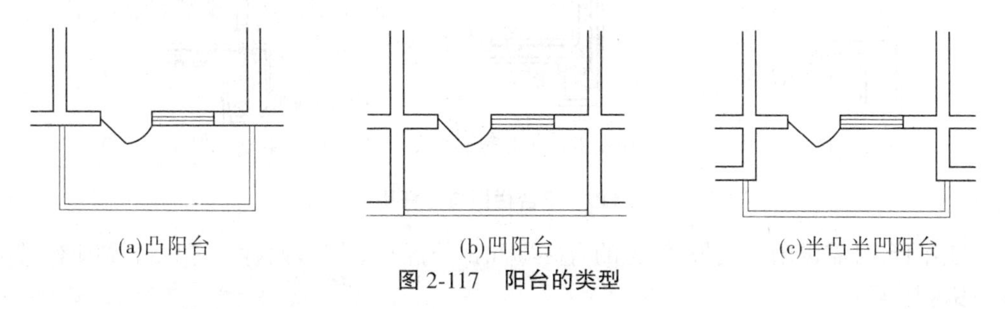

图 2-117　阳台的类型

凹阳台实为楼板层的一部分，构造与楼板层相同；而凸阳台的受力构件为悬挑构件，其挑出长度和构造必须满足结构受力和抗倾覆的要求。

1.凸阳台的承重

阳台常用钢筋混凝土材料。钢筋混凝土凸阳台的承重方案大体可以分为挑板式、压梁式和挑梁式,如图 2-118 所示。当挑出长度在 1 200 mm 以内时,可用挑板式或压梁式;大于此挑出长度则用挑梁式。

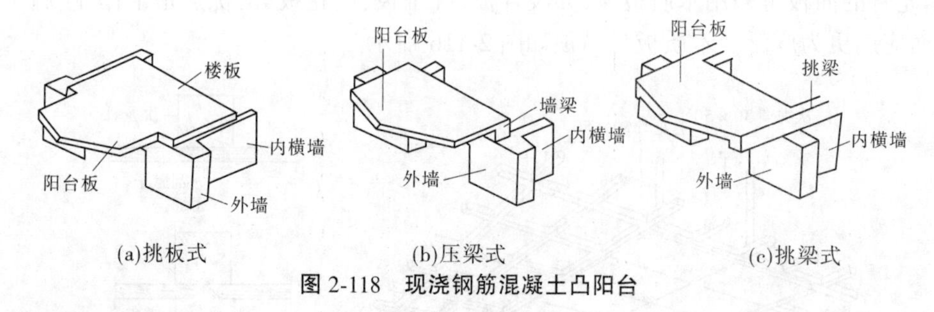

图 2-118　现浇钢筋混凝土凸阳台

2.阳台的构造

1)栏杆(栏板)与扶手

栏杆是为保证人们在阳台上活动安全而设置的竖向构件,其高度应不小于 1.05 m,也不宜大于 1.2 m。中高层及寒冷地区住宅的阳台宜采用实体栏板。

栏杆由金属或混凝土制作,杆件之间净距不应大于 110 mm。其上下分别与扶手和阳台板连接。金属栏杆与阳台板的连接方法有两种:一是直接插入阳台板的预留孔内,用砂浆灌注(见图 2-119(a));二是与阳台板中预埋的通长扁钢焊接。扶手与金属栏杆的连接,根据扶手材料的不同有焊接、螺丝连接等。预制钢筋混凝土栏杆可直接插入扶手和阳台板上的预留孔中,也可用预埋件焊接固定。

栏板常用的有砖砌和钢筋混凝土两种。砖砌栏板厚度 120 mm,并在砌体内配通长钢筋或现浇扶手及加设小构造柱。栏板可与阳台板整体现浇为一体,也可借助预埋件相互焊接和与阳台板焊接,如图 2-119(b)、(c)所示。

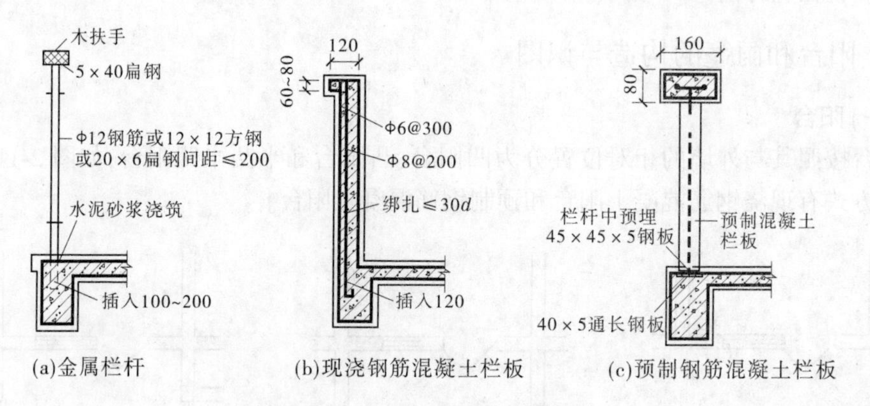

图 2-119　阳台栏板与栏杆构造

双连阳台时需设阳台隔板,常见的有砖砌和钢筋混凝土隔板两种。考虑抗震因素,多用钢筋混凝土隔板。

2)阳台保温与排水

寒冷地区为阻挡冷空气入室宜采用封闭阳台,并设可开启窗口保持通风。

未封闭阳台为室外构件,需做排水措施。阳台地面一般低于室内 30 mm 以上,防止雨水倒灌。同时,阳台地面向排水口做 1%~2%的坡。阳台排水有外排和内排两种。外排水是在阳台外侧设置直径 40~50 mm 的镀锌铁管或塑料管作为水舌排水,其外挑不小于 80 mm,以防止雨水溅到下层阳台。内排水是在阳台内侧设置排水立管或地漏,将雨水直接排入地下管网,适用于高层或高标准建筑。

(二)雨篷

雨篷设置于建筑物入口或者阳台上方,常采用钢筋混凝土雨篷。较大时由梁、板、柱组成,构造与楼板相同;较小时做成悬臂构件,由雨篷梁和板组成。

雨篷常用挑板式,将雨篷与外门上面的过梁浇筑为一体,厚度一般为 60 mm,悬挑长度不超过 1.5 m;当挑出长度较大时采用挑梁式。雨篷排水分有组织排水和无组织排水,通常沿雨篷板四周用砖或现浇混凝土做翻口,高度不小于 60 mm,板面用防水砂浆向排水口做 1%坡面以利于排水。雨篷的构造如图 2-120 所示。

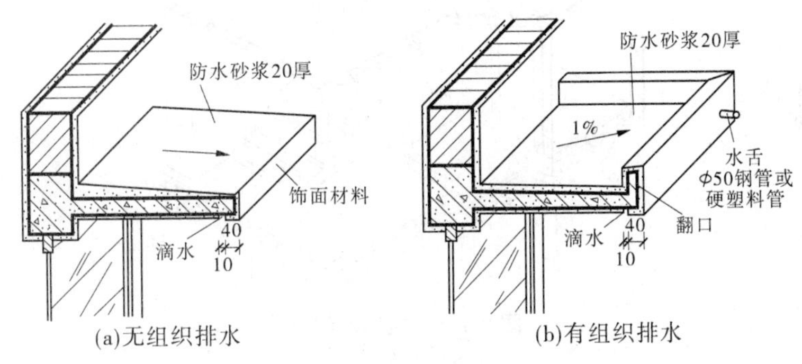

图 2-120　雨篷的构造

第六节　楼　梯

一、楼梯的组成及类型

在建筑中,楼梯是联系上下层的垂直交通设施。楼梯应满足人们正常的垂直交通、搬运家具设备和紧急情况下安全疏散的要求。

(一)楼梯的组成

楼梯一般由楼梯段、平台及栏杆(或栏板)扶手三部分组成,如图 2-121 所示。

1.楼梯段

楼梯段是楼梯的主要使用和承重构件,它由若干个踏步组成。梯段踏步的步数不宜超过 18 级,但亦不应小于 3 级。

2.平台

平台是连接两楼梯段的水平板,有楼层平台和休息平台之分。楼层平台主要起到联系室内外交通的作用,休息平台的主要作用是缓解疲劳,让人们连续上楼时可在平台上稍加休息。

3.栏杆扶手

栏杆扶手是设在楼梯及平台边缘的安全保护构件。当梯段宽度不大时,可只在楼梯临空面设置;当梯段宽度较大时,非临空面也应加设扶手;当梯段宽度很大时,则只需在梯段中间加设中间扶手。

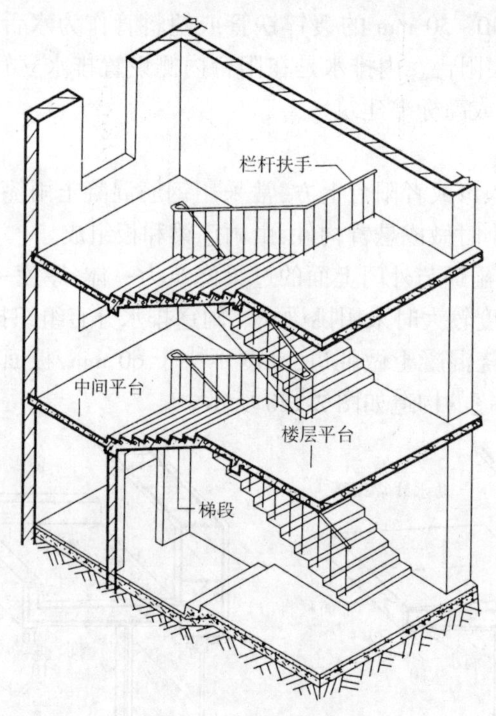

图 2-121　楼梯的组成

(二)楼梯的类型

建筑中楼梯的形式较多,楼梯的分类一般按以下原则进行。

1.按照楼梯的材料分类

楼梯按照材料不同可分为钢筋混凝土楼梯、钢楼梯、木楼梯及组合材料楼梯。

2.按照楼梯的位置分类

楼梯按位置不同可分为室内楼梯和室外楼梯。

3.按照楼梯的使用性质分类

楼梯按使用性质不同可分为主要楼梯、辅助楼梯、疏散楼梯及消防楼梯。

4.按照楼梯间的平面形式分类

楼梯按照楼梯间的平面形式不同可分为开敞楼梯、封闭楼梯、防烟楼梯。

5.按照楼梯的平面形式分类

按照楼梯平面形式不同主要可分为单跑直楼梯、双跑直楼梯、转角楼梯、双跑平行楼梯、三跑楼梯、双分平行楼梯、螺旋楼梯、交叉楼梯,如图 2-122 所示。

目前,在建筑中应用较多的是双跑平行楼梯(又称为双跑楼梯或两段式楼梯),其他如三跑楼梯、双分平行楼梯等均是在双跑平行楼梯的基础上变化而成的。螺旋楼梯对建筑室内空间具有良好的装饰性,适合于在公共建筑的门厅等处设置。

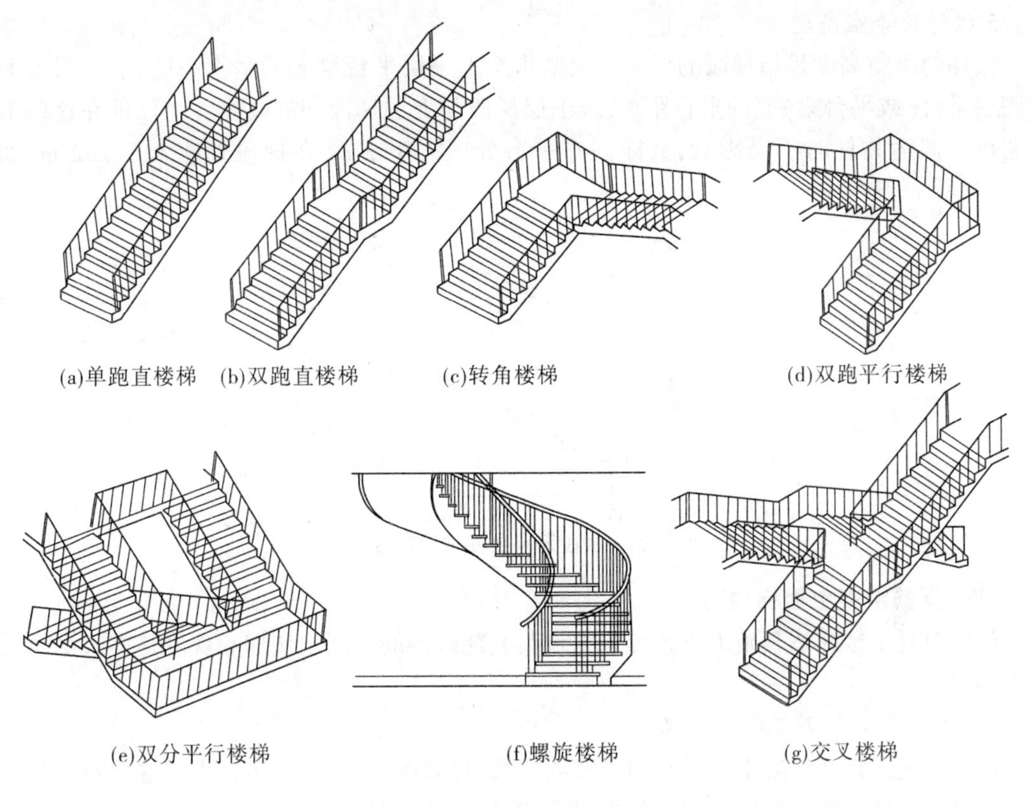

图 2-122 楼梯的分类

(三)楼梯的尺寸

1.楼梯的坡度与踏步尺寸

楼梯的坡度指梯段的斜率,用斜面与水平面的夹角表示,亦可用斜面在垂直面上的投影高和在水平面上的投影宽之比来表示。楼梯梯段的最大坡度不宜超过 38°。

在居住建筑中,踏面宽一般为 250~300 mm,踢面高为 150~175 mm 较为合适。学校、办公室坡度应平缓些,通常踏面宽为 280~340 mm,踢面高为 140~160 mm。

2.楼梯段的宽度

楼梯段的宽度是根据通行人数的多少(设计人流股数)和建筑的防火要求确定的。梯段的净宽一般不应小于 900 mm。住宅套内楼梯的梯段净宽:当一边临空时,不应小于 0.75 m;当两侧有墙时,不应小于 0.9 m。

3.楼梯栏杆扶手的高度

楼梯栏杆扶手的高度与楼梯的坡度、楼梯的使用要求有关,很陡的楼梯扶手的高度矮些,坡度平缓时高度可稍大。在 30°左右的坡度时常采用 900 mm,儿童使用的楼梯一般为 600 mm。

4.平台宽

楼梯平台的宽度是指墙面到转角扶手中心线的距离。为了搬运家具设备的方便和通行的顺畅,楼梯平台净宽不应小于楼梯段净宽,并且不小于 1.1 m。平台的净宽是指扶手处平台的宽度。

5.楼梯的净空高度

楼梯的净空高度是指梯段的任何一级踏步至上一层平台梁底的垂直高度,或底层地面至底层平台(或平台梁)底的垂直距离,或下层梯段与上层梯段间的高度。为保证在这些部位通行或搬运物件时不受影响,其净高在平台处应大于 2 m,在梯段处应大于 2.2 m,如图 2-123所示。

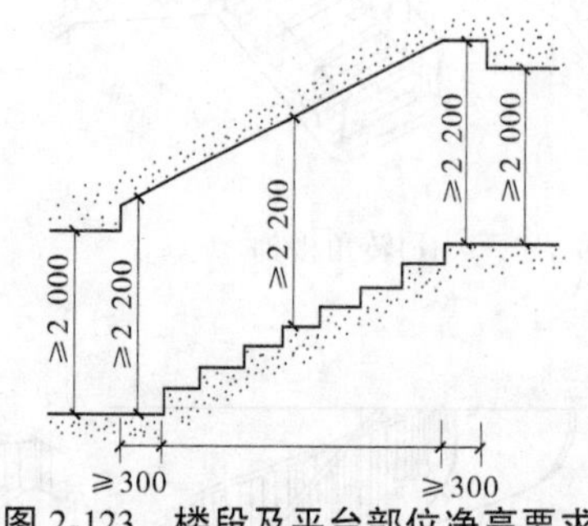

图 2-123　楼段及平台部位净高要求

(四)钢筋混凝土楼梯构造

钢筋混凝土楼梯按其施工方式可分为预制装配式钢筋混凝土楼梯和现浇整体式钢筋混凝土楼梯。

1.预制装配式钢筋混凝土楼梯

预制装配式钢筋混凝土楼梯有利于节约模板、提高施工速度,应用较为普遍。预制装配式钢筋混凝土楼梯按其构造方式可分为梁承式、墙承式和墙悬臂式等类型。下面以平行双跑楼梯为例,阐述预制装配式钢筋混凝土楼梯的一般构造原理和做法。

预制装配式钢筋混凝土楼梯是指梯段由平台梁支撑的楼梯构造方式。

由于在楼梯平台与斜向梯段交汇处设置了平台梁,避免了构件转折处受力不合理处理起来较为困难,在一般大量性民用建筑中较为常用。预制构件可划分为梯段(梁板式或板式梯段)、平台梁、平台板三部分。

1)梯段

(1)梁板式梯段。

梁板式梯段由梯段斜梁和踏步板组成,在踏步板两端各设一根梯段斜梁,踏步板支撑在梯段斜梁上,梯段斜梁的两端搁置在平台梁上。平台板大多搁置在横墙上,也有的一端搁置在平台梁上,而另一端搁置在纵向墙上。

①踏步板。

踏步板断面形式有一字形、∟形、¬ 形、三角形等。断面厚度根据受力情况为 40 ~ 80 mm。一字形踏步板制作简单,梯面可漏空或填充,但其受力不太合理,仅用于简易楼梯、室外楼梯等。∟形与¬ 形踏步板较一字形踏步板受力合理、用料省、自重轻,缺点是底面呈折线形,不平整。三角形踏步板使梯段底面平整、简洁,解决了前面几种踏步板底面不平整的问题。为了减轻自重,常将三角形踏步板抽空,形成空心构件。

②梯段斜梁。

梯段斜梁一般为矩形断面,为了减少结构所占的空间,也可做成∟形断面,但构件制作较为复杂。用于搁置一字形、∟形、¬ 形断面踏步板的梯段斜梁为锯齿形变断面构件。

(2)板式梯段。

板式梯段为整块的条板，上下端直接支撑在平台梁上。由于没有梯段斜梁，梯段底面平整，结构厚度小，其有效断面厚度可按 $L/30 \sim L/20$（L 为条板的跨度）估算。由于梯段板厚度小，且无梯段斜梁，使平台梁位置相应抬高，增大了平台下净空高度。

为了减轻梯段板自重，也可做成空心构件，有横向抽孔和纵向抽孔两种形式，横向抽孔较纵向抽孔合理易行，较为常用。

2)平台梁

为了便于支撑梯段斜梁或梯段板，平衡梯段水平分力并减少平台梁所占的结构空间，一般将平台梁做成L形断面。

3)平台板

平台板可根据需要采用钢筋混凝土空心板、槽形板或平板。需注意的是，在平台上有管道井时，不宜布置空心板。平台板一般平行于平台梁布置，以有利于加强楼梯间的整体刚度。当为垂直于平台梁布置时，常用小平板。

4)梯段与平台梁连接节点细部处理

梯段与平台梁节点处理是构造设计的难点，就两梯段之间的关系而言，一般有梯段齐步和错步两种方式；就平台梁与梯段之间的关系而言，有埋步和不埋步两种方式。梯段与平台梁节点处理如图 2-124所示。

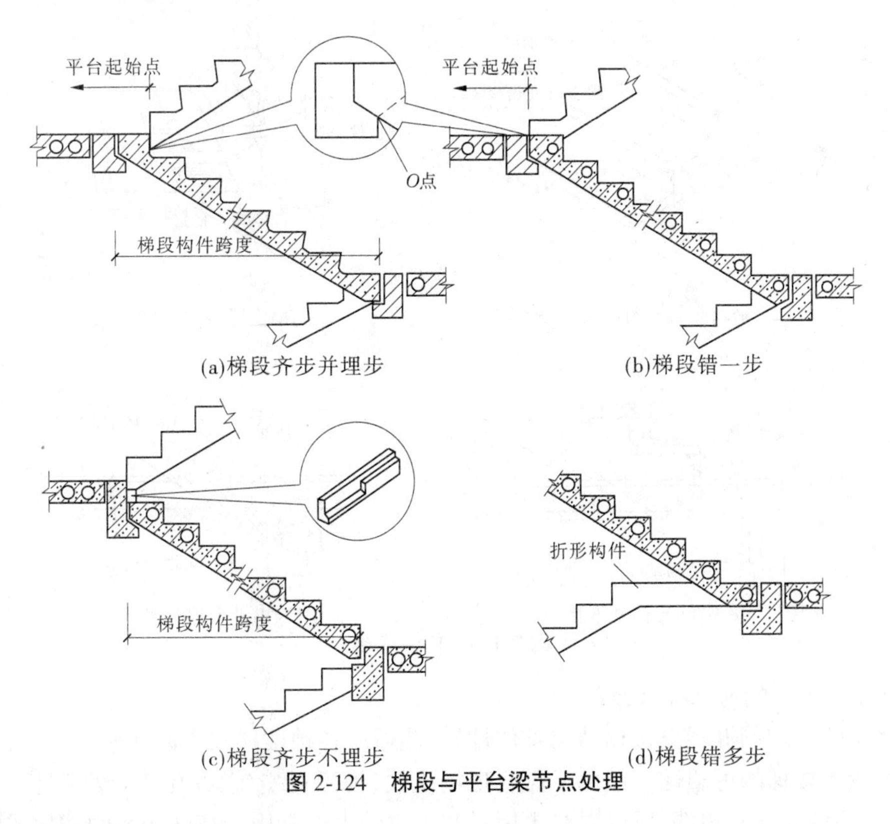

图 2-124　梯段与平台梁节点处理

(1)梯段齐步布置的节点处理。

上下梯段起步梯面和末步梯面对齐，平台完整，可节省梯间进深尺寸。

(2)梯段错步布置的节点处理。

上下梯段起步和末步梯面相错一步,在平台梁与梯段连接方式相同的情况下,平台梁底标高可比齐步方式抬高,有利于减少结构空间。但错步方式使平台不完整,并且多占楼梯间进深尺寸。

当两梯段采用长短跑时,它们之间相错步数便不止一步,需将短跑梯段做成折形构件。

5)构件连接

由于楼梯是主要交通部件,对其坚固耐久、安全可靠的要求较高,特别是在地震区建筑中更需引起重视,并且梯段为倾斜构件,故需加强各构件之间的连接,提高其整体性。

(1)踏步板与梯段斜梁连接。

一般在梯段斜梁支撑踏步板处用水泥砂浆坐浆连接。若需加强,可在梯段斜梁上预埋插筋,在踏步板支撑端与预留孔插接,用高强度水泥砂浆填实。踏步板与梯段斜梁连接如图 2-125(a)所示。

(2)梯段斜梁或梯段板与平台梁连接。

在支座处除用水泥砂浆坐浆外,应在连接端预埋钢板进行焊接, 如图 2-125(b)所示。

(3)梯段斜梁或梯段板与梯基连接。

在楼梯底层起步处,梯段斜梁或梯段板下应做梯基,梯基常用砖或混凝土,如图 2-125(c)、(d)所示。

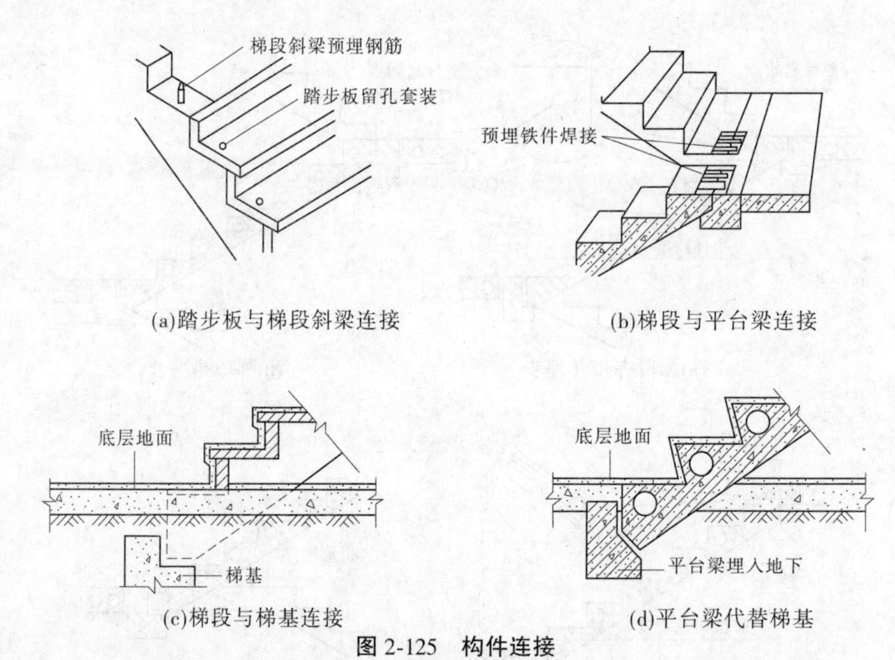

图 2-125　构件连接

2.现浇整体式钢筋混凝土楼梯

现浇整体式钢筋混凝土楼梯结构整体性好,能适应各种楼梯间平面和楼梯形式,充分发挥钢筋混凝土楼梯的可塑性。但由于需要现场支模,模板耗费较大,施工周期较长,并且抽孔困难,不便做成空心构件,所以混凝土用量和自重较大。常用于特殊异型的楼梯或整体性要求高的楼梯,或当预制配件条件不具备时用。

现浇钢筋混凝土楼梯根据楼梯段的传力与结构形式的不同,分为板式楼梯和梁式楼梯两种。

1) 板式楼梯

梯段板两端搁在平台梁上,相当于斜放的一块板,如图 2-126 所示。

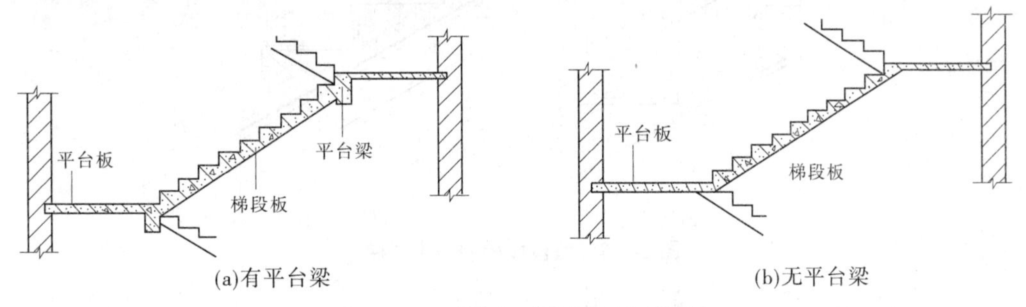

(a)有平台梁　　(b)无平台梁

图 2-126　现浇钢筋混凝土板式楼梯

其特点是:底面光滑平整,外形简单,施工方便,但耗材多,荷载较大时,板的厚度将增大,适合梯段长度≤3 m 的楼梯。

2) 梁式楼梯

踏步板搁置在斜梁上,斜梁又由上下两端的平台梁支撑的现浇钢筋混凝土楼梯称为梁式楼梯。梁式楼梯的宽度相当于踏步板的跨度,平台梁的间距即为斜梁的跨度,梯段的荷载主要由斜梁承担。梁式楼梯适用于荷载较大、建筑层高较大的建筑物,或梯段长度≥3 m 的楼梯,如图 2-127 所示。

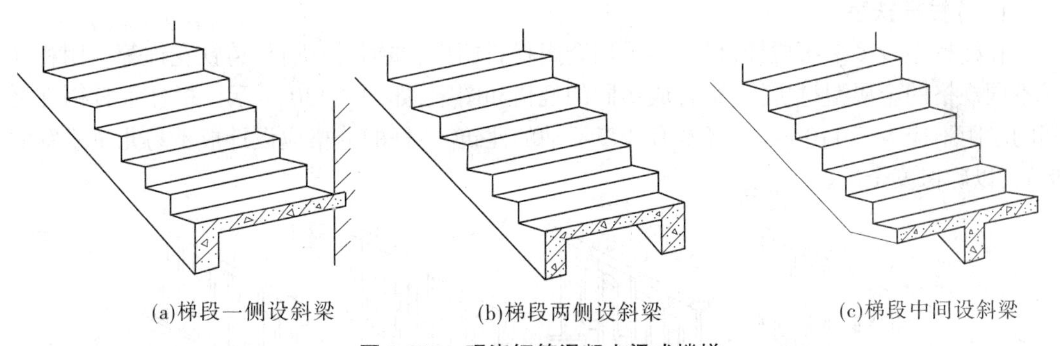

(a)梯段一侧设斜梁　　(b)梯段两侧设斜梁　　(c)梯段中间设斜梁

图 2-127　现浇钢筋混凝土梁式楼梯

梁式楼梯有暗步和明步两种做法。暗步做法的斜梁设到踏步板的上面,梯段下面是平整的斜面,如图 2-128(a)所示。明步做法的斜梁一般暴露在踏步板的下面,从梯段侧面就能看到踏步,如图 2-128(b)所示。由于明步做法在梯段下部形成梁的暗角容易,梯段侧面经常被清洗踏步的脏水污染,因而容易影响美观。

二、楼梯的细部构造与识图

(一)踏步的面层和细部处理

踏步面层应当平整光滑,耐磨性好。常见的踏步面层有水泥砂浆、水磨石、地面砖、各种天然石材等。公共建筑楼梯踏步面层经常与走廊地面面层采用相同的材料。

由于踏步面层比较光滑,在踏步前缘应有防滑措施,设置防滑措施可以提高踏步前缘的耐磨程度。踏步的防滑构造如图 2-129 所示。

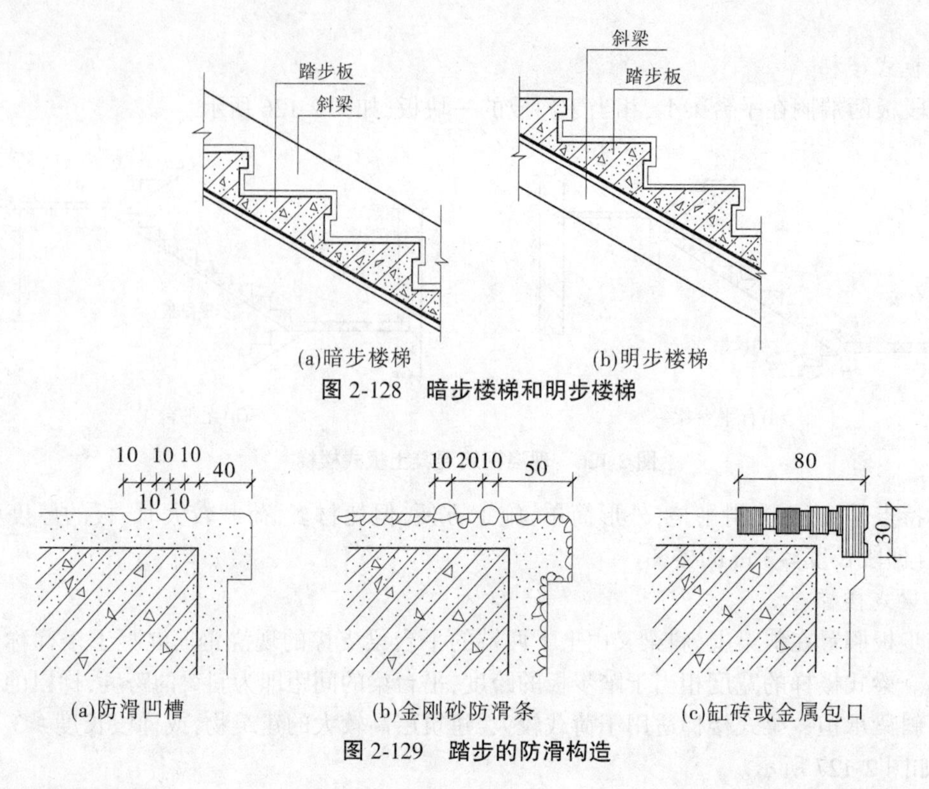

(a)暗步楼梯　　(b)明步楼梯

图 2-128　暗步楼梯和明步楼梯

(a)防滑凹槽　　(b)金刚砂防滑条　　(c)缸砖或金属包口

图 2-129　踏步的防滑构造

(二)栏杆扶手

在楼梯中较多采用栏杆,栏杆多采用金属材料制作,如钢材、铝材、铸铁花饰等。用相同或不同规格的金属型材拼接、组合成不同的规格和图案,如图 2-130 所示。栏杆垂直构件之间的净距不应大于 110 mm。经常有儿童活动的建筑,栏杆的分格应设计成不易儿童攀登的形式,以确保安全。

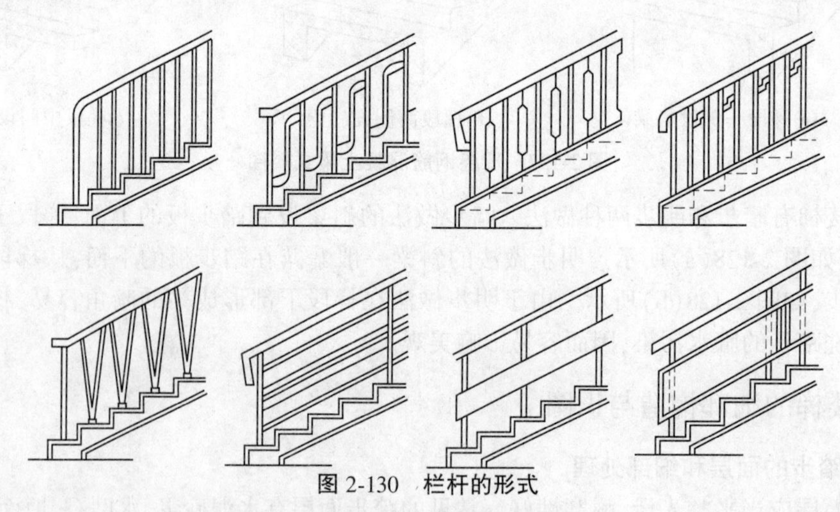

图 2-130　栏杆的形式

栏杆的垂直构件必须与楼梯段有牢固、可靠的连接。目前,在工程上采用的连接方式多种多样,应当根据工程实际情况和施工能力合理选择连接方式。图 2-131 是栏杆与楼梯段连接构造举例。

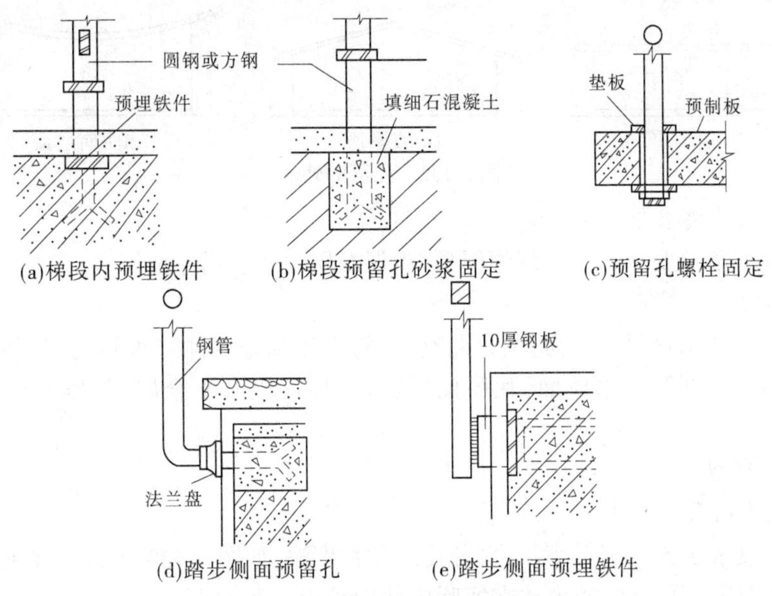

图 2-131　栏杆与楼梯段的连接构造

栏板是用实体材料制作的,常用的材料有钢筋混凝土、加设钢筋网的砖砌体、木材、玻璃等。栏板的表面应平整光滑,便于清洗。栏板可以与梯段直接相连,也可以安装在垂直构件上。

扶手也是楼梯的重要组成部分。扶手可以用优质硬木、金属型材(铁管、不锈钢、铝合金等)、工程塑料及水泥砂浆抹灰、水磨石、天然石材制作。室外楼梯不宜使用木扶手,以免淋雨后变形和开裂。金属扶手通常与栏杆焊接;抹灰类扶手在栏板上端直接饰面;木扶手及塑料扶手在安装之前应事先在栏杆顶部设置通长的倾斜扁铁,扁铁上预留安装钉孔,然后把扶手安放在扁铁上,并用螺丝固定好。

第七节　屋　顶

一、屋顶的作用、类型与坡度

屋顶是民用建筑基本构造组成之一,屋顶处理的构造形式,不仅直接影响着它的使用功能,而且还是建筑艺术形象的重要体现。不同的屋顶类型,有不同的构造方案,其结构组成、承重方式、防水排水、保温隔热措施也不相同。

(一)屋顶的作用

屋顶的主要作用有三方面:一是围护作用,防御自然界风、霜、雨、雪的侵袭,太阳辐射,温湿度的影响;二是承重作用,屋顶是房屋的水平承重构件,承受和传递屋顶上各种荷载,对房屋起着水平支撑作用;三是美观,屋顶的色彩及造型等对建筑艺术和风格有着十分重要的影响,是建筑造型的重要组成部分。

(二)屋顶的类型

1.按外形和坡度分

屋顶按外形和坡度分为平屋顶、坡屋顶和曲面屋顶,如图 2-132 所示。

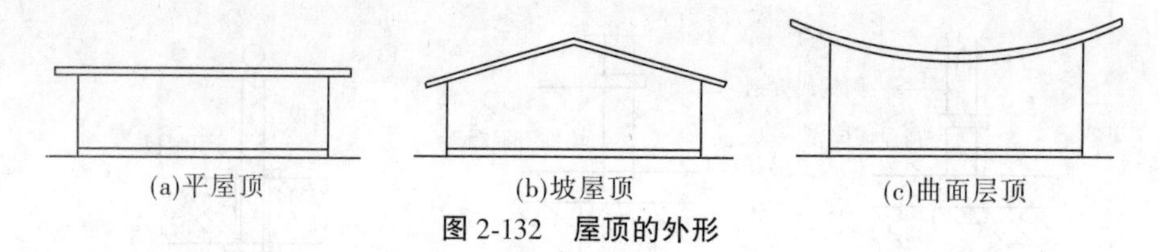

图 2-132　屋顶的外形

2.按保温隔热要求分

屋顶按保温隔热要求分为有保温屋顶、不保温屋顶和隔热屋顶等。

3.按屋面防水材料分

屋顶按屋面防水材料可分为:细石混凝土、防水砂浆等刚性防水屋面,各种卷材等柔性防水屋面,涂料、粉剂等防水屋面,瓦屋面、波形瓦屋面以及平金属板、压型金属板屋面等类型。

(三)屋顶的坡度

1.屋顶坡度的表示方法

常用的坡度表示方法有斜率法、百分比法和角度法,如图 2-133 所示。坡屋顶多用斜率法,而平屋顶多用百分比法,角度法在实际中使用较少。

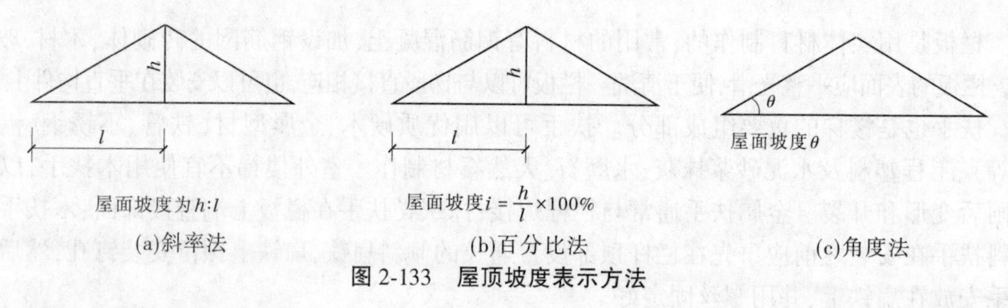

图 2-133　屋顶坡度表示方法

2.屋顶坡度的影响因素

建筑中的屋顶由于排水和防水需要,均要有一定的坡度。习惯上把坡度小于 10%的屋顶称为平屋顶,坡度大于 10%的屋顶称为坡屋顶。在实际工程中,影响屋顶坡度的主要因素有屋面防水材料、屋顶结构形式、地理气候条件、施工方法及建筑造型要求等方面。不同的屋面防水材料有各自适宜的排水坡度范围。

一般情况下,屋面防水材料单块面积越小,所要求的屋面排水坡度越大;材料厚度越厚,所要求的屋面排水坡度也越大。另外,当建筑中采用悬索结构、折板结构时,结构形式就决定了屋顶的坡度。恰当的坡度应该是既能满足防水要求,又能做到经济节约。

二、平屋顶的构造与识图

(一)平屋顶的组成和特点

平屋顶为满足防水、保温隔热、上人等各种要求,屋顶构造层次较多,但其主要构造层次由结构层、保温层、隔离层、防水层等组成,另外还有保护层、结合层、找平层、隔汽层、顶装修等。我国幅员辽阔,地理气候条件差异较大,各地区屋顶做法也有所不同。例如,南方地区应主要满足屋顶隔热和通风要求,北方地区应主要考虑屋顶的保温措施。又如,上人屋顶则应设置有较好的强度和整体性的屋面面层。图 2-134 为普通卷材柔性防水屋面和刚性防水屋面构造组成示意图。我国各地区均有屋面做法标准图或通用图,实际工程中可以选用。

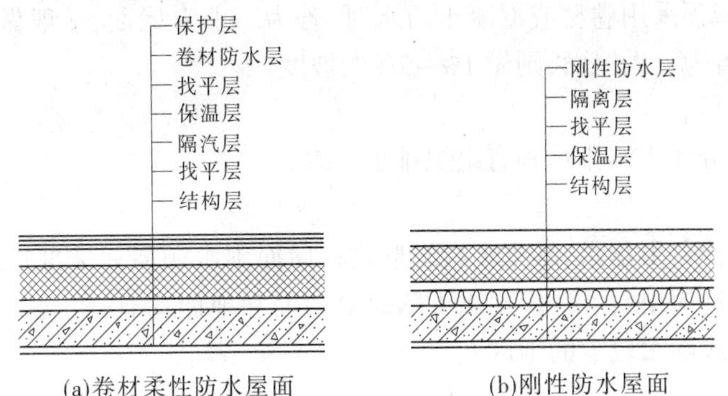

图 2-134 卷材柔性防水屋面和刚性防水屋面组成示意图

平屋顶具有以下特点:

(1)屋顶构造厚度较小,结构布置简单,室内顶棚平整,能够适应各种复杂的建筑平面形状,且屋面防水、排水、保温、隔热等处理方便,构造简单。

(2)屋面平整,便于屋顶上人及屋面利用。

(3)由于屋顶坡度小、排水慢、屋面积水机会多,易产生渗漏现象且维修困难。

(二)平屋顶的排水组织

平屋顶的排水组织主要有屋顶的排水坡度和排水方式两个方面。

1.排水坡度

平屋顶的排水坡度主要取决于排水要求、防水材料、屋顶使用要求和屋面坡度形成方式等因素。从排水要求看,要使屋面排水畅通,屋面就需要有适宜的排水坡度,坡度越大,排水速度越快;从防水材料看,平屋顶屋面目前主要采用卷材防水和混凝土防水,防水性能良好,其最低坡度要求是1%;从屋顶使用要求看,若为上人屋面,有一定的使用要求,一般希望坡度小于等于2%;从屋面坡度形成方式看,平屋面的坡度主要由结构找坡和材料找坡形成。

结构找坡是要求支撑屋面板的墙或梁等结构构件保持一定坡度,屋面板铺设之后就形成了相应的坡度(见图2-135(a))。结构找坡不需另加找坡材料,省工省料,没有附加荷载,施工方便,造价低,但室内顶棚稍有倾斜,一般在对室内空间要求不高的建筑中采用。平屋顶结构找坡的坡度宜为3%。

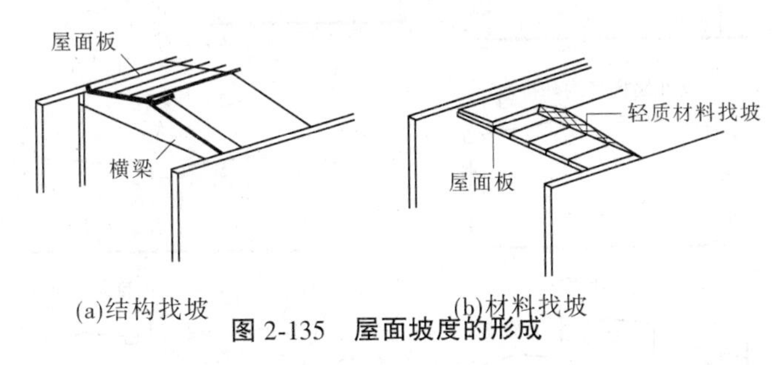

图 2-135 屋面坡度的形成

材料找坡是在水平的屋面板上面利用材料层的厚度差别形成一定的坡度(见图2-135(b))。找坡材料宜用炉渣、蛭石、膨胀珍珠岩等轻质材料或这些轻质材料加适量水泥形成的轻质混凝土。在实际工程中,一般不另设找坡层,而是利用轻质保温层进行找坡。材料找坡室内平整,施工简单方便,但会增加材料用量,增加屋面自重,一般仅在小面积屋面中使用。找坡层的厚度最薄处不小于 15 mm。平屋顶材料找坡的坡度宜为 2%。

综上所述，平屋顶采用卷材或混凝土防水时：若为不上人屋面，一般做 2%~5%的坡度（常用 2%~3%）；若为上人屋面，则做 1%~2%的坡度。

2.排水方式

屋面排水方式分无组织排水和有组织排水两大类。

1）无组织排水

无组织排水又称自由落水，其排水组织形式是屋面雨水顺屋面坡度排至挑檐板处自由滴落。这种做法构造简单、经济，但雨水下落时对墙面和地面均有一定影响，常用于建筑标准较低的低层建筑或雨水较少的地区。

2）有组织排水

有组织排水是将屋面雨水顺坡汇集于檐沟或天沟，并在檐沟或天沟内起 0.5%~1%纵坡，使雨水集中至雨水口，经雨水管排至地面或地下排水管网。

有组织排水有利于保护墙面和地面，消除了屋面雨水对环境的影响。根据雨水管的位置，有组织排水分为内排水和外排水。内排水的雨水管设置于室内，因其构造复杂，易造成渗漏，故只用在多跨建筑的中间跨、临街建筑、高层建筑和寒冷地区的建筑。根据檐口的做法，有组织外排水又可分为挑檐沟外排水、女儿墙外排水、女儿墙挑檐沟外排水、长天沟外排水、暗管外排水等有组织排水方案。有组织排水方案如图 2-136 所示。在有组织排水中，雨

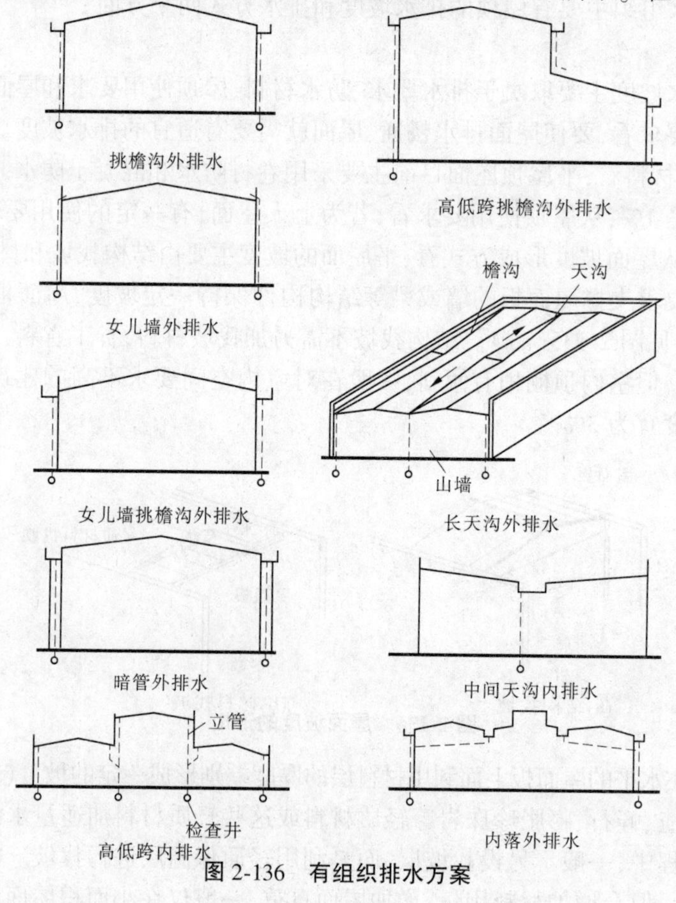

图 2-136　有组织排水方案

水管的数量应依据地区每小时最大降雨量时一根雨水管所能承担的屋面雨水排除面积进行设置。在一般情况下，当雨水管口径为 100 mm 左右时，每根雨水管所承担的屋面排水面积为 100～200 m^2。

(三)平屋顶的防水构造

平屋顶防水主要有铺贴卷材类柔性防水和整浇混凝土刚性防水两类，另外还有涂膜防水屋面和粉剂防水屋面等新型防水方式。

1.柔性防水屋面

柔性防水屋面是将柔性的防水卷材相互搭接用胶结料粘贴在屋面基层上组成防水层的屋面。由于卷材有一定的柔性，能适应部分屋面变形，所以称为柔性防水屋面(也称卷材防水屋面)。

过去一直使用沥青及油毡作为屋面防水层。油毡比较经济，也有一定的防水能力，但须热施工，污染环境，且高温易流淌，韧性差，易脆化，老化周期仅为 6～8 年。随着近年来部分新型屋面防水卷材的出现，沥青油毡将被逐步替代。这些新型卷材主要有三种：一种是高聚物改性沥青卷材，如 APP 改性沥青卷材、OMP 改性沥青卷材等；一种是合成高分子卷材，如三元乙丙橡胶类、聚氯乙烯类、氯化聚乙烯类和改性再生胶类等；一种是沥青玻璃布油毡、沥青玻璃纤维油毡等。这些材料的共同优点是弹性好，抗腐蚀，耐低温，寿命长且为冷施工，具有很好的发展前景。

目前，比较常用的屋面防水卷材有聚氯乙烯、氯丁橡胶、APP 改性沥青卷材、三元乙丙橡胶等。这些新型屋面防水材料的施工方法和要求虽然各有差异，但在构造处理上仍以油毡屋面防水构造处理原理为基础。由于目前油毡还有一定的使用量，故以下主要讲述油毡屋面防水构造。

1)油毡防水屋面的基本构造

油毡防水屋面的基本构造层次有结构层、找平层、结合层、防水层、保护层等。

(1)结构层。

结构层即预制或现浇的钢筋混凝土楼板(屋面板)。

(2)找平层。

油毡防水层应铺设在平整且具有一定整体性的基层上，一般应在结构层上或保温层上做 15～30 mm 厚 1∶3水泥砂浆找平层。

(3)结合层。

油毡与找平层水泥砂浆间的结合层为热沥青。为使第一层热沥青本身能很好地和找平层结合，通常需先喷刷一层冷底子油。冷底子油既能稀释沥青溶液，和沥青黏合，又能较好地渗入水泥砂浆，这样能使第一层油毡较好地粘贴固定于找平层上。

(4)防水层。

屋面油毡防水层是沥青和油毡层交替黏合而成的，由于油毡下要粘贴在基层上，上要黏结保护层，所以油毡通过沥青胶铺贴会形成一毡二油或二毡三油等，一般在平屋顶上的防水层需三毡四油。铺贴油毡时，应由下一层一层向上铺贴，上下搭接 80～120 mm；左右应逆主导风向铺贴，相互搭接 100～150 mm；也可以逐层搭接半张一次铺贴成二毡三油。当屋面坡度较大时，油毡也可以垂直于屋脊铺设。

(5)保护层。

油毡防水层裸露在屋顶上,受温度、阳光及氧气等作用容易老化。为保护防水层,延缓沥青老化,增加使用年限,油毡表面需设保护层。当为非上人屋面时,可在最后一层沥青胶上趁热满粘一层粒径 3~6 mm 的无棱石子,俗称绿豆砂保护层。

这种做法比较经济方便,有一定效果。当为上人屋面时,可在防水层上面浇筑 30~40 mm 厚细石混凝土,也可用 20 mm 厚 1:3水泥砂浆贴地砖或混凝土预制板等,既为上屋面活动提供面层,也起保护防水层的作用。油毡防水屋面的构造如图 2-137 所示。

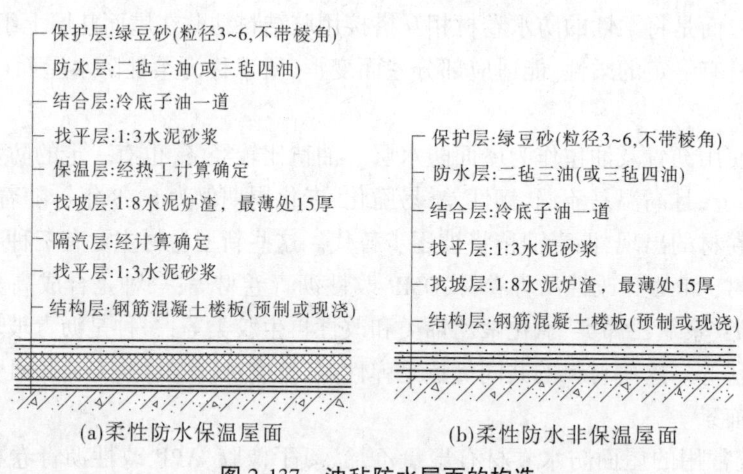

图 2-137　油毡防水屋面的构造

2)油毡防水屋面的檐口及泛水构造

油毡防水屋面的檐口一般有自由落水、挑檐沟、女儿墙带檐沟、女儿墙外排水、女儿墙内排水等形式。其构造处理关键是油毡在檐口处的收头处理和雨水口处构造。卷材防水挑檐沟的构造如图 2-138 所示,女儿墙檐沟卷材防水构造如图 2-139 所示,卷材防水女儿墙的构造如图 2-140 所示。

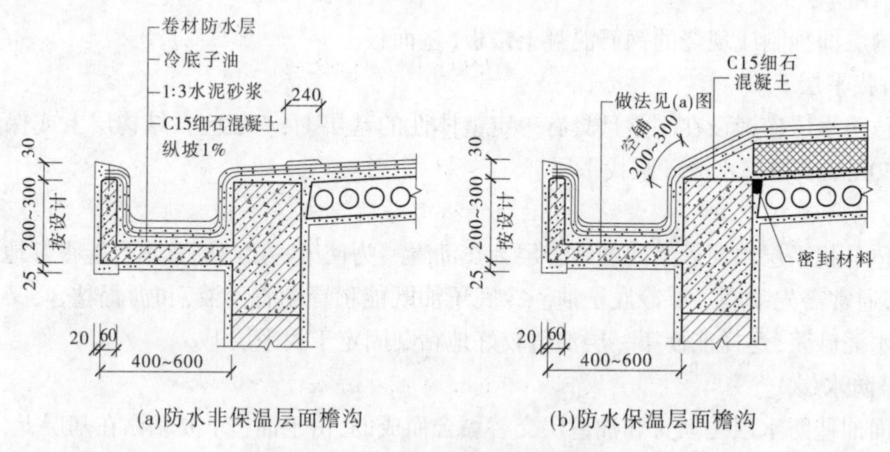

图 2-138　卷材防水挑檐沟的构造

泛水主要指屋面防水层与垂直墙交接处的防水构造处理。油毡防水屋面山墙处泛水需注意三方面:一是屋面与墙面相交处应用砂浆做成弧形,防止油毡直角折曲;二是油毡在垂直墙面上的铺设方法也是水泥砂浆抹光加冷底子油;三是泛水应有足够的高度,一般不小于

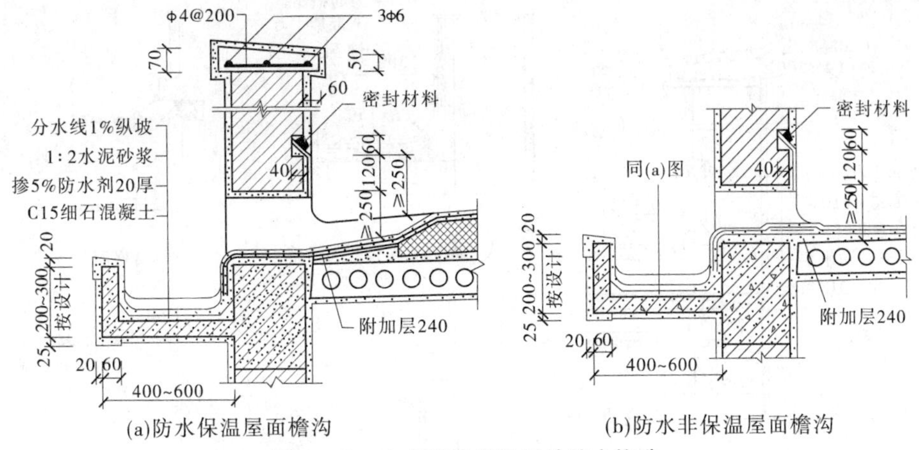

(a)防水保温屋面檐沟 (b)防水非保温屋面檐沟

图 2-139 女儿墙檐沟卷材的防水构造

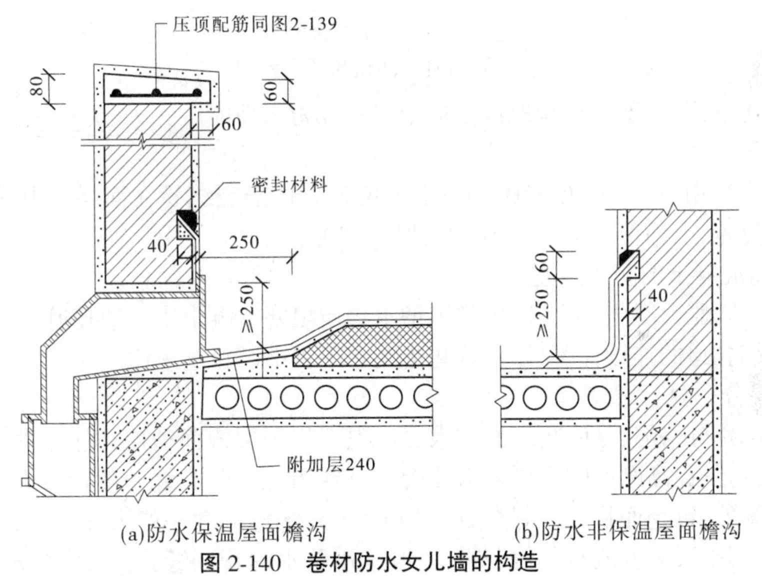

(a)防水保温屋面檐沟 (b)防水非保温屋面檐沟

图 2-140 卷材防水女儿墙的构造

250 mm 的高度,并做好油毡的收头处理。油毡的泛水构造如图 2-141 所示。

2.刚性防水屋面

刚性防水屋面主要指以密实性混凝土或防水砂浆等刚性材料作为屋面防水层的屋面。其优点是施工简单、经济,但其施工技术要求高,对结构变形敏感,易裂缝而导致渗漏水。由于防水砂浆屋面应用较少,这里主要介绍细石混凝土防水屋面的构造。

1)细石混凝土防水屋面

目前在工程中应用较多的是用 35~40 mm 厚 C20 混凝土整浇密实并出浆抹光,配Φ(4~6)@200 双向钢筋的做法。

细石混凝土防水屋面比较突出的问题是防水层施工完毕后易出现裂缝而造成屋面渗漏,其原因较多,但主要是以下几方面:一是细石混凝土由于温差影响而热胀冷缩,二是受建筑使用过程中屋面板变形的影响,三是防水层在养护过程中的干缩,四是受建筑沉降等原因产生变形的影响。

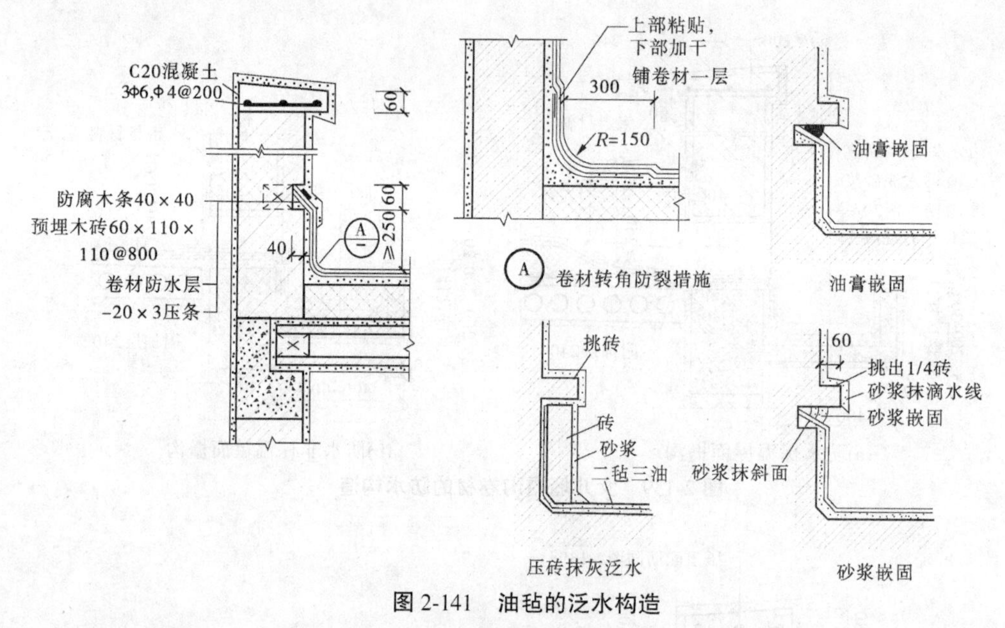

图 2-141　油毡的泛水构造

针对上述原因，一般可以采取以下措施提高其防水性能。

(1)配筋。

目前普遍采用φ(4~6)@150~200双向配筋。由于裂缝易在面层出现，故钢筋宜配置在中层偏上位置，上面留出15 mm保护层厚度即可。

(2)提高混凝土的防水性能。

如使用微膨胀混凝土、加入防水剂等憎水物质填塞混凝土中毛细孔道、加入发泡剂破坏混凝土中毛细孔道的连续性等，以上这些措施在工程中已普遍采用。

(3)设置分仓缝。

分仓缝也称分格缝，是防止屋面防水层出现不规则裂缝而适应热胀冷缩及屋面变形设置的人工缝，这是提高刚性防水层防水性能的重要措施。分仓缝一般设置在屋面板易变形处，如梁、墙等处，每仓面积宜控制在20~30 m^2。分仓缝宽度一般为20 mm，为了有利于伸缩，缝内不能用砂浆填实或有其他杂物，一般采用防水油膏嵌缝，也可用油毡等盖缝。分仓

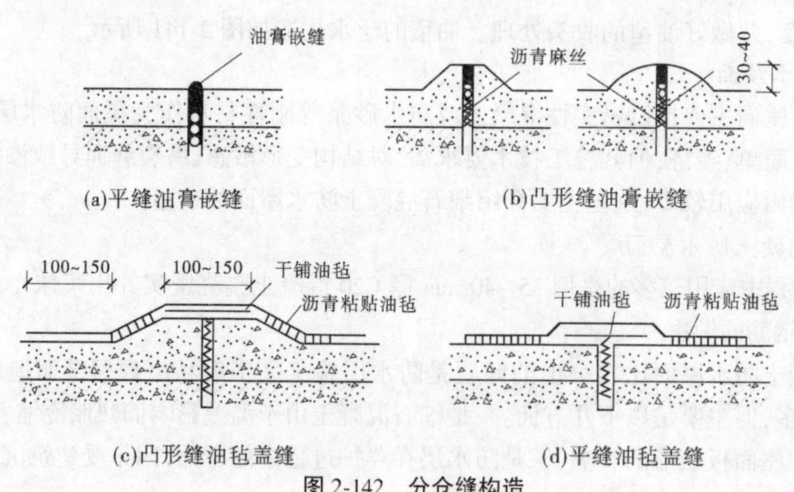

图 2-142　分仓缝构造

缝构造如图 2-142 所示。

(4)设置隔离层。

隔离层设置在刚性防水层和结构层之间,使上下分离,从而使刚性防水层免受屋面结构变形的影响。废机油、石灰砂浆、沥青、油毡、塑料纸、废纸等均可作为隔离层使用。当有保温层或使用保温材料找坡时,可利用其作为隔离层。

除以上措施外,还可以采取设置滑动支座等措施。

2)刚性防水屋面节点构造

刚性防水屋面在檐墙处宜设挑檐构件,做挑檐沟排水或自由落水。在构造处理时,应注意避免在刚性防水层和其基层的间隙渗水。山墙处泛水通常采用刚性防水层自身翻起进行构造处理的方法。自由落水刚性防水屋面构造如图 2-143 所示,挑檐沟刚性防水屋面构造如图 2-144 所示,刚性防水屋面泛水构造如图 2-145 所示。

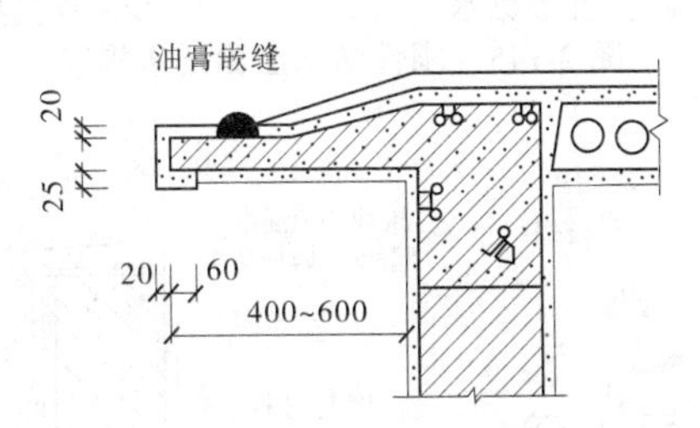

图 2-143 自由落水刚性防水屋面构造

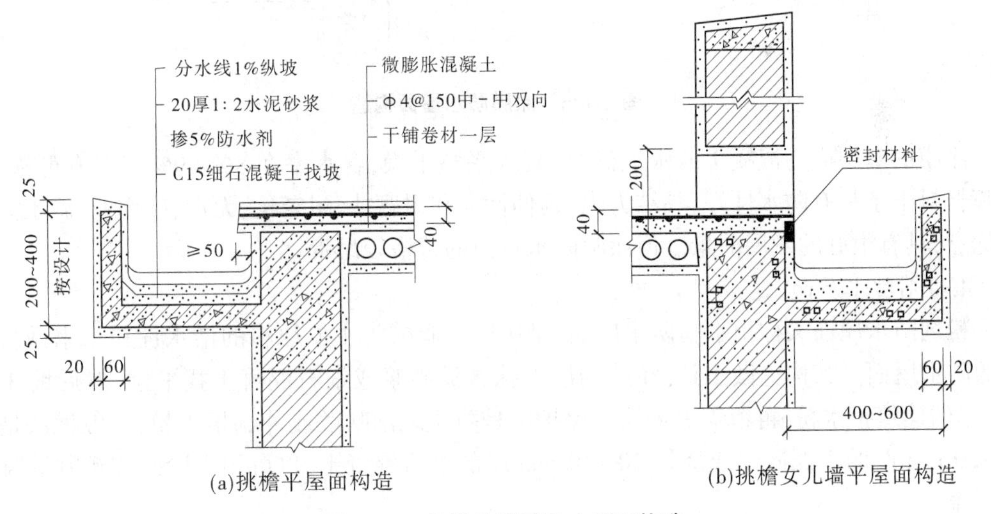

图 2-144 挑檐沟刚性防水屋面构造

3.涂膜防水屋面

涂膜防水是将可塑性和黏结力较强的高分子防水涂料直接涂刷在屋面基层上,形成一层满铺的不透水薄膜层,以形成屋面的防水能力,主要有乳化沥青、氯丁橡胶类、丙烯酸树脂类等。按涂膜防水原理通常分两大类:一类是用水或溶剂溶解后在基层上涂刷,通过水或溶剂蒸发而干燥硬化;另一类是通过材料的化学反应而硬化。

涂膜防水屋面构造如图 2-146 所示。

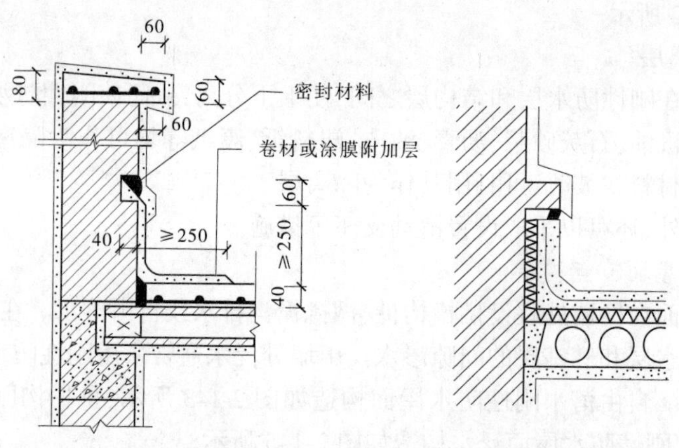

(a)山墙、女儿墙泛水　　(b)屋面高度不等处泛水

图 2-145　刚性防水屋面泛水构造

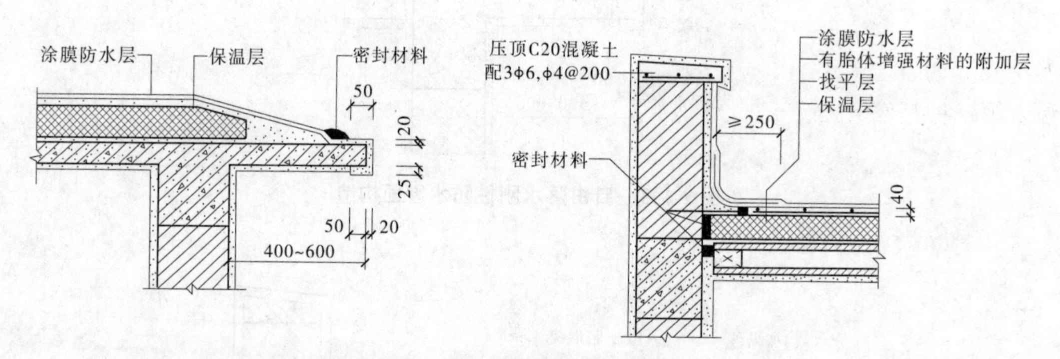

图 2-146　涂膜防水屋面构造

涂膜的基层应为混凝土或水泥砂浆,要求平整干燥,含水率在 8%~9%以下方可施工。涂膜材料由于具有防水性好、黏结力强、延伸性大和耐腐蚀、耐老化、无毒、冷作业、施工方便等优点,具有很好的发展前景。但涂膜防水目前的价格较昂贵。

4.粉剂防水屋面

粉剂防水屋面又称拒水粉防水屋面,是用以硬脂酸为主要原料的憎水性粉末来做防水层的防水屋面。其构造做法是,在结构层上抹水泥砂浆或细石混凝土找平层,然后铺 3~7 mm 厚的建筑拒水粉,再覆盖保护层。保护层是防止风雨吹散或冲刷拒水粉,一般做法是抹 20~30 mm 厚的水泥砂浆或浇筑 30~40 mm 厚的细石混凝土,也可用大阶砖或预制混凝土板压盖。

拒水粉防水完全打破了传统的防水观念,是一种既不同于柔性防水,又不同于刚性防水的新型防水形式。这种由粉剂组成的防水层透气而不透水,有极好的憎水性、耐火性和随动性,并且具有施工简单、快捷、造价低、寿命长的优点。

(四)保温与隔热

屋顶属于房屋的外围护结构,必须具有良好的建筑热工性能,不但要有遮风蔽雨的功能,还应有保温与隔热的功能。我国各地区气候差异很大,北方地区需考虑保温措施,南方地区则需考虑隔热措施。

1.屋顶的保温

我国大部分地区的建筑屋顶在结构层、防水层等的基础上，均需提高其保温性能。平屋顶的保温措施主要有以下三方面：一是在屋顶构造层次中设置实体保温层，二是屋顶结构层选用有较好保温性能的材料，三是在屋顶中设置通风层。目前，我国绝大多数需要提高保温性能的建筑均采用在屋顶构造中增设实体保温层的做法，其优点是构造简单、施工方便，经济效果也较好。下面主要介绍其构造方法。

1)保温材料

保温材料要求密度小、孔隙多、导热系数小。目前，常用的主要有三类：第一类是各类散状的保温材料，如炉渣、矿渣等工业废料以及蛭石、膨胀珍珠岩等；第二类是现浇轻集料混凝土，如炉渣水泥、蛭石水泥、膨胀珍珠岩水泥等；第三类是块状保温材料，如膨胀珍珠岩混凝土预制块、加气混凝土块、泡沫塑料板等。第一类质量轻、效果好，但整体性差，施工操作较困难；第二、三类较常用。

2)保温层构造

保温层厚度需由热工计算确定。保温层位置目前主要有三种情况。第一种是在防水层和结构层之间设置保温层。这种做法施工方便，还可利用其进行屋面找坡，是最常见的做法。第二种是倒置式保温屋面，其屋面防水效果和保温效果均较好，图 2-147 为其中一种做法。第三种是在结构层下室内设置保温层，当做吊顶时在吊顶上铺设保温层、在顶棚上贴保温板材等。

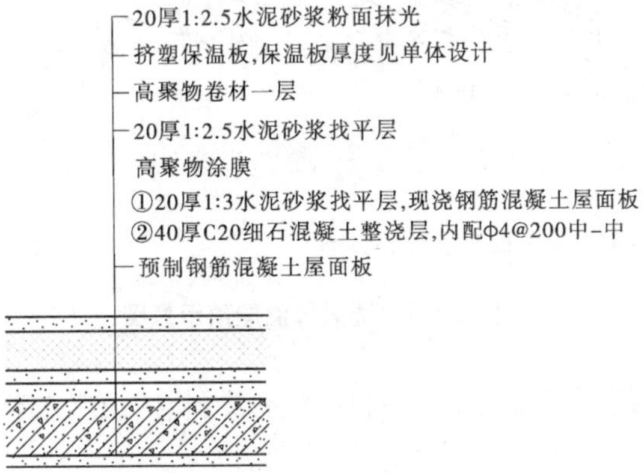

图 2-147　倒置式保温屋面做法

3)隔汽层

当在防水层下设置保温层时，为了防止室内湿气进入屋面保温层，进而受热膨胀影响防水层，需在保温层下设置隔汽层。目前常用做法有热沥青两道、一毡二油、二毡三油、沥青玛琋脂两道以及改性涂料等。在设置隔汽层的同时，为了排除进入保温层的水蒸气，可以在保温层上部或中部设置排汽道，在屋顶上做排汽孔。

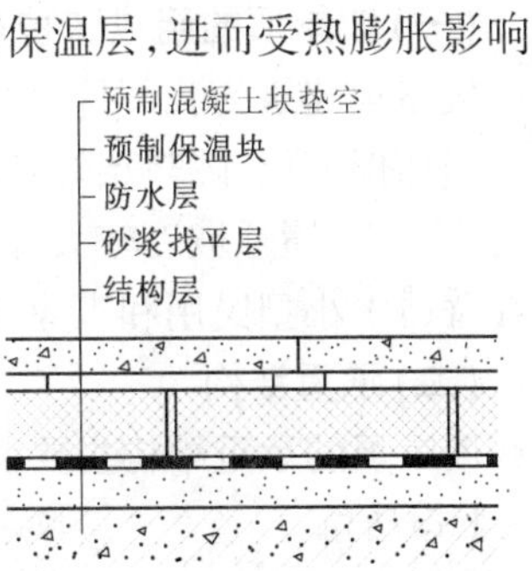

图 2-148　铺设实体材料保温屋面

2.屋顶的隔热

我国南方地区的夏天由于太阳辐射强烈，屋顶温度较高，因此需对屋顶进行隔热构造处理。其常用方法有：

(1)铺设实体材料进行隔热处理，如铺设混凝土板或砾石屋面，如图 2-148 所示；蓄水屋顶、屋顶堆土植草等，如图 2-149 所示。

(2)在屋顶上设架空隔热板或构造层中设空气间层，形成通风层屋顶，如图 2-150、图 2-151 所示，也可以在结构层下结合室内装修设吊顶形成通风层。

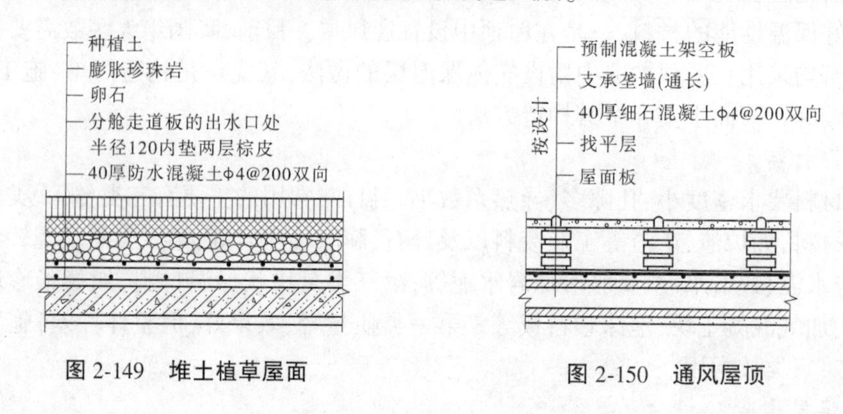

图 2-149　堆土植草屋面　　图 2-150　通风屋顶

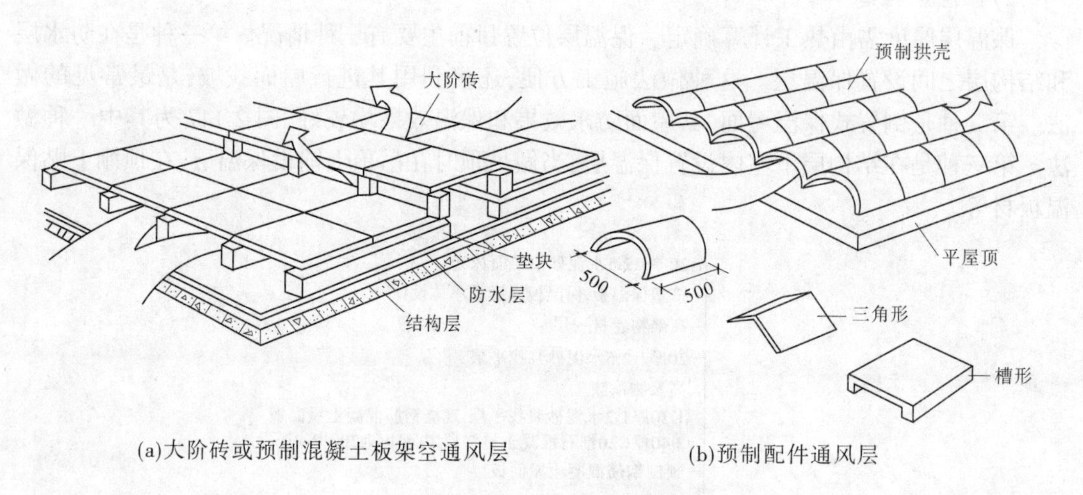

(a)大阶砖或预制混凝土板架空通风层　　(b)预制配件通风层

图 2-151　通风降温屋顶示意图

在工程中，还有采用屋面涂刷反光涂料或配套涂料、铺设反光卷材等方法形成反射隔热降温屋面的做法。

三、坡屋顶的构造与识图

(一)坡屋顶的组成和特点

坡屋顶建筑为我国传统的建筑形式，主要由屋面、支撑结构、顶棚等部分组成，必要时还可以增加保温层、隔热层等。坡屋顶有多种形式，并可相互组合，形成丰富多彩的建筑造型。同时，由于坡屋顶坡度较大、雨水容易排除，屋面材料可就地取材、施工简单、易于维修，近年来在普通中小型民用和工业建筑中使用较多。

(二)承重结构

坡屋顶的承重结构主要由椽子、檩条、屋面梁或屋架等组成，承重方式主要有以下两类。

1.山墙承重

山墙承重即在山墙上搁檩条、檩条上设椽子后再铺屋面，也可在山墙上直接搁置挂瓦板、预制空心板等形成屋面承重体系，如图 2-152 所示。布置檩条时，山墙端部檩条可出挑形成悬山屋顶。常用檩条有木檩条、混凝土檩条、钢檩条等。由于檩条及挂瓦板等跨度一般在 4 m 左右，故山墙承重结构体系适用于小空间建筑中，如宿舍、住宅等。山墙承重结构简单，构造和施工方便，在小空间建筑中是一种合理和经济的承重方案。

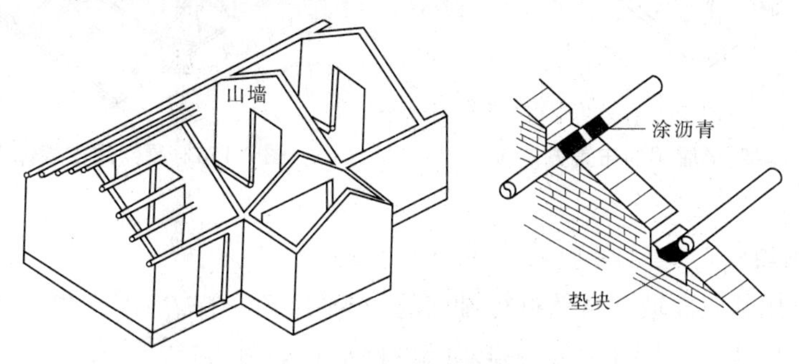

图 2-152　山墙屋面承重体系

2.屋架承重

屋架承重即在柱或墙上设屋架，再在屋架上放置檩条及椽子而形成的屋顶结构形式，如图 2-153 所示。由于屋顶坡度较大，故一般采用三角形屋架。屋架有木屋架、钢木屋架、钢筋混凝土屋架等类型，如图 2-154 所示。屋架应根据屋面坡度进行布置，在四坡顶屋面及屋面相互交接处需增加斜梁或半屋架等构件，如图 2-155 所示。为保证屋架承重结构坡屋顶的空间刚度和整体稳定性，屋架间需设支撑，如图 2-156 所示。屋架承重结构适用于有较大空间的建筑中。

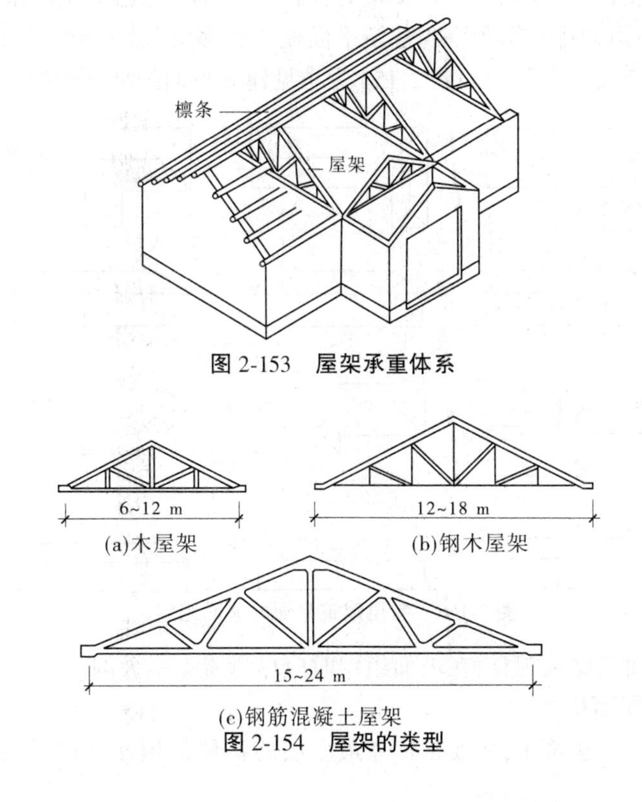

图 2-153　屋架承重体系

图 2-154　屋架的类型

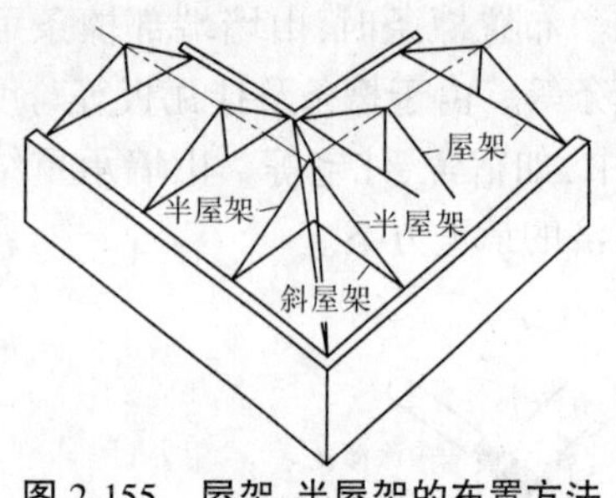

图 2-155　屋架、半屋架的布置方法

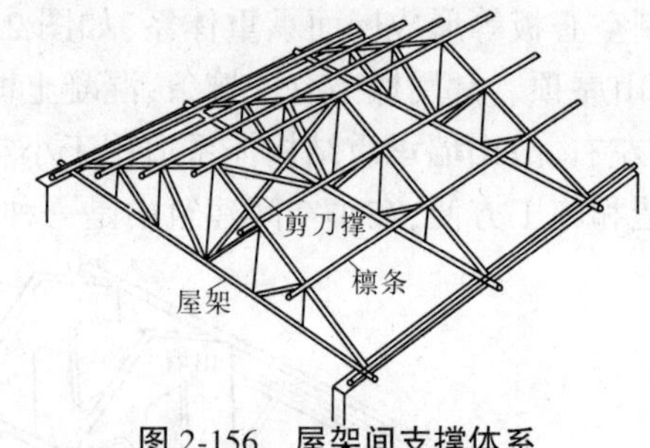

图 2-156　屋架间支撑体系

(三)排水组织

坡屋顶是利用其屋面坡度自然进行排水的,与平屋顶一样,当雨水集中到檐口处时,可以无组织排水,也可以有组织排水(内排水或外排水),如图 2-157 所示。

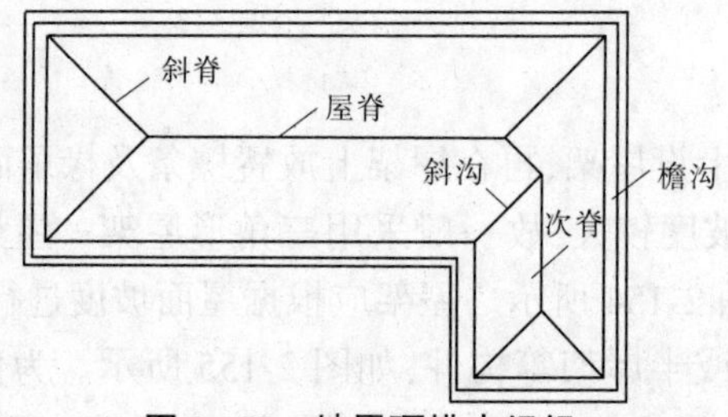

图 2-157　坡屋顶排水组织

当建筑平面有变化、坡屋顶有穿插交接时,需进行坡面组织。坡屋顶的坡面组织既是建筑造型设计,也是屋顶的排水组织。当建筑平面变化较多时,坡面组织就比较复杂,从而导致屋顶结构布置复杂及构造复杂。图 2-158 为常见建筑平面的坡面组织示意图。

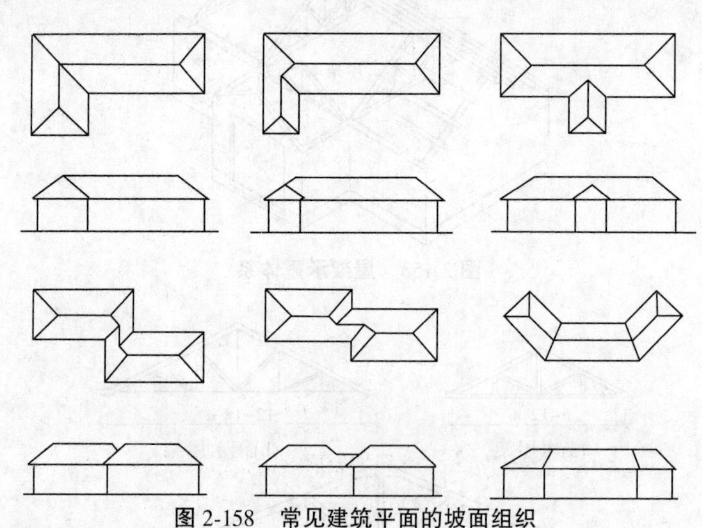

图 2-158　常见建筑平面的坡面组织

坡屋顶建筑平面应比较规整,在坡面组织时应尽量避免平天沟。

(四)坡屋面的屋面构造

在我国传统坡屋顶建筑中,主要是依靠最上层的各种瓦相互搭接形成防水能力的。其屋面构造分板式和檩式两类：板式屋面构造是在墙或屋架上搁置预制空心板或挂瓦板，再在板上用砂浆贴瓦或用挂瓦条挂瓦；檩式构造由椽子、屋面板、油毡、顺水条、挂瓦条及平瓦等组成。下面主要介绍檩式构造。

（1）椽子：垂直于檩条布置，间距 200～300 mm，常用 50 mm×50 mm 的方木或直径 50 mm圆木，其跨度为檩条的间距。当檩条间距较小时，也可以不用椽子。

（2）屋面板：俗称望板，一般为 15～20 mm 厚木板，其主要作用是为屋面防水层提供平整基层。

（3）油毡：在屋面板上干铺一层油毡作为辅助防水层。一般应平行于屋脊自下向上铺设，搭接长度大于等于 100 mm，用顺水条固定于望板上。

（4）顺水条：它是截面为（20～30）mm×6 mm 的木条，沿坡度方向钉在望板上，间距为 400～500 mm，其主要作用是固定油毡，因其顺水方向故俗称"顺水压毡条"。

（5）挂瓦条：它是沿顺水条垂直方向并固定于顺水条上的木条，常用截面 20 mm×30 mm，其间距为屋面平瓦的有效尺寸（一般为 280～330 mm），其主要作用是挂瓦。

（6）平瓦：瓦是常用的坡屋顶防水材料，我国传统的平瓦为黏土平瓦，近几年来，由于保护耕地，大多数地区已禁用，目前有水泥平瓦、陶瓦等替代产品。瓦的一般尺寸为（190～240）mm×（380～450）mm。机平瓦依靠上下及左右间相互搭接形成防水能力。

（7）挂瓦板：常用 F 形板及 T、Π 形板组合，是将檩条、屋面板、挂瓦条构件合一的屋面构件。挂瓦板屋顶简单、经济，但易漏水。

图 2-159 为目前常用的几种坡屋顶构造组成示意图。

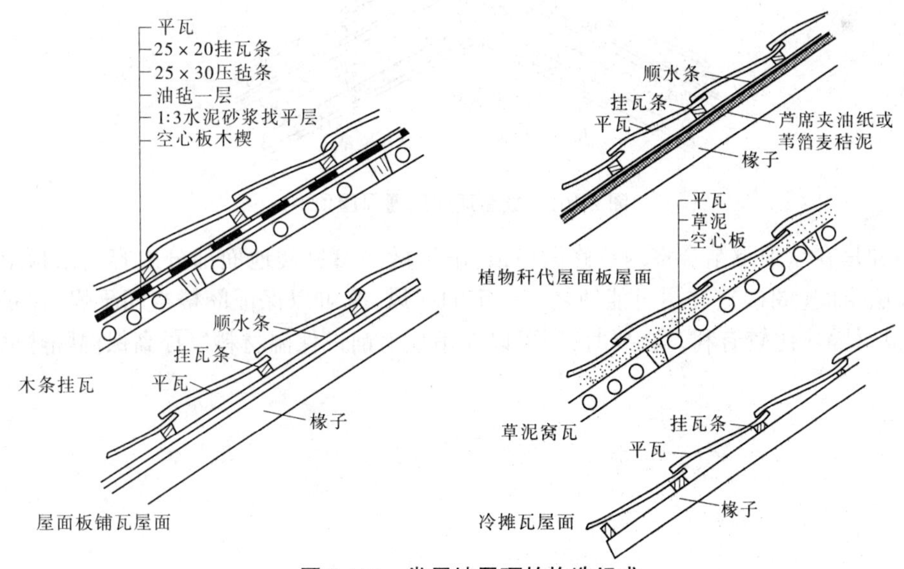

图 2-159　常用坡屋顶的构造组成

坡屋顶檐口构造有挑檐无组织排水、天沟有组织排水和包檐有组织排水等几种类型。

当采用无组织排水时，可为砖挑檐、下弦托木或木挑檐、椽子挑檐及挂瓦板挑檐等形式；当采用有组织排水时，我国传统做法是用白铁皮（镀锌铁皮）构造方法，但此种方法不耐久、易损坏，建议仿照平屋顶形式做混凝土檐沟，如图 2-160 所示。

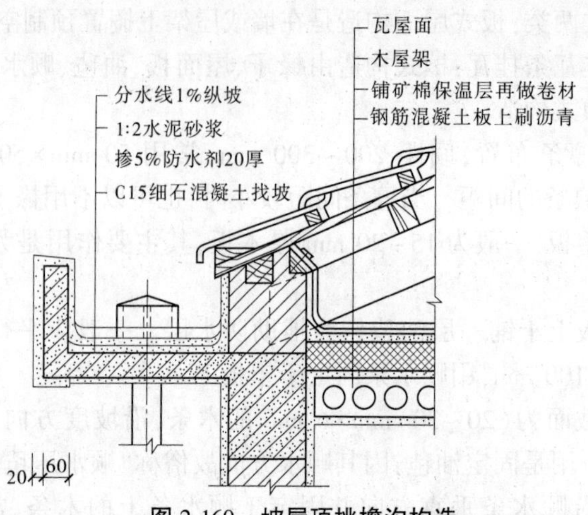

图 2-160 坡屋顶挑檐沟构造

（五）坡屋顶保温与隔热

坡屋顶由于屋面构造层次较少，一般情况下保温隔热性能也较差。提高其热工性能的主要措施有两种常用方法。

一种是在屋顶檩条下加保温层，此时还能与屋顶间形成通风空气夹层，如图 2-161 所示，构造简单，效果良好。

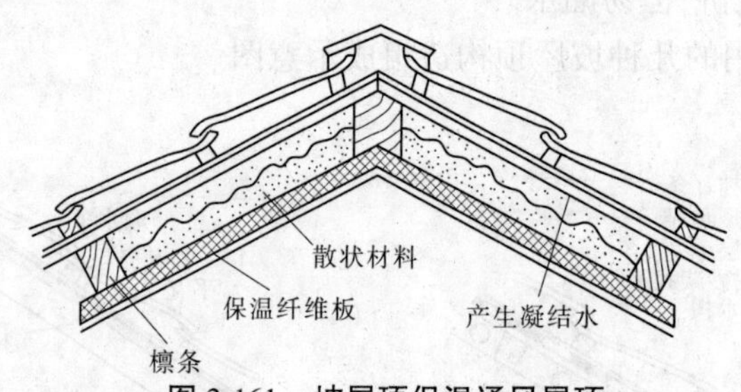

图 2-161 坡屋顶保温通风屋顶

另一种是在屋顶下结合室内装修做吊顶，吊顶做法参见楼地面部分内容。吊顶上形成坡屋顶夹层空间（阁楼），并尽可能使之有一定的通风，既可以保证阁楼空间干燥、保护屋顶木结构，也对隔热比较有利。必要时，还可以在吊顶上铺设保温材料以提高保温隔热效果。

第三章　力学与结构

第一节　建筑力学的基本知识

一、静力学的基本知识

静力学是研究物体在力作用下的平衡规律的科学。平衡是物体机械运动的特殊形式，严格地说，物体相对于惯性参照系处于静止或做匀速直线运动的状态，即加速度为零的状态都称为平衡。对于一般工程问题，平衡状态是以地球为参照系确定的。例如，相对于地球静止不动的建筑物和沿直线匀速起吊的物体，都处于平衡状态。

（一）基本概念

1.力的概念

1）力的定义

力是物体之间相互的机械作用，这种作用的效果是使物体的运动状态发生改变（外效应），或者使物体发生变形（内效应）。

既然力是物体与物体之间的相互作用，那么力不能脱离物体而单独存在，某一物体受到力的作用，一定有另一物体对它施加作用。在研究物体的受力问题时，必须分清哪个是施力物体，哪个是受力物体。

2）力的三要素

力对物体的作用效果取决于三个要素：力的大小、方向和作用点。力是一个有大小和方向的物理量，所以力是矢量。力用一段带箭头的线段来表示：线段的长度表示力的大小；线段与某定直线的夹角表示力的方位，箭头表示力的指向；线段的起点或终点表示力的作用点。用字母表示力时，用粗黑体字 $\mathbf{F}$，而普通字母 F 只表示力的大小。力的大小表示物体间相互作用的强烈程度，为了度量力的大小，必须确定力的单位。在国际单位制里，力的常用单位为牛顿（N）或千牛顿（kN），1 kN＝1 000 N。力的图示如图 3-1 所示。

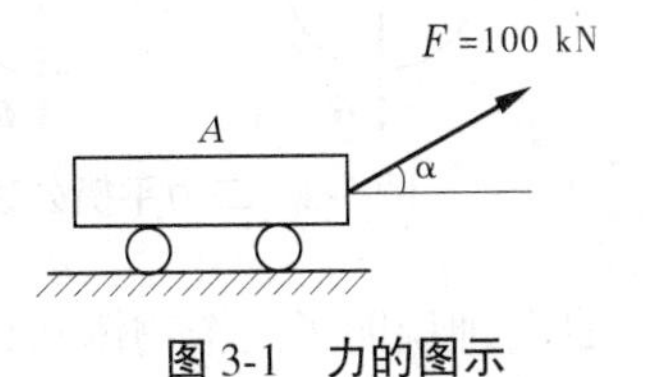

图 3-1　力的图示

2.刚体的概念

在外力的作用下，大小和形状保持不变的物体，叫做刚体。实践证明，任何物体在力的作用下，都会发生大小和形状的改变，即发生变形，只是在实际工程中许多物体的变形都是非常微小的，对研究物体的平衡问题影响很小，可以忽略不计。例如，我们对办公楼中的梁进行受力分析时，我们就把该梁看成刚体，梁本身的变形可以忽略。

3.力系的概念

把作用于物体上的一群力，称为力系。按照力系中各力作用线分布的不同，力系可分为：

(1)汇交力系——力系中各力作用线汇交于一点；

(2)平行力系——力系中各力的作用线相互平行；

(3)一般力系——力系中各力的作用线既不完全交于一点，也不完全相互平行。

按照各力作用线是否位于同一平面内，上述力系又可分为平面力系和空间力系两类。本书主要研究的是平面力系，如平面汇交力系、平面平行力系和平面一般力系。

如果物体在某一力系作用下，保持平衡状态，则该力系称为平衡力系。作用在物体上的一个力系，如果可用另一个力系来代替，而不改变力系对物体的作用效果，则这两个力系称为等效力系。如果一个力与一个力系等效，则这个力就为该力系的合力；原力系中的各个力称为其合力的各个分力。

(二)静力学公理

静力学公理是人们在长期的生产和生活实践中，逐步认识和总结出来的力的普遍规律。它阐述了力的基本性质，是静力学的基础。

1.二力平衡公理

作用在同一刚体上的两个力，使刚体处于平衡状态的必要与充分条件是：这两个力大小相等，方向相反，作用线在同一直线上，如图 3-2 所示。此公理说明了作用在同一个物体上的两个力的平衡条件。

2.作用力与反作用力公理

作用力和反作用力总是同时存在的，两力的大小相等，方向相反，沿着同一直线，分别作用在两个相互作用的物体上。如图 3-3 所示，$\boldsymbol{F}_1$ 和 $\boldsymbol{F}_1'$为作用力和反作用力，它们分别作用在 A、B 两个物体上。

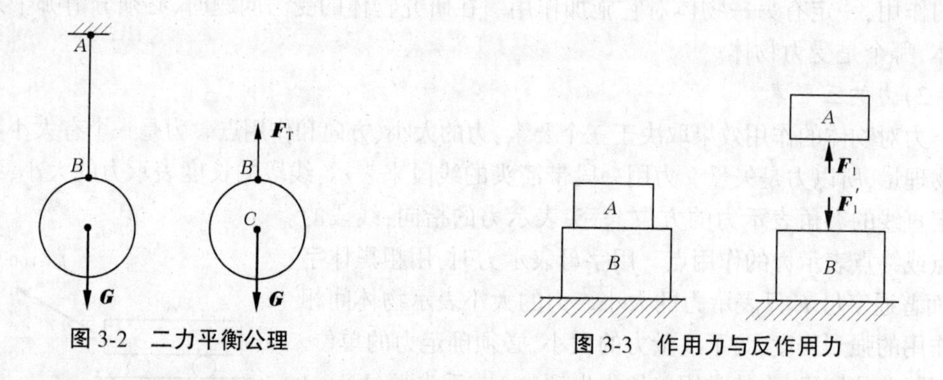

图 3-2　二力平衡公理　　图 3-3　作用力与反作用力

此公理说明了两个物体间相互作用力的关系。这里必须强调指出：作用力和反作用力是分别作用在两个物体上的力，任何作用在同一个物体上的两个力都不是作用力与反作用力。

3.加减平衡力系公理

在作用着已知力系的刚体上，加上或者减去任意平衡力系，不会改变原来力系对刚体的作用效应。这是因为平衡力系对刚体的运动状态没有影响，所以增加或减少任意平衡力系均不会使刚体的运动效果发生改变。

推论：力的可传性原理

作用在刚体上的力，可以沿其作用线移动到刚体上的任意一点，而不改变力对物体的作用效果，如图 3-4 所示。

根据力的可传性原理可知，力对刚体的作用效应与力的作用点在作用线上的位置无关。因此，力的三要素可改为：力的大小、方向、作用线。

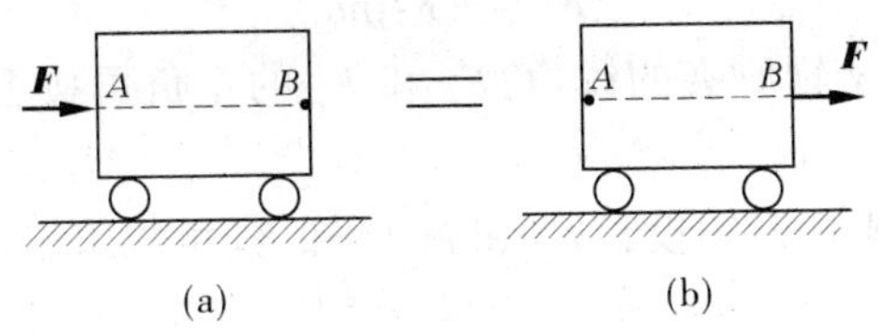

图 3-4　刚体上力的可传性

4.力的平行四边形法则

作用于刚体上同一点的两个力，可以合成一个合力，合力也作用于该点，合力的大小和方向由这两个力为邻边所组成的平行四边形的对角线（通过二力汇交点）确定。如图 3-5 所示，两力汇交于 A 点，它们的合力 $\boldsymbol{F}$ 也作用在 A 点，合力 $\boldsymbol{F}$ 的大小和方向由以 $\boldsymbol{F}_1$、$\boldsymbol{F}_2$ 为邻边所组成的平行四边形 $ABCD$ 的对角线确定，合力 $\boldsymbol{F}$ 的大小为此对角线的长，方向由 A 指向 C。

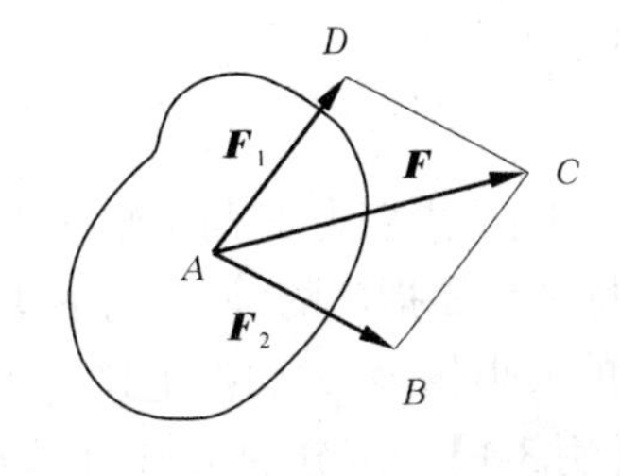

图 3-5　力的合成

推论：三力平衡汇交定理

若刚体在三个互不平行的力的作用下处于平衡状态，则此三个力的作用线必在同一平面且汇交于一点。

如图 3-6 所示，物体在三个互不平行的力 $\boldsymbol{F}_1$、$\boldsymbol{F}_2$ 和 $\boldsymbol{F}_3$ 作用下处于平衡，其中二力 $\boldsymbol{F}_1$、$\boldsymbol{F}_2$ 可合成一作用于 A 点的合力 $\boldsymbol{F}$，根据二力平衡公理，第三个力 $\boldsymbol{F}_3$ 与 $\boldsymbol{F}$ 必共线，即第三个力 $\boldsymbol{F}_3$ 必过其他二力 $\boldsymbol{F}_1$、$\boldsymbol{F}_2$ 的汇交点 A。

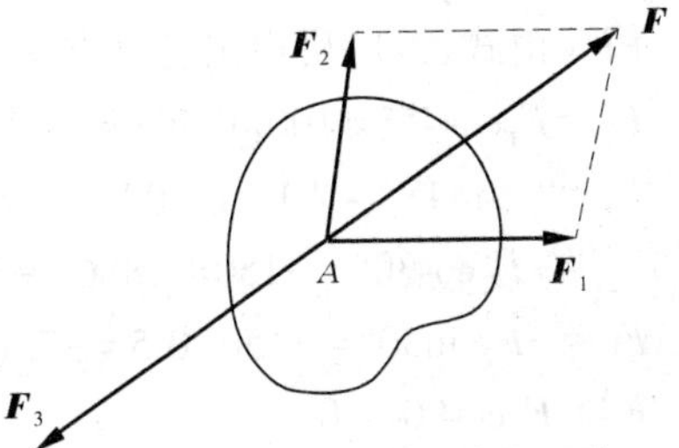

图 3-6　三力平衡汇交定理示意

（三）力的合成与分解

1.力在坐标轴上的投影

由于力是矢量，而矢量运算很不方便，在力学计算中常常是将矢量运算转化为代数运算，力在直角坐标轴上的投影就是转化的基础。

设力 $\boldsymbol{F}$ 作用在物体上某点 A 处，用 $\overline{AB}$ 表示。通过力 $\boldsymbol{F}$ 所在平面的任意点 O 作直角坐标系 xOy，如图 3-7 所示。从力 $\boldsymbol{F}$ 的起点 A、终点 B 分别作垂直于 x 轴的垂线，得垂足 a 和 b，并在 x 轴上得线段 ab，线段 ab 的长度加以正负号称为力 $\boldsymbol{F}$ 在 x 轴上的投影，用 F_x 表示。同样方法也可以确定力 $\boldsymbol{F}$ 在 y 轴上的投影为线段 a_1b_1，用 F_y 表示，并且规定：从投影的起点到终点的指向与坐标轴正方向一致时，投影取正号；从投影的起点到终点的指向与坐标轴正方向相反时，投影取负号。

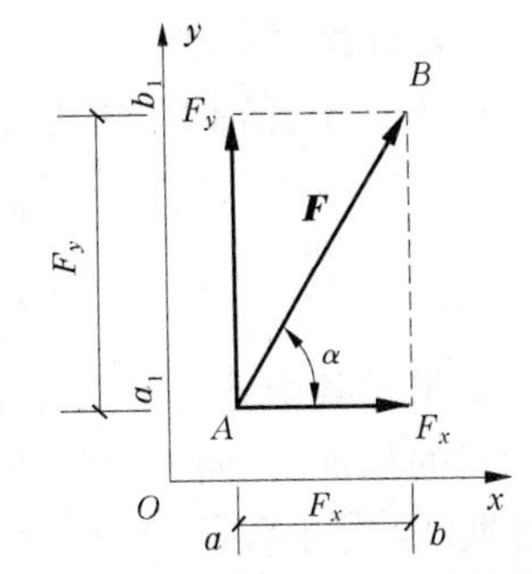

图 3-7　直角坐标系中力的投影

从图 3-7 中的几何关系得出投影的计算公式为

$$\begin{cases} F_x = \pm F\cos\alpha \\ F_y = \pm F\sin\alpha \end{cases} \tag{3-1}$$

式中：α 代表力 $\boldsymbol{F}$ 与 x 轴所夹的锐角，F_x 和 F_y 的正负可按上面提到的规定直观判断得出。

反过来，力 $\boldsymbol{F}$ 在直角坐标系的投影 F_x 和 F_y 已知，则可以求出这个力的大小和方向。由图 3-7 中的几何关系可知

$$\left.\begin{aligned} F &= \sqrt{F_x^2 + F_y^2} \\ \alpha &= \arctan\frac{|F_y|}{|F_x|} \end{aligned}\right\} \tag{3-2}$$

式中：α 代表力 $\boldsymbol{F}$ 与 x 轴所夹的锐角，力 $\boldsymbol{F}$ 的具体指向可由 F_x 和 F_y 的正负号确定。

特别需要指出的是，当力 $\boldsymbol{F}$ 与 x 轴（y 轴）平行时，力 $\boldsymbol{F}$ 的投影 F_y（F_x）为零；F_x（F_y）的值与 $\boldsymbol{F}$ 的大小相等，方向按上述规定的符号确定。

【例 3-1】 试分别求出图 3-8 中各力在 x 轴和 y 轴上的投影。已知 $F_1 = 100$ N，$F_2 = 150$ N，$F_3 = F_4 = 200$ N，各力与 x 轴水平夹角分别为 45°、30°、90°、60°。

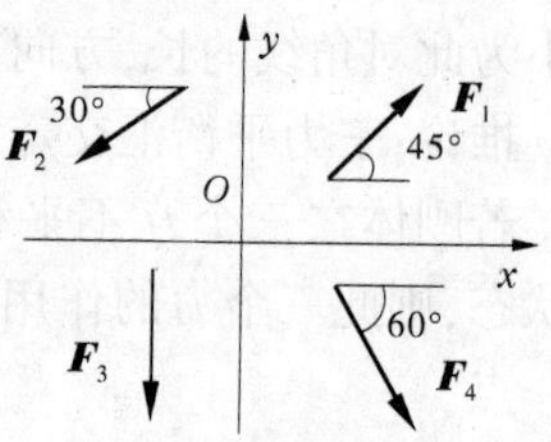

图 3-8 例 3-1 图

解 由式(3-1)可得出各力在 x、y 轴上的投影为

$F_{1x} = F_1\cos45° = 100\times0.707 = 70.7$(N)

$F_{1y} = F_1\sin45° = 100\times0.707 = 70.7$(N)

$F_{2x} = -F_2\cos30° = -150\times0.866 = -129.9$(N)

$F_{2y} = -F_2\sin30° = -150\times0.5 = -75$(N)

$F_{3x} = F_3\cos90° = 0$

$F_{3y} = -F_3\sin90° = -200\times1 = -200$(N)

$F_{4x} = F_4\cos60° = 200\times0.5 = 100$(N)

$F_{4y} = -F_4\sin60° = -200\times0.866 = -173.2$(N)

2.合力投影定理

合力在坐标轴上的投影（F_{Rx}，F_{Ry}）等于各分力在同一轴上投影的代数和，即

$$\left.\begin{aligned} F_{Rx} &= F_{1x} + F_{2x} + \cdots + F_{nx} = \sum F_x \\ F_{Ry} &= F_{1y} + F_{2y} + \cdots + F_{ny} = \sum F_y \end{aligned}\right\} \tag{3-3}$$

如果将各个分力沿坐标轴方向进行分解，再对平行于同一坐标轴的分力进行合成（方向相同的相加，方向相反的相减），可以得到合力在该坐标轴方向上的分力（$\boldsymbol{F}_{Rx}$，$\boldsymbol{F}_{Ry}$）。不难证明，合力在直角坐标系坐标轴上的投影（F_{Rx}，F_{Ry}）和合力在该坐标轴方向上的分力（$\boldsymbol{F}_{Rx}$，$\boldsymbol{F}_{Ry}$）大小相等，而投影的正号代表了分力的指向和坐标轴的指向一致，负号则相反。

（四）力矩和力偶

1.力矩

从实践中知道，力对物体的作用效果除能使物体移动外，还能使物体转动，力矩就是度量力使物体转动效应的物理量。用乘积 Fd 加上正号或负号作为度量力 $\boldsymbol{F}$ 使物体绕 O 点转

动效应的物理量，称为力 $\boldsymbol{F}$ 对 O 点之矩，简称力矩。O 点称为矩心，矩心 O 到力 $\boldsymbol{F}$ 的作用线的垂直距离 d 称为力臂。力 $\boldsymbol{F}$ 对 O 点之矩通常用式(3-4)表示。若力使物体产生逆时针方向转动，取正号；反之，取负号。力对点的矩是代数量。

$$M_O(\boldsymbol{F}) = \pm Fd \tag{3-4}$$

式中：力矩的单位是力与长度的单位的乘积。在国际单位制中，力矩的单位为牛顿米(N·m)或千牛顿米(kN·m)。

2.合力矩定理

有 n 个平面汇交力作用于 A 点，则平面汇交力系的合力对平面内任一点 O 之矩，等于力系中各分力对同一点力矩的代数和，即

$$M_O(\boldsymbol{F}_{\mathrm{R}}) = M_O(\boldsymbol{F}_1) + M_O(\boldsymbol{F}_2) + \cdots + M_O(\boldsymbol{F}_n) = \sum M_O(\boldsymbol{F}) \tag{3-5}$$

应用合力矩定理可以简化力矩的的计算。在力臂已知或方便求解时，按力矩定义进行计算；在求力对某点的力矩时，若力臂不易计算，按合力矩定理求解，可以将此力分解为相互垂直的分力，如两分力对该点的力臂已知，即可方便地求出两分力对该点力矩的代数和，从而求出已知力对该点的力矩。

【例 3-2】 如图 3-9 所示，$F_1 = 400$ N，$F_2 = 200$ N，$F_3 = 300$ N，试求各力对 O 点的矩以及合力对 O 点的矩。

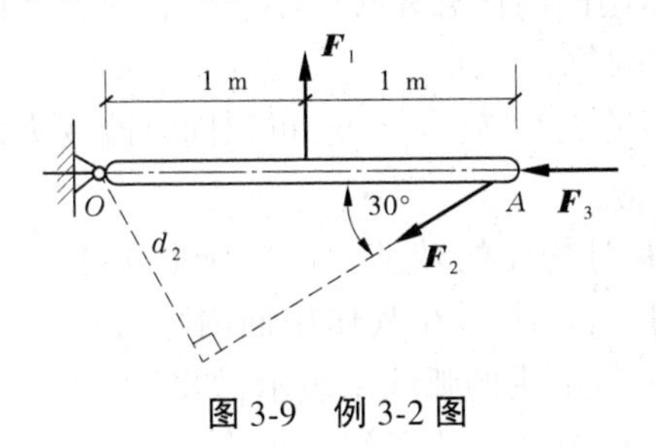

图 3-9 例 3-2 图

解 $\boldsymbol{F}_1$ 对 O 点的力矩为

$$M_O(\boldsymbol{F}_1) = F_1 d_1 = 400 \times 1 = 400(\mathrm{N \cdot m})(\circlearrowleft)$$

$\boldsymbol{F}_2$ 对 O 点的力矩为

$$M_O(\boldsymbol{F}_2) = -F_2 d_2 = -200 \times 2\sin 30^\circ = -200(\mathrm{N \cdot m})(\circlearrowright)$$

$\boldsymbol{F}_3$ 对 O 点的力矩为

$$M_O(\boldsymbol{F}_3) = F_3 d = 300 \times 0 = 0$$

上述三个力的合力对 O 点的力矩为

$$M_O = 400 - 200 + 0 = 200(\mathrm{N \cdot m})(\circlearrowleft)$$

3.力偶

1)力偶的概念

在力学中，由两个大小相等、方向相反、作用线平行而不重合的力 $\boldsymbol{F}$ 和 $\boldsymbol{F}'$ 组成的力系，称为力偶，并用符号($\boldsymbol{F}$,$\boldsymbol{F}'$)来表示。力偶的作用效果是使物体转动。

力偶中两力作用线间的垂直距离 d 称为力偶臂，如图 3-10 所示。力偶所在的平面称为

力偶作用面。

在力学中用力 $\boldsymbol{F}$ 的大小与力偶臂 d 的乘积 Fd 加上正号或负号作为度量力偶对物体转动效应的物理量,该物理量称为力偶矩,并用符号 $M(\boldsymbol{F},\boldsymbol{F}')$ 或 M 表示,即

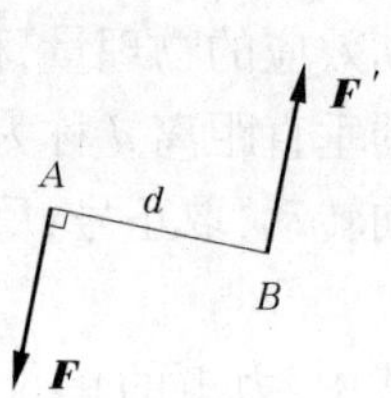

$$M(\boldsymbol{F},\boldsymbol{F}') = \pm Fd \tag{3-6}$$

图 3-10 力偶示意

式中,正负号的规定是:若力偶的转向是逆时针,取正号;反之,取负号。在国际单位制中,力偶矩的单位为牛顿米(N · m)或千牛顿米(kN · m)。

2)力偶的性质

(1)力偶在任一坐标轴上的投影等于零。

由于力偶在任一轴上的投影等于零,所以力偶对物体不会产生移动效应,只产生转动效应。力偶不能用一个力来代替,即力偶不能简化为一个力,因而力偶也不能和一个力平衡,力偶只能与力偶平衡。

(2)力偶对其作用面内任一点 O 之矩恒等于力偶矩,而与矩心的位置无关。

(3)力偶的等效性:在同一平面内的两个力偶,如果它们的力偶矩大小相等,力偶的转向相同,则这两个力偶是等效的。这一性质称为力偶的等效性。根据力偶的等效性,可以得出两个推论。

推论 1:力偶可以在其作用面内任意移转而不改变它对物体的转动效应,即力偶对物体的转动效应与它在作用面内的位置无关。

推论 2:只要保持力偶矩的大小、转向不变,可以同时改变力偶中的力和力偶臂的大小,而不改变它对物体的转动效应。

在平面问题中,由于力偶对物体的转动效应完全取决于力偶矩的大小和力偶的转向,所以力偶在其作用面内除可用两个力表示外,通常还可用一带箭头的弧线来表示,如图 3-11 所示。其中箭头表示力的转向,M 表示力偶矩的大小。

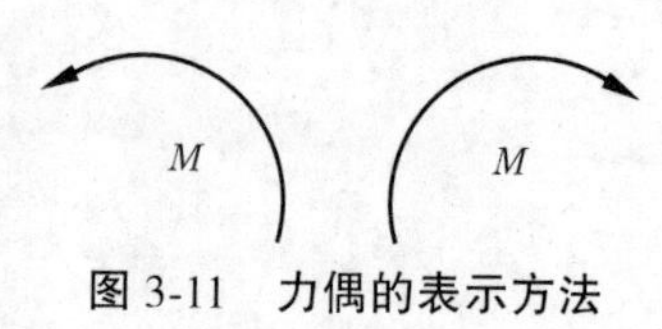

图 3-11 力偶的表示方法

3)平面力偶系的合成

在物体的某一平面内同时作用有两个或两个以上的力偶时,这群力偶就称为平面力偶系。

力偶对物体的作用效应只有转动效应,而转动效应由力偶的大小和转向来度量。因此,力偶系的作用效果也只能是产生转动,其转动效应的大小等于各力偶转动效应的总和。可以证明,平面力偶系合成的结果为一合力偶,其合力偶矩等于各分力偶矩的代数和,即

$$M = M_1 + M_2 + \cdots + M_n = \sum_{i=1}^{n} M_i \tag{3-7}$$

4.力的平移定理

在图 3-12(a)中,物体上 A 点作用有一个力 $\boldsymbol{F}$,如将此力平移到物体的任意一点 O,而又不改变物体的运动效果,则应根据加减平衡力系公理,在 O 点加上一对平衡力 $\boldsymbol{F}'$ 和 $\boldsymbol{F}''$,使它们的大小与力 $\boldsymbol{F}$ 相等,作用线与力 $\boldsymbol{F}$ 平行,如图 3-12(b)所示。显然,力 $\boldsymbol{F}$ 与 $\boldsymbol{F}''$ 组成了一个力偶($\boldsymbol{F}$,$\boldsymbol{F}''$),其力偶矩为 $M=Fd=M_O(\boldsymbol{F})$。于是,原作用于 A 点的力 $\boldsymbol{F}$ 就与现在作用在 O 点的力 $\boldsymbol{F}'$ 和力偶($\boldsymbol{F}$,$\boldsymbol{F}''$)等效,即相当于将力 $\boldsymbol{F}$ 平移到 O 点,如图 3-12(c)所示。

由此可以得出力的平移定理:作用于刚体上的力 $\boldsymbol{F}$,可以平移到刚体上任意一点 O,必

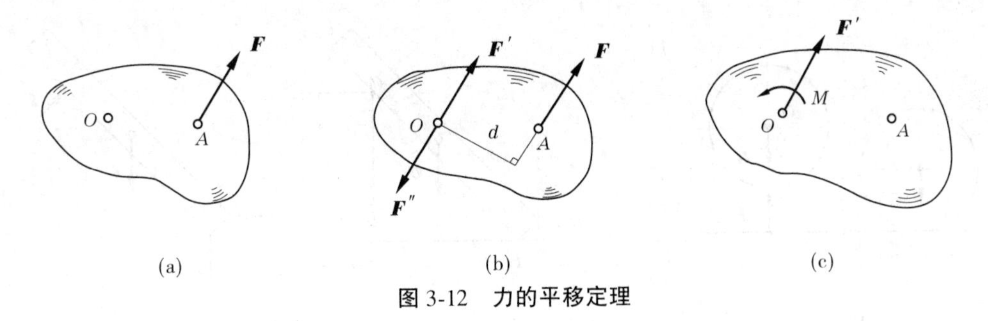

图 3-12　力的平移定理

须附加一个力偶才能与原力等效,附加的力偶矩等于原力 $\boldsymbol{F}$ 对新作用点 O 的矩。

应用力的平移定理可将一个力化为一个力和一个力偶。反之,也可将同一平面内的一个力 $\boldsymbol{F}'$和一个力偶矩为 M 的力偶合成一个合力,即将图 3-12(c)化为图 3-12(a),而力 $\boldsymbol{F}$ 就是力 $\boldsymbol{F}'$和力偶 M 的合力。合力 $\boldsymbol{F}$ 与 $\boldsymbol{F}'$大小相等、方向相同、作用线平行,作用线间的垂直距离为 M/F。

(五)约束与约束反力

1.约束与约束反力的类型

在工程结构中,每一个构件都和周围的其他构件相互联系着,并且由于受到这些构件的限制不能自由运动。一个物体的运动受到周围物体的限制时,这些周围物体称为该物体的约束,例如,前面所提到的柱就是梁的约束,基础是柱子的约束。约束给被约束物体的力,称为约束反力,简称反力。约束反力的方向总是与约束所能限制的运动方向相反。

在物体上,除约束反力外,还有能主动引起物体运动或物体产生运动趋势的力,称为主动力。例如,重力、风力、水压力、土压力等都是主动力。主动力在工程中也称为荷载。一般情况下,物体总是同时受到主动力和约束反力的作用。

1)柔体约束

用柔软的皮带、绳索、链条阻碍物体运动而构成的约束叫柔体约束。这种约束只能限制物体沿着柔体中心线向柔体张紧的方向移动,且柔体约束只能受拉力,不能受压力,所以约束反力一定通过接触点,沿着柔体中心线背离被约束物体的方向,且恒为拉力。如图 3-13 中的力 $\boldsymbol{F}_{\mathrm{T}}$。

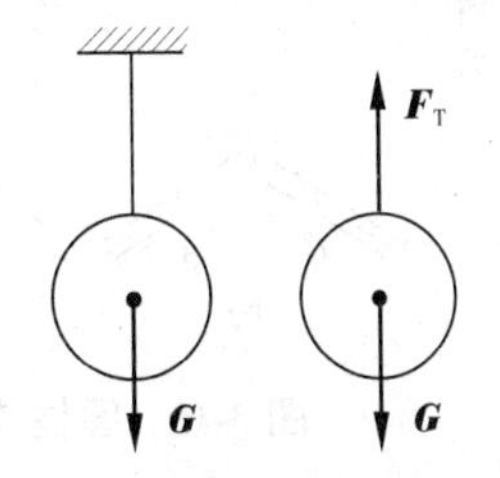

图 3-13　柔体约束及其反力

2)光滑接触面约束

当两物体在接触面处的摩擦力很小而可略去不计时, 就是光滑接触面约束。这种约束不论接触面的形状如何,都不能限制物体沿光滑接触面的方向的运动或离开光滑面,只能限制物体沿着接触面的公法线向光滑面内的运动,所以光滑接触面约束反力通过接触点,沿着接触面的公法线指向被约束的物体,只能是压力,如图 3-14 中的 $\boldsymbol{F}_{\mathrm{N}}$。

3)圆柱铰链约束

圆柱铰链简称铰链,它是由一个圆柱形销钉 C 插入两个物体 A 和 B 的圆孔中构成的,并假设销钉与圆孔的面都是完全光滑的,如图 3-15(a)、(b)所示。圆柱铰链约束只能限制物体在垂直于销钉轴线的平面内沿任意方向的相对移动,而不能限制物体绕销钉做相对转动。圆柱铰链的约束反力垂直于销钉轴线,通过销钉中心,而方向未定,可用 $\boldsymbol{F}_C$ 来表示,如图 3-15(c)所示。在对物体进行受力分析时,通常将圆柱铰链的约束反力用两个相互垂直

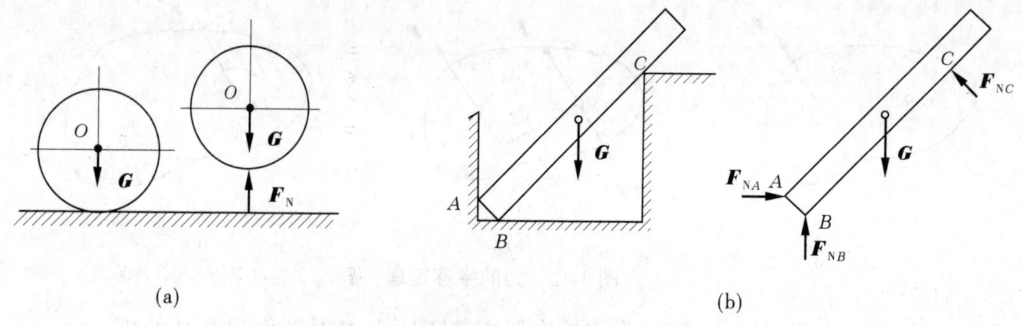

图 3-14　光滑接触面约束及其反力

的分力来表示,如图 3-15(d)所示,两分力的指向可以任意假设,是否为实际指向则要根据计算的结果来判断。

4)链杆约束

两端用光滑销钉与其他物体连接而中间不受力的直杆,称为链杆。如图 3-16(a)为楼中放置空调用三角架,其中杆 BC 即为链杆约束。

链杆约束计算简图如图 3-16(c)所示。由于链杆只能限制物体沿着链杆中心线的运动,而不能限制其他方向的运动。所以,链杆的约束反力沿着链杆中心线,指向未定,如图 3-16(b)、(d)所示,图中反力的指向是假设的。

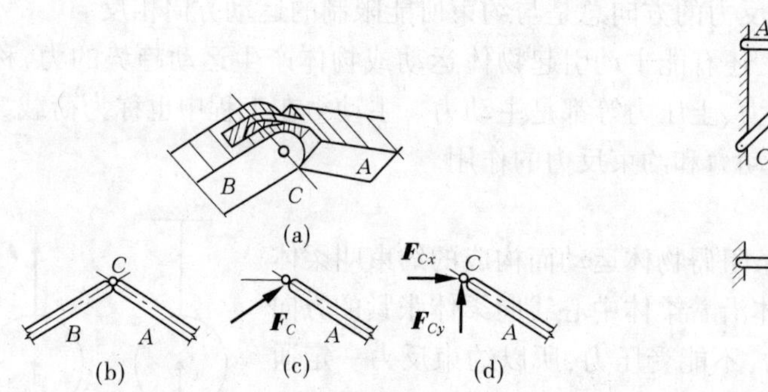

图 3-15　圆柱铰链约束及其反力

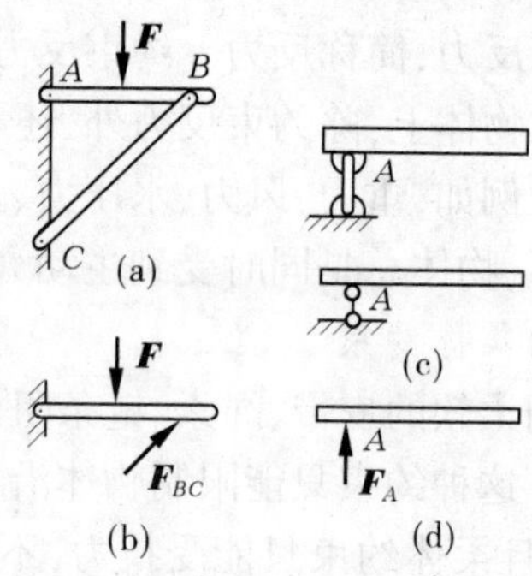

图 3-16　链杆约束及其反力

2.支座的简化和支座反力

工程上将结构或构件连接在支撑物上的装置,称为支座。在工程上常常通过支座将构件支撑在基础或另一个静止的构件上。支座对构件就是一种约束。支座对它所支撑的构件的约束反力也叫支座反力。支座的构造是多种多样的,建筑结构的支座通常分为固定铰支座、可动铰支座和固定端支座三类。

1)固定铰支座

将构件用光滑的圆柱形销钉与固定支座连接,则该支座成为固定铰支座,如图 3-17(a)所示。构件与支座用光滑的圆柱铰链连接,构件不能产生沿任何方向移动,但可以绕销钉转动,可见固定铰支座的约束反力与圆柱铰链相同,即约束反力一定作用于接触点,垂直于销钉轴线,并通过销钉中心,而方向未定。固定铰支座的简图如图 3-17(b)所示。约束反力如图 3-17(c)所示,可以用 $\boldsymbol{F}_A$ 和一未知方向的 α 角表示,也可以用一个水平力 $\boldsymbol{F}_{Ax}$ 和垂直分力

F_{Ay}来表示。

2)可动铰支座

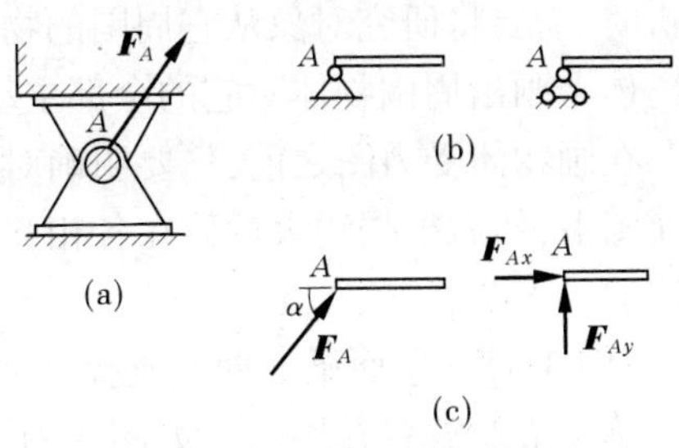

图 3-17　固定铰支座及其反力

如果在固定铰支座下面加上辊轴,则该支座成为可动铰支座,如图 3-18(a)所示。可动铰支座的计算简图如图 3-18(b)所示。这种支座只能限制构件垂直于支撑面方向的移动,而不能限制物体绕销钉轴线的转动,其支座反力通过销钉中心,垂直于支撑面,指向未定。如图 3-18(c)所示,图中反力的指向是假定的。

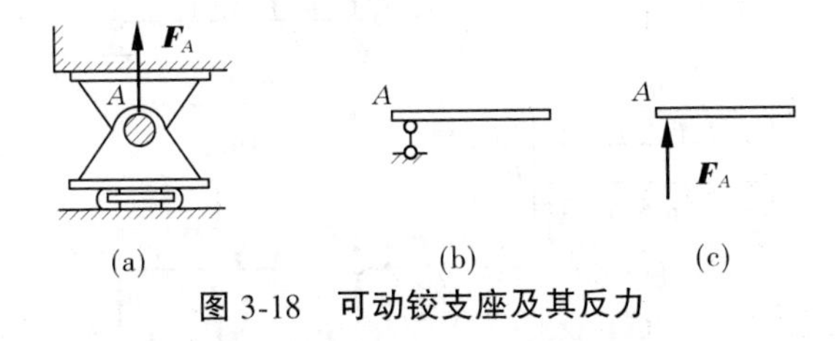

(a)　(b)　(c)

图 3-18　可动铰支座及其反力

如图 3-19(a)所示,楼面梁 L 搁置在砖墙上,砖墙就是梁的支座,若略去梁与砖墙之间的摩擦力,则砖墙只能限制梁向下运动,而不能限制梁的转动与水平方向的移动。这样,就可以将砖墙简化为可动铰支座,如图 3-19(b)、(c)所示。

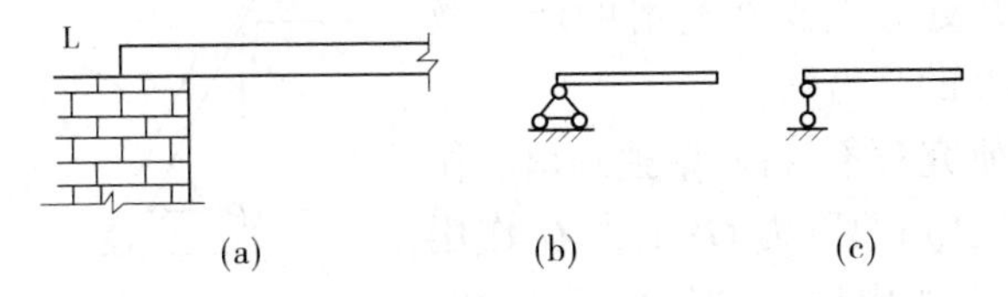

(a)　(b)　(c)

图 3-19　楼面梁 L 的支座简化

3)固定端支座

固定端支座构件与支撑物固定在一起,构件在固定端既不能沿任何方向移动,也不能转动。因此,这种支座对构件除产生水平反力和竖向反力外,还有一个阻止转动的力偶。图 3-20(b)、(d)分别是柱和挑梁的固定端支座简图及支座反力。

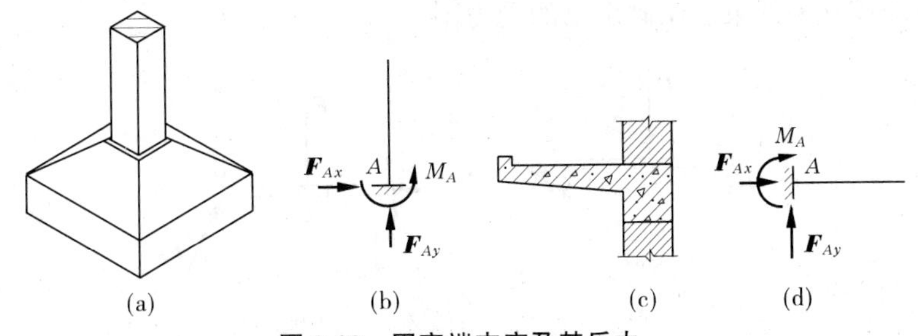

(a)　(b)　(c)　(d)

图 3-20　固定端支座及其反力

(六)受力图

在工程实际中,建筑结构通常是由多个物体或构件相互联系组合在一起的。进行受力分析时,需要将研究对象从它周围的物体中分离出来,被分离出来的研究对象叫脱离体。在脱离体上画出周围物体对它的全部主动力和约束反力,这样的图形叫做受力图。

在画物体受力图之前,先要明确对象,然后画出研究对象的简图,再将已知的主动力画在简图上,然后根据约束性质在各相互作用点上画出对应的约束反力。这样,就可得到单个物体的受力图。

【例 3-3】 楼面梁 L 两端支撑在墙上,如图 3-21 所示,试画出该梁的受力图。

解 梁 L 放置在墙体上如图 3-21(a)所示。简化后,如图 3-21(b)所示,A 端为固定铰支座,B 端为链杆。根据支座形式,得到图 3-21(c)所示受力图。

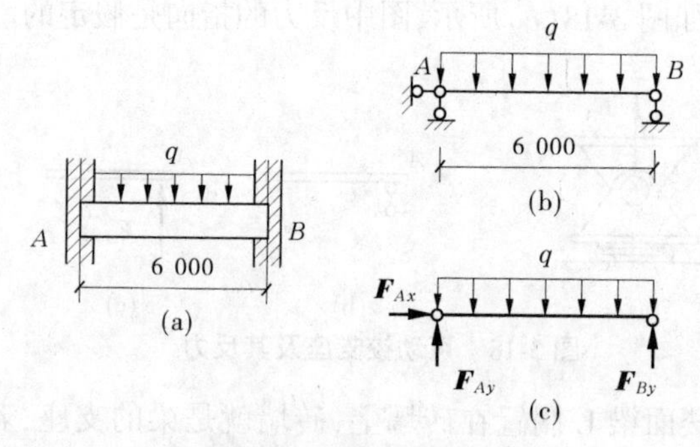

图 3-21 梁 L 及其受力图

【例 3-4】 如图 3-22(a)中的杆 AB 重 $\boldsymbol{G}$,在 C 处用绳索拉住,A、B 处分别支在光滑的墙面及地面上。试画出杆 AB 的受力图。

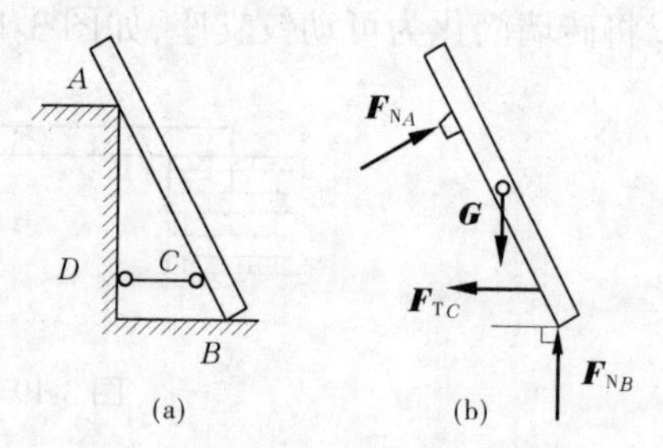

图 3-22 杆 AB 的受力分析图

解 以杆 AB 为研究对象,将其单独画出。作用在杆上的主动力是已知的重力 $\boldsymbol{G}$,重力 $\boldsymbol{G}$ 作用在杆的中点,铅垂向下;光滑墙面的约束反力 $\boldsymbol{F}_{NA}$ 通过接触点 A,垂直于杆并指向杆;光滑地面的约束反力 $\boldsymbol{F}_{NB}$ 通过接触点 B 垂直于地面并指向杆;绳索的约束反力是 $\boldsymbol{F}_{TC}$ 作用于绳索与杆的接触点 C,沿绳索中心背离杆。杆 AB 的受力图如图 3-22(b)所示。

【例 3-5】 如图 3-23(a)所示,简支梁 AB 跨中受到集中力 $\boldsymbol{F}$ 作用,A 端为固定铰支座约束,B 端为可动铰支座约束。试画出梁的受力图。

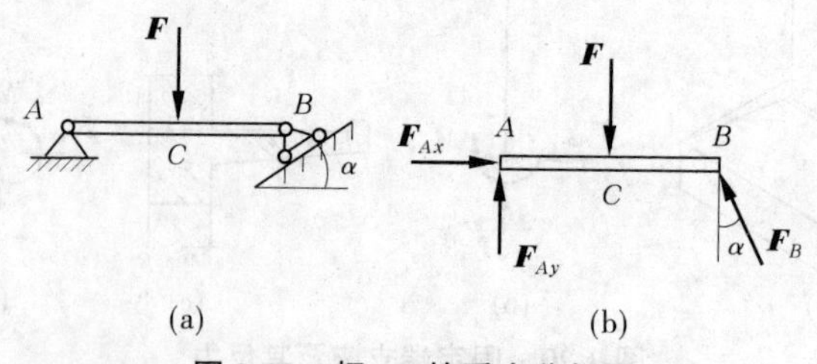

图 3-23 杆 AB 的受力分析图

解 (1)取梁 AB 为研究对象,解除 A、B 两处的约束,画出其脱离体简图。

(2)在梁的中点 C 画主动力 $\boldsymbol{F}$。

在受约束的A处和B处，根据约束类型画出约束反力。B处为可动铰支座约束，其反力通过铰链中心且垂直于支撑面，其指向假定如图3-23(b)所示；A处为固定铰支座约束，其反力可用通过铰链中心A并相互垂直的分力$\boldsymbol{F}_{Ax}$、$\boldsymbol{F}_{Ay}$表示。受力图如图3-23(b)所示。

(七)结构计算简图

在实际结构中，结构的受力和变形情况非常复杂，影响因素也很多，完全按实际情况进行结构计算是不可能的。为此，在进行结构受力分析之前，应首先将实际结构进行简化，即用一种力学模型来代替实际结构，它能反映实际结构的主要受力特征，同时又能使计算大大简化，这样的力学模型叫做结构的计算简图。力学所研究的并非结构实体，而是结构的计算简图。

1.结构计算简图的选择原则

(1)反映结构实际情况——计算简图能正确反映结构的实际受力情况，使计算结果尽可能准确。

(2)分清主次因素——计算简图可以略去次要因素，使计算简化。

2.计算简图的简化方法

一般工程结构是由杆件、结点、支座三部分组成的。要想得出结构的计算简图，就必须对结构的各组成部分进行简化。

1)结构、杆件的简化

一般的实际结构均为空间结构，而空间结构常常可分解为几个平面结构来计算，结构构件均可用其杆轴线来代替。

2)结点的简化

杆系结构的结点通常可分为铰结点和刚结点。

(1)铰结点的简化原则：铰结点上各杆间的夹角可以改变；各杆的铰结端点既不承受也不传递弯矩，能承受轴力和剪力。铰结点简化示意如图3-24(a)所示。

(2)刚结点的简化原则：刚结点上各杆间的夹角保持不变，各杆的刚结端点在结构变形时转动同一角度；各杆的刚结端点既能承受并传递弯矩，又能承受轴力和剪力。刚结点简化示意如图3-24(b)所示。

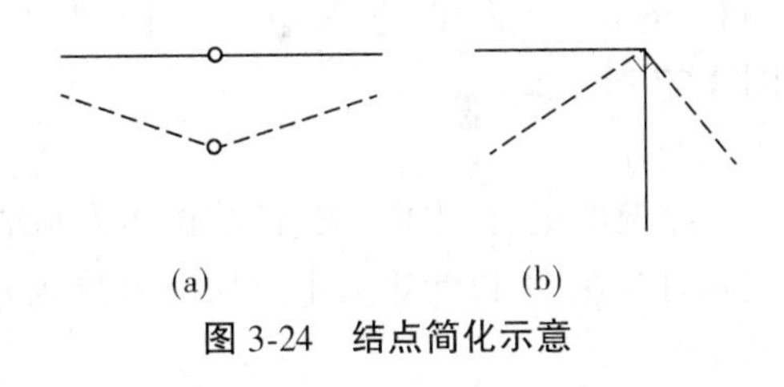

图3-24　结点简化示意

3)支座的简化

平面杆系结构的支座，常用的有以下三种：

(1)可动铰支座。杆端A沿水平方向可以移动，绕A点可以转动，但沿支座杆轴方向不能移动，如图3-25(a)所示。

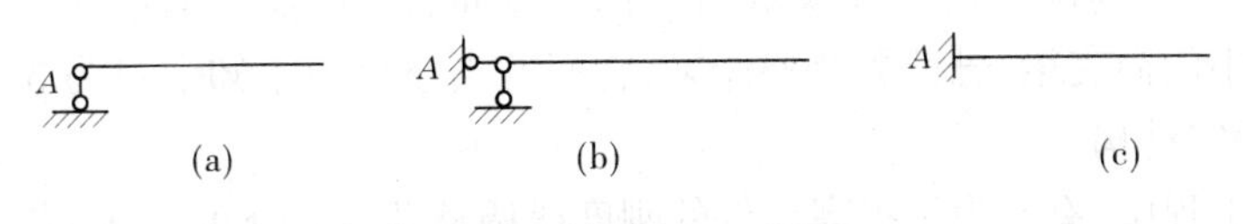

图3-25　支座简化示意图

(2)固定铰支座。杆端A绕A点可以自由转动，但沿任何方向不能移动，如图3-25(b)所示。

(3)固定端支座。A 端支座为固定端支座,使 A 端既不能移动,也不能转动,如图 3-25(c)所示。

3.常见杆系结构的计算简图

1)梁

梁是一种受弯构件,轴线常为一直线,可以是单跨梁,如图 3-26(a)、(b)和(c)所示,也可以是多跨梁,如图 3-26(d)所示。其支座可以是固定铰支座、可动铰支座,也可以是固定端支座。工程中常见的单跨静定梁有三种形式:简支梁(见图 3-26(a))、悬臂梁(见图 3-26(b))和外伸梁(见图 3-26(c))。

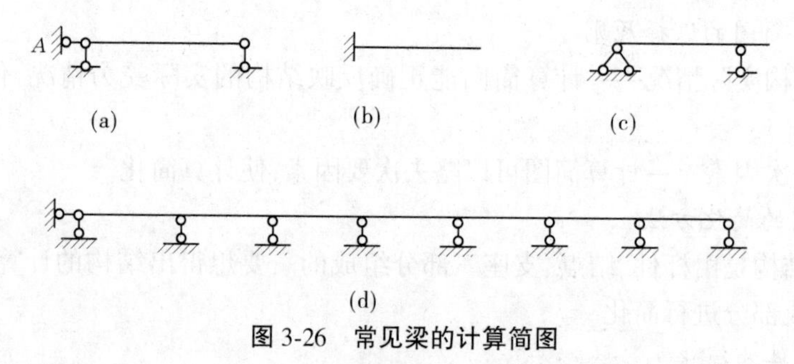

图 3-26　常见梁的计算简图

2)拱

拱的轴线为曲线,在竖向力的作用下,支座不仅有竖向支座反力,而且存在水平支座反力,拱内不仅存在剪力、弯矩,而且存在轴力。由于支座水平反力的影响,拱内的弯矩往往小于同样条件下的梁的弯矩。三铰拱式结构计算简图如图 3-27 所示。

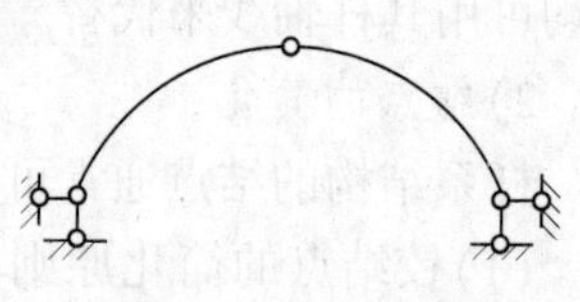
图 3-27　三铰拱计算简图

3)刚架

刚架由梁、柱组成,梁、柱结点多为刚结点。在荷载作用下,各杆件的轴力、剪力、弯矩往往同时存在,但以弯矩为主。如图 3-28 所示为简支刚架、悬臂刚架、三铰刚架和组合刚架计算简图。

4)桁架

桁架是由若干杆件通过铰结点连接起来的结构,各杆轴线为直线,支座常为固定铰支座或可动铰支座。当荷载只作用于桁架节点上时,各杆只产生轴力。如图 3-29 所示为简支桁架、悬臂桁架、三铰拱式桁架计算简图。

(八)静定与超静定问题

在研究单个物体或物体系统的平衡问题时,若未知量的数目少于或等于独立的平衡方程数目,就能够直接利用平衡方程求解出全部未知量,这类问题称为静定问题,如图 3-26(a)、(b)、(c)中的简支梁、悬臂梁及外伸梁,它们的支座反力未知数目为 3 个,平衡方程也为 3 个,故为静定结构。

但在实际工程中,有时为了提高构件的刚度或调整其内力分布,常给结构或构件增加一些"多余"约束,从而使得在研究单个物体或物体系统的平衡问题时,这些结构或构件的未知量的数目超过了独立的平衡方程数目,无法直接利用平衡方程求解出全部未知量,这类问题称为超静定问题,如图 3-26(d)所示的连续梁及图 3-30 所示的框架结构均属于超静定结

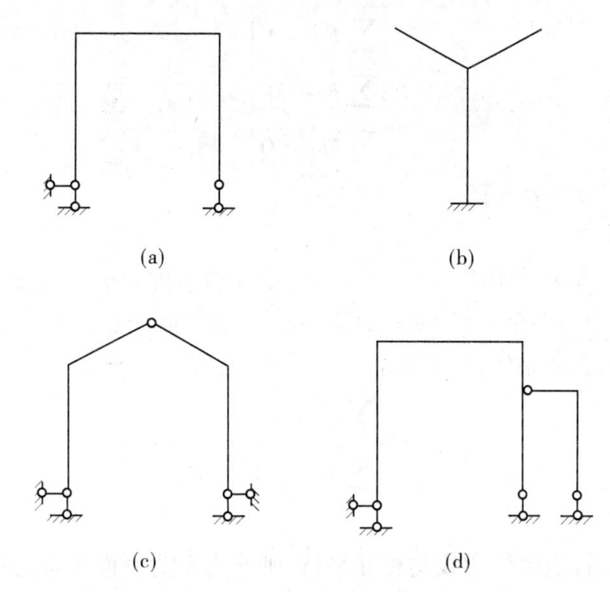

图 3-28　刚架结构计算简图

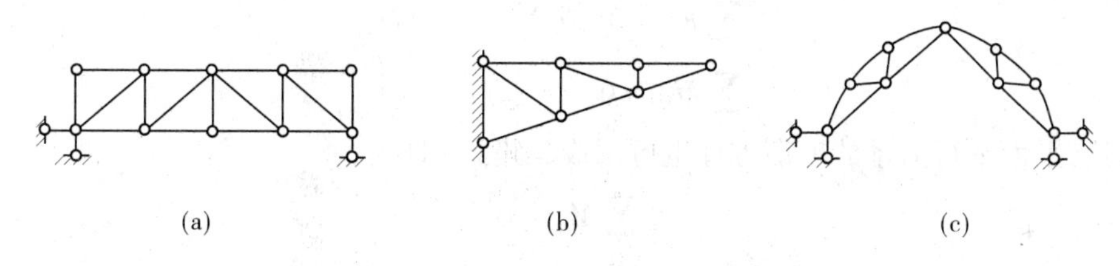

图 3-29　桁架结构的计算简图

构。

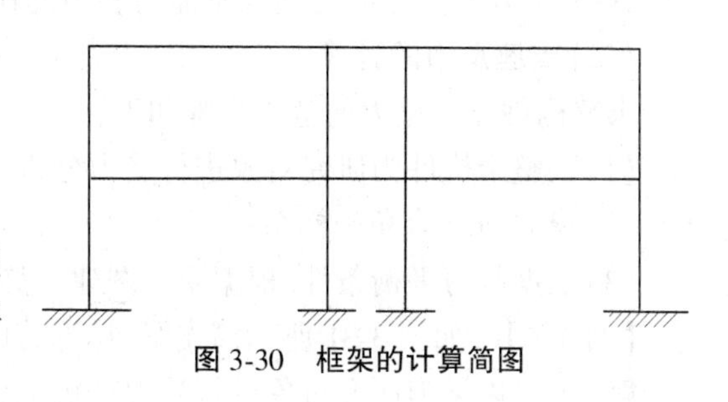
图 3-30　框架的计算简图

二、材料力学的基本知识

(一)平面力系的平衡条件

物体在力系的作用下处于平衡时,力系应满足一定的条件,这个条件称为力系的平衡条件。

1.平面任意力系的平衡条件

在前面的力学概念中我们知道,一般情况下平面力系与一个力及一个力偶等效。若与平面力系等效的力和力偶均等于零,则原力系一定平衡。平面任意力系平衡的必要和充分条件是:力系中所有各力在两个坐标轴上的投影的代数和等于零,力系中所有各力对于任意一点 O 的力矩代数和等于零。

由此得平面任意力系的平衡方程为

$$\left.\begin{array}{l}\sum F_x = 0\\ \sum F_y = 0\\ \sum M_O = 0\end{array}\right\} \quad (3\text{-}8)$$

2.几种特殊情况的平衡方程

1)平面汇交力系

若平面力系中的各力的作用线汇交于一点,则此力系称为平面汇交力系,根据力系的简化结果知道,汇交力系与一个力(力系的合力)等效,由平面任意力系的平衡条件知,平面汇交力系平衡的充分和必要条件是:力系的合力等于零,即

$$\left.\begin{array}{l}\sum F_x = 0\\ \sum F_y = 0\end{array}\right\} \quad (3\text{-}9)$$

2)平面平行力系

若平面力系中的各力的作用线均相互平行,则此力系为平面平行力系。显然,平面平行力系是平面力系的一种特殊情况,由平面力系的平衡方程推出。由于平面平行力系在某一坐标轴 x 轴(或 y 轴)上的投影均为零,故其平衡方程为

$$\left.\begin{array}{l}\sum F_y = 0(\text{或}\sum F_x = 0)\\ \sum M_O = 0\end{array}\right\} \quad (3\text{-}10)$$

当然,平面平行力系的平衡方程也可写成二矩式,即

$$\left.\begin{array}{l}\sum M_A = 0\\ \sum M_B = 0\end{array}\right\} \quad (3\text{-}11)$$

其中,A、B 两点之间的连线不能与各力的作用线平行。

(二)支座反力的计算

求解构件支座反力的基本步骤如下:

(1)以整个构件为研究对象进行受力分析,绘制受力图;

(2)建立 xOy 直角坐标系;

(3)依据静力平衡条件,根据受力图建立静力平衡方程,解方程求得支座反力。

【例3-6】 如图3-31所示简支梁,计算跨度为 l_0,承受均布荷载 q,求梁的支座反力。

解 (1)以梁为研究对象进行受力分析,绘制受力图,如图3-31(b)所示。

(2)建立如图3-31(b)所示的直角坐标系。

(3)建立平衡方程,求解支座反力,可得

$$\sum F_x = 0 \quad F_{Ax} = 0$$

$$\sum F_y = 0 \quad F_{Ay} - ql_0 + F_{By} = 0$$

$$\sum M_A = 0 \quad F_{By}l_0 - \frac{1}{2}ql_0^2 = 0$$

解得

$$F_{Ax}=0 \quad F_{Ay}=F_{By}=\frac{1}{2}ql_0(\uparrow)$$

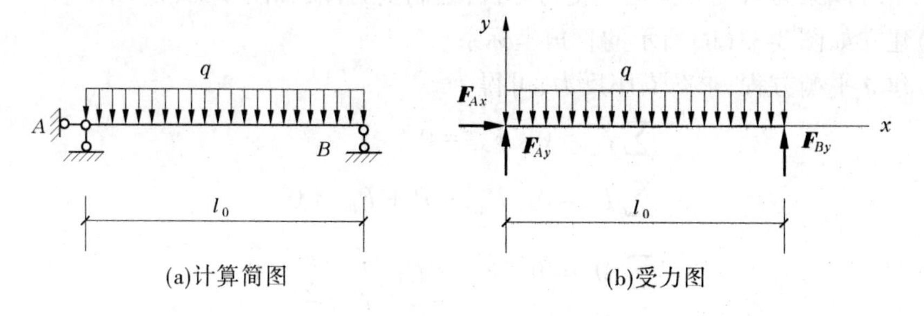

图 3-31 梁的支座反力计算

【例 3-7】 如图 3-32 所示悬臂梁,计算跨度 l,承受的集中荷载设计值为 $\boldsymbol{F}$,求支座反力。

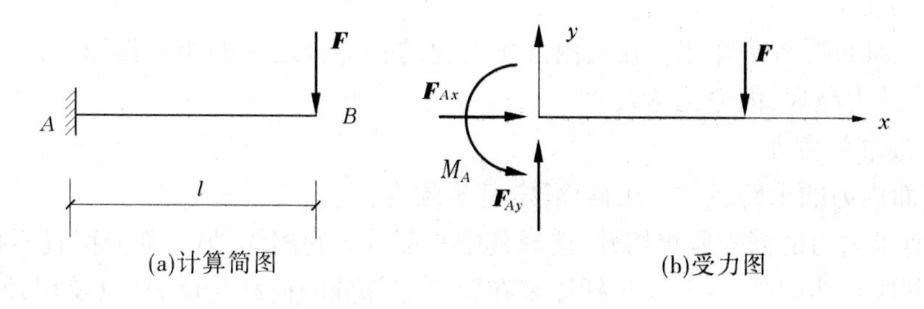

图 3-32 悬臂梁受力图

解 (1)以梁为研究对象进行受力分析,绘制受力图,如图 3-32(b)所示。

(2)建立如图 3-32(b)所示的直角坐标系。

(3)建立平衡方程,求解支座反力,可得

$$\sum F_x = 0 \qquad F_{Ax} = 0$$

$$\sum F_y = 0 \qquad F_{Ay} - F = 0$$

$$\sum M = 0 \quad M_A - Fl = 0$$

解得 $F_{Ax}=0 \quad F_{Ay}=F(\uparrow) \quad M_A=Fl(\curvearrowleft)$

【例 3-8】 如图 3-33 所示简支梁,计算跨度 l,承受的集中荷载设计值 $\boldsymbol{P}$,作用在跨中 C 点,求简支梁的支座反力。

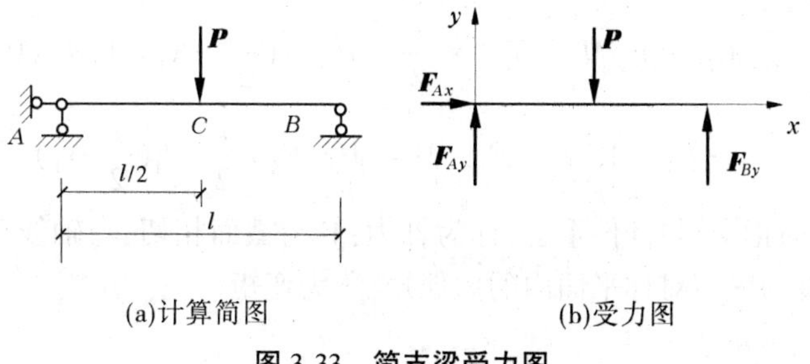

图 3-33 简支梁受力图

解 (1)以梁为研究对象进行受力分析,绘制受力图,如图 3-33(b)所示。

(2)建立如图 3-33(b)所示的直角坐标系。

(3)建立平衡方程,求解支座反力,可得

$$\sum F_x = 0 \quad F_{Ax} = 0$$

$$\sum F_y = 0 \quad F_{Ay} - P + F_{By} = 0$$

$$\sum M_A = 0 \quad F_{By} \times l - P \times \frac{l}{2} = 0$$

解得

$$F_{Ax}=0 \quad F_{Ay}=F_{By}=\frac{P}{2}(\uparrow)$$

(三)内力和应力的基本概念

1.内力的基本概念

1)内力的定义

内力是指杆件受外力作用后在其内部所引起的各部分之间的相互作用力,内力是由外力引起的,且外力越大,内力也越大。

2)截面法求解内力

构件截面内力的求解通常采用截面法,其步骤为:

(1)在所求内力的截面假想切开,选择其中一部分为脱离体,另一部分留置不顾;

(2)绘制脱离体的受力图,应包括原来在脱离体部分的荷载与反力,以及切开截面上待定内力;

(3)根据脱离体受力图建立静力平衡方程,求解方程得截面内力。

如图 3-34(a)所示一悬臂杆在荷载 $\boldsymbol{P}_1$、$\boldsymbol{P}_2$、$\boldsymbol{P}_3$ 和固端支反力 $\boldsymbol{F}_{Ax}$、$\boldsymbol{F}_{Ay}$ 和 M_A 作用下处于平衡,荷载 $\boldsymbol{P}_1$ 到支座 A 的距离为 x_1,现欲求距离固定端$\frac{l}{2}$处截面 D 上的内力($\boldsymbol{P}_1$、$\boldsymbol{P}_2$、$\boldsymbol{P}_3$、$\boldsymbol{F}_{Ax}$、$\boldsymbol{F}_{Ay}$和 M_A 均已知或已求解)。

解 (1)沿 D 截面假想切开,选择左部分为脱离体。

(2)绘制脱离体的受力图如图 3-34(b)所示,其中:$\boldsymbol{P}_1$、$\boldsymbol{F}_{Ax}$、$\boldsymbol{F}_{Ay}$和 M_A 为原来脱离体上的荷载和支反力,$\boldsymbol{N}$、$\boldsymbol{V}$、$\boldsymbol{M}$ 为留置的右边部分作用与脱离体的分子力向截面形心简化的三个合力。

(3)建立静力平衡方程,有

$$\sum F_x = 0 \quad F_{Ax} + N = 0$$

$$\sum F_y = 0 \quad F_{Ay} - P_1 - V = 0$$

$$\sum M_D = 0 \quad M_A - F_{Ay} \times \frac{l}{2} + P_1 \times \left(\frac{l}{2} - x_1\right) + M = 0$$

解得

$$N=-F_{Ax} \quad V=F_{Ay}-P_1 \quad M=-M_A+F_{Ay}\times\frac{l}{2}-P_1\left(\frac{l}{2}-x_1\right)$$

其中,$\boldsymbol{N}$ 与截面正交,与杆件重合,称为轴力;$\boldsymbol{V}$ 与截面相切,与轴线正交,称为剪力;$\boldsymbol{M}$ 是与截面互相垂直的纵向对称平面内的力偶矩,称为弯矩。

3)内力的符号规定

(1)轴力符号的规定。

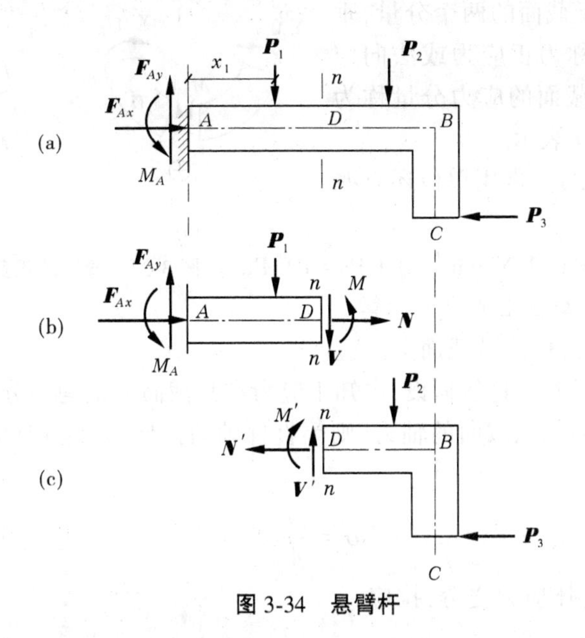

图 3-34　悬臂杆

轴力用符号 N 表示，背离截面的轴力称为拉力，为正值；指向截面的轴力称为压力，为负值。如图 3-35(a)所示的截面受拉，N 为正号，图 3-35(b)所示的截面受压，N 为负号。轴力的单位为牛顿(N)或千牛顿(kN)。

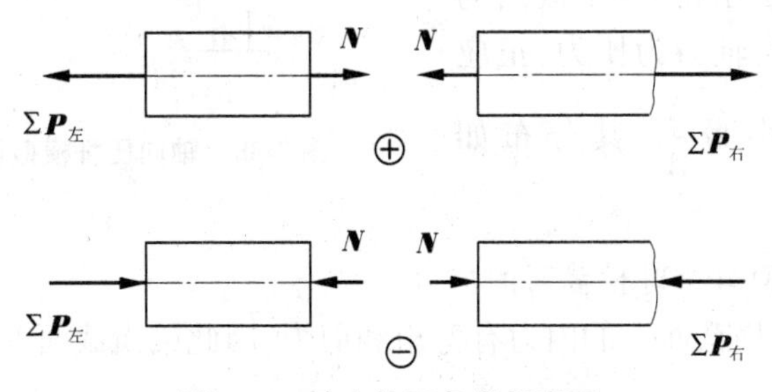

图 3-35　轴力的正负号规定图

(2)剪力符号的规定。

剪力用符号用 V 表示，其正负号规定如下：当截面上的剪力绕梁段上任一点有顺时针转动趋势时为正，反之为负，如图 3-36 所示。剪力的单位为牛顿(N)或千牛顿(kN)。

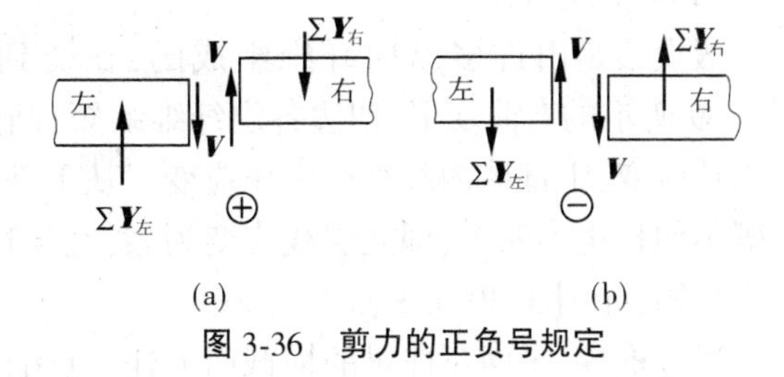

图 3-36　剪力的正负号规定

(3)弯矩符号的规定。

弯矩用符号 M 表示，其正负号规定如下：当截面上的弯矩使梁产生下凸的变形为正，反之为负，如图 3-37 所示；柱子的弯矩的正负号可随意假设，但弯矩图画在杆件受拉的一侧，图中不标正负号。弯矩的单位为牛顿米(N·m)或千牛顿米(kN·m)。

2.应力的基本概念

1)应力的定义

内力在一点处的集度称为应力，用分布在单位面积上的内力来衡量。一般将应力分解为垂直于截面和相切于截面的两个分量，垂直于截面的应力分量称为正应力或法向应力，用$\boldsymbol{\sigma}$表示；相切于截面的应力分量称为剪应力或切向应力，用$\boldsymbol{\tau}$表示。

应力的单位为帕(Pa)，常用单位还有兆帕(MPa)或吉帕(GPa)。

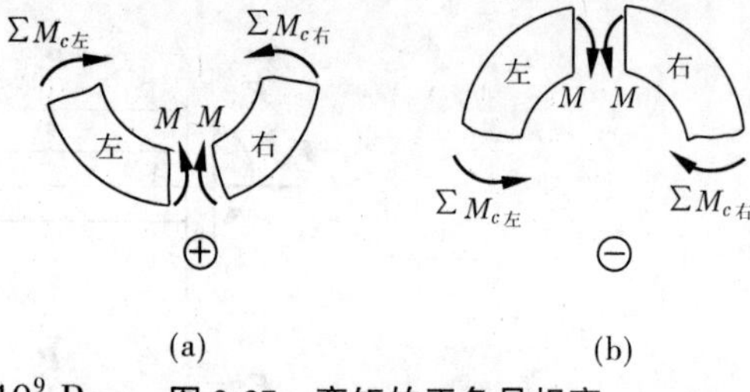

图 3-37 弯矩的正负号规定

= 1 N/m² 1 MPa = 10^6 Pa = 1 N/mm² 1 GPa = 10^9 Pa

2) 轴向拉压杆件横截面上的应力计算

轴向拉伸(压缩)时，杆件横截面上的应力为正应力，根据材料的均匀连续假设，可知正应力在其截面上是均匀分布的，若用A表示杆件的横截面面积，$\boldsymbol{N}$表示该截面的轴力，则等直杆轴向拉伸(压缩)时横截面的正应力$\boldsymbol{\sigma}$计算公式为

$$\boldsymbol{\sigma} = \frac{N}{A} \tag{3-12}$$

正应力有拉应力与压应力之分，拉应力为正，压应力为负。

图 3-38(a)为等截面轴心受压柱的简图，其横截面面积为A，荷载竖直向下且大小为N，通过截面法求得1—1截面的轴力为$-N$，负号说明轴力为压力，正应力$\boldsymbol{\sigma}$为压应力，大小为$\frac{N}{A}$，其分布如图 3-38(b)所示。

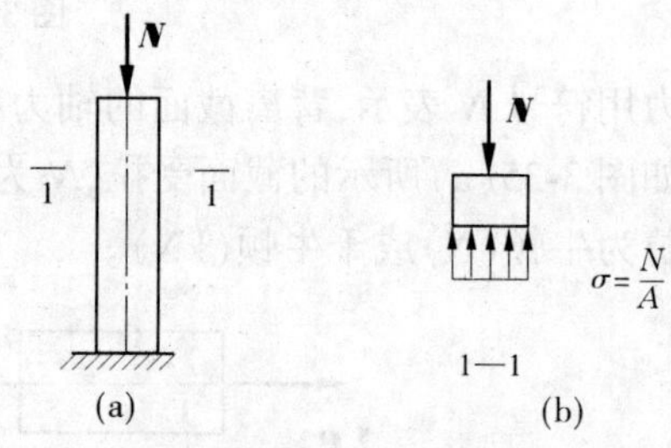

图 3-38 轴向压杆横截面上的应力分布

3) 矩形截面梁平面弯曲时横截面的应力

梁平面弯曲时，其横截面上的内力有弯矩和剪力，因此梁横截面上必然会有正应力和剪应力的存在。

(1) 弯曲正应力。

假设梁是由许多纵向纤维组成的，在受到如图 3-39 所示的外力作用下，将产生如图 3-39 所示的弯曲变形，凹边各层纤维缩短，凸边各层纤维伸长。这样梁的下部纵向纤维产生拉应变，上部纵向纤维产生压应变。从下部的拉应变过渡到上部的压应变，必有一层纤维既不伸长也不缩短，即此层线应变为零，定义这一层为中性层，中性层与横截面的交线称为中性轴，如图 3-40 中z轴。

通过推导，平面弯曲梁的横截面上任一点的正应力计算公式为

$$\boldsymbol{\sigma} = \frac{M}{I_z}y \tag{3-13}$$

式中 M——横截面上的弯矩；

I_z——截面对中性轴的惯性矩；

y——所求应力点到中性轴的距离。

由式(3-13)可知，对于同一个截面，M、I_z为常量，截面上任一点处的正应力的大小与该

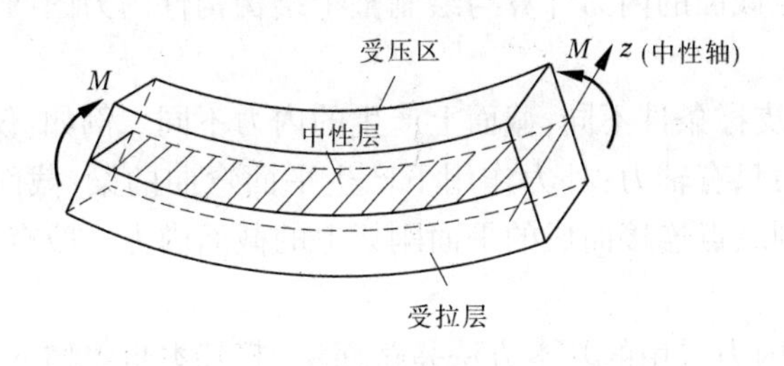

图 3-39　弯矩作用下梁的变形

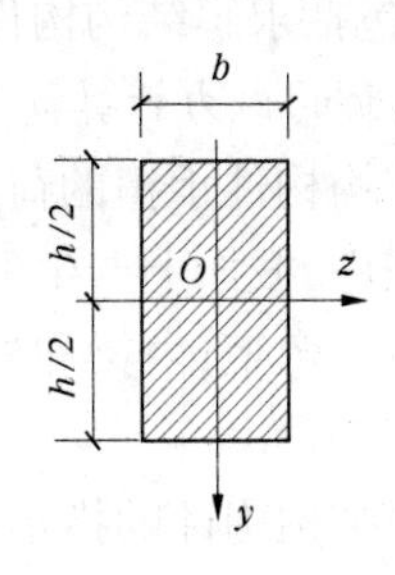

图 3-40　矩形截面

点到中性轴的距离成正比,沿截面高度成线性变化,如图 3-41 所示。梁在正弯矩及负弯矩下正应力分布如图 3-42 所示。

(2)弯曲剪应力。

平面弯曲的梁,横截面上任一点处的剪应力计算公式为

$$\tau = \frac{VS_z^*}{I_z b} \tag{3-14}$$

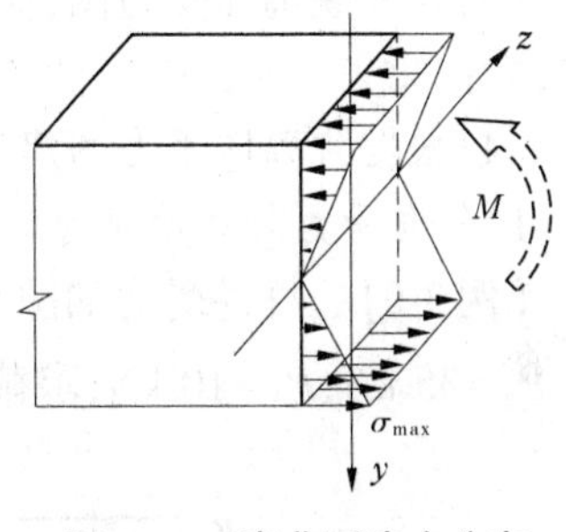

图 3-41　弯曲正应力分布

式中　V——横截面上的剪力;

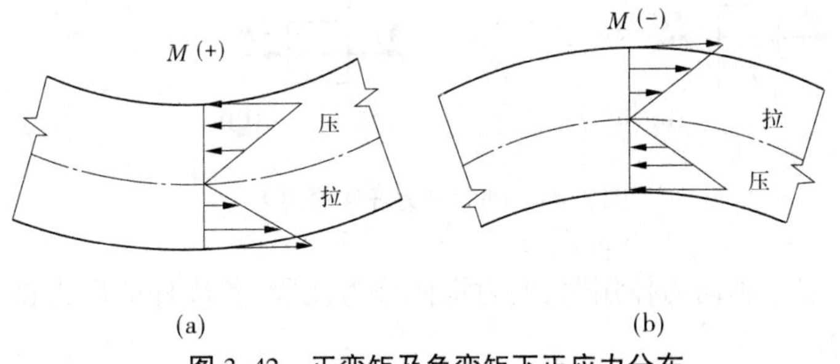

图 3-42　正弯矩及负弯矩下正应力分布

I_z——截面对中性轴的惯性矩;

b——所求应力点到中性轴的距离;

S_z^*——横截面上所求剪应力处的水平线以下(或以上)部分 A^* 对中性轴的静矩。

剪应力的方向可根据与横截面上剪力方向一致来确定。对于矩形截面梁,其剪应力沿截面高度成二次抛物线变化,如图 3-43 所示,中性轴处剪应力最大,离中性轴越远剪应力越小,截面上、下边缘处剪应力为零,中性轴上下两点如果距离中性轴相同,其剪应力也相同。

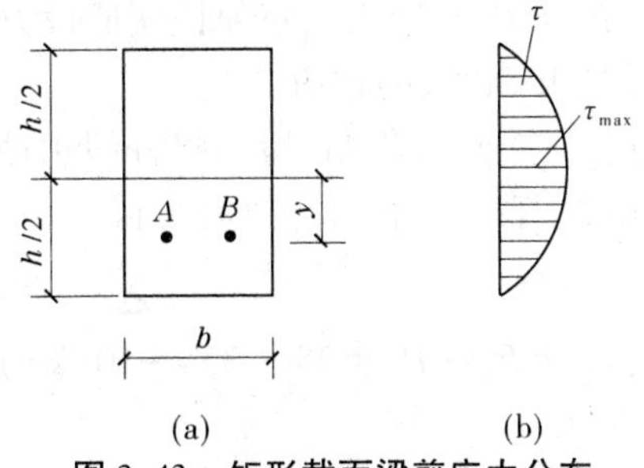

图 3-43　矩形截面梁剪应力分布

(四)静定结构的内力计算

静定结构是指结构的支座反力和各截面的内力可以用平衡条件唯一确定的结构,静定结构

的内力计算,包括求解结构构件指定截面的内力计算与绘制整个结构构件内力图两大部分。

1.指定截面的内力计算

不同的结构构件承担的荷载与支撑条件不同,截面上产生的内力不同。例如:仅受轴向外力作用的杆件,截面上产生的内力只有轴力;外力作用下产生平面弯曲的梁,截面上产生的内力为剪力与弯矩;由梁和柱用刚结点连接而成的平面刚架上的截面内力一般有轴力、剪力和弯矩。

求解不同结构构件的指定截面内力采用的基本方法是截面法,其基本步骤如下:

(1)求解支座反力;

(2)沿所需求内力的截面处假想切开,选择其中一部分为脱离体,另一部分留置不顾;

(3)绘制脱离体受力图,应包括原来在脱离体部分的荷载和反力,以及切开截面上的待定内力;

(4)根据脱离体受力图建立静力平衡方程,求解方程得截面内力。

1)轴向受力杆件的轴力计算实例

【例 3-9】 杆件受力如图 3-44(a)所示,在力 $\boldsymbol{P}_1$、$\boldsymbol{P}_2$、$\boldsymbol{P}_3$ 作用下处于平衡。已知 $P_1=25$ kN,$P_2=35$ kN,$P_3=10$ kN,求截面 1—1 和 2—2 上的轴力。

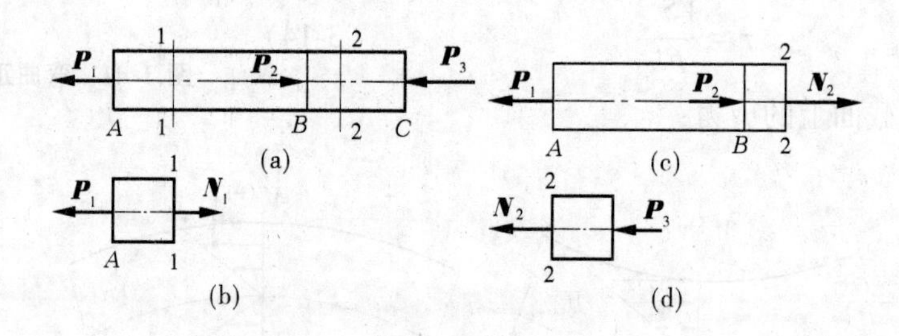

图 3-44 轴向受力杆件的内力

解 杆件承受多个轴向力作用时,外力将杆分为几段,各段杆的内力将不相同,因此要分段求出杆的轴力。

(1)求 AB 段的轴力。

用 1—1 截面在 AB 段内将杆假想截开,取左段为研究对象(见图 3-44(b)),截面上的轴力用 $\boldsymbol{N}_1$ 表示,并假设为拉力,由平衡方程,可得

$$\sum F_x = 0 \quad N_1 - P_1 = 0$$

求得:$N_1 = P_1 = 25$ kN,正值说明假设方向与实际方向相同,即 AB 段的轴力为拉力。

(2)求 BC 段的轴力。

用 2—2 截面在 BC 段内将杆假想截开,取左段为研究对象(见图 3-44(c)),截面上的轴力用 $\boldsymbol{N}_2$ 表示,由平衡方程,可得

$$\sum F_x = 0 \quad N_2 + P_2 - P_1 = 0$$

求得:$N_2 = P_1 - P_2 = 25 - 35 = -10$(kN),负值说明假设方向与实际方向相反,即 BC 杆的轴力为压力。

2)梁的内力计算实例

【例 3-10】 如图 3-45(a)所示简支梁,计算跨度 $l_0 = 6\ 000$ mm,已知梁上均布荷载 q =

10 kN/m,计算梁跨中截面的内力。

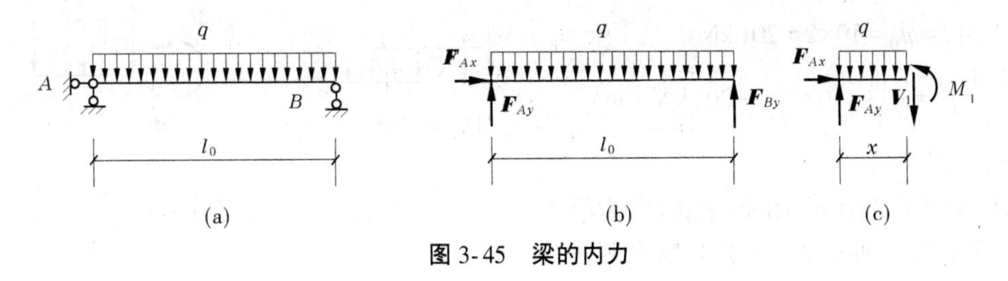

图 3-45　梁的内力

解　(1)求支座反力。

取整个梁为研究对象,画出梁的受力图,如图 3-45(b)所示,建立平衡方程求解支座反力,有

$$\sum F_x = 0 \quad F_{Ax} = 0$$

$$\sum F_y = 0 \quad F_{Ay} - q \times l_0 + F_{By} = 0$$

$$\sum M_A = 0 \quad F_{By} \times l_0 - \frac{1}{2}ql_0^2 = 0$$

解得
$$F_{Ax}=0 \quad F_{Ay}=F_{By}=\frac{1}{2}ql_0=\frac{1}{2}\times10\times6=30\ \text{kN}(\uparrow)$$

(2)求跨中截面内力。

在跨中截面将梁假想截开,取左段梁为脱离体,画出脱离体的受力图,假定该截面的剪力 $\boldsymbol{V}_1$ 和弯矩 M_1 的方向均为正方向,如图 3-45(c)所示, $x=\frac{1}{2}l_0$,建立平衡方程,求解剪力 $\boldsymbol{V}_1$ 和弯矩 M_1,有

$$\sum F_x = 0 \quad F_{Ax} = 0$$

$$\sum F_y = 0 \quad F_{Ay} - V_1 - \frac{1}{2}ql_0 = 0$$

$$\sum M_A = 0 \quad M_1 - V_1 \times \frac{l_0}{2} - \frac{1}{8}ql_0^2 = 0$$

解得
$$V_1 = 0 \quad M_1 = \frac{1}{8}ql_0^2 = \frac{1}{8} \times 10 \times 6^2 = 45(\text{kN}\cdot\text{m})$$

【例 3-11】　如图 3-46(a)所示悬臂梁, $l_0=2$ m,荷载 $q=10$ kN/m,计算梁支座 1—1 截面的内力。

解　通过截面法求解 1—1 截面内力时,沿 1—1 截面将梁假想截开,不难发现:取左端梁为脱离体时,脱离体包含支座需要求解支座反力;取右段梁为脱离体时,脱离体没有支座,无需求解支座反力。所以,为了方便起见,我们取右段梁为脱离体,画出脱离体的受力图,假定该截面的剪力 $\boldsymbol{V}_1$ 和弯矩 M_1 的方向均为正方向,如图 3-46(b)所示, $x\approx l_0$,建立平衡方程,求解剪力 $\boldsymbol{V}_1$ 和弯矩 M_1,有

$$\sum F_y = 0 \quad V_1 - ql_0 = 0$$

$$\sum M_A = 0 \quad -M_1 - \frac{1}{2}ql_0^2 = 0$$

解得 $V_1 = ql_0 = 10\times2 = 20(\text{kN})$

$$M_1 = -\frac{1}{2}ql_0^2 = -\frac{1}{2}\times10\times2^2 = -20(\text{kN}\cdot\text{m})$$

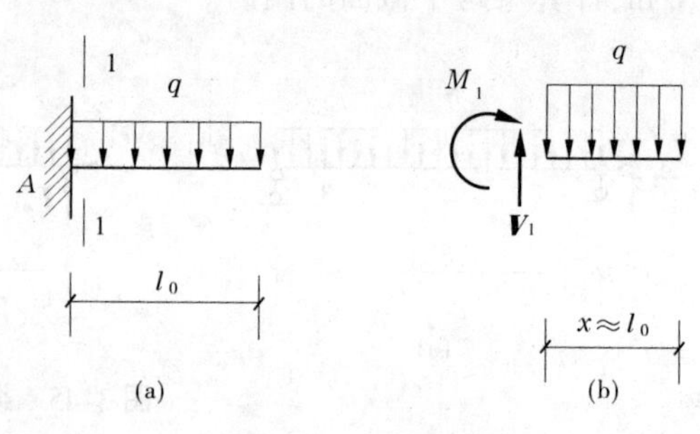

图 3-46 悬臂梁

2.内力图

结构构件在外力作用下,截面内力随截面位置的变化而变化,为了形象直观地表达内力沿截面位置变化的规律,通常绘出内力随横截面位置变化的图形,即内力图。根据内力图可以找出构件内力最大值及其所在截面的位置。

1)轴向受力杆件的内力图——轴力图

可按选定的比例尺,用平行于轴线的坐标表示横截面的位置,用垂直于杆轴线的坐标表示各横截面轴力的大小,绘出表示轴力与截面位置关系的图线,该图形就称为轴力图。画图时,习惯上将正值的轴力画在上侧,负值的轴力画在下侧。

绘制仅受轴向集中力杆件的轴力图的步骤如下:

(1)求解支座反力;

(2)根据施加荷载情况分段;

(3)求出每段内任一截面上的轴力值;

(4)选定一定比例尺,用平行于轴线的坐标表示横截面的位置,用垂直于杆轴线的坐标表示各横截面轴力的大小,绘制轴力图。

【例 3-12】 等截面杆件受力如图 3-47(a)所示,试作出该杆件的轴力图。

解 (1)求支座反力。

根据平衡条件可知,轴向拉压杆固定端的支座反力只有 $\boldsymbol{F}_{Ax}$,如图 3-47(b)所示,取整根杆为研究对象,列平衡方程,有

$$\sum F_x = 0 \quad -F_{Ax} - P_1 + P_2 - P_3 + P_4 = 0$$

解得 $F_{Ax} = -P_1 + P_2 - P_3 + P_4 = -20 + 60 - 40 + 25 = 25(\text{kN})(\leftarrow)$

(2)求各段杆的轴力。

如图 3-47(b)所示,杆件在 5 个集中力作用下保持平衡,可分为四段:AB 段、BC 段、CD 段、DE 段。

求 AB 段轴力:用 1—1 截面将杆件在 AB 段内截开,取左段为研究对象(见图 3-47(c)),以 $\boldsymbol{N}_1$ 表示截面上的轴力,由平衡方程,可得

$$\sum F_x = 0 \quad -F_{Ax} + N_1 = 0$$

解得

$$N_1 = F_{Ax} = 25(\text{kN})(\text{拉力})$$

求 BC 段的轴力:用 2—2 截面将杆件截断,取左段为研究对象(见图 3-47(d)),由平衡方程,可得

$$\sum F_x = 0 \quad -F_{Ax} + N_2 - P_1 = 0$$

解得

$$N_2 = F_{Ax} + P_1 = 20 + 25 = 45(\text{kN})(\text{拉力})$$

求 CD 段轴力:用 3—3 截面将杆件截断,取左段为研究对象(见图 3-47(e)),由平衡方

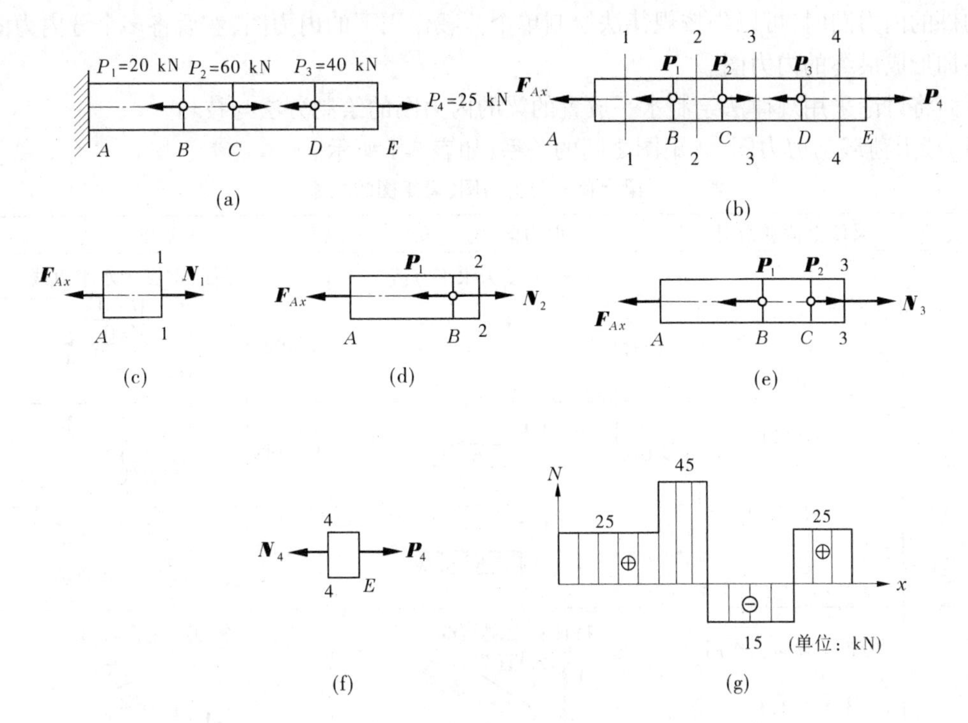

图 3-47 轴向拉压杆的内力图

程,可得

$$\sum F_x = 0 \quad N_3 - F_{Ax} + P_2 - P_1 = 0$$

解得 $N_3 = F_{Ax} - P_2 + P_1 = 25 - 60 + 20 = -15(\text{kN})$(压力)

求 DE 段轴力:用 4—4 截面将杆件截断,取右段为研究对象(见图 3-47(f)),由平衡方程,可得

$$\sum F_x = 0 \qquad P_4 - N_4 = 0$$

解得 $N_4 = P_4 = 25\ \text{kN}$(拉力)

(3)画轴力图。

以平行于杆轴的 x 轴为横坐标,垂直于杆轴的坐标轴为 N 轴,按一定比例将各段轴力标在坐标轴上,可作出轴力图,如图 3-47(g)所示。

2)梁的内力图——剪力图和弯矩图

梁的内力图包括剪力图和弯矩图,用平行于梁轴线的横坐标 x 轴为基线表示该梁的横坐标位置,用纵坐标的端点表示相应截面的剪力或弯矩,再把各纵坐标的端点连接起来。在绘剪力图时习惯上将正剪力画在 x 轴的上方,负剪力画在 x 轴的下方,并标明正负号。而绘弯矩图时则规定画在梁受拉一侧,即正弯矩画在 x 轴的下方,负弯矩画在 x 轴的上方,可以不标明正负号。

绘制梁的内力图方法有三种:截面法、规律法及叠加法。截面法是指将梁分成若干荷载段,分段采用截面法建立剪力方程和弯矩方程,然后在以平行于梁轴线为 x 轴、垂直于梁轴线为 y 轴的坐标系中绘制成剪力图和弯矩图。规律法是指在求得支反力之后,利用梁上荷载与剪力图、弯矩图之间的关系直接绘制剪力图和弯矩图。叠加法是指在绘制多个荷载作用下构件的内力图时,可以先按规律法绘制单个荷载作用下的内力图,然后将多个分内力图线性叠加形成最终的内力图。

下面将讨论采用规律法绘制水平放置的梁的内力图的绘制方法与技巧。

(1)梁上荷载与剪力图、弯矩图之间的关系,如表 3-1 所示。

表 3-1　梁上荷载与剪力图、弯矩图的关系

<table>
<tr><th>项次</th><th>梁段上荷载情况</th><th colspan="2">剪力图</th><th colspan="2">弯矩图</th></tr>
<tr><td rowspan="4">1</td><td rowspan="4">无荷载区段</td><td colspan="2">特征:V图为水平直线</td><td colspan="2">特征:M图为水平直线</td></tr>
<tr><td>V=0时</td><td> 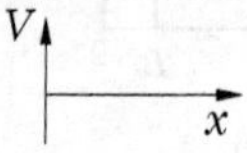V x</td><td>V=0时</td><td> 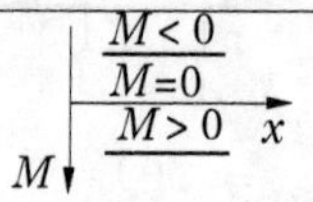$M<0$ $M=0$ $M>0$ x M</td></tr>
<tr><td>$V>0$时</td><td> 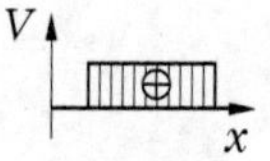V ⊕ x</td><td>$V>0$时</td><td> 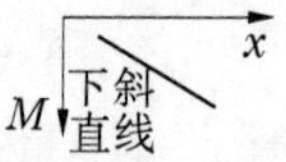x M 下斜直线</td></tr>
<tr><td>$V<0$时</td><td> 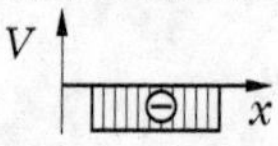V ⊖ x</td><td>$V<0$时</td><td> 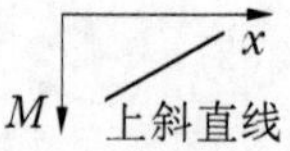x M 上斜直线</td></tr>
<tr><td>2</td><td>均布荷载向上作用 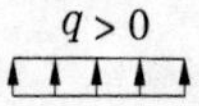
$q>0$</td><td colspan="2">特征:上斜直线 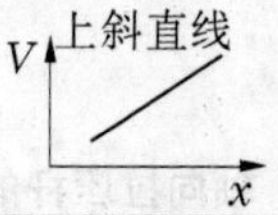
V 上斜直线 x</td><td colspan="2">特征:上凸曲线
x M 上凸曲线 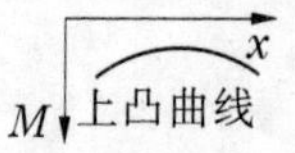</td></tr>
<tr><td>3</td><td>均布荷载向下作用 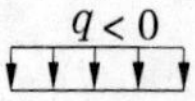
$q<0$</td><td colspan="2">特征:下斜直线 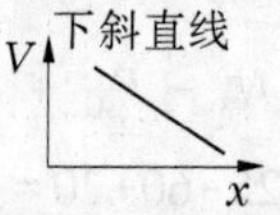
V 下斜直线 x</td><td colspan="2">特征:下凸曲线 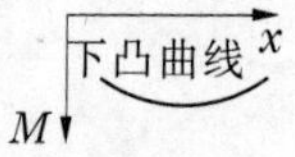
下凸曲线 x M</td></tr>
<tr><td>4</td><td>集中力作用处C
$\boldsymbol{P}$
C 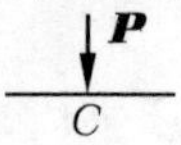</td><td colspan="2">特征:C截面处有突变,突变值等于P
⊕ ⊖ P 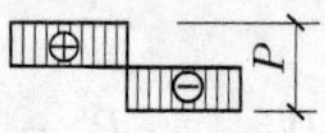</td><td colspan="2">特征:C处有尖点,尖点方向同荷载方向 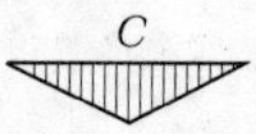
C</td></tr>
<tr><td>5</td><td>集中力偶作用处C</td><td colspan="2">特征:C截面处无变化</td><td colspan="2">特征:C截面处有突变,突变值等于m 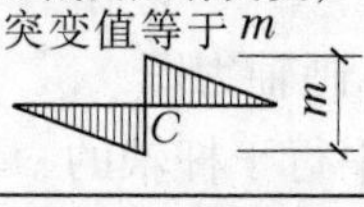
m C</td></tr>
</table>

为了便于记忆表 3-1 中的规律,可以用下面的口诀简述:

对剪力图:没有荷载平直线,均布荷载斜直线

　　　　　力偶荷载无影响,集中荷载有突变

对弯矩图:没有荷载斜直线,均布荷载抛物线

　　　　　集中荷载有尖点,力偶荷载有突变

(2)绘制内力图的步骤为:求解支座反力,绘制受力图,依据梁上荷载与剪力图、弯矩图之间的关系绘制剪力图、弯矩图。

【例 3-13】　如图 3-48(a)所示简支梁,计算跨度 l_0=6 000 mm,已知梁上均布荷载 q=10 kN/m,绘制该梁的内力图。

解　(1)求支座反力。

例 3-10 中已求出　$F_{Ax}=0$　$F_{Ay}=F_{By}=30$ kN(↑)

(2)绘制受力图,如图 3-48(b)所示,画出外荷载和支座反力的实际方向并标出大小。

(3)依据荷载与剪力图、弯矩图的规律绘制 V 图和 M 图,如图 3-48(c)所示。

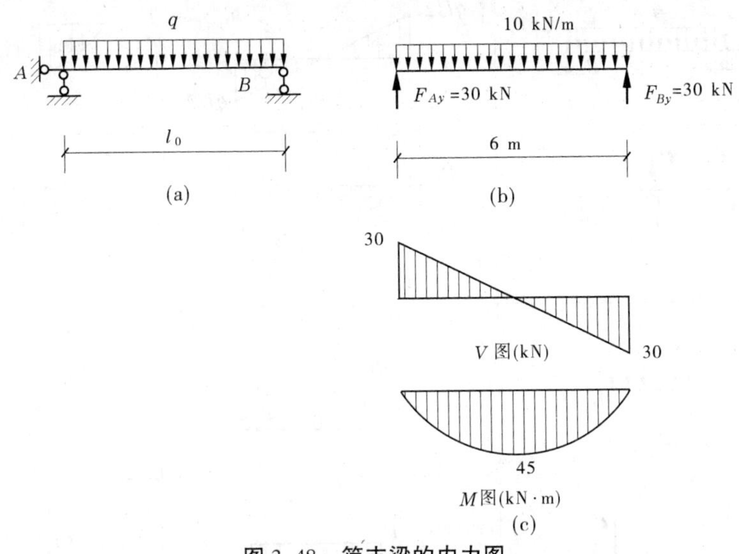

图 3-48 简支梁的内力图

(3)常见静定单跨梁在荷载作用下的内力图如表 3-2 所示。

表 3-2 常见静定单跨梁在荷载作用下的内力图

3)静定平面刚架的内力图——轴力图、剪力图和弯矩图

静定平面刚架的内力图一般包括弯矩图、剪力图和轴力图。其弯矩图和剪力图完全可以用绘制梁的内力图方法,轴力图与前面介绍的轴向受力杆件的轴力图相同。一般规定弯矩画在杆件受拉的一侧,不必注明正负号,而剪力图和轴力图可画在杆件的任一侧,但必须在图上注明正负号。静定平面刚架的内力图如图 3-49 所示。

(五)超静定结构内力计算

超静定结构是指从几何组成性质的角度来看,属于几何不变且有多余约束的结构,其支座反力和内力不能用平衡条件来确定,建筑工程中常见的超静定结构形式有框架、排架、桁架及连续梁等。

超静定结构的内力计算与静定结构相比较为麻烦,其计算方法较多,其中最基本的是力法和位移法两种。此外,随着计算机在结构计算中的广泛应用,在实际工程设计中通常采用结构计算软件进行结构内力计算。下面将直接给出通过结构软件计算得到的某砖混结构中多跨连续梁在竖向均布荷载作用下的内力图。图 3-50(a)为某砖混结构楼层平面图中多跨连续梁的计算简图,q=6.06 kN/m,跨度为 3.3 m,梁的内力图如图 3-50(b)、(c)所示。

第二节 建筑结构

一、建筑结构的概述

(一)建筑结构的分类

在建筑中,由若干构件(如板、梁、柱、墙、基础等)连接而成的能承受荷载和其他间接作

序号	计算简图	剪力图	弯矩图
1	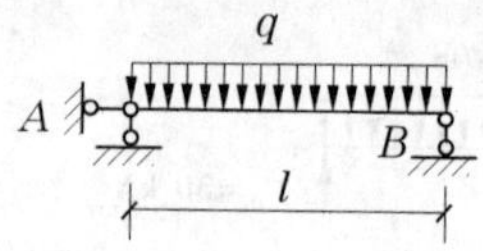 q A B l	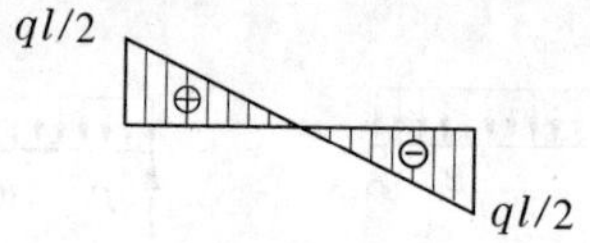 $ql/2$ ⊕ ⊖ $ql/2$	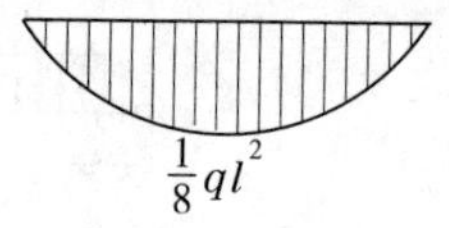 $\frac{1}{8}ql^2$
2	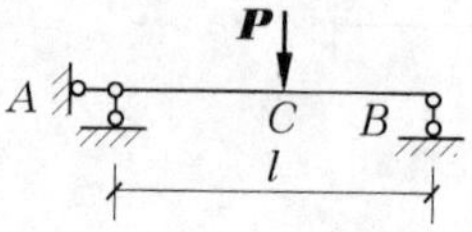 $\boldsymbol{P}$ A C B l	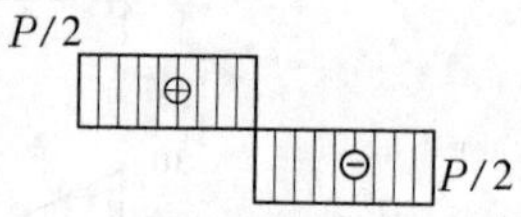 $P/2$ ⊕ ⊖ $P/2$	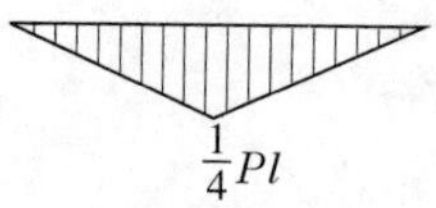 $\frac{1}{4}Pl$
3	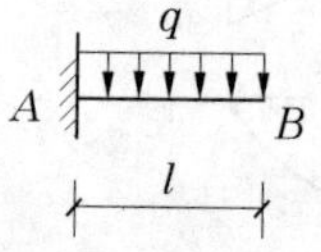 q A B l	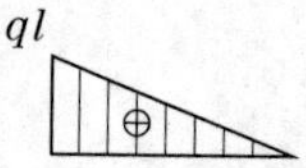 ql ⊕	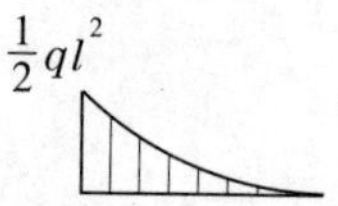 $\frac{1}{2}ql^2$
4	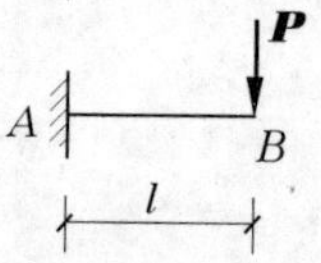 $\boldsymbol{P}$ A B l	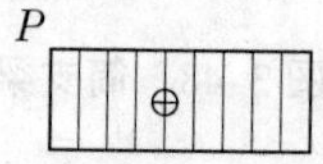 P ⊕	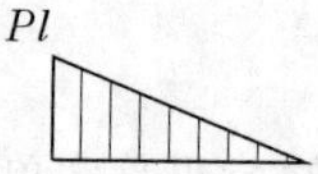 Pl
5	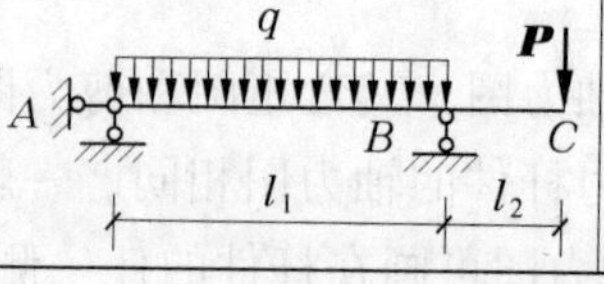 q $\boldsymbol{P}$ A B C l_1 l_2	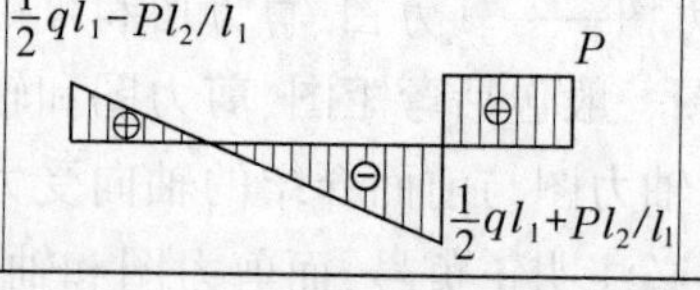 $\frac{1}{2}ql_1-Pl_2/l_1$ ⊕ ⊖ P ⊕ $\frac{1}{2}ql_1+Pl_2/l_1$	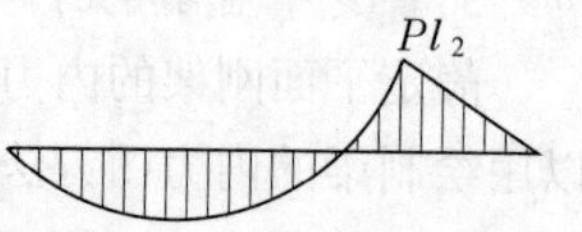 Pl_2

用(如温差伸缩、地基不均匀沉降等)的体系,叫做建筑结构。建筑结构在建筑中起骨架作用,是建筑的重要组成部分。

1.按材料分

根据所用材料的不同,建筑结构可分为混凝土结构、砌体结构、钢结构和木结构。

1)混凝土结构

混凝土结构可分为钢筋混凝土结构、预应力混凝土结构、素混凝土结构。其中,应用最广泛的是钢筋混凝土结构,它具有强度高、耐久性好、抗震性能好、可塑性强等优点,也有自重大、抗裂能力差、现浇时耗费模板多、工期长等缺点。混凝土结构在工业与民用建筑中应用极为普遍,如多层与高层住宅、写字楼、教学楼、医院、商场及公共设施等。

2)砌体结构

砌体结构是指各种块材(包括砖、石材、砌块等)通过砂浆砌筑而成的结构。砌体结构的主要优点是能就地取材,造价低廉,耐火性强,工艺简单,施工方便,所以在建筑中应用广泛,主要用做7层以下的住宅楼、旅馆,5层以下的办公楼、教学楼等民用建筑的承重结构。在中小型工业厂房及框架结构中常用砌体做围护结构。其缺点是自重大,强度较低,抗震性能差,施工速度缓慢,不能适应建筑工业化的要求,有待于进一步改进和完善。

3)钢结构

用钢材制作的结构叫钢结构。钢结构具有强度高、重量轻、材质均匀、制作简单、运输方

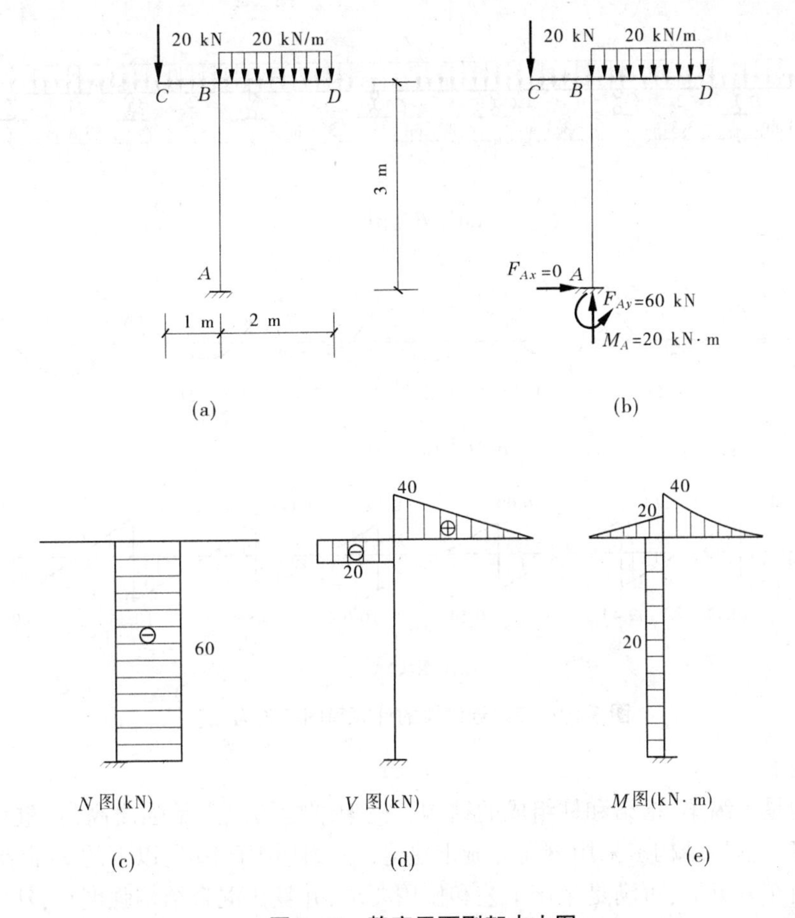

图 3-49　静定平面刚架内力图

便等优点,但也存在易锈蚀、耐火性差、维修费用高等缺点。因此,钢结构在基本建设中主要用于大跨度屋盖(如体育厂馆)、高层建筑、重型工业厂房、承受动力荷载的结构及塔桅结构中。

4)木结构

以木材为主制作的结构叫木结构。木结构是以梁、柱组成的构架承重,墙体则主要起填充、防护作用。木结构的优点是能就地取材,制作简单,造价较低,便于施工;缺点是木材本身疵病较多,易燃,易腐,结构易变形。因此,不易用于火灾危险性较大或经常受潮又不易通风的生产性建筑中。

2.按受力和构造特点分

建筑结构按受力和构造特点的不同可分为混合结构、框架结构、框架-剪力墙结构、剪力墙结构、筒体结构、大跨结构等。其中,大跨结构多采用网架结构、薄壳结构、膜结构以及悬索结构。

1)混合结构

混合结构是指由砌体结构构件和其他材料构件组成的结构。如垂直承重构件用砖墙、砖柱,而水平承重构件用钢筋混凝土梁板,这种结构就为混合结构。该种结构形式具有就地取材、施工方便、造价低等特点。

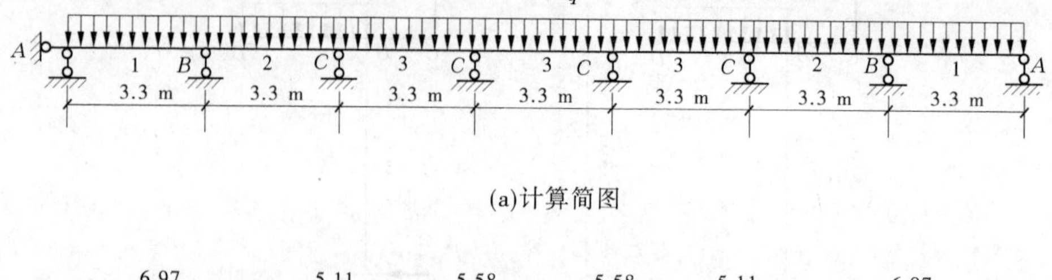

(a)计算简图

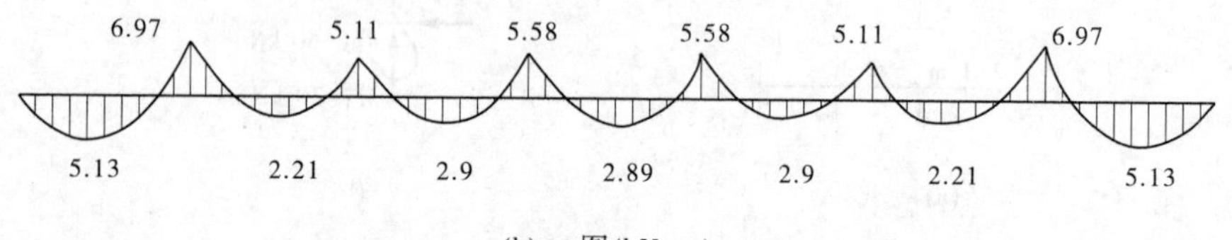

(b) M 图(kN · m)

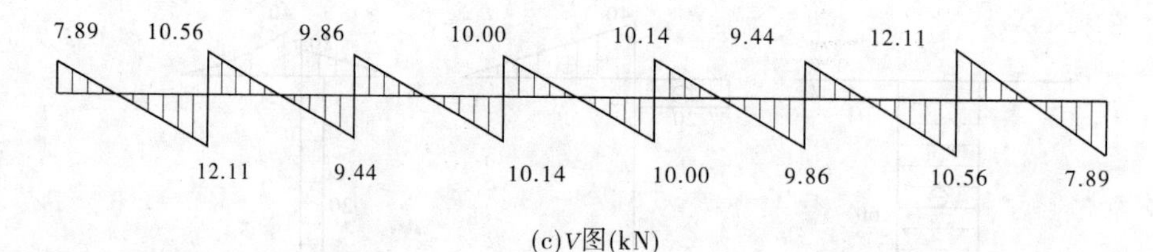

(c) V图(kN)

图 3-50　多跨连续梁的计算简图与内力图

2) 框架结构

框架结构是由纵梁、横梁和柱组成的结构。框架结构的优点是强度高,自重轻,整体性和抗震性能好。框架结构多采用钢筋混凝土建造,一般适用于 10 层以下的房屋结构。框架结构建筑平面布置灵活,可满足生产工艺和使用要求,并且比混合结构强度高,延性好,整体性好,抗震性能好。

3) 剪力墙结构

剪力墙结构是由纵向、横向的钢筋混凝土墙所组成的结构,即结构采用剪力墙的结构体系。墙体除抵抗水平荷载和竖向荷载外,还为整个房屋提供很大的抗剪强度和刚度,对房屋起围护和分割作用。这种结构的侧向刚度大,适宜做较高的高层建筑,但由于剪力墙位置的约束,使得建筑内部空间的划分比较狭小,不利于形成开敞性的空间,因此较适宜用于宾馆与住宅。剪力墙结构常用于 25~30 层房屋。

4) 框架-剪力墙结构

框架-剪力墙结构又称框剪结构,它是在框架纵、横方向的适当位置,在柱与柱之间设置几道钢筋混凝土墙体(剪力墙)。在这种结构中,框架与剪力墙协同受力,剪力墙承担绝大部分水平荷载,框架则以承担竖向荷载为主。这种体系一般用于办公楼、旅馆、住宅以及某些工艺用房,一般用于 25 层以下房屋结构。

5) 筒体结构

筒体结构是用钢筋混凝土墙围成侧向刚度很大的筒体的结构形式。筒体在侧向风荷载的作用下,它的受力特点就类似于一个固定在基础上的筒形的悬臂构件。迎风面将受拉,而背风面将受压。筒体可以为剪力墙,可以采用密柱框架,也可以根据实际需要采用数量不同的筒。筒体结构多用于高层或超高层公共建筑中。筒体结构用于 30 层以上的超高层房屋结构,经济高度以不超过 80 层为限。

(二)建筑结构的功能

1.结构的功能要求

不管采用何种结构形式,也不管采用什么材料建造,任何一种建筑结构都是为了满足所要求的功能而设计的。建筑结构在规定的设计使用年限内,应满足下列功能要求。

1)安全性

安全性即结构在正常施工和正常使用时能承受可能出现的各种作用,在设计规定的偶然事件发生时及发生后,仍能保持必需的整体稳定。

2)适用性

适用性即结构在正常使用条件下具有良好的工作性能。例如,不发生过大的变形或振幅,以免影响使用,也不发生足以令用户不安的裂缝。

3)耐久性

耐久性即结构在正常维护下具有足够的耐久性能。例如,混凝土不发生严重的风化、脱落,钢筋不发生严重锈蚀,以免影响结构的使用寿命。

2.结构的可靠性

结构的可靠性是这样定义的:结构在规定的时间内,在规定的条件下,完成预定功能的能力。结构的安全性、适用性和耐久性总称为结构的可靠性。结构可靠度是可靠性的定量指标,可靠度的定义是:结构在规定的时间内,在规定的条件下,完成预定功能的概率。

3.极限状态的概念

整个结构或结构的一部分超过某一特定状态就不能满足设计规定的某一功能要求,此特定状态为该功能的极限状态。极限状态实质上是一种界限,是有效状态和失效状态的分界。极限状态分为承载能力极限状态和正常使用极限状态两类。

1)承载能力极限状态

承载能力极限状态是指超过这一极限状态后,结构或构件就不能满足预定的安全性的要求。当结构或构件出现下列状态之一时,即认为超过了承载能力极限状态:

(1)整个结构或结构的一部分作为刚体失去平衡(如阳台、雨篷的倾覆等);

(2)结构构件或连接因超过材料强度而破坏(包括疲劳破坏),或因过度变形而不适于继续承载;

(3)结构转变为机动体系(如构件发生三角共线而形成机动体系丧失承载力);

(4)结构或结构构件丧失稳定(如长细杆的压屈失稳破坏等);

(5)地基丧失承载能力而破坏(如失稳等)。

2)正常使用极限状态

正常使用极限状态是指超过这一极限状态,结构或构件就不能完成对其所提出的适用性或耐久性的要求。当结构或构件出现下列状态之一时,即认为超过了正常使用极限状态:

(1)影响正常使用或外观的变形(如过大的变形使房屋内部粉刷层脱落、填充墙开裂);

(2)影响正常使用或耐久性能的局部损坏(如水池、油罐开裂引起渗漏,裂缝过宽导致钢筋锈蚀);

(3)影响正常使用的振动;

(4)影响正常使用的其他特定状态(如沉降量过大等)。

由上述两类极限状态可以看出,结构或构件一旦超过承载能力极限状态,就可能发生严重破坏、倒塌,造成人身伤亡和重大经济损失。因此,应该把出现承载能力极限状态的概率控制得非常严格。而结构或构件出现正常使用极限状态的危险性和损失要小得多,其极限状态的出现概率可适当放宽。所以,在结构设计时,承载能力极限状态的可靠度水平应高于正常使用极限状态的可靠度水平。

4.结构极限状态方程

结构和结构构件的工作状态,可以由该结构构件所承受的荷载效应 S 和结构抗力 R 两者的关系来描述,即

$$Z = R - S \tag{3-15}$$

式(3-15)称为结构的功能函数,用来表示结构的三种工作状态:

(1)当 $Z>0$(即 $R>S$)时,结构处于可靠状态;

(2)当 $Z=0$(即 $R=S$)时,结构处于极限状态;

(3)当 $Z<0$(即 $R<S$)时,结构处于失效状态。

(三)建筑结构的荷载

建筑结构在施工与使用期间要承受各种作用,如人群、风、雪以及结构构件自重等,这些外力直接作用在结构物上,还有温度变化、地基不均匀沉降等间接作用在结构上。我们称直接作用在结构上的外力为荷载。

1.荷载的分类

荷载按作用时间的长短和性质,可分为三类:永久荷载、可变荷载和偶然荷载。

1)永久荷载

永久荷载是指在结构设计使用期间,其值不随时间而变化,或其变化与平均值相比可以忽略不计,或其变化是单调的并能趋于限值的荷载。例如,结构的自重、土压力、预应力等荷载,永久荷载又称恒荷载。

2)可变荷载

可变荷载是指在结构设计使用期内其值随时间而变化,其变化与平均值相比不可忽略的荷载。例如,楼面活荷载、吊车荷载、风荷载、雪荷载等,可变荷载又称活荷载。

3)偶然荷载

偶然荷载是指在结构设计使用期内不一定出现,一旦出现,其值很大且持续时间很短的荷载。例如,爆炸力、撞击力等。

2.荷载的代表值

在进行结构设计时,对荷载应赋予一个规定的量值,该量值即所谓的荷载代表值。永久荷载采用标准值为代表值,可变荷载采用标准值、组合值、频遇值或准永久值为代表值。

1)荷载的标准值

荷载的标准值是荷载的基本代表值,为设计基准期内(50 年)最大荷载统计分布的特征值,是指其在结构使用期间可能出现的最大荷载值。

(1)永久荷载标准值(G_k)。

对于结构自重,可以根据结构的设计尺寸和材料的重力密度确定,《建筑结构荷载规范》(GB 50009—2001)中列出了常用材料和构件自重,见附表 1。

【例 3-14】 某矩形截面钢筋混凝土梁,计算跨度为 5.1 m,截面尺寸为 $b=250$ mm,$h=$

500 mm,求该梁自重(即永久荷载)标准值。

解 梁自重为均布线荷载的形式,梁自重标准值应按照 $G_k=\gamma bh$ 计算,其中钢筋混凝土的重力密度 $\gamma=25\ kN/m^3$,$b=250\ mm$,$h=500\ mm$,故

梁自重标准值 $G_k=\gamma bh=25\times0.25\times0.5=3.125(kN/m)$

(2)可变荷载标准值(Q_k)。

《建筑结构荷载规范》(GB 50009—2001)对于楼(屋)面活荷载、雪荷载、风荷载、吊车荷载等可变荷载标准值,规定了具体的数值,设计时可直接查用。

①楼(屋)面可变荷载标准值见附表2。

②风荷载标准值(W_k)、雪荷载标准值、施工及检修荷载标准值见《建筑结构荷载规范》(GB 50009—2001)相关规定取值。

2)可变荷载组合值(Q_c)

当结构上同时作用有两种或两种以上可变荷载时,由于各种可变荷载同时达到其最大值(标准值)的可能性极小,因此计算时采用可变荷载组合值。所谓可变荷载组合值,是将多种可变荷载中的第一个可变荷载(或称主导荷载,即产生最大荷载效应的荷载),仍以其标准值作为代表值,其他均采用可变荷载的组合值进行计算,即将它们的标准值乘以小于1的荷载组合值系数作为代表值,称为可变荷载的组合值,用 Q_c 表示为

$$Q_c=\psi_c Q_k \tag{3-16}$$

式中 Q_c——可变荷载组合值;

Q_k——可变荷载标准值;

ψ_c——可变荷载组合值系数,一般楼面活荷载、雪荷载取0.7,风荷载取0.6,其他可变荷载取值见附表2和附表3。

3)可变荷载频遇值(Q_f)

可变荷载频遇值是指结构上时而出现的较大荷载。对于可变荷载,在设计基准期内,其超越的总时间为规定的较小比率或超越频率为规定频率的荷载值。可变荷载频遇值总是小于荷载标准值,其值取可变荷载标准值乘以小于1.0的荷载频遇值系数,用 Q_f 表示为

$$Q_f=\psi_f Q_k \tag{3-17}$$

式中 Q_f——可变荷载频遇值;

ψ_f——可变荷载频遇值系数,见附表2。

4)可变荷载准永久值(Q_q)

可变荷载准永久值是指可变荷载中在设计基准期内经常作用(其超越的时间约为设计基准期一半)的可变荷载。在规定的期限内有较长的总持续时间,也就是经常作用于结构上的可变荷载。其值取可变荷载标准值乘以小于1.0的荷载准永久值系数,用 Q_q 表示为

$$Q_q=\psi_q Q_k \tag{3-18}$$

式中 Q_q——可变荷载准永久值;

ψ_q——可变荷载准永久值系数,按《建筑结构荷载规范》(GB 50009—2001)的规定取值,见附表2。

3.荷载分项系数

荷载分项系数用于结构承载力极限状态设计中,目的是保证在各种可能的荷载组合出现时,结构均能维持在相同的可靠度水平上。荷载分项系数又分为永久荷载分项系数 γ_G 和

可变荷载分项系数 γ_Q，其值如表 3-3 所示。

表 3-3　基本组合的荷载分项系数

永久荷载分项系数 γ_G				可变荷载分项系数 γ_Q	
其效应对结构不利时		其效应对结构有利时			
由可变荷载效应控制的组合	1.2	一般情况	1.0	一般情况	1.4
由永久荷载效应控制的组合	1.35	对结构的倾覆、滑移或漂浮验算	0.9	对标准值大于 4 kN/m^2 的工业房屋楼面结构的荷载	1.3

(四)建筑结构的基本设计原则

建筑结构的基本设计原则是结构抗力 R 不小于荷载效应 S，事实上，由于结构抗力与荷载效应都是随机变量，因此在进行结构和结构构件设计时采用基于极限状态理论和概率论的计算设计方法，即概率极限状态设计法。同时，考虑到应用上的简便，我国《建筑结构设计统一标准》(GBJ 68—1984)提出了一种便于实际使用的设计表达式，称为实用设计表达式。实用设计表达式采用了荷载和材料强度的标准值以及相应的分项系数来表示的方式。极限状态共分两大类：承载能力极限状态和正常使用极限状态，各极限状态下的实用设计表达式如下。

1.承载能力极限状态设计表达式

对于承载能力极限状态，结构构件应按荷载效应(内力)的基本组合和偶然组合(必要时)进行，并以内力和承载力的设计值来表达，其设计表达式为

$$\gamma_0 S \leqslant R \tag{3-19}$$

式中　γ_0——结构重要性系数，安全等级一级或设计使用年限为 100 年以上的结构构件，不应小于 1.1，安全等级为二级或设计使用年限为 50 年的结构构件，不应小于 1.0，安全等级为三级或设计使用年限为 5 年以下的结构构件，不应小于 0.9；

S——承载能力极限状态的荷载效应组合设计值，即内力(轴力、弯矩、剪力、扭矩)组合设计值；

R——结构构件承载力(抗力)设计值。

1)荷载效应(内力)组合设计值 S 的计算

当结构上同时作用两种及两种以上可变荷载时，要考虑荷载效应(内力)的组合。荷载效应组合是指在所有可能同时出现的各种荷载组合中，确定对结构或构件产生的总效应，取其最不利值。承载能力极限状态的荷载效应组合分为基本组合(永久荷载+可变荷载)与偶然组合(永久荷载+可变荷载+偶然荷载)两种情况。

(1)基本组合。

①由可变荷载效应控制的组合，其表达式为

$$S = \gamma_G S_{Gk} + \gamma_{Q1} S_{Q1k} + \sum_{i=2}^{n} \psi_{ci} \gamma_{Qi} S_{Qik} \tag{3-20}$$

②由永久荷载效应控制的组合，其表达式为

$$S = \gamma_G S_{Gk} + \sum_{i=1}^{n} \psi_{ci} \gamma_{Qi} S_{Qik} \tag{3-21}$$

式中　S_{Gk}——按永久荷载标准值 G_k 计算的荷载效应值；

S_{Qik}——按可变荷载标准值 Q_{ik} 计算的荷载效应值,其中 S_{Q1k} 为诸可变荷载效应中起控制作用者;

γ_G——永久荷载分项系数;

γ_{Qi}——第 i 个可变荷载的分项系数,其中 γ_{Q1} 为可变荷载 Q_1 的分项系数;

ψ_{ci}——第 i 个可变荷载 Q_i 的组合值系数;

n ——参与组合的可变荷载数。

③对于一般排架、框架结构,荷载效应组合设计值可采用简化规则,并按下列组合值中取最不利的情况确定。

a.由可变荷载效应控制的组合,其表达式为

$$S = \gamma_G S_{Gk} + \gamma_{Q1} S_{Q1k} \tag{3-22}$$

$$S = \gamma_G S_{Gk} + 0.9 \sum_{i=1}^{n} \gamma_{Qi} S_{Qik} \tag{3-23}$$

b.由永久荷载效应控制的组合,按式(3-21)计算。

(2)偶然组合。

偶然组合是指一个偶然作用与其他可变荷载相结合,这种偶然作用的特点是发生概率小,持续时间短,但对结构的危害大。由于不同的偶然作用(如地震、爆炸、暴风雪等),其性质差别较大,目前尚难给出统一的设计表达式。

2)结构构件承载力设计值 R 的计算

结构构件承载力设计值与材料的强度、材料用量、构件截面尺寸、形状等有关,根据结构构件类型的不同,承载力设计值 R(即构件能够承受的轴力 N、弯矩 M 和剪力 V、扭矩 T)的计算方法也不相同。

2.正常使用极限状态设计表达式

对于正常使用极限状态,应根据不同的设计要求,采用荷载的标准组合、频遇组合或准永久组合,并按下列设计表达式进行设计,使变形、裂缝、振幅等计算值不超过相应的规定限值,即

$$S \leqslant C \tag{3-24}$$

式中 C ——结构或结构构件达到正常使用要求的规定限值,例如变形、裂缝、振幅、加速度、应力等的限值,应按各有关建筑结构设计规范的规定采用。

(1)标准组合

$$S = S_{Gk} + S_{Q1k} + \sum_{i=2}^{n} \psi_{ci} S_{Qik} \tag{3-25}$$

(2)频遇组合

$$S = S_{Gk} + \psi_{f1} S_{Q1k} + \sum_{i=2}^{n} \psi_{qi} S_{Qik} \tag{3-26}$$

式中 ψ_{f1}——可变荷载 Q_1 的频遇值系数;

ψ_{qi}——可变荷载 Q_i 的准永久值系数。

(3)准永久组合

$$S = S_{Gk} + \sum_{i=1}^{n} \psi_{qi} S_{Qik} \tag{3-27}$$

【例 3-15】 某简支梁跨中截面由永久荷载产生的弯矩标准值 $M_{Gk}=43.346\ kN\cdot m$,由可变荷载产生的弯矩标准值 $M_{Qk}=21.458\ kN\cdot m$,安全等级二级,求跨中截面弯矩设计值 M。

解 (1)按由可变荷载控制的荷载效应(M)组合设计值计算,有

$$M_1=\gamma_G M_{Gk}+\gamma_{Q1}M_{Q1k}=1.2\times 43.346+1.4\times 21.458=82.056(kN\cdot m)$$

(2)按由永久荷载控制的荷载效应(M)组合设计值计算,有

$$M_2=\gamma_G M_{Gk}+\psi_{c1}\gamma_{Q1}M_{Q1k}=1.35\times 43.346+0.7\times 1.4\times 21.458=79.546(kN\cdot m)$$

(3)跨中弯矩设计值 M 为

$$M=\max(M_1,M_2)=\max(82.056,79.546)=82.056\ kN\cdot m$$

二、基础的受力特点及构造要求

基础按其埋置深度不同,可分为浅基础和深基础两大类。一般埋置深度在 5 m 以内,且能用一般方法施工的基础属于浅基础。当需要埋置在较深的土层上时,采用特殊方法施工的基础则属于深基础,如桩基础等。基础埋深示意如图 3-51 所示。

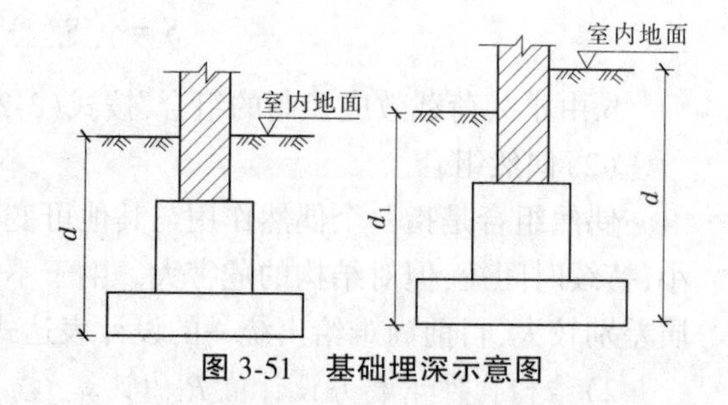

图 3-51 基础埋深示意图

基础按使用的材料可分为砖基础、毛石基础、混凝土和毛石混凝土基础、灰土或三合土基础、钢筋混凝土基础等,按结构形式可分为无筋扩展基础、扩展基础、柱下条形基础、柱下十字形基础、筏形基础、箱形基础、桩基础等。地基与基础的关系如图 3-52所示。

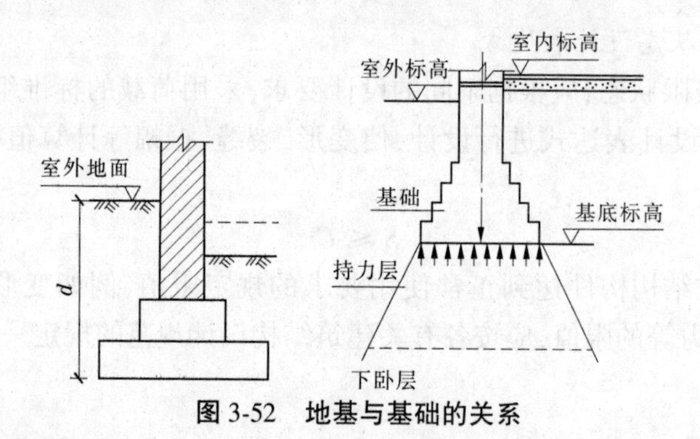

图 3-52 地基与基础的关系

(一)无筋扩展基础

上部结构的荷载通过基础传给地基,因此在基础内部应力满足基础材料强度要求的前提下,将基础向侧边扩展,形成较大底面积,使上部结构传来的荷载扩散分布于较大的底面积上,以满足地基承载力和变形的要求。无筋扩展基础是指由砖、毛石、混凝土或毛石混凝土、灰土或三合土等材料组成的,且不需配置钢筋的墙下条形基础或柱下独立基础。这些基础具有就地取材、价格较低、施工方便等优点,广泛应用于层数不多的民用建筑和轻型厂房。

1.无筋扩展基础的受力特点

无筋扩展基础所用材料有一个共同的特点,就是材料的抗压强度较高,而抗拉强度、抗弯强度和抗剪强度较低。在地基反力作用下,基础下部的扩大部分像倒悬臂梁一样向上弯

曲,若悬臂过长,则易发生弯曲破坏。无筋扩展基础示意如图 3-53 所示,基础尺寸要满足式(3-28)的要求,即

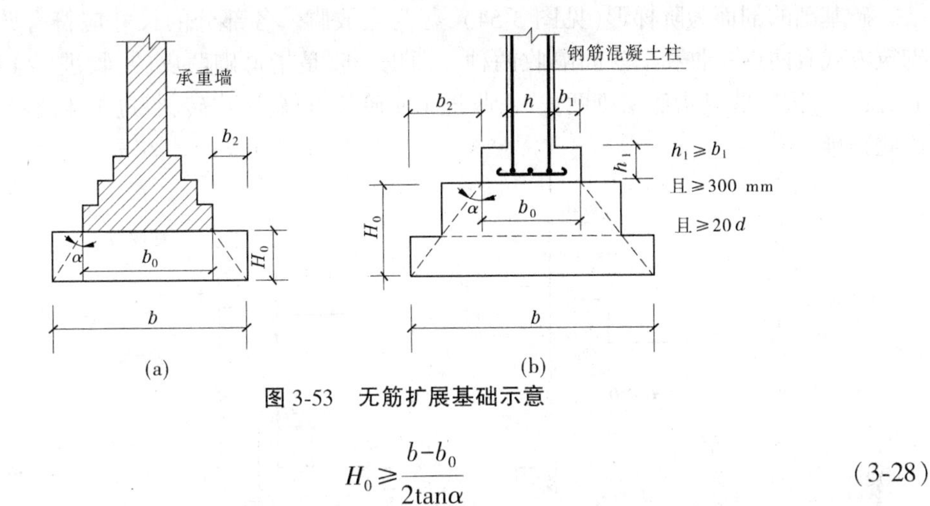

图 3-53　无筋扩展基础示意

$$H_0 \geqslant \frac{b-b_0}{2\tan\alpha} \tag{3-28}$$

式中　b——基础底面宽度;

b_0——基础顶面的墙体宽度或柱脚宽度;

H_0——基础高度;

$\tan\alpha$——基础台阶宽高比$\frac{b_2}{H_0}$,其允许值可按表 3-4 选用。

表 3-4　无筋扩展基础台阶宽高比的允许值

基础材料	质量要求	台阶宽高比的允许值		
		$P_k \leqslant 100$	$100<P_k \leqslant 200$	$200<P_k \leqslant 300$
混凝土基础	C15 混凝土	1:1.00	1:1.00	1:1.25
毛石混凝土基础	C15 混凝土	1:1.00	1:1.25	1:1.50
砖基础	砖不低于 MU10,砂浆不低于 M5	1:1.50	1:1.50	1:1.50
毛石基础	砂浆不低于 M5	1:1.25	1:1.50	—
灰土基础	体积比为 3:7或 2:8的灰土,其最小干密度:粉土为 1.55 t/m^3,粉质黏土为 1.50 t/m^3,黏土为 1.45 t/m^3	1:1.25	1:1.50	—
三合土基础	体积比为 1:2:4~1:3:6(石灰:砂:集料),每层约虚铺 220 mm,夯至 150 mm	1:1.50	1:1.20	—

注:1.P_k 为荷载效应标准组合时基础底面处的平均压力值,kPa。

2.阶梯形毛石基础的每阶伸出宽度,不宜大于 200 mm。

3.当基础由不同材料叠合组成时,应对接触部分作抗压验算。

4.基础底面处的平均压力值超过 300 kPa 的混凝土基础,尚应进行抗剪验算。

无筋扩展基础设计时应先确定基础埋深,按地基承载力条件计算基础底面宽度,再根据基础所用材料,按宽高比允许值确定基础台阶的宽度与高度。从基底开始向上逐步缩小尺寸,使基础顶面至少低于室外地面 0.1 m,否则应修改设计。

2.无筋扩展基础的构造要求

1)砖基础

砖基础的剖面为阶梯形(见图 3-54),称为大放脚。各部分的尺寸应符合砖的模数,其砌筑方式有两皮一收和二一间隔收两种。两皮一收是指每砌两皮砖,收进 1/4 砖长(即 60 mm);二一间隔收是指底层砌两皮砖,收进 1/4 砖长,再砌一皮砖,收进 1/4 砖长。以上各层依此类推。

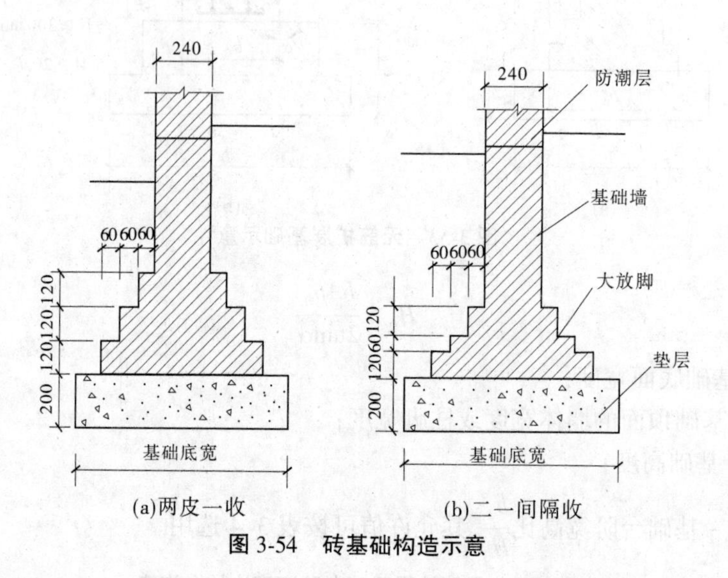

图 3-54 砖基础构造示意

2)混凝土基础

混凝土基础也称为素混凝土基础,它具有整体性好、强度高、耐水等优点。混凝土基础构造示意如图 3-55 所示。

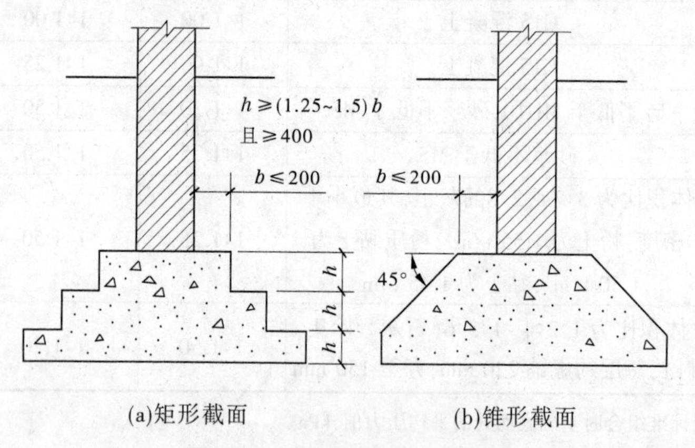

图 3-55 混凝土基础构造示意

3)毛石基础

毛石基础采用不小于 M5 砂浆砌筑,其断面多为阶梯形。基础墙的顶部要比墙或柱身每侧各宽 100 mm 以上,基础墙的厚度和每个台阶的高度不应该小于 400 mm,每个台阶挑出宽度不应大于 200 mm。毛石基础构造示意如图 3-56 所示。

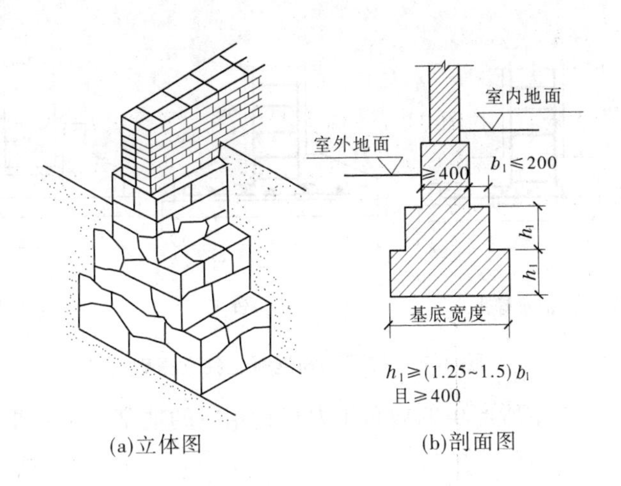

图 3-56　毛石基础构造示意

4) 灰土基础和三合土基础

灰土基础一般与砖、砌石、混凝土等材料配合使用,做在基础的下部,厚度通常为 300~450 mm(2 步或 3 步),台阶宽高比为1∶1.5。由于基槽边角处灰土不容易夯实,所以用灰土基础时,实际的施工宽度应该比计算宽度每边各放出 50 mm 以上。灰土基础构造示意如图 3-57所示。

三合土是由石灰、砂、碎砖或碎石体按体积 1∶2∶4或 1∶3∶6 加适量水配置而成的,三合土基础一般每层需铺设约 220 mm,夯至 150 mm。

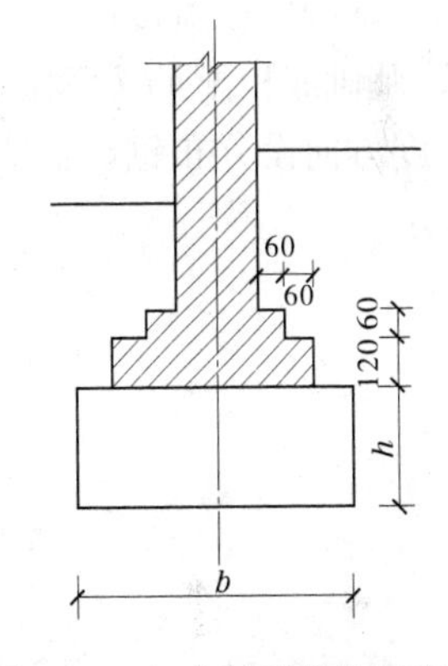

图 3-57　灰土基础构造示意

(二) 扩展基础

将上部结构传来的荷载,通过向侧边扩展成一定底面积,使作用在基底的压应力等于或小于地基土的允许承载力,而基础内部的应力应同时满足材料本身的强度要求,这种起压力扩散作用的基础称为扩展基础,也称为柔性基础,如墙下钢筋混凝土条形基础(见图 3-58)和柱下钢筋混凝土独立基础(见图 3-59)。

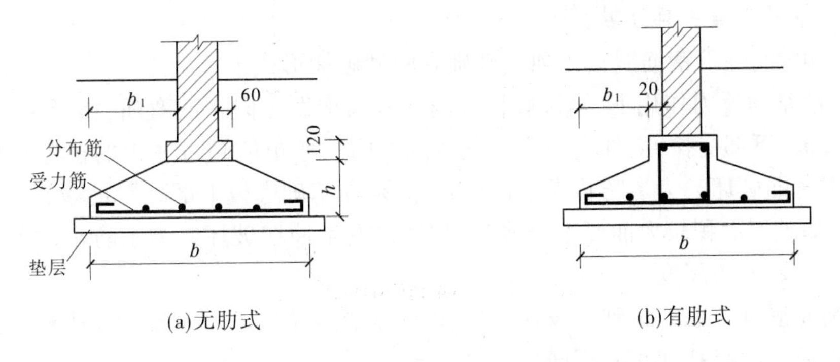

图 3-58　墙下钢筋混凝土条形基础

1.扩展基础的受力特点

1) 墙下钢筋混凝土条形基础

基础底板的受力情况如同受地基净反力作用的倒置悬臂板,在地基净反力的作用下

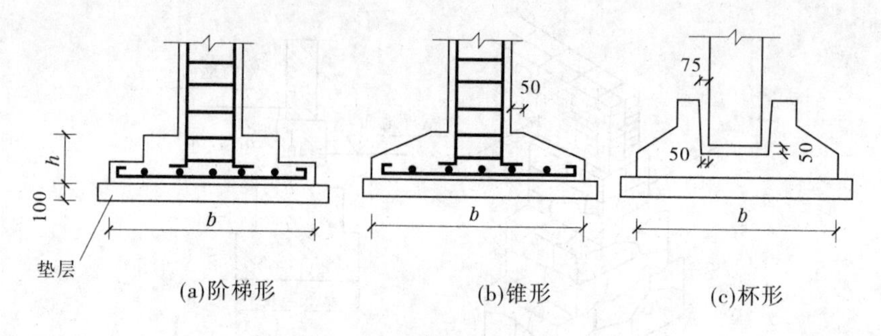

图 3-59　柱下钢筋混凝土独立基础

(基础自重和基础上的土重所产生的均布压力与其相应的地基反力相抵消),将在基础底板内产生弯矩和剪力。

墙下钢筋混凝土条形基础通常受均布荷载作用,计算时沿墙长度方向取 1 m 为计算单元。基础底板宽度应满足地基承载力的有关规定,基础底板宽度应满足混凝土抗剪强度要求,基础底板配筋按危险截面的抗弯计算确定。基础底板的受力钢筋沿基础宽度方向,沿墙长度方向设分布钢筋,放在受力钢筋上面。墙下钢筋混凝土条形基础受力情况如图 3-60 所示。

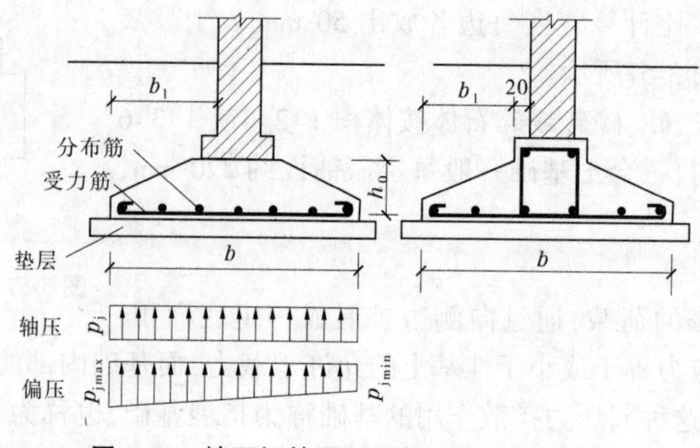

图 3-60　墙下钢筋混凝土条形基础受力情况

2)柱下钢筋混凝土独立基础

由试验可知,柱下钢筋混凝土独立基础有两种破坏形式。

(1)在地基净反力作用下,基础底板在两个方向均发生向上的弯曲,相当于固定在柱边的梯形悬臂板,下部受拉,上部受压。当危险截面内的弯矩值超过底板的抗弯承载力时,底板就会发生弯曲破坏。为了防止发生这种破坏,须在基础底板下部配置足够的钢筋。

(2)当基础底面积较大而厚度较薄时,基础将发生冲切破坏。为了防止发生这种破坏,基础底板要有足够的高度。

柱下钢筋混凝土独立基础的设计,除按地基承载力条件确定基础底面积外,还应按计算确定基础底板高度和基础底板配筋。

2.扩展基础的构造要求

1)墙下钢筋混凝土条形基础

(1)当基础高度大于 250 mm 时,可采用锥形截面,坡度 $i\leqslant1:3$,边缘高度不宜小于 200

mm；当基础高度小于 250 mm 时，可采用平板式；若为阶梯形基础，每阶高度宜为 300～500 mm。

（2）基础垫层的厚度不宜小于 70 mm，垫层混凝土强度等级应为 C10。

（3）基础底板受力钢筋的最小直径不宜小于 10 mm，间距不宜大于 200 mm，也不宜小于 100 mm。分布钢筋的直径不小于 8 mm，间距不大于 300 mm，每延米分布钢筋的面积应不小于受力钢筋面积的 1/10。当有垫层时，钢筋保护层厚度不小于 40 mm；当无垫层时，钢筋保护层厚度不小于 70 mm。

（4）混凝土强度等级不应低于 C20。

（5）钢筋混凝土条形基础底板在 T 形及十字形交接处，底板横向受力钢筋仅沿一个主要受力方向通长布置，另一个方向的横向受力钢筋可布置到主要受力方向地板宽度的 1/4 处，在拐角处底板横向受力钢筋应沿两个方向布置。

2）柱下钢筋混凝土独立基础

柱下钢筋混凝土独立基础，除应满足柱下钢筋混凝土条形的一般构造外，还应满足如下要求。

（1）当基础边长大于或等于 2.5 m 时，底板受力钢筋的长度可取边长的 0.9 倍（见图 3-61），并宜交错布置。

（2）锥形基础的顶部为安装柱模板，需每边放出 50 mm。对于现浇柱基础（见图 3-62），若基础与柱不同时浇筑，在基础内需预留插筋，插筋的数量、直径以及钢筋种类应与柱内纵向钢筋相同。插筋伸入基础内的锚固长度见《建筑地基基础设计规范》（GB 50007—2002）的有关规定。

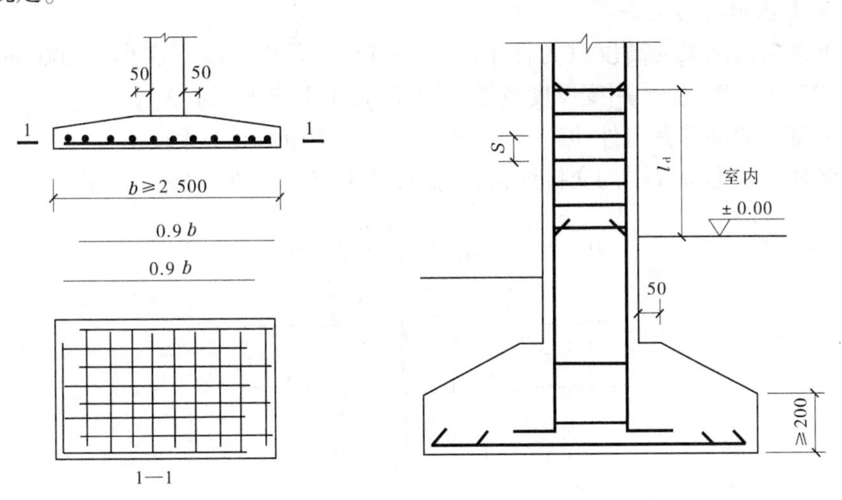

图 3-61　基础底板配筋构造　　图 3-62　现浇柱基础构造

（三）柱下条形基础

当地基较软弱而荷载较大时，若采用柱下单独基础，基础底面积必然很大，易造成基础之间互相靠得很近，或地基土不均匀，当各柱荷载相差较大需防止过大的不均匀沉降时，可将同一排柱基础连通，就成为柱下条形基础（见图 3-63）。

当荷载较大且土质较弱时，为了增强基础的整体刚度，减小不均匀沉降，可在柱网下纵横方向均设置条形基础，形成柱下十字形基础（见图 3-64）。

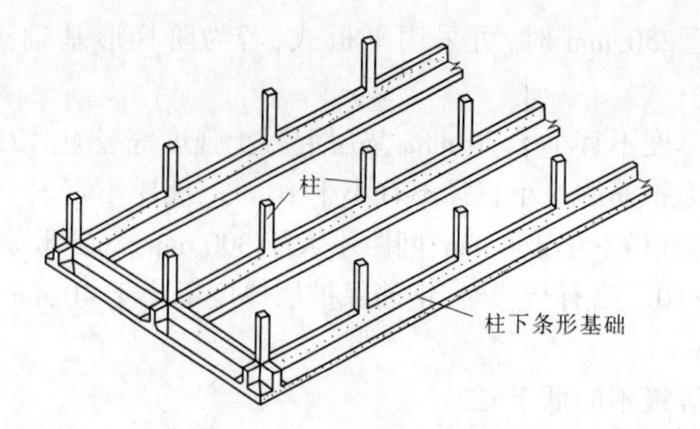

图 3-63　柱下条形基础

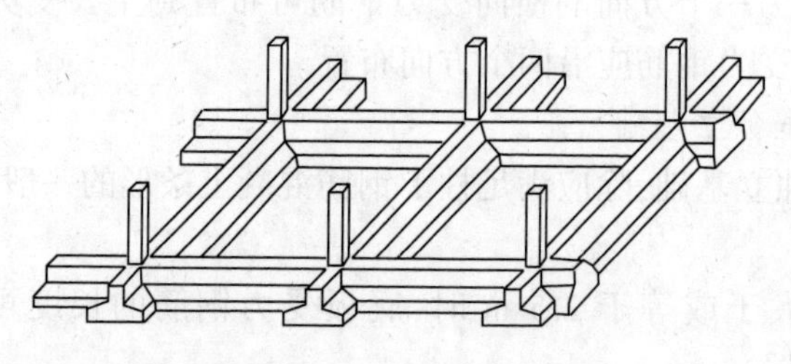
图 3-64　柱下十字形基础

1.柱下条形基础的受力特点

柱下条形基础由肋梁和翼板组成，其截面呈倒 T 形。肋梁的截面相对较大且配置一定数量的纵筋和腹筋，翼板的受力特点与墙下条形基础相似。

2.柱下条形基础的构造要求

(1)柱下条形基础梁的高度宜为柱距的 1/4~1/8。翼板厚度不应小于 200 mm。当翼板厚度大于 250 mm 时，宜采用变厚度翼板，其坡度宜小于或等于 1∶3。

(2)条形基础的端部宜向外伸出，其长度宜为第一跨距的 0.25 倍。

(3)现浇柱与条形基础梁的交接处，其平面尺寸不应小于图 3-65 的规定。

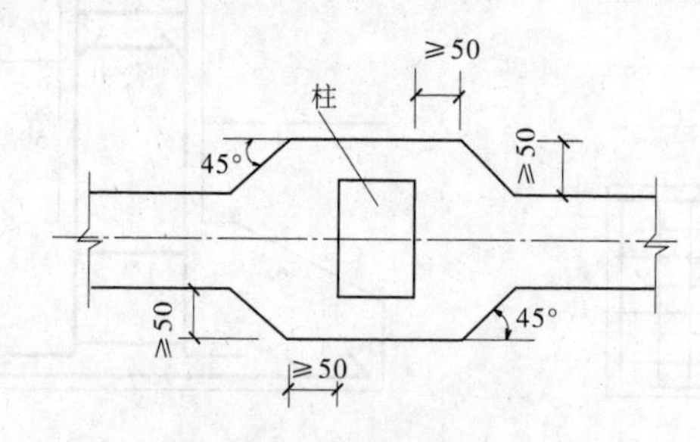

图 3-65　现浇柱与基础梁交接处的平面尺寸

(4)条形基础梁顶部和底部的纵向受力钢筋除满足计算要求外，顶部钢筋按计算配筋全部贯通，底部通长钢筋不应小于底部受力钢筋截面总面积的 1/3。翼板受力筋按计算确定，直径不宜小于 10 mm，间距为 100~200 mm。箍筋直径 6~8 mm，在距支座轴线(0.35~0.30)l 的范围内箍筋加密布置。当肋宽 $b_1 \leqslant 350$ mm 时用双肢筋，当 350 mm$<b_1\leqslant 800$ mm 时用四肢筋，当 $b_1>800$ mm 时用六肢筋。

(5)柱下条形基础的混凝土强度等级不应低于 C20。

（四）筏形基础

当地质条件差、上部荷载大时，可将部分或整个建筑范围内的基础连在一起，其形式犹如倒置的楼板，又似筏子，故称为筏形基础，又称筏板基础。筏形基础根据是否有梁可分为平板式和梁板式两种，如图 3-66 所示。筏形基础不仅能减少地基上的单位面积压力，提高地基承载力，还能增强基础的整体刚性，调整不均匀沉降，故在多层和高层建筑中被广泛采用。

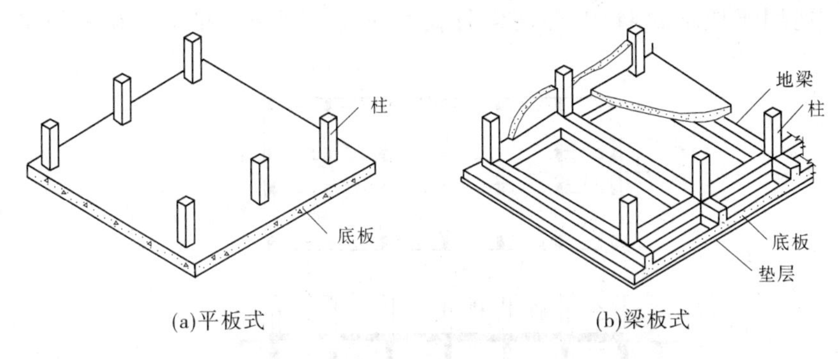

图 3-66 筏形基础

1.筏形基础的受力特点

在实际工程中，筏形基础的计算常采用简化方法，即假设基础为绝对刚性，基底反力为直线分布，并按静力学的方法确定。当相邻柱荷载和柱距变化不大时，先将筏板划分为互相垂直的板带，板带的分界线就是相邻柱列间的中线，然后在纵横方向分别按独立的条形基础计算内力，可采用倒梁法。当框架的柱网在纵横两个方向上的尺寸的比值小于 2，且在柱网单元内不再布置小的肋梁时，可将筏形基础近似地视为一倒置的楼盖，地基净反力作为荷载，筏板按双向多跨连续板、肋梁按多跨连续梁进行计算，即所谓“倒楼盖法”。

2.筏形基础的构造要求

（1）筏板基础的平面尺寸，应根据地基土的承载力、上部结构的布置及荷载分布等因素确定，注意尽量使基底形心与荷载合力重心相重合。当偏心距较大时，筏板可适当外伸，但外伸长度不宜过大，且宜设在建筑物宽度方向，具体要求详见有关规范或规程。

（2）筏板基础的底板厚度应根据抗冲切和抗剪要求确定。梁板式基础厚度不宜小于 300 mm，且板厚与板格的最小跨度之比不宜小于 1/20。平板式筏板基础厚度根据冲切承载力验算确定，最小板厚不宜小于 400 mm。当柱荷载较大，等厚度筏板的受冲切承载力不满足要求时，可在筏板上面增设柱墩或在筏板下局部增加板厚或采用抗冲切箍筋。

（3）筏板配筋除按计算要求外，考虑到整体弯曲的影响，筏板纵横方向的支座钢筋还应有 1/3~1/2 贯通钢筋，且配筋率不应小于 0.15%。跨中钢筋按实际钢筋全部贯通。分布钢筋板厚小于 250 mm 时取ϕ 8，间距 250 mm；板厚大于 250 mm 时取ϕ 10，间距 200 mm。当考虑上部结构与地基基础相互作用引起的拱架作用时，可在筏板端部的 1~2 开间适当将受力钢筋的面积增加 15%~20%。筏板边缘的外伸部分应上下配置钢筋；对无外伸肋梁的双向外伸部分，宜在板底布置放射状的附加钢筋。

（4）筏板基础的地下室的外墙厚度不应小于 250 mm，内墙不应小于 200 mm。其基础垫层厚度宜为 100 mm，钢筋保护层不应小于 35 mm，混凝土强度等级不应低于 C30，当有防水要求时,防水混凝土的抗渗等级应根据地下水的最大水头与混凝土厚度的比值依相应规范确定。

(五)箱形基础

箱形基础是由现浇钢筋混凝土底板、顶板、纵横外墙与内墙组成的箱形整体结构。根据建筑物高度对地基稳定性的要求和使用功能的需要,箱形基础的高度可为一层或多层,并可利用中空部分构成地下室,用做人防、停车场、地下商场、储藏室、设备等。这种基础的刚度大、整体性好,适用于地基软弱、上部结构荷载大的高层建筑。箱形基础示意如图 3-67 所示。

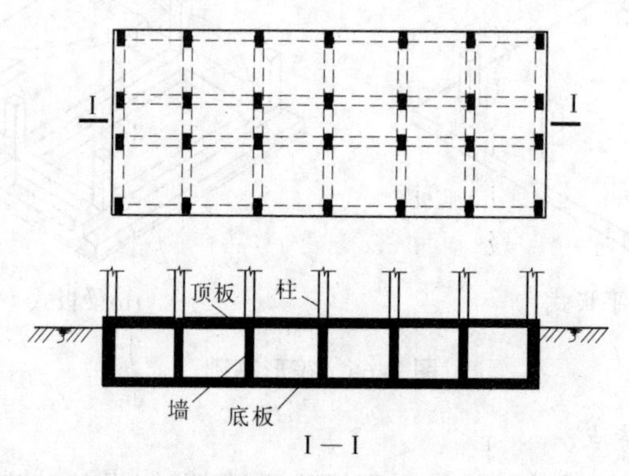

图 3-67 箱形基础示意

1.箱形基础的受力特点

理论研究和实测资料表明,上部结构的刚度对箱形基础内力有较大影响。当上部结构刚度较大时,箱形基础变形以局部变形为主,顶板和底板均按局部弯曲的内力设计,即顶板按普通楼盖实际荷载分别计算跨中和支座弯矩,底板按倒楼盖计算。当上部结构刚度较差时,箱形基础的整体弯曲和局部弯曲同时存在,顶板和底板应按整体弯曲和局部弯曲两种应力叠加进行设计。

2.箱形基础的构造要求

(1)箱形基础的平面尺寸应根据地基承载力、地基变形允许值以及上部结构的布局及荷载分布等条件确定。上部结构体形应力求简单、规则,平面布局尽量对称,基底平面形心应尽可能与上部结构竖向荷载重心重合,必要时可调整箱形基础的平面尺寸或仅调整箱的底板外伸尺寸以满足要求。

(2)箱形基础的高度应满足结构承载力、整体刚度和使用功能的要求,其值不宜小于箱形基础长度的 1/20,并不宜小于 3 m。箱形基础的长度不包括底板悬挑部分。

(3)箱形基础的埋置深度一方面应满足建筑物对地基承载力、基础倾覆及滑移稳定性、建筑物整体倾斜以及抗震设防的要求,另一方面也应考虑深基坑开挖极限深度、人工降低地下水位施工可能性以及对邻近建筑物影响等因素。同一结构单元内不应局部采用箱形基础,且基础的埋置深度宜取一致。抗震设防区天然地基上箱形基础的埋置深度一般不宜小于建筑物高度的 1/15。

(4)箱形基础顶板、底板要满足整体及局部抗弯刚度的要求。顶板厚度应根据跨度及荷载大小确定,满足抗弯、斜截面抗剪与抗冲切的要求;底板厚度应根据实际受力情况、整体刚度及防水要求确定。顶板厚度一般不应小于 180 mm，底板厚度一般不应小于 300 mm。当有特殊的要求时应另外计算。顶板、底板应按结构特点分别考虑整体与局部抗弯计算配筋，其配筋量除满足设计要求外，纵、横方向的支座钢筋尚应有 1/3~1/2 贯通全跨，且配筋率应分别不小于 0.15%、0.10%，而跨中钢筋按实际配筋率全部贯通。

(5)箱形基础的外墙沿建筑物四周布置，内墙一般沿上部结构柱网和剪力墙的位置纵、横方向均匀布置。墙体的水平截面面积不小于箱形基础面积的 1/10。对基础平面长宽比大于 4 的箱形基础，其纵墙水平截面面积不得小于箱形基础外墙外包尺寸的水平投影面积的1/18。箱形基础的墙身厚度应根据实际受力情况及防水要求确定。外墙厚度一般不应小于 250 mm，内墙厚度不应小于 200 mm。墙体内应设置双面配筋，竖向和水平向钢筋的直径不应小于 10 mm，间距不应大于 200 mm。除上部为剪力墙外，内墙、外墙的墙顶处宜配置两根直径不小于 20 mm 的钢筋。门洞应尽可能开设在柱中部，其面积不宜大于柱距与箱基基础全高乘积的 1/6，洞口四周应配筋加强。

(6)箱形基础混凝土强度等级不应低于 C20，并应考虑其防渗要求。

(六)桩基础

桩基础是一种承载性能好、适应范围广的深基础。但桩基础的造价一般较高，工期较长，施工比一般浅基础复杂。桩基础适用于上部土层软弱而下部土层坚实的场地。桩基础由承台和桩身两部分组成。通过承台把多根桩联结成整体，并通过承台把上部结构荷载传递到各根桩，再传至深层较坚实的土层中。桩基础示意如图 3-68 所示。

1.桩基础的类型

1)按承载方式分类

(1)摩擦桩。桩顶竖向荷载由桩侧阻力和桩端阻力共同承担，但桩侧阻力分担较多荷载。当桩顶竖向荷载绝大部分由桩侧阻力承担而桩端阻力很小时，称为摩擦桩。

(2)端承桩。桩顶竖向荷载由桩侧阻力和桩端阻力共同承担，但桩端阻力分担荷载较多的桩。这类桩的侧阻力虽属次要，但不可忽视。主要由桩端阻力分担荷载，而桩侧阻力很小可以忽视不计时的桩称为端承桩。

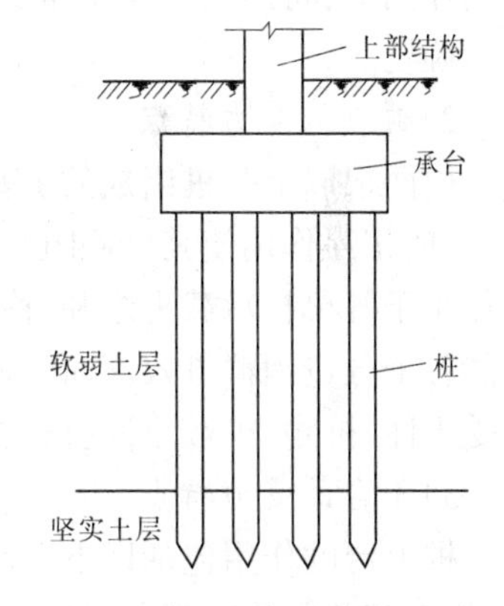

图 3-68　桩基础示意

2)按桩身材料分类

(1)混凝土桩。按桩的制作方法又可分为预制混凝土桩和灌注混凝土桩两类，是目前工程上普遍采用的桩。

(2)钢桩。常见的是型钢和钢管两类，其抗弯强度高，施工方便，但造价高，易腐蚀，目前我国采用较少。

(3)组合材料桩。用两种不同材料组合而成的桩，称为组合材料桩，如钢管内填充混凝土或上部为钢桩、下部为混凝土等形式。

3)按桩的制作方法分类

(1)预制桩。将预先制作成型，通过各种机械设备把它沉入地基至设计标高的桩，称为预制桩，常见的沉桩方法有锤击法、振动法、静压法等。

(2)灌注桩。在建筑工地现场成孔，并在现场向孔内灌注混凝土的桩，称为灌注桩，常见的成孔方法有沉管灌注桩、钻孔灌注桩、冲孔灌注桩、扩底灌注桩等。

4)按桩的成型方法效应分类

根据成桩方法对桩周土层的影响,桩可分为挤土桩、部分挤土桩和非挤土桩三类。

(1)挤土桩。这类桩在设置过程中,桩周土被挤开,使土的工程性质与天然状态相比发生较大变化。挤土桩主要包括打入或压入预制混凝土桩、封底钢管桩、混凝土管桩和沉管式的灌注桩等。

(2)部分挤土桩。这类桩在设置过程中,由于挤土作用轻微,故桩周土的工程性质变化不大。这类桩主要有打入的截面厚度不大的工字型和 H 型钢桩、开口钢管桩、开口的预应力混凝土管桩等。

(3)非挤土桩。这类桩在设置过程中将相应于桩身体积的土挖出,因而桩周及桩底土有应力松弛现象。这类桩主要是各种形式的钻挖孔灌注桩以及预钻孔埋桩等。

5)按桩身直径分类

(1)大直径桩:$d>800$ mm。

(2)中等直径桩:250 mm$\leqslant d\leqslant$800 mm。

(3)小直径桩:$d<250$ mm。

2.桩基础的受力特点

1)单桩的受力特点

单桩在上部结构传来的竖向荷载作用下,桩顶荷载由桩侧阻力和桩端阻力承担,地基土产生附加应力,导致地基土压缩变形,引起桩体沉降,桩体本身在桩顶竖向荷载和土体阻力共同作用下,将产生轴向压缩变形。单桩竖向和水平承载力应通过静载荷试验或其他原位试验确定。

2)群桩的受力特点

由两根以上基桩组成的桩基础称为群桩基础。群桩基础受竖向荷载作用后,由于承台、桩、土的相互作用使其桩侧阻力、桩端阻力、沉降等性状发生变化而与单桩明显不同,承载力往往小于各单桩承载力之和,称其为群桩效应。工程中用群桩效应系数度量构成群桩承载力的各个分量因群桩效应而降低或提高的幅度指标,如侧阻、端阻、承台底土阻力。群桩效应受土性、桩距、桩数、桩的长径比、桩长与承台宽度比、成桩方法等多种因素的影响而变化。

3)承台的受力特点

桩承台的作用包括以下三个方面:第一,把多根桩连接成整体,共同承受上部荷载;第二,把上部荷载传递到各根桩的顶部;第三,其本身具有类似浅基础的承载能力。

3.桩基础的构造要求

1)桩身构造要求

(1)灌注桩身混凝土强度等级不得低于 C20,混凝土预制桩尖不得低于 C30。灌注桩主筋的混凝土保护层厚度不小于 35 mm,水下灌注桩的主筋的混凝土保护层厚度不小于 50 mm。

(2)灌注桩身主筋应经计算确定,但对桩径 300~2 000 mm 的桩,正截面配筋率可取 0. 65%~0.2%。箍筋宜采用螺旋式箍筋,直径不应小于 6 mm,间距宜为 200~300 mm;受横向荷载较大的桩基,桩顶以下 $5d$ 范围内箍筋适当加密,间距不应大于 100 mm。当考虑箍筋受力作用且钢筋笼长度超过 4 m 时,应每隔 2 m 左右设一道直径不小于 12 mm 的焊接加劲箍筋。

2)承台构造要求

(1)承台构造应满足以下要求:

①承台的最小宽度不应小于 500 mm,承台边缘至桩中心的距离不宜小于桩的直径或边长,边缘挑出部分不应小于 150 mm。这主要是为了满足桩顶固定及抗冲切的需要。对于墙下条形承台梁,其边缘挑出部分可降低至 75 mm。承台的最小厚度不应小于 300 mm。

②承台混凝土强度等级不应低于 C20。承台底面钢筋的混凝土保护层厚度:当有混凝土垫层时,不应小于 50 mm;当无混凝土垫层时,不应小于 70 mm。此外,还不应小于桩头嵌入承台内的长度。

③承台的钢筋配置除满足计算要求外,还应符合现行国家标准《混凝土结构设计规范》(GB 50010—2002)关于最小配筋率的规定,主筋直径不应小于 12 mm,架立筋直径不应小于 10 mm,箍筋直径不应小于 6 mm。

(2)桩与承台的连接需符合下列要求:桩顶嵌入承台的长度对于大直径桩不宜小于 100 mm,对于中等直径的桩不宜小于 50 mm。混凝土桩的桩顶主筋应锚入承台内,其锚固长度不宜小于 35 倍主筋直径。

(3)柱与承台的连接构造应符合下列规定:

①对于一柱一桩基础,柱与桩直接连接时,柱纵向主筋锚入桩身内长度不应小于 35 倍主筋直径。

②对于多桩承台,柱纵向主筋锚入承台内长度不应小于 35 倍主筋直径。

(4)承台之间的连接需符合下列要求:

①一柱一桩时,应在桩顶两个主轴方向设置连系梁。当桩与桩截面直径之比大于 2 时,可不设连系梁。

②对于双桩基础,应在其短向设置承台间的连系梁。

③对于有抗震设防要求的柱下桩基承台,宜沿两个主轴方向设置连系梁。

④连系梁顶面宜与承台顶面位于同一标高。连系梁宽度不宜小于 250 mm,其高度可取承台中心距的 1/10~1/15,且不宜小于 400 mm。

⑤连系梁配筋应根据计算确定,梁上部钢筋不宜少于 2 根直径 12 mm 的钢筋。

三、钢筋混凝土梁、板的配筋构造

(一)钢筋级别及混凝土强度等级的选择

1.混凝土结构中钢筋的选用

普通钢筋宜选用 HRB400 级(新Ⅲ级)和 HRB335 级(Ⅱ级)钢筋,也可采用 HPB235 级(Ⅰ级)和 RRB400 级(Ⅲ级)钢筋。其中,HRB400 级(新Ⅲ级)钢筋具有强度高、延性好、与混凝土结合握裹力强等特点,是目前我国钢筋混凝土结构的主要钢筋。

预应力钢筋宜采用预应力钢绞线、钢丝,也可采用热处理钢筋。

2.混凝土材料的选用原则

钢筋混凝土结构的混凝土强度等级不宜低于 C15;当采用 HRB335 级钢筋时混凝土强度等级不宜低于 C20;当采用 HRB400 和 RRB400 级钢筋以及承受重复荷载的构件时,混凝土强度等级不得低于 C20。预应力混凝土结构的混凝土强度等级不宜低于 C30;当采用钢丝、钢绞线、热处理钢筋做预应力筋时,混凝土强度等级不宜低于 C40。

3.混凝土保护层

混凝土结构中钢筋并不外露而是被包裹在混凝土里面。由纵向受力钢筋的外边缘到混凝土表面的最小距离称为混凝土保护层厚度。混凝土结构中纵向受力的普通钢筋及预应力钢筋,其混凝土保护层最小厚度不应小于钢筋的直径,且应符合附表 4 的规定。

4.钢筋的锚固

钢筋的锚固是保证构件承载力至关重要的因素,受拉钢筋在支座处必须有足够的锚固长度,才能在钢筋中建立能发挥钢筋强度的应力。若锚固黏结长度不够,将使构件提前破坏。钢筋的基本锚固长度 l_a 一般指梁、板、柱等构件的受力钢筋伸入支座或基础中的长度。受拉钢筋的基本锚固长度用式(3-29)计算

$$l_a = \alpha \frac{f_y}{f_t} d \tag{3-29}$$

式中 f_y——受拉钢筋的抗拉强度设计值,N/mm^2;

f_t——锚固区混凝土轴心抗拉强度设计值,N/mm^2,当混凝土强度等级大于 C40 时按 C40 考虑;

d——锚固钢筋的直径,mm;

α——钢筋的外形系数,按表 3-5 取值。

表 3-5 锚固钢筋的外形系数 α

钢筋类型	光面钢筋	带肋钢筋	三面刻痕钢丝	螺旋肋钢丝	三股钢绞线	七股钢绞线
钢筋外形系数 α	0.16	0.14	0.19	0.13	0.16	0.17

注:光面钢筋是指 HPB235 级热轧钢筋,末端应做 180°弯钩,但做受压钢筋时可不做弯钩;带肋钢筋是指 HRB335 级、HRB400 级钢筋和 RRB400 级余热处理钢筋。

构件中钢筋的实际锚固长度,应根据钢筋的受力情况、保护层厚度、钢筋形式等对黏结强度的影响,采用基本锚固长度乘以以下修正系数:

(1)当 HRB335、HRB400 和 RRB400 级钢筋的直径大于 25 mm 时,锚固长度应乘以修正系数 1.1。

(2)环氧树脂涂层的 HRB335、HRB400 和 RRB400 级钢筋,锚固长度应乘以修正系数 1.25。

(3)当钢筋在混凝土施工过程中易受扰动(如滑模施工)时,锚固长度应乘以施工修正系数 1.1。

(4)当 HRB335、HRB400 和 RRB400 级钢筋在锚固区的混凝土保护层厚度大于钢筋直径的 3 倍且配有箍筋时,锚固长度可乘以修正系数 0.8。

(5)除构造需要的锚固长度外,当受力钢筋的实际配筋面积大于其设计计算面积时,锚固长度可乘以设计计算面积与实际配筋面积的比值。抗震设计的结构及直接承受动力荷载的结构构件,不得考虑该修正。

上述锚固长度的修正系数可以连乘。但由于构造的需要,经上述修正后的锚固长度,不应小于基本锚固长度的 0.7 倍,且不应小于 250 mm。

当 HRB335、HRB400 和 RRB400 级钢筋末端采用图 3- 69 所示的机械锚固措施时,包括附加锚固端头在内的锚固长度可乘以机械锚固修正系数 0.7。机械锚固不适用于受压钢筋

的锚固。

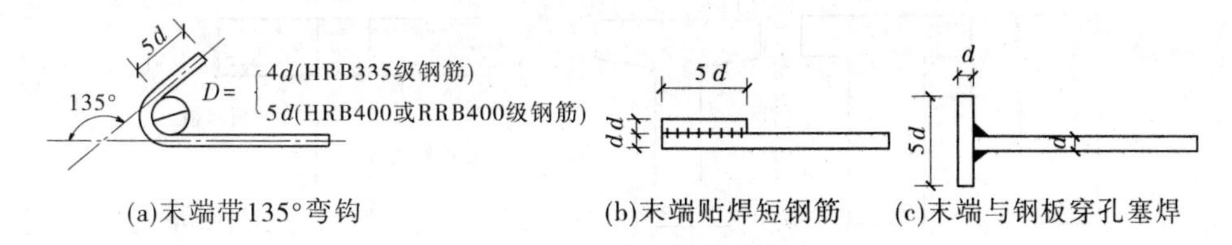

图 3-69 钢筋的机械锚固形式

机械锚固长度范围内的箍筋不应少于 3 根,其直径不应小于纵向钢筋直径的 0.25 倍,其间距不应大于纵向钢筋直径的 5 倍。当纵向钢筋的混凝土保护层厚度不小于钢筋直径的 5 倍时,可不配上述箍筋。

受压钢筋的锚固长度不应小于受拉钢筋锚固长度的 0.7 倍。

5.钢筋的连接

钢筋的连接可分为三类:绑扎搭接、机械连接、焊接连接。由于钢筋通过连接接头传力总不如整体钢筋可靠,所以钢筋连接的原则是:接头宜设置在受力较小处,同一纵向受力钢筋不宜设置两个或两个以上接头,同一构件中相邻纵向受力钢筋的连接接头宜相互错开。

(1)绑扎搭接。

钢筋搭接要有一定的长度才能传递黏结力。纵向受拉钢筋的最小搭接长度 l_l 按式(3-30)计算

$$l_1 = \xi l_a \tag{3-30}$$

式中 ξ——纵向受拉钢筋搭接长度修正系数,按表 3-6 采用。

表 3-6 纵向受拉钢筋搭接长度修正系数

纵向受拉钢筋搭接接头面积百分率(%)	≤25	50	100
ξ	1.2	1.4	1.6

在任何情况下,纵向受拉钢筋的搭接长度不应小于 300 *mm*。

纵向受压钢筋搭接时,其最小搭接长度应根据式(3-30)的规定确定后,再乘以系数 0.7 取用。在任何情况下,受压钢筋的搭接长度不应小于 200 *mm*。

(2)机械连接。

钢筋机械连接是通过连接件的机械咬合作用或钢筋端面的承压作用,将一根钢筋中的力传递至另一根钢筋的连接方法。机械连接具有施工简便、接头质量可靠、节约钢材和能源等优点。常采用的连接方式有套筒挤压、直螺纹连接等。

(3)焊接连接。

焊接连接是利用热加工熔融金属实现钢筋的连接。常采用的连接方式有对焊、点焊、电弧焊、电渣压力焊等。采用焊接连接时,同一连接区段内纵向受拉钢筋接头面积百分率不应大于 50%,受压钢筋则不受此限。

(二)梁的构造规定

1.梁的截面形式与尺寸

梁的截面形式常见的有矩形、*T* 形、工字形,考虑到施工方便和结构整体性要求,工程中

也有采用预制和现浇结合的方法，形成叠合梁和叠合板。梁的截面形式如图 3-70 所示。

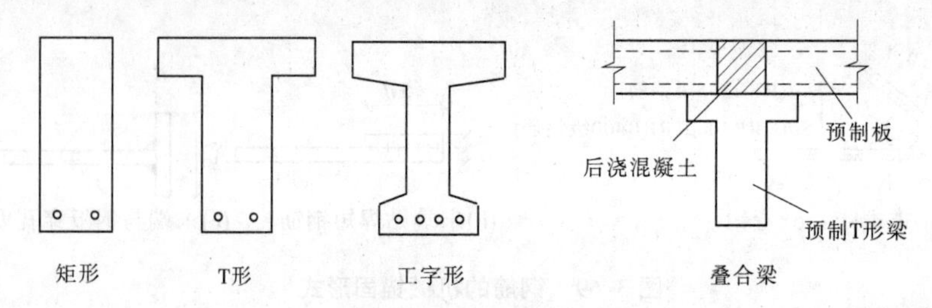

图 3-70　梁的截面形式

梁截面高度 h 与梁的跨度及所受荷载大小有关。一般按高跨比 h/l 估算，如简支梁的高度 h=(1/12~1/8)l，悬臂梁的高度 h=l/6，多跨连续梁 h=(1/18~1/12)l。梁截面宽度常用截面高宽比 h/b 确定。对于矩形截面一般 h/b=2~3.5，对于 *T* 形截面一般 h/b=2.5~4.0。

为了统一模板尺寸和便于施工，通常采用梁宽度 b=150 *mm*、200 *mm* 等，当 b>200 *mm* 时采用 50 *mm* 的倍数；梁高度 h=250 *mm*、300 *mm* 等，当 h≤800 *mm* 时采用 50 *mm* 的倍数，当h>800 *mm*时采用 100 *mm* 的倍数。

2.梁的配筋

梁中的钢筋有纵向受力钢筋、弯起钢筋、箍筋和架立筋等，如图 3-71 所示。

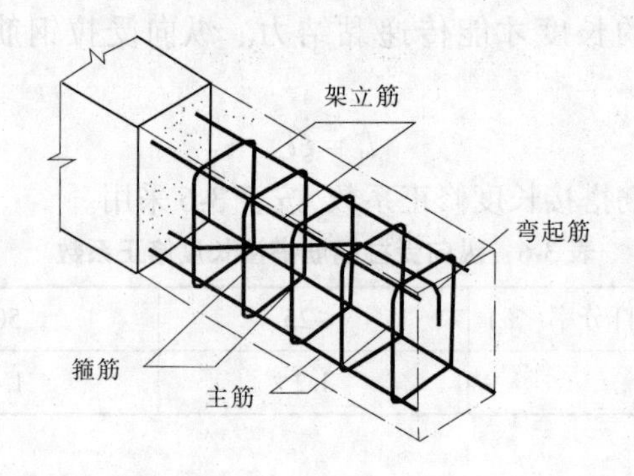

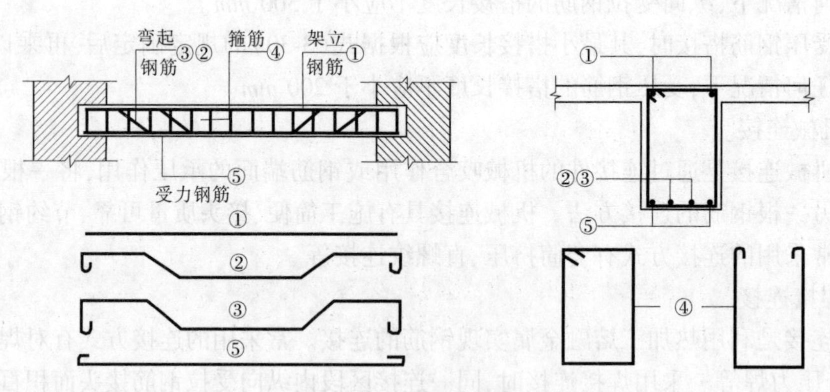

图 3-71　梁的配筋形式

1）纵向受力钢筋

纵向受力钢筋主要承受弯矩产生的拉力，如图 3-71 所示的⑤号钢筋，常用直径为 12~25 *mm*。为保证钢筋与混凝土之间具有足够的黏结力和便于浇筑混凝土，梁的上部纵向钢筋的净距不应小于 30 mm 和 1.5d(d 为纵向钢筋的最大直径),下部纵向钢筋的净距不应小于 25 mm 和 d,梁的下部纵向钢筋配置多于两层时,两层以上钢筋水平方向的中距应比下面两层的中距增大一倍。各层钢筋之间的净距应不小于 25 mm 和 d,如图 3-72 所示。

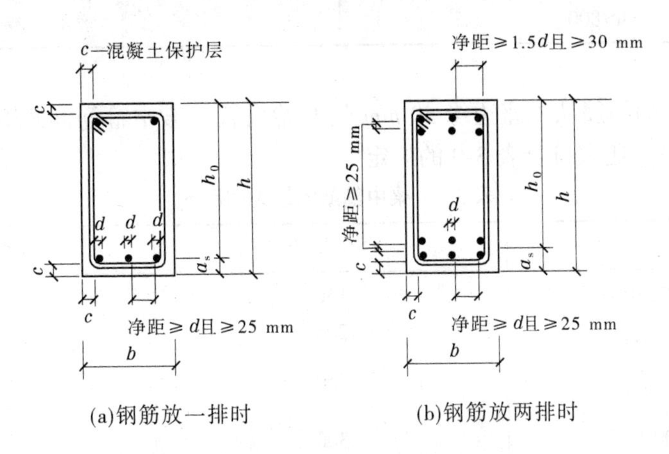

(a)钢筋放一排时　　(b)钢筋放两排时

图 3-72　梁内纵向受力钢筋的排列

在图 3-72 中,h_0 为梁的有效高度,是受拉钢筋的合力作用点到截面受压混凝土边缘的距离:$h_0=h-a_s$,a_s 为受拉钢筋的重心至混凝土受拉区边缘的距离。h_0 可按表 3-7 数值取用。

表 3-7　一类环境下梁、板的 h_0 值　　(单位:mm)

构件类型		混凝土强度等级	
		≤C20	C25 级及以上
板		$h_0=h-25$	$h_0=h-20$
梁	一排钢筋	$h_0=h-40$	$h_0=h-35$
	两排钢筋	$h_0=h-65$	$h_0=h-60$

2)弯起钢筋

弯起钢筋由纵向钢筋在支座附近弯起形成,如图 3-71 中②、③号钢筋。它的作用分三段:跨中水平段承受正弯矩产生的拉力;斜弯段承受剪力;弯起后的水平段可承受压力,也可承受支座处负弯矩产生的拉力。

弯起钢筋的弯起角度:当梁高 h≤800 mm 时,采用 45°;当梁高 h>800 mm 时,采用 60°。位于梁侧的底层钢筋不应弯起。

3)箍筋

箍筋主要用来承担剪力,在构造上能固定受力钢筋的位置和间距,并与其他钢筋形成钢筋骨架,如图 3-71 中④号钢筋。梁中的箍筋应按计算确定,此外,还应满足以下构造要求。

(1)构造箍筋:若按计算不需要配箍筋,当截面高度 h>300 mm 时,应沿梁全长设置箍筋;当 h=150~300 mm 时,可仅在构件端部各 1/4 跨度范围内设置箍筋;当在构件中部 1/2 跨度范围内有集中荷载作用时,则应沿梁全长设置箍筋;当 h<150 mm 时,可不设箍筋。

(2)直径:箍筋的最小直径不应小于表 3-8 的规定。

表 3-8　箍筋的最小直径　　（单位：*mm*）

梁高 h	最小直径
h≤800	6
h>800	8

（3）间距：梁的箍筋从支座边缘 50 *mm* 处开始设置。梁中箍筋间距 S 除应符合计算要求外，最大间距 S_{max} 还宜符合表 3-9 的规定。

表 3-9　梁中箍筋的最大间距 S_{max}　　（单位：*mm*）

梁高 h	$V>0.7f_tbh_0$	$V\leqslant0.7f_tbh_0$
150<h≤300	150	200
300<h≤500	200	300
500<h≤800	250	350
h>800	300	400

（4）形式：箍筋的形式有开口和封闭两种（见图 3-73（*a*）、（*b*））。开口式只用于无振动荷载或开口处无受力钢筋的现浇 *T* 形梁的跨中部分。除上述情况外，箍筋应做成封闭式。

（5）肢数：一个箍筋垂直部分的根数称为肢数。常用的有双肢箍（见图 3-73（*a*）、（*b*））、四肢箍（见图 3-73（*d*））和单肢箍（见图 3-73（*c*））等几种形式。当梁宽小于 350 *mm* 时，通常用双肢箍；梁宽大于等于 350 *mm* 或纵向受拉钢筋在一排的根数多于 5 根时，应采用四肢箍；当梁配有受压钢筋时，应使受压钢筋至少每隔一根处于箍筋的转角处；只有当梁宽小于 150 *mm* 或作为腰筋的拉结筋时，才允许使用单肢箍。

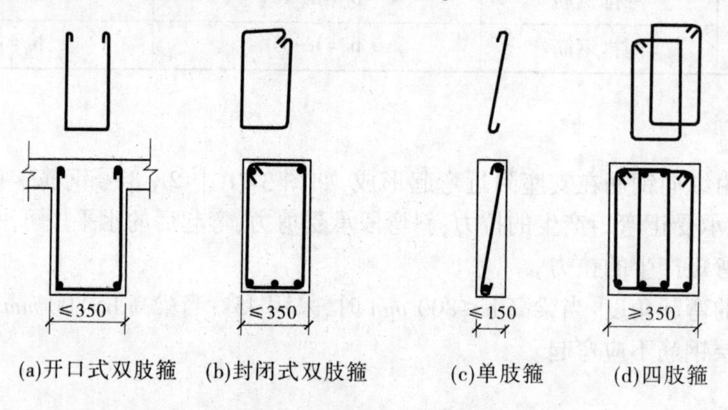

图 3-73　箍筋的形式和肢数

4）架立钢筋

为了将受力钢筋和箍筋联结成整体骨架，在施工中保持正确的位置，在梁的上部平行于纵向受力钢筋的方向，一般应设置架立钢筋，如图 3-71 中①号钢筋。

架立钢筋的直径：当梁的跨度小于 4 *m* 时，不宜小于 8 *mm*；当梁的跨度等于 4~6 *m* 时，不宜小于 10 *mm*；当梁的跨度大于 6 *m* 时，不宜小于 12 *mm*。

5)梁侧纵向构造钢筋及拉筋

当梁的腹板高度 $h_w \geq 450$ *mm* 时,为保证受力钢筋与箍筋构成的整体骨架的稳定,防止梁侧面中部产生竖向收缩裂缝,应在梁的两个侧面沿高度配置纵向构造钢筋。纵向构造钢筋间距 $a \leq 200$ *mm*,并用拉筋联结,如图 3-74 所示。

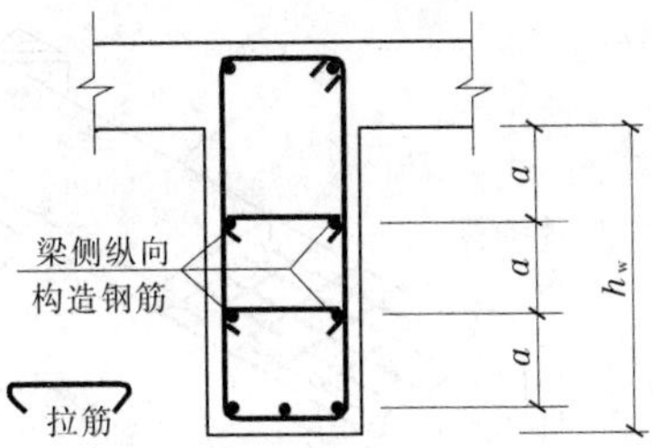

图 3-74　梁侧纵向构造钢筋和拉筋

3.梁的支撑长度

梁的实际支撑长度,除应满足纵向受力钢筋在支座处的锚固要求外,还要考虑支撑它的构件局部受压承载力。梁支撑在砖砌体上的长度 a 一般采用:当梁高 $h \leq 500$ *mm* 时,$a \geq 180$ *mm*;当梁高 $h > 500$ *mm* 时,$a \geq 240$ *mm*。

(三)板的构造规定

1.一般规定

钢筋混凝土板的常用截面有矩形、槽形和空心等形式,如图 3-75 所示。板的厚度 h 与其跨度 l 和所受荷载大小有关,一般按高跨比估算,如简支板 $h/l \geq 1/35$,多跨连续板 $h/l \geq 1/40$,悬臂板 $h/l \geq 1/12$。现浇板的板厚取 10 *mm* 为模数。考虑施工方便,现浇简支板的最小厚度 60 *mm*,悬臂板的最小厚度 80 *mm*。

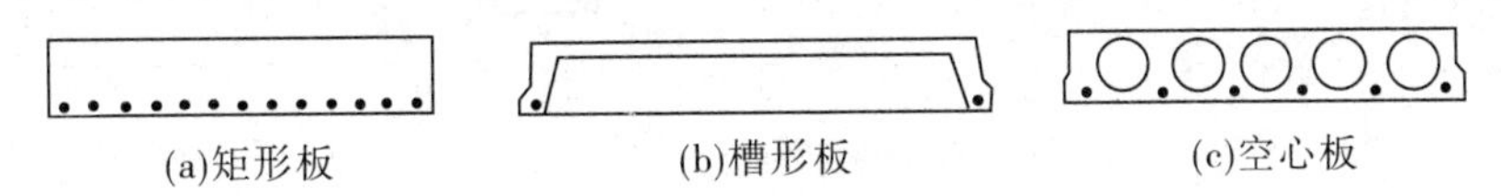

图 3-75　钢筋混凝土板截面形式

2.板中受力钢筋

板中受力钢筋是指承受弯矩作用下产生拉力的钢筋,沿板跨度方向放置,如图 3-76 所示。

1)直径

板中受力钢筋直径通常采用 6 *mm*、8 *mm*、10 *mm*、12 *mm*。

2)间距

为了使板受力均匀和混凝土浇筑密实,板中受力钢筋的间距不应小于 70 *mm*;当板厚 $h \leq 150$ *mm*时,不宜大于 200 *mm*;当板厚 $h > 150$ *mm* 时,不宜大于 1.5h,且不宜大于250 *mm*。

3)配筋方式

由于板在跨中一般承受正弯矩而在支座处承受负弯矩,因此在板跨中须配底部钢筋,而在支座处往往配板面钢筋,从而有两种配筋方式。

(1)分离式配筋。

跨中正弯矩钢筋宜全部伸入支座锚固;而在支座处另配负弯矩钢筋,其范围应能覆盖负弯矩区域并满足锚固要求,如图 3-77 所示。由于施工方便,分离式配筋已成为工程中主要采用的配筋方式。

(2)弯起式配筋。

将一部分跨中正弯矩钢筋在适当的位置(反弯点附近)弯起,并伸过支座后做负弯矩钢筋使用,由于施工比较麻烦,目前已很少采用。

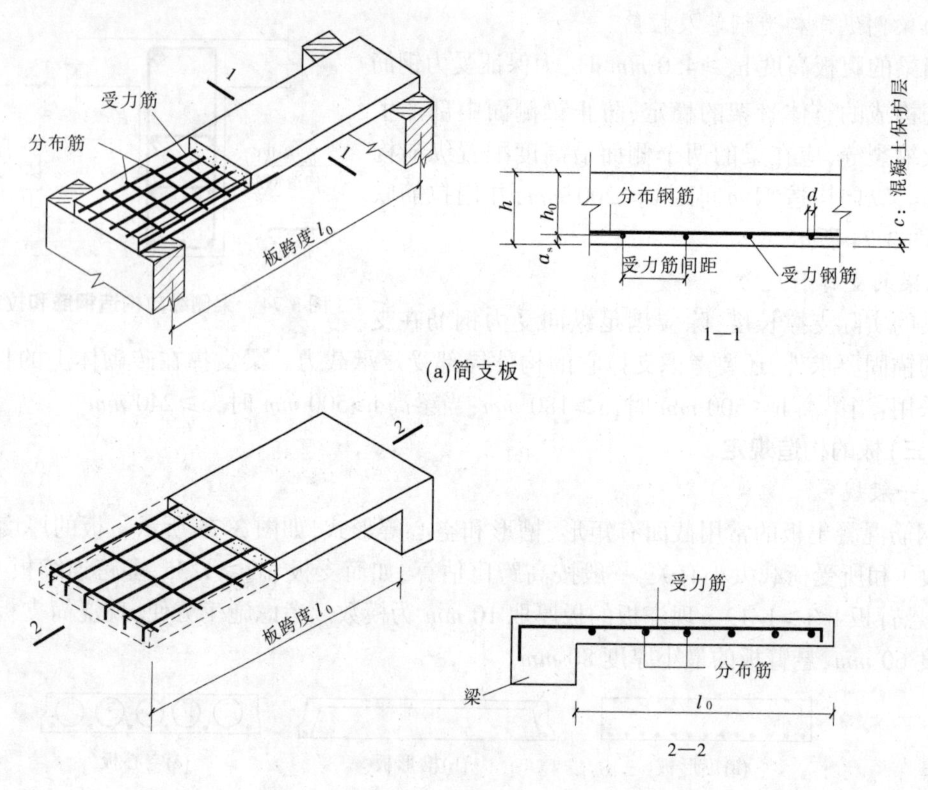

图 3-76　板配筋图

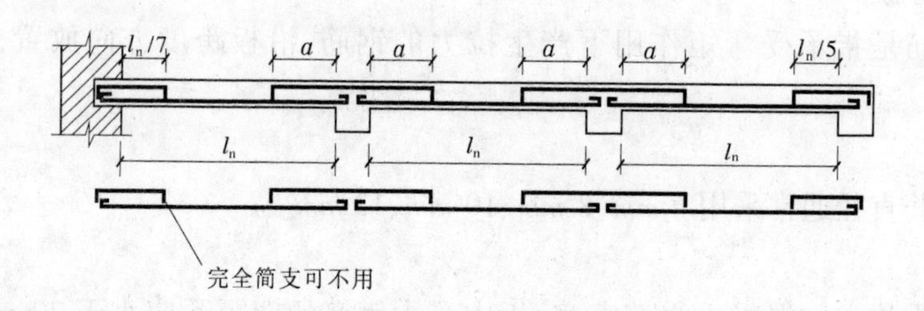

图 3-77　分离式配筋

为了保证锚固可靠,板内伸入支座的下部正弯矩钢筋采用半圆弯钩。对于上部负弯矩钢筋,为了保证施工时钢筋的设计位置,宜做成直抵模板的直钩。因此,直钩部分的钢筋长度为板厚减净保护层厚。

(3)钢筋的截断。

对承受均布荷载的等跨连续单向板或双向板,受力钢筋的弯起和截断的位置一般可按图 3-77 直接确定。

支座处的负弯矩钢筋,可在距支座边不小于 a 的距离处截断,其取值如下:

(1)当 $q/g \leq 3$ 时,$a=l_n/4$;

(2)当 $q/g>3$ 时,$a=l_n/3$。

其中,g、q 为恒荷载及活荷载设计值,l_n 为板的净跨度。

3.板的构造钢筋

1）分布钢筋

分布钢筋的作用是更好地分散板面荷载到受力钢筋上，固定受力钢筋的位置，防止由于混凝土收缩及温度变化在垂直板跨方向产生的拉应力。分布钢筋应放置在板受力钢筋的内侧（见图 3-78）。

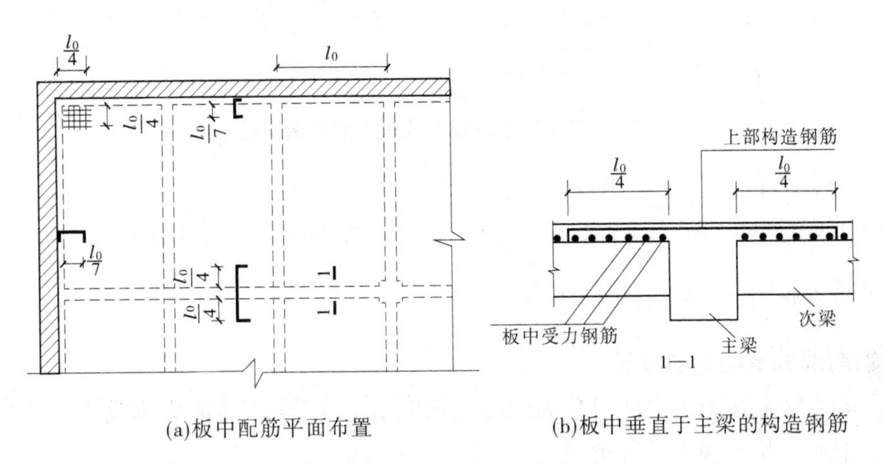

图 3-78 板的构造钢筋

分布钢筋宜采用 *HPB*235 和 *HRB*335 的钢筋，常用直径是 6 *mm* 和 8 *mm*。《混凝土结构设计规范》（*GB* 50010—2002）规定：单位长度上分布钢筋的截面面积不宜小于单位宽度上受力钢筋截面面积的 15%，且不宜小于该方向板截面面积的 0.15%；分布钢筋的间距不宜大于 250 *mm*，直径不宜小于 6 *mm*；对集中荷载较大或温度变化较大的情况，分布钢筋的截面面积应适当增加，其间距不宜大于 200 *mm*。

2）嵌入承重墙内的板面构造钢筋

嵌固在承重墙内的单向板，由于墙的约束作用，板在墙边也会产生一定的负弯距；垂直于板跨度方向，由于部分荷载将就近传给支撑墙，也会产生一定的负弯矩，使板面受拉开裂，为避免这种裂缝的出现和开展，《混凝土结构设计规范》（*GB* 50010—2002）规定：对于嵌固在承重砌体墙内的现浇混凝土板，应沿支撑周边配置上部构造钢筋，其直径不宜小于 8 *mm*，间距不宜大于 200 *mm*，其伸入板内的长度，从墙边算起不宜小于板短边跨度的 1/7；在两边嵌固于墙内的板角部分，应配置双向上部构造钢筋，该钢筋伸入板内的长度从墙边算起不宜小于板短边跨度的 1/4；沿板的受力方向配置的上部构造钢筋，其截面面积不宜小于该方向跨中受力钢筋截面面积的 1/3；沿非受力方向配置的上部构造钢筋，可根据经验适当减少（见图 3-78、图 3-79）。

3）垂直于主梁的板面构造钢筋

当现浇板的受力钢筋与梁平行时，《混凝土结构设计规范》（*GB* 50010—2002）规定：应沿主梁长度方向配置间距不大于 200 *mm* 且与主梁垂直的上部构造钢筋，其直径不宜小于 8 *mm*，且单位长度内的总截面面积不宜小于板中单位宽度内受力钢筋截面面积的 1/3。该构造钢筋伸入板内的长度从梁边算起每边不宜小于板跨度 l_0 的 1/4（见图 3-78（*b*））。

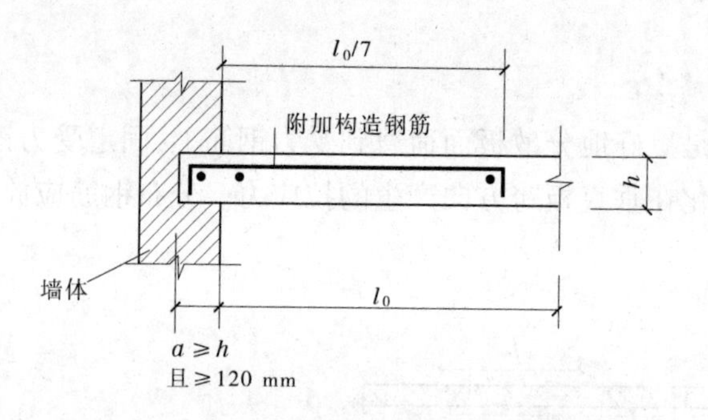

图 3-79　嵌固在砌体墙内的板上部构造钢筋

4.板的支撑长度

现浇板搁置在砖墙上时,其支撑长度 a 一般不小于板厚度,且不小于 120 *mm*(见图 3-79)。

四、钢筋混凝土梁板结构

(一)钢筋混凝土楼盖的分类

钢筋混凝土楼盖按施工方法可分为现浇式钢筋混凝土楼盖、装配式钢筋混凝土楼盖和装配整体式钢筋混凝土楼盖三种类型。

1.现浇式钢筋混凝土楼盖

现浇式钢筋混凝土楼盖整体性好、刚度大、防水性好和抗震性强,并能适应房间的平面形状、设备管道、荷载或施工条件比较特殊的情况。其缺点是费工、费模板、工期长、施工受季节的限制,故现浇式钢筋混凝土楼盖通常用于建筑平面布置不规则的局部楼面或在运输吊装设备不足的情况。

整体现浇式钢筋混凝土楼盖结构按楼板受力和支撑条件的不同,又分为无梁楼盖、密肋楼盖、井式楼盖和肋梁楼盖(见图 3-80)。无梁楼盖适用于柱网尺寸不超过 6 *m* 的图书馆、仓库等。密肋楼盖由于梁肋的间距小,板厚很小,梁高也较肋梁楼盖小,结构自重较轻。双向密肋楼盖近年来采用预制塑料膜壳克服了支模复杂的缺点而应用增多。井式楼盖可少设或不设内柱,能跨越较大的空间,宜用于跨度较大且柱网呈方形的公共建筑门厅及中小礼堂等,但用钢量大且造价高。肋梁楼盖又分为双向板肋梁楼盖和单向板肋梁楼盖,双向板肋梁楼盖多用于公共建筑和高层建筑,单向板肋梁楼盖广泛用于多层厂房和公共建筑。

2.装配式钢筋混凝土楼盖

装配式钢筋混凝土楼盖的楼板采用混凝土预制构件,便于工业化生产,在多层民用建筑和多层工业厂房中得到广泛应用。但是,这种楼面由于整体性、防水性和抗震性较差,不便于开设孔洞,故对于高层建筑、有抗震设防要求以及使用上要求防水和开设孔洞的楼面,均不宜采用。

3.装配整体式钢筋混凝土楼盖

装配整体式钢筋混凝土楼盖,其整体性较装配式的好,又较现浇式的节省模板和支撑。但这种楼盖需要进行混凝土的二次浇筑,有时还须增加焊接工作量,故给施工进度和造价都带来一些不利影响。因此,这种楼盖仅适用于荷载较大的多层工业厂房、高层民用建筑及有抗震设防要求的建筑。采用装配式钢筋混凝土楼盖可以克服现浇式钢筋混凝土楼盖的缺点,而装配整体式钢筋混凝土楼盖则兼具现浇式钢筋混凝土楼盖和装配式钢筋混凝土楼盖的优点。

在具体的实际工程中究竟采用何种楼盖形式,应根据房屋的性质、用途、平面尺寸、荷载大小、采光以及技术经济等因素综合考虑。

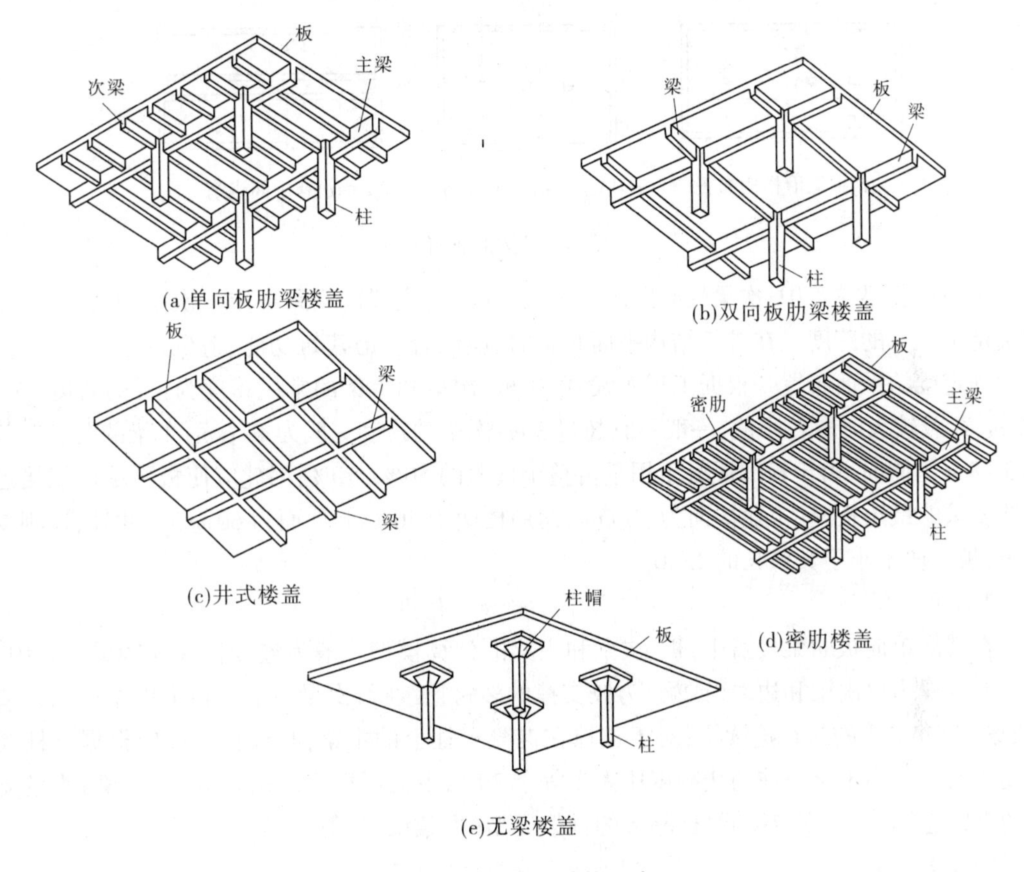

图 3-80 楼盖的结构形式

(二)现浇单向板肋梁楼盖

肋梁楼盖由板、次梁和主梁组成。其中板被梁划分成许多区格,每一区格的板一般是四边支撑在梁或墙上。当板的长边 l_2 与短边 l_1 之比 $l_2/l_1>3$ 时,经力学分析可知,在荷载作用下板短跨方向的弯矩远远大于板长跨方向的弯矩,可以认为板仅在短跨方向有弯矩存在并产生挠度,这类板称为单向板。单向板中的受力钢筋应沿短跨方向布置。对于 $l_2/l_1\leq2$ 的板,在长边和短边上都受到梁的支撑作用,与单向板相比,板的短跨和长跨方向上都有一定数值的弯矩存在,沿长边方向的弯矩不能忽略,这种板称为双向板。双向板沿板的长边和短边两个方向都需布置受力钢筋。

1.结构平面布置

在肋梁楼盖中,结构布置包括柱网、承重墙、梁格和板的布置。柱网尽量布置成长方形或正方形。主梁有沿横向和纵向两种布置方案。前者抵抗水平荷载的侧向刚度较大,房屋整体刚度好。此外,由于主梁与外墙面垂直,可开较大的窗口,对室内采光有利。后者适用于横向柱距大于纵向柱距较多时,或房屋有集中通风要求的情况,因主梁沿纵向布置,可使房屋层高降低,但房屋横向刚度较差,而且常由于次梁支撑在窗过梁上而限制了窗洞的高度。对于有中间走廊的房屋,常可利用中间纵墙承重,这时可仅布置次梁而不设主梁(见图 3-81)。

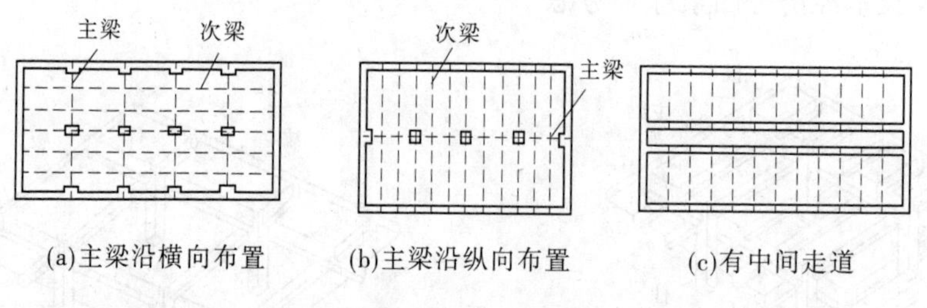

(a)主梁沿横向布置　(b)主梁沿纵向布置　(c)有中间走道

图 3-81　梁的布置

单向板肋梁楼盖中,次梁的间距决定了板的跨度,主梁的间距决定了次梁的跨度,柱距则决定了主梁的跨度。在进行结构平面布置时,应综合考虑建筑功能、造价及施工条件等,合理确定梁的平面布置。根据工程实践,单向板、次梁和主梁的常用跨度为:板的跨度1.7~2.7 *m*,荷载较大时取较小值,一般不宜超过 3 *m*;次梁的跨度一般为 4~6 *m*;主梁的跨度一般为 5~8 *m*。同时,由于板的混凝土用量占整个楼盖的 50%~70%,因此应使板厚尽可能接近构造要求的最小板厚:工业楼面为 80 *mm*,民用楼面为 70 *mm*,屋面为 60 *mm*。此外,按刚度要求,板厚还不小于其跨长的 1/40。

2.计算简图

在现浇单向板肋梁楼盖中,板、次梁和主梁的计算模型一般为连续板或连续梁。其中,板一般可视为以次梁和边墙(或梁)为铰支撑的多跨连续板;次梁一般可视为以主梁和边墙(或梁)为铰支撑的多跨连续梁;对于支撑在混凝土柱上的主梁,其计算模型应根据梁柱线刚度比而定。当主梁与柱的线刚度比大于等于 3 时,主梁可视为以柱和边墙(或梁)为铰支撑的多跨连续梁,否则应按梁、柱刚接的框架模型(框架梁)计算主梁。

1)荷载计算

当楼面承受均布荷载时,板所承受的荷载即为板带(b = 1 *m*)自重(包括面层及顶棚抹灰等)及板带上的均布活荷载。在确定板传递给次梁的荷载和次梁传递给主梁的荷载时,一般忽略结构的连续性而按简支进行计算。所以,对于次梁,取相邻跨中线所分割出来的面积作为它的受荷面积,次梁所承受的荷载为次梁自重及其受荷面积上板传来的荷载。对于主梁,则承受主梁自重及由次梁传来的集中荷载,但由于主梁自重与次梁传来的荷载相比往往较小,故为了简化计算,一般可将主梁均布自重简化为若干集中荷载,加上次梁传来的集中荷载合并计算。楼面受荷范围如图 3-82 所示。

2)计算跨度

当连续板、梁的某跨受到荷载作用时,它的相邻各跨也会受到影响,并产生变形和内力,但这种影响是距该跨愈远愈小,当为两跨以上时,影响已很小。因此,对于多跨连续板、梁(跨度相等或相差不超过 10%),当跨数超过五跨时,可按五跨来计算。此时,除连续板、梁两边的第一、二跨外,其余的中间跨度和中间支座的内力值均按五跨连续板、梁的中间跨度

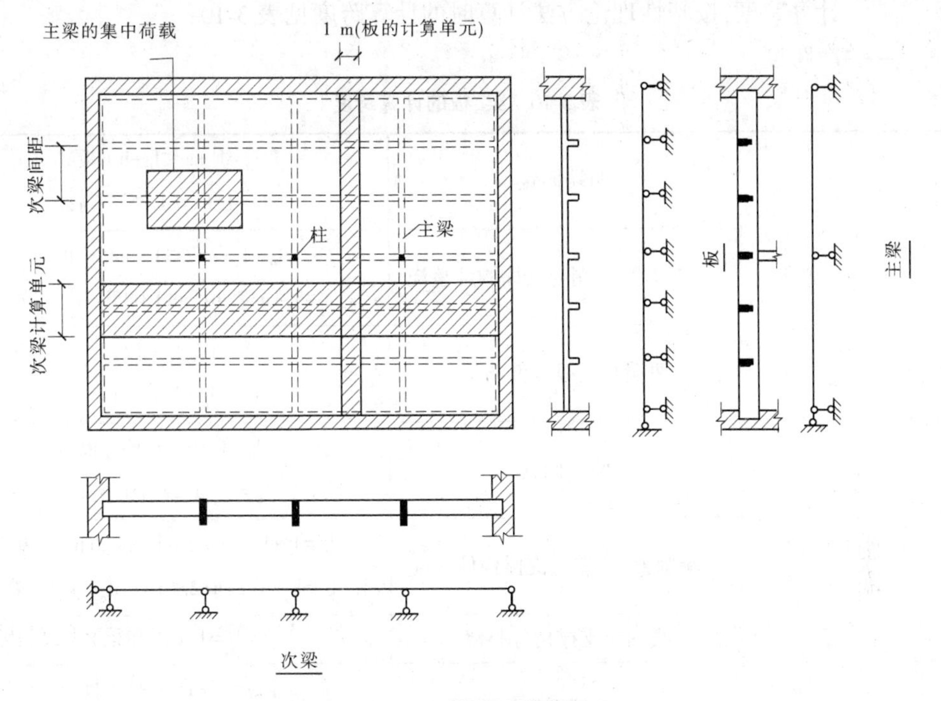

图 3-82　楼面受荷范围

和中间支座采用。如果跨数未超过五跨,则计算时应按实际跨数考虑。连续板、梁的计算简图如图 3-83 所示。

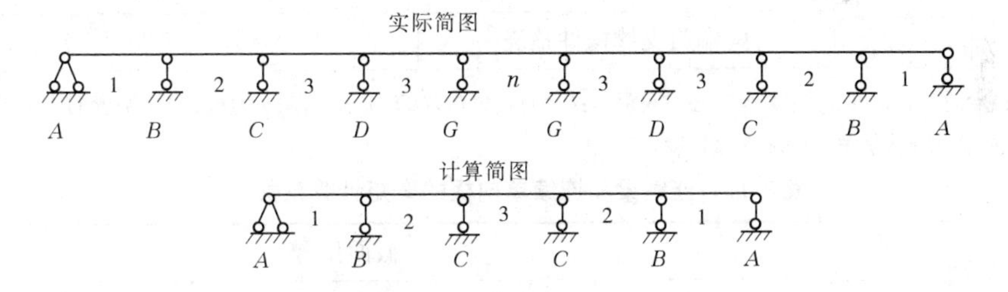

图 3-83　连续板、梁的计算简图

梁、板的计算跨度是指在计算弯矩时所采用的跨间长度。梁、板计算跨度的取值方法见表 3-10。

3)按塑性理论计算等跨连续梁、板

为了方便计算,对工程中常用的承受均布荷载的等跨连续梁或等跨连续单向板,设计时可直接查表得出控制截面的内力系数并分别按式(3-31)和式(3-32)计算弯矩设计值 M 和剪力设计值 V。

$$M = \alpha_{M}(g + q)l_{0}^{2} \tag{3-31}$$

$$V = \alpha_{V}(g + q)l_{n} \tag{3-32}$$

式中　α_M——连续梁、板的弯矩计算系数,按表 3-11 取值;

α_V——连续梁的剪力计算系数,按表 3-12 取值;

g、q——作用在梁、板上的均布恒荷载和活荷载设计值;

l_0——计算跨度，按塑性理论方法计算时的计算跨度见表 3-10；

l_n——净跨度。

表 3-10　梁、板的计算跨度

按弹性理论计算	单跨	两端搁置	$l_0=l_n+a\leqslant l_n+h$（板） $l_0=l_n+a\leqslant 1.05l_n$（梁）
		一端搁置、一端与支撑构件整浇	$l_0=l_n+a/2\leqslant l_n+h/2$（板） $l_0=l_n+a/2+b/2\leqslant 1.025l_n+b/2$（梁）
		两端与支撑构件整浇	$l_0=l_n$（板） $l_0=l_c$（梁）
	多跨	两端搁置	$l_0=l_n+a\leqslant l_n+h$（板） $l_0=l_n+a\leqslant 1.05l_n$（梁）
		一端搁置、一端与支撑构件整浇	$l_0=l_n+b/2+a/2\leqslant l_n+b/2+h/2$（板） $l_0=l_n+b/2+a/2\leqslant 1.025l_n+b/2$（梁）
		两端与支撑构件整浇	$l_0=l_c$（板和梁）
按塑性理论计算	多跨	两端搁置	$l_0=l_n+a\leqslant l_n+h$（板） $l_0=l_n+a\leqslant 1.05l_n$（梁）
		一端搁置、一端与支撑构件整浇	$l_0=l_n+a/2\leqslant l_n+h/2$（板） $l_0=l_n+a/2\leqslant 1.025l_n$（梁）
		两端与支撑构件整浇	$l_0=l_n$（板和梁）

注：l_0 为板、梁的计算跨度；l_c 为支座中心线间距离；l_n 为板、梁的净跨；h 为板厚；a 为板、梁端搁置的支撑长度；b 为中间支座宽度或与构件整浇的端支撑长度。

表 3-11　连续梁和连续单向板的弯矩计算系数 α_M

支撑情况		截面位置				
		端支座	边跨跨中	离端第二支座	中间支座	中间跨跨中
梁、板搁支在墙上		0	$\frac{1}{11}$	两跨连续：$-\frac{1}{10}$ 三跨以上连续：$-\frac{1}{11}$	$-\frac{1}{14}$	$\frac{1}{16}$
板	与梁整浇连接	$-\frac{1}{16}$	$\frac{1}{14}$			
梁		$-\frac{1}{24}$				
梁与柱整浇连接		$-\frac{1}{16}$	$\frac{1}{14}$			

注：1. 表中系数适用于荷载比 $q/g>0.3$ 的等跨连续梁和连续单向板。

2. 连续梁或连续单向板的各跨长度不等，但相邻两跨的长跨与短跨之比值小于 1.10 时，仍可采用表中弯矩系数值；计算支座弯矩时，应取相邻两跨中的较大值，计算跨中弯矩时，应取本跨长度。

表 3-12　连续梁的剪力计算系数 α_V

支撑情况	截面位置				
	端支座内侧	离端第二支座		中间支座	
		外侧	内侧	外侧	内侧
搁支在墙上	0.45	0.60	0.55	0.55	0.55
与梁或柱整体连接	0.50	0.55			

3.单向板肋梁楼盖的截面设计与构造要求

1)单向板的截面设计与构造要求

(1)截面设计要求:①板的计算单元通常取为1 m,按单筋矩形截面设计;②板按塑性方法计算内力;③按受弯构件计算受力纵向钢筋。

(2)构造要求:板的厚度应满足表3-13的规定,板的配筋率一般为0.4%~0.8%;板的支撑长度、板中受力钢筋和构造钢筋应满足板的构造规定。简支板或连续板下部纵向受力钢筋伸入支座的锚固长度不应小于$5d$(d为下部纵向受力钢筋的直径)。当连续板内温度、收缩应力较大时,伸入支座的锚固长度宜适当增加。

表3-13　混凝土梁、板截面的常规尺寸

构件种类		高跨比(h/l)	备注
单向板	简支 两端连续	≥1/35 ≥1/40	最小板厚: 屋面板　当l<1.5 m时　h≥50 mm 当l≥1.5 m时　h≥60 mm 民用建筑楼板　h≥60 mm 工业建筑楼板　h≥70 mm 行车道下的楼板　h≥80 mm
双向板	单跨简支 多跨连续	≥1/45 ≥1/50 (按短向跨度)	板厚一般取h=80~160 mm
密肋板	单跨简支 多跨连续	≥1/20 ≥1/25 (h为肋高)	板厚:当肋间距≤700 mm时　h≥40 mm 当肋间距>700 mm时　h≥50 mm
悬臂板		≥1/12	板的悬臂长度≤500 mm时　h≥60 mm 板的悬臂长度<500 mm时　h≥80 mm
无梁楼板	无柱帽 有柱帽	≥1/30 ≥1/35	h≥150 mm 柱帽宽度c=(0.2~0.3)l
多跨连续次梁 多跨连续主梁 单跨简支梁		1/18~1/12 1/14~1/8 1/14~1/8	最小梁高:次梁　h≥l/25 主梁　h≥l/15 宽高比(b/h)一般为1/3~1/2,并以50 mm为模数

2）次梁的截面设计与构造要求

（1）截面设计：次梁的内力计算一般按塑性方法计算。

①按正截面受弯承载力确定纵向受拉钢筋时，通常跨中按T形截面计算，支座因翼缘位于受拉区，按矩形截面计算。

②按斜截面受剪承载力确定横向钢筋，当荷载、跨度较小时，一般只利用箍筋抗剪；当荷载、跨度较大时，宜在支座附近设置弯起钢筋，以减少箍筋用量。

当次梁考虑塑性内力重分布时，调幅截面的相对受压区高度应满足 $0.1 \leqslant \xi \leqslant 0.35$。当次梁的截面尺寸满足要求时，一般不必作使用阶段的挠度和裂缝宽度验算。

（2）构造要求。

①截面尺寸：次梁的跨度 $l=4\sim6$ m，梁高 $h=(1/18\sim1/12)l$，梁宽 $b=(1/3\sim1/2)h$。

②次梁在砌体墙上的支撑长度 $a \geqslant 240$ mm。

③配筋方式：对于相邻跨度相差不超过20%，且均布活荷载和恒荷载的比值 $q/g \leqslant 3$ 的连续次梁，其中纵向受力钢筋的弯起和截断可按图3-84进行。

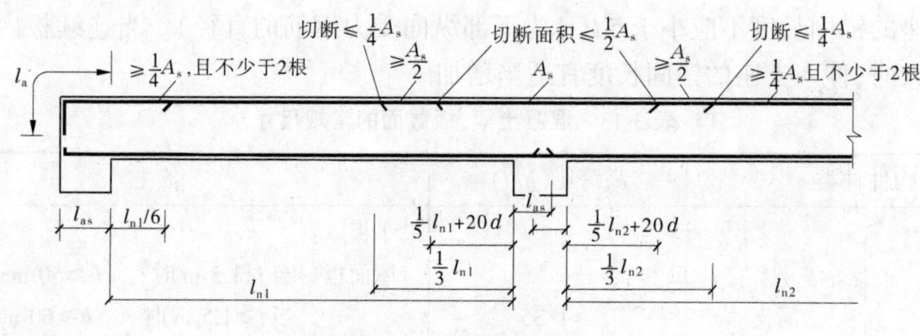

图3-84　次梁配筋示意图

4.主梁的截面设计与构造要求

1）截面设计

主梁内力计算通常按弹性理论方法进行，因主梁是比较重要的构件，需要有较大的强度储备，并要求在使用荷载下，挠度及裂缝开展不宜过大。主梁除自重外，主要承受由次梁传来的集中荷载，计算时，可不考虑次梁的连续性，为了简化计算，可将主梁的自重折算成集中荷载计算。

（1）按正截面受弯承载力确定纵向受拉钢筋时，通常跨中按T形截面计算，支座因翼缘位于受拉区，按矩形截面计算。

（2）斜截面受剪承载力确定横向钢筋，当荷载、跨度较小时，一般只利用箍筋抗剪；当荷载、跨度较大时，宜在支座附近设置弯起钢筋，以减少箍筋用量。

（3）主梁支座截面的有效高度 h_0：在主梁支座处，由于板、次梁和主梁截面的上部纵向钢筋相互交叉重叠，如图3-85所示，且主梁负筋位于板和次梁的负筋之下，因此主梁支座截面的有效高度减小。在计算主梁支座截面纵筋时，截面有效高度 h_0 可取为：

单排钢筋时，$h_0=h-(50\sim60)$ mm；

双排钢筋时，$h_0=h-(70\sim80)$ mm。

2）构造要求

（1）截面尺寸：主梁的跨度 $l=5\sim8$ m，梁高 $h=(1/14\sim1/8)l$，梁宽 $b=(1/3\sim1/2)h$。

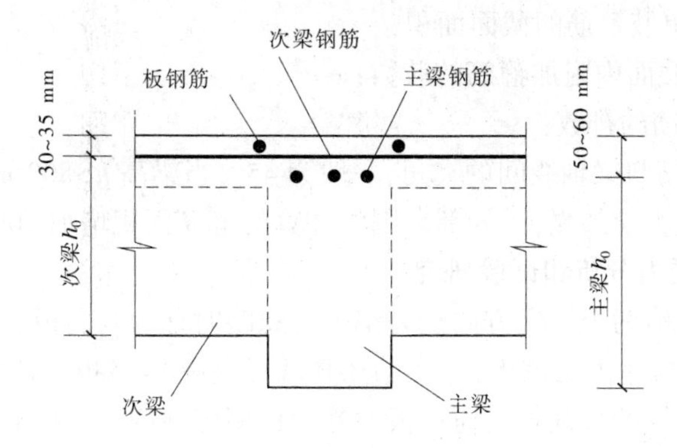

图 3-85　主梁支座处截面的有效高度

(2)主梁在砌体墙上的支撑长度 $a \geqslant 370$ mm。

(3)主梁纵向受力钢筋的弯起和截断,原则上应按弯矩包络图确定,并满足有关构造要求。

(4)主梁附加横向钢筋:主梁和次梁相交处,在主梁高度范围内受到次梁传来的集中荷载的作用,其腹部可能出现斜裂缝(见图 3-86(a))。因此,应在集中荷载影响区 s 范围内加设附加横向钢筋(箍筋、吊筋)以防止斜裂缝出现而引起局部破坏。位于梁下部或梁截面高度范围内的集中荷载,应全部由附加横向钢筋承担,并应布置在长度为 $s=2h_1+3b$ 的范围内。附加横向钢筋宜优先采用箍筋(见图 3-86(b))。当采用吊筋时,其弯起段应伸至梁上边缘,且末端水平段长度在受拉区不应小于 $20d$,在受压区不应小于 $10d$(d 为吊筋的直径)。

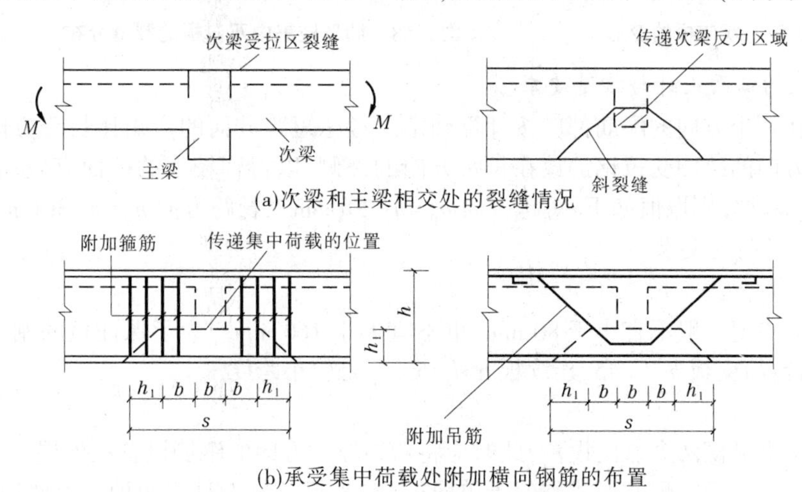

图 3-86　附加横向钢筋的布置

附加箍筋和吊筋的总截面面积按式(3-33)计算

$$F \leqslant 2f_y A_{sb}\sin\alpha + m \times n \times f_{yv} A_{sv1} \tag{3-33}$$

式中　F——由次梁传递的集中力设计值;

f_y——附加吊筋的抗拉强度设计值;

f_{yv}——附加箍筋的抗拉强度设计值;

A_{sb}——附加吊筋的截面面积;

A_{sv1}——附加单肢箍筋的截面面积；

n——在同一截面内附加箍筋的肢数；

m——附加箍筋的排数；

α——附加吊筋与梁轴线间的夹角，一般为45°，当梁高 $h>800$ mm 时，采用60°。

调幅后受剪承载力应加强，梁局部范围将计算的箍筋面积增加20%，应调整箍筋间距。

（三）双向板的受力分析和试验研究

板在荷载作用下沿两个正交方向受力都不可忽略时称为双向板。双向板可以为四边支撑板、三边支撑板或两邻边支撑板，但在肋梁楼盖中每一区格板的四边一般都有梁或墙支撑，是四边支撑板，板上的荷载主要通过板的受弯作用传到四边支撑的构件上。

双向板在弹性工作阶段，板的四角有翘起的趋势，若周边没有可靠固定，将产生如图3-87所示犹如碗状的变形，板传给支座的压力沿边长不是均匀分布的，而是在每边的中心处达到最大值。因此，在双向板肋形楼盖中，由于板顶面实际会受墙或支撑梁约束，破坏时就会出现如图3-88所示的板底及板顶裂缝。

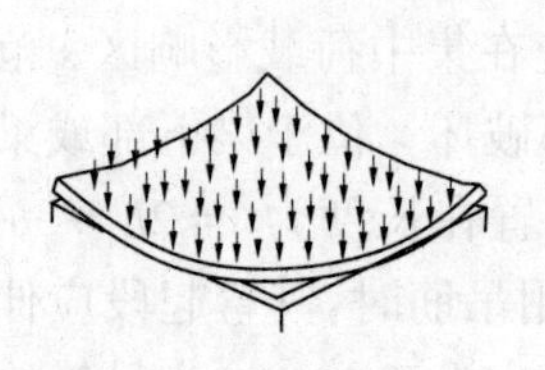

图3-87　双向板的变形

(a)板底面裂缝分布　　(b)板顶面裂缝分布

图3-88　肋形楼盖中双向板的裂缝分布

1.双向板的截面设计与构造要求

双向板在两个方向的配筋都应按计算确定。考虑短跨方向的弯矩比长跨方向的大，因此应将短跨方向的跨中受拉钢筋放在长跨方向的外侧，以得到较大的截面有效高度。截面有效高度 h_0 通常分别取值如下：短跨方向 $h_0=h-20$（mm），长跨方向 $h_0=h-30$（mm）。

2.双向板的构造要求

1）双向板的厚度

双向板的厚度一般不宜小于80 mm，也不宜大于160 mm。为了保证板的刚度，板的厚度 h 还应符合：简支板 $h>l_x/45$，连续板 $h>l_x/50$，l_x 是较小跨度。

2）钢筋的配置

受力钢筋沿纵横两个方向设置，此时应将弯矩较大方向的钢筋设置在外层，另一方向的钢筋设置在内层。板的配筋形式类似于单向板，有弯起式与分离式两种。沿墙边及墙角的板内构造钢筋与单向板楼盖相同。

按弹性理论计算时，其跨中弯矩不仅沿板长变化，而且沿板宽向两边逐渐减小；而板底钢筋是按跨中最大弯矩求得的，故应在两边予以减少。将板按纵横两个方向各划分为两个宽为 $l_x/4$（l_x 为较小跨度）的边缘板带和一个中间板带（见图3-89）。边缘板带的配筋为中间板带配筋的50%。连续支座上的钢筋应沿全支座均匀布置。

受力钢筋的直径、间距、截断点的位置等均可参照单向板配筋的有关规定。

（四）装配式混凝土楼盖

装配式混凝土楼盖主要由搁置在承重墙或梁上的预制混凝土铺板组成，故又称为装配

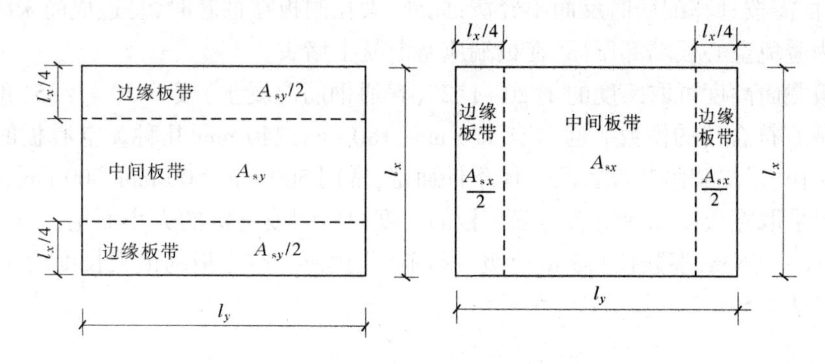

图 3-89　双向板配筋的分区和配筋量规定

式铺板楼盖。设计装配式楼盖时,一方面应注意合理地进行楼盖结构布置和预制构件选型,另一方面要处理好预制构件间的连接以及预制构件和墙(柱)的连接。

1.预制铺板的形式及特点

常用的预制铺板有实心板、空心板、槽形板、T形板等,其中以空心板的应用最为广泛。我国各地区或省一般均有自编的标准图,其他铺板大多数也编有标准图。随着建筑业的发展,预制的大型楼板(平板式或双向肋形板)也日益增多。

1)实心板

实心板(见图 3-90(a))上下表面平整,制作简单,但材料用量较多,适用于荷载及跨度较小的走道板、管沟盖板、楼梯平台板等。

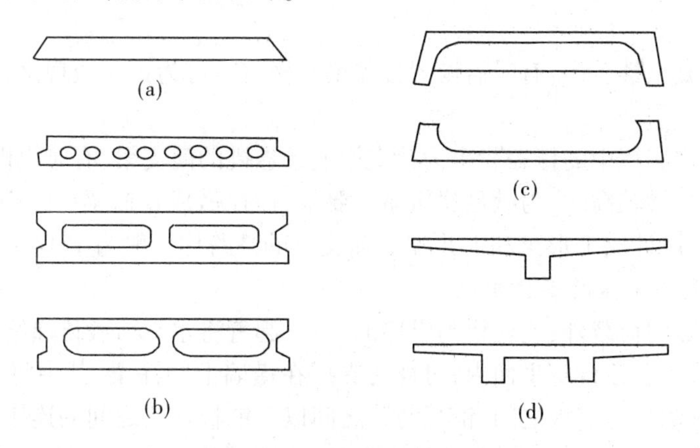

图 3-90　预制铺板的截面形式

实心板常用板长 $l=1.8\sim2.4$ m,板厚 $h\geqslant l/30$(常用 50~100 mm),板宽 $B=500\sim$ 1 000 mm。

2)空心板

空心板自重比实心板轻,截面高度可较实心板大,故其刚度较大,隔声、隔热效果亦较好,其顶棚或楼面均较槽形板易于处理,因而在装配式楼盖中应用甚为广泛。空心板的缺点是板面不能任意开洞,自重也较槽形板大。

空心板截面的孔型有圆形、方形、矩形或长圆形(见图 3-90(b)),视截面尺寸及抽芯设备而定,孔数视板宽而定。扩大和增加孔洞对节约混凝土、减轻自重和隔声有利,但若孔洞过大，其板面需按计算配筋时反而不经济，此外，大孔洞板在抽芯时，易造成尚未结硬的混凝土坍落。为避免空心板端部压坏，在板端应塞混凝土堵头。

空心板截面高度可取跨度的1/20~1/25(普通钢筋混凝土)或1/30~1/35(预应力混凝土)，其取值宜符合砖的模数。通常有120 mm、180 mm、240 mm几种。空心板的宽度主要根据当地制作、运输和吊装设备的具体条件而定，常用500 mm、600 mm、900 mm、1 200 mm，应尽可能地采取宽板以加快安装进度。板的长度视房间或进深的大小而定，一般有3.0 m，3.3 m，3.6 m，…，6 m，多数按0.3 m进级。目前，非预应力空心板的最大长度为4.8 m，预应力空心板可达7.5 m。

3)槽形板

槽形板有肋向下(正槽板)和肋向上(倒槽板)两种(见图3-90(c))。正槽板可以较充分利用板面混凝土抗压，但不能直接形成平整的天棚，倒槽板则反之。槽形板较空心板轻，但隔声、隔热性能较差。槽形板由于开洞较自由，承载能力较大，故在工业建筑中采用较多。此外，也可用于对天花板要求不高的民用建筑屋盖和楼面结构。

4)T形板

T形板有单T板和双T板两种(见图3-90(d))。这类板受力性能良好，布置灵活，能跨越较大的空间，且开洞也较自由，但整体刚度不如其他类型的板。双T板比单T板有较好的整体刚度，但自重较大，对吊装能力要求较高。T形板适用于板跨在12 m以内的楼面和屋盖结构。T形板的翼缘宽度为1 500~2 100 mm，截面高度为300~500 mm，视其跨度大小而定。

2.楼盖梁

在装配式混凝土楼盖中，有时需设置楼盖梁。楼盖梁可为预制或现浇，视梁的尺寸和吊装能力而定。

一般混合结构房屋中的楼盖梁多为简支梁或带悬挑的简支梁，有时也做成连续梁，梁的截面多为矩形。当梁较高时，为满足建筑净空要求，往往做成花篮梁(十字梁)。此外，为便于布板和砌墙，还设计成T形梁和Γ形梁。简支梁的高跨比一般为1/14~1/8。

3.装配式混凝土楼盖的连接构造

楼盖除承受竖向荷载外，它还作为纵墙的支点，起着将水平荷载传递给横墙的作用。在这一传力过程中，楼盖在自身平面内，可视为支撑在横墙上的深梁，其中将产生弯曲和剪切应力。因此，要求铺板与铺板之间、铺板与墙之间以及铺板与梁之间的连接应能承受这些应力，以保证这种楼盖在水平方向的整体性。此外，增强铺板之间的连接，也可增加楼盖在垂直方向受力时的整体性，改善各独立铺板的工作条件。因此，在装配式混凝土楼盖设计中，应处理好各构件之间的连接构造。

1)板与板的连接

板与板的连接，一般采用强度不低于C20的细石混凝土或砂浆灌缝(见图3-91(a))。

当楼面有振动荷载或房屋有抗震设防要求时，板缝内应设置拉结钢筋(见图3-91(b))。此时，板间缝应适当加宽。

2)板与墙和梁的连接

板与墙和支撑梁的连接，分支撑与非支撑两种情况。

板与其支撑墙和支撑梁的连接，一般采用在支座上坐浆(厚度为10~20 mm)。板在砖

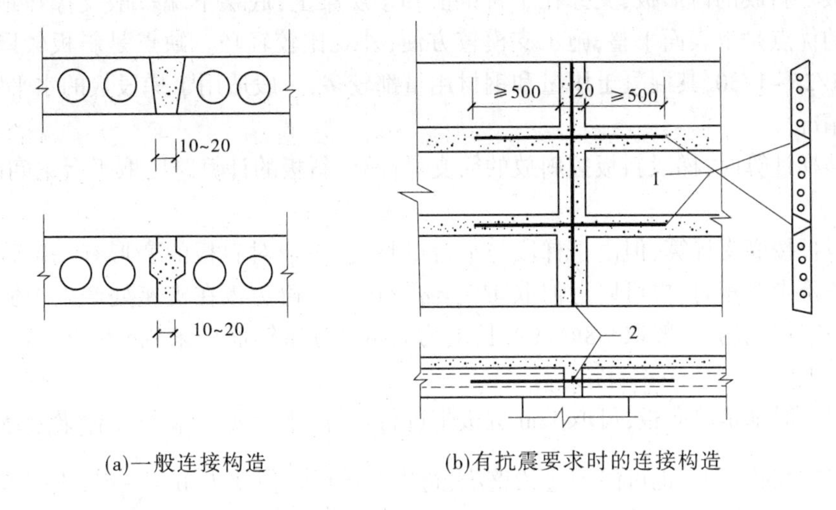

(a)一般连接构造　　　　(b)有抗震要求时的连接构造

1—拉结钢筋,间距≤2 000 mm;2—通长构造钢筋

图 3-91　板与板的连接构造

墙上支撑宽度应不小于 100 mm,在钢筋混凝土梁上支撑宽度应不小于 60~80 mm(见图 3-92),方能保证可靠地连接。

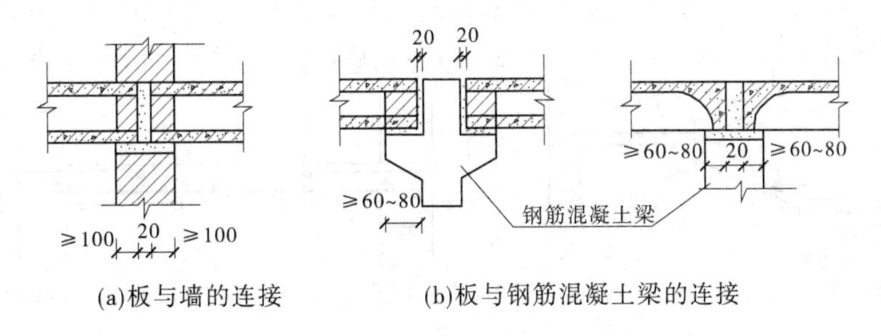

(a)板与墙的连接　　　　(b)板与钢筋混凝土梁的连接

图 3-92　板与支撑墙和板与支撑梁的连接构造

板与非支撑墙和支撑梁的连接,一般采用细石混凝土灌缝。当板长≥5 m 时,应在板的跨中设置 2 根直径为 8 mm 的联系筋,或将钢筋混凝土圈梁设置于楼盖平面处,以增强其整体性。

(五)钢筋混凝土楼梯的结构形式及构造

楼梯的平面布置、踏步尺寸、栏杆形式等由建筑设计确定。板式楼梯和梁式楼梯是最常见的现浇楼梯,此外,也有采用装配式楼梯的。

楼梯的结构设计包括以下内容:

(1)根据建筑要求和施工条件,确定楼梯的结构形式和结构布置;

(2)根据建筑类别,按《建筑结构荷载规范》(GB 50009—2001)(2006 年版)确定楼梯的活荷载标准值;

(3)进行楼梯各部件的内力计算和截面设计;

(4)绘制施工图,特别应注意处理好连接部位的配筋构造。

1.板式楼梯

板式楼梯由梯段板、平台板、踏步板和平台梁组成(见图 3-93)。

梯段板是斜放的齿形板，支撑在平台梁上和楼层梁上，底层下端一般支撑在地垄墙上。板式楼梯的优点是下表面平整，施工支模较方便，外观比较轻巧。缺点是斜板较厚，为梯段板斜长的1/25~1/30，其混凝土用量和钢材用量都较多，一般适用于梯段板的水平跨长不超过3 m的情况。

板式楼梯计算时，梯段斜板按斜放的简支梁计算，斜板的计算跨度取平台梁间的斜长净距 l_n。

虽然斜板按简支计算，但由于梯段与平台梁整浇，平台对斜板的变形有一定约束作用，故计算板的跨中弯矩时，也可以近似取 $M_{max}=ql_n^2/10$。为避免板在支座处产生裂缝，应在板上面配置一定量钢筋，一般取φ 8@200，长度为 $l_n/4$。分布钢筋可采用φ 6或φ 8，每级踏步一根。

平台板一般都是单向板，可取1 m宽板带进行计算，平台板一端与平台梁整体连接，另一端可能支撑在砖墙上，也可能与过梁整浇，跨中弯矩可近似取为 $M=\frac{1}{8}pl^2$，或取 $M\approx\frac{1}{10}pl^2$。考虑到板支座的转动会受到一定约束，一般应将板下部受力钢筋在支座附近弯起一半，必要时可在支座处板上面配置一定量钢筋，伸出支撑边缘长度为 $l_n/4$，如图3-94所示。

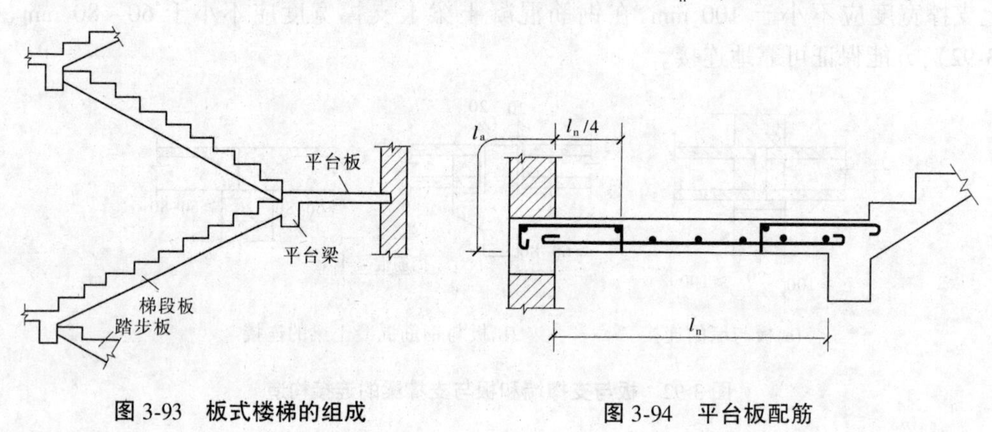

图3-93　板式楼梯的组成　　　图3-94　平台板配筋

2.梁式楼梯

梁式楼梯由踏步板、斜梁和平台板、平台梁组成(见图3-95)。

1)踏步板

踏步板按两端简支在斜梁上的单向板考虑，计算时一般取一个踏步作为计算单元，踏步板为梯形截面，板的计算高度可近似取平均高度 $h=(h_1+h_2)/2$(见图3-96)，板厚一般不小于30~40 mm，每一踏步一般需配置不少于2φ 6的受力钢筋，沿斜向布置间距不大于300 mm的φ 6分布钢筋。

2)斜梁

斜梁的内力计算特点与梯段斜板相同。踏步板可能位于斜梁截面高度的上部，也可能位于下部，计算时可近似取为矩形截面。图3-97为斜梁的配筋构造图。

3)平台梁

平台梁主要承受斜梁传来的集中荷载(由上、下楼梯斜梁传来)和平台板传来的均布荷载，平台梁一般按简支梁计算。

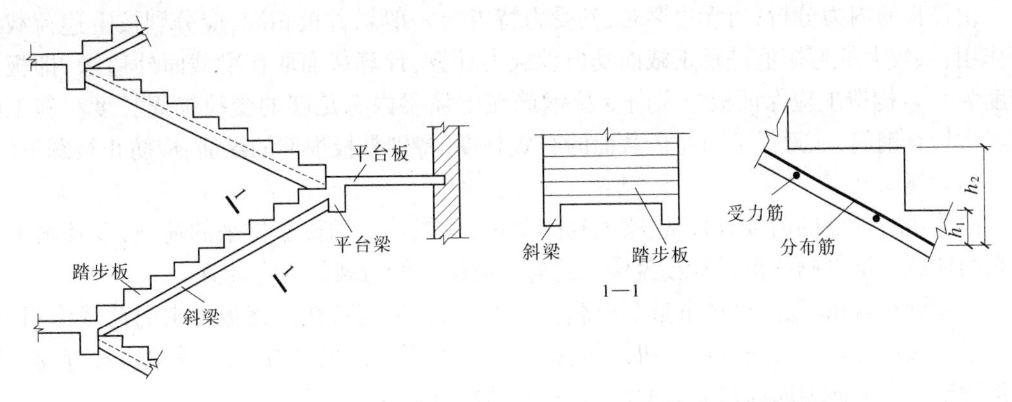

图 3-95　梁式楼梯的组成　　　　图 3-96　踏步板

（六）雨篷

1.雨篷的组成、受力特点

板式雨篷一般由雨篷板和雨篷梁两部分组成（见图 3-98）。雨篷梁既是雨篷板的支撑，又兼有过梁的作用。

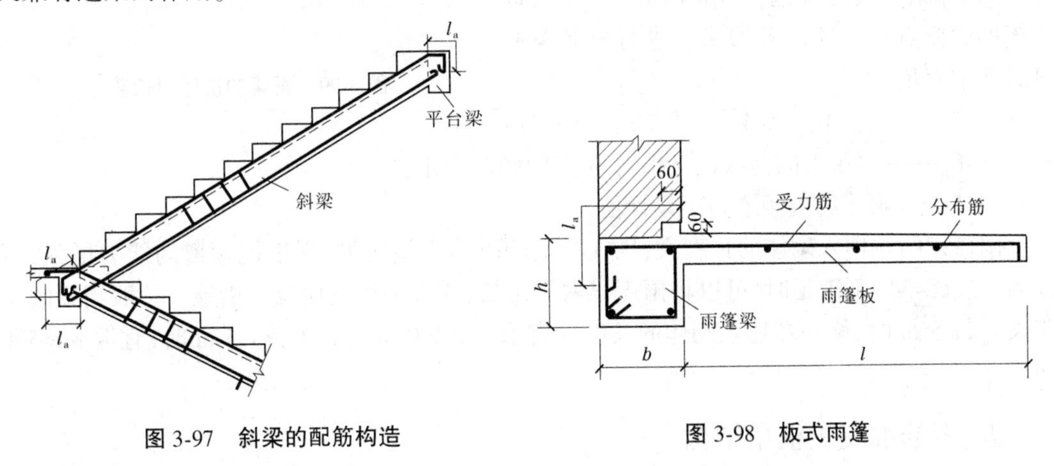

图 3-97　斜梁的配筋构造　　　　图 3-98　板式雨篷

一般雨篷板的挑出长度为 0.6~1.2 m 或更大，视建筑要求而定。现浇雨篷板多数做成变厚度的，一般取根部板厚为 1/10 挑出长度，但不小于 70 mm，板端不小于 50 mm。雨篷板周围往往设置凸沿以便能有组织地排泄雨水。雨篷梁的宽度一般取与墙厚相同，梁的高度应按承载能力要求确定。梁两端伸进砌体的长度应考虑雨篷抗倾覆的因素确定。雨篷计算包括三方面内容：

（1）雨篷板的正截面承载力计算；

（2）雨篷梁在弯矩、剪力、扭矩共同作用下的承载力计算；

（3）雨篷抗倾覆验算。

2.雨篷板和雨篷梁的承载能力计算

1）雨篷板上的荷载

雨篷板上的荷载有恒载（包括自重、粉刷等）、雪荷载、雨篷板上的均布活荷载以及施工和检修集中荷载。以上荷载中，雨篷均布活荷载与雪荷载不同时考虑，取两者中较大值进行设计。

雨篷板的内力分析，当无边梁时，其受力特点与一般悬臂板相同，应分别按上述荷载组合作用，取较大的弯矩值进行正截面受弯承载力计算，计算截面取在梁截面外边缘（即板的跨度为 l）。构造上应保证板中纵向受拉钢筋在雨篷梁内有足够的受拉锚固长度。施工时应经常检查钢筋，注意保证雨篷板截面的有效高度，特别是板根部的纵筋，应防止被踩下沉。

2）雨篷梁计算

雨篷梁所承受的荷载有自重、梁上砌体重量、可能计入的楼盖传来的荷载，以及雨篷板传来的荷载。梁上砌体重量和楼盖传来的荷载应按过梁荷载的规定计算。

雨篷梁在自重、梁上砌体重量等荷载作用下，承受弯、剪，在雨篷板传来的荷载作用下，雨篷梁不仅承受弯、剪，而且还受扭，因此雨篷梁是受弯、剪、扭的构件，雨篷梁应按弯、剪、扭构件确定所需纵向钢筋和箍筋的截面面积，并满足有关构造要求。

3）雨篷抗倾覆验算

雨篷板上的荷载使整个雨篷绕雨篷梁底的倾覆点 O 转动而倾倒（见图 3-99），但是梁的自重、梁上砌体重量等却有阻止雨篷倾覆的稳定作用。《砌体结构设计规范》（GB 50003—2001）取雨篷的倾覆点位于墙的外边缘。进行抗倾覆验算时要求满足

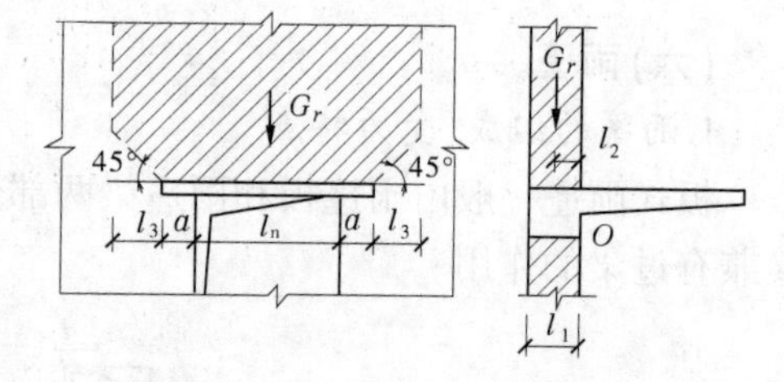

图 3-99　雨篷的抗倾覆荷载

$$M_{Ov} \leqslant M_r \qquad (3\text{-}34)$$

式中　M_{Ov}——雨篷板的荷载设计值对 O 点的倾覆力矩；

M_r——雨篷的抗倾覆力矩设计值。

雨篷梁两端埋入砌体的长度大，压在梁上的砌体重量增加，则抵抗倾覆的能力增强，所以当公式（3-34）不满足时，可以将雨篷梁两端延长，或者采用其他拉结措施。一般当梁的净跨长 l_n<1.5 m 时，梁一端埋入砌体的长度 a 宜取 $a \geqslant 300$ mm；当 $l_n \geqslant 1.5$ m 时，宜取 $a \geqslant 500$ mm。

五、钢筋混凝土框架结构

（一）框架结构的类型

框架结构按施工方法可分为现浇式框架、装配式框架和装配整体式框架三种形式。

1.现浇式框架

现浇式框架的整体性及抗震性能好，预埋铁件少，较其他形式的框架节省钢材，建筑平面布置较灵活等，但是模板消耗量大，现场湿作业多，施工周期长，在寒冷地区冬季施工困难等。

2.装配式框架

将梁、板、柱全部预制，然后在现场进行装配、焊接而成的框架称为装配式框架。

装配式框架的构件可采用先进的生产工艺在工厂进行大批量生产，在现场以先进的组织管理方式进行机械化装配，但其结构整体性差，节点预埋件多，总用钢量较全现浇式框架多，施工需要大型运输和吊装机械，在地震区不宜采用。

3.装配整体式框架

装配整体式框架是将预制梁、柱和板在现场安装就位后，再在构件连接处现浇混凝土使

之成为整体而形成框架。

与装配式框架相比,装配整体式框架保证了节点的刚性,提高了框架的整体性,省去了大部分的预埋铁件,节点用钢量减少,故应用较广泛。其缺点是增加了现场浇筑混凝土量。

(二)框架结构的布置

1.承重框架布置方案

在框架体系中,主要承受楼面和屋面荷载的梁称为框架梁,另一方向的梁称为连系梁。框架梁和柱组成主要承重框架,连系梁和柱组成非主要承重框架。若采用双向板,则双向框架都是承重框架。承重框架有以下三种布置方案,如图 3-100 所示。

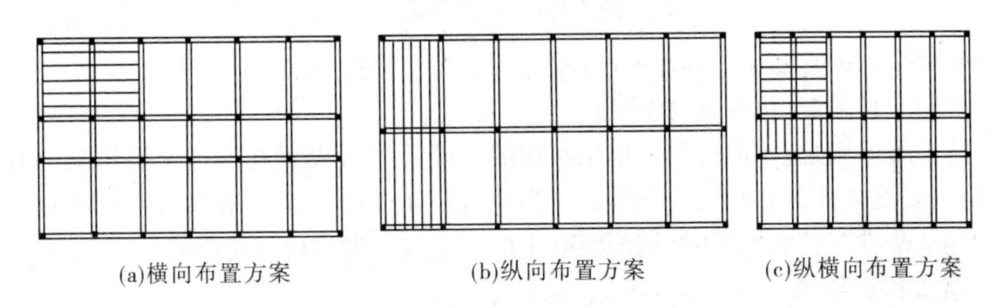

图 3-100　承重框架布置方案

1)横向布置方案

横向布置方案是指框架梁沿房屋横向布置,连系梁和楼(屋)面板沿纵向布置,如图 3-100(a)所示。房屋纵向刚度较富裕,而横向刚度较弱,采用这种布置方案有利于增加房屋的横向刚度,提高抵抗水平作用的能力,因此在实际工程中应用较多。其缺点是由于主梁截面尺寸较大,当房屋需要较大空间时,其净空较小。

2)纵向布置方案

纵向布置方案是指框架梁沿房屋纵向布置,楼板和连系梁沿横向布置,如图 3-100(b)所示。该方案房间布置灵活,采光和通风好,有利于提高楼层净高,需要设置集中通风系统的厂房常采用这种方案。但因其横向刚度较差,在民用建筑中一般采用较少。

3)纵横向布置方案

纵横向布置方案是指沿房屋的纵向和横向都布置承重框架,如图 3-100(c)所示。采用这种布置方案,可使两个方向都获得较大的刚度,因此柱网尺寸为正方形或接近正方形。地震区多层框架房屋,以及由于工艺要求需双向承重的厂房常用这种方案。

2.柱网布置和层高

(1)民用建筑,其柱网尺寸和层高一般按 300 mm 进级。常用跨度是 4.8 m、6.4 m、6 m、6.6 m 等,常用柱距为 3.9 m、4.5 m、4.8 m、6.1 m、6.4 m、6.7 m、6 m。采用内廊式时,走廊跨度一般为 2.4 m、2.7 m、3 m。常用层高为 3.0 m、3.3 m、3.6 m、3.9 m、4.2 m。

(2)工业建筑,其典型的柱网布置形式有内廊式、跨度组合式等,如图 3-101 所示。

采用内廊式布置时,常用跨为 6 m、6.6 m、6.9 m,走廊宽度常用 2.4 m、2.7 m、3 m,开间方向柱距为 3.6~8 m。等跨式柱网的跨度常用 6 m、7.5 m、9 m、12 m,柱距一般为 6 m。

工业建筑底层往往有较大设备和产品,甚至有起重运输设备,故底层层高一般较大。底层常用层高为 4.2 m、4.5 m、4.8 m、5.4 m、6.0 m、7.2 m、8.4 m,楼层常用层高为 3.9 m、4.2 m、4.5 m、4.8 m、5.6 m、6.0 m、7.2 m 等。

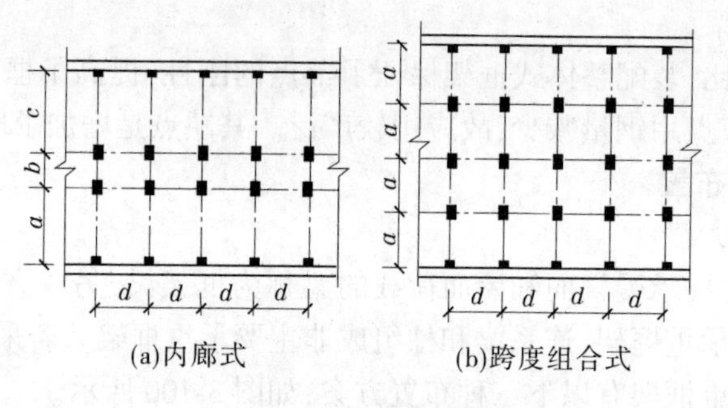

图 3-101 柱网布置

3.变形缝

变形缝包括伸缩缝、沉降缝、抗震缝。

变形缝设置原则是:钢筋混凝土框架结构的沉降缝一般设置在地基土层压缩性有显著差异,或房屋高度或荷载有较大变化等处。当建筑平面过长、高度或刚度相差过大以及各结构单元的地基条件有较大差异时,钢筋混凝土框架结构应考虑设置抗震缝。

(三)抗震构造要求

为了使框架结构具有良好的抗震性能,必须考虑结构体型、规则性、整体性和质量分布等问题,同时还应对结构承载力、刚度和非弹性延性变形能力从地震反应角度作出比较正确的评价,使结构体系具有一定的延性。要求框架结构有一定的延性就必须保证框架梁、柱有足够大的延性。因此,应合理控制结构破坏机制及破坏历程,使结构具有良好的塑性内力重分布能力,合理设计节点区及各个部分连接和锚固,避免各种形式的脆性破坏。

在抗震设计时应遵循下述设计基本原则:

(1)强柱弱梁。较合理的框架破坏机制和破坏历程,应是梁比柱的屈服尽可能先发生和多出现,底层柱的塑性铰最晚形成,同一层中各柱两端的屈服过程越长越好。因为同一层柱上、下都出现塑性铰,很容易形成几何可变体系而倒塌。因此,要控制梁、柱相对强度让塑性铰首先在梁端出现,尽量避免或减少在柱端出现,使框架结构形成尽可能多的梁型延性结构铰。

(2)强剪弱弯。钢筋混凝土构件的剪切破坏是脆性破坏,延性很小。对于框架梁、柱,为了使构件出现塑性铰前不发生脆性的剪切破坏,这就要求构件的抗剪承载力大于塑性铰的抗弯承载力。为此,要提高构件的抗剪强度,形成强剪弱弯。

(3)强节点,强锚固。框架结构中梁、柱节点的破坏,属变形能力差的剪切脆性破坏,并且使交于节点的梁、柱同时失效。所以,在梁、柱弹塑性变形充分发挥前,节点区和构件锚固不应失效。

六、多层砌体房屋的构造要求

(一)一般规定

1.房屋高度的限制

在一般情况下,砌体房屋层数越高,其震害程度和破坏率也越大。我国《建筑抗震设计规范》(GB 50011—2001)(2008 年版)规定了多层砌体房屋的层数和总高度限值(见表 3-14)。

表 3-14 房屋的层数和总高度限值

房屋类别		最小墙厚度(mm)	地震烈度							
			6度		7度		8度		9度	
			高度(m)	层数	高度(m)	层数	高度(m)	层数	高度(m)	层数
多层砌体	普通砖	240	24	8	21	7	18	6	12	4
	多孔砖	240	21	7	21	7	18	6	12	4
	多孔砖	190	21	7	18	6	15	5	—	—
	小砌块	190	21	7	21	7	18	6	—	—

注:1.房屋的总高度指室外地面到主要屋面板板顶或檐口的高度,半地下室从地下室室内地面算起,全地下室和嵌固条件好的半地下室应允许从室外地面算起;对带阁楼的坡屋面应算到山尖墙的 1/2 高度处。

2.室内外高差大于 0.6 m 时,房屋总高度应允许比表中的数据适当增加,但不应大于 1 m。

3.乙类的多层砌体房屋应允许按本地区设防烈度查表,但层数应减少 1 层且总高度应降低 3 m。

对于医院、教学楼及横墙较少的多层砌体房屋,总高度应比表 3-14 的规定降低 3 m,层数相应减少一层;对于各层横墙很少的房屋,还应再减少一层。多层砌体房屋的层高,不应超过 3.6 m。

2.房屋最大高宽比的限制

在地震作用下,房屋的高宽比越大(即高而窄的房屋),越容易失稳倒塌。因此,为保证砌体房屋的整体性,其总高度与总宽度的最大比值,宜符合表 3-15 的要求。

表 3-15 房屋最大高宽比

地震烈度	6度	7度	8度	9度
最大高宽比	2.5	2.5	2.0	1.5

注:单面走廊房屋的总宽度不包括走廊宽度;建筑平面接近正方形时,其高宽比宜适当减小。

3.抗震横墙间距的限制

多层砌体房屋抗震横墙的间距,不应超过表 3-16 的要求。

表 3-16 房屋抗震横墙最大间距 (单位:m)

房屋类别		地震烈度			
		6度	7度	8度	9度
多层砌体	现浇或装配整体式钢筋混凝土楼、屋盖	18	18	15	11
	装配式钢筋混凝土楼、屋盖	15	15	11	7

注:多层砌体房屋的顶层,最大横墙间距应允许适当放宽。

4.房屋局部尺寸的限制

多层砌体房屋的薄弱部位是窗间墙、尽端墙段、女儿墙等。对这些部位的尺寸应加以限制(见表 3-17)。

5.其他规定

多层砌体房屋的结构体系应符合下列要求:

(1)应优先采用横墙承重或纵横墙共同承重的结构体系。

(2)纵横墙的布置宜均匀对称,沿平面内宜对齐,沿竖向应上下连续;同一轴线上的窗间墙宽度宜均匀。

表 3-17 房屋局部尺寸的限制

（单位：m）

部位	地震烈度			
	6度	7度	8度	9度
承重窗间墙最小宽度	1.0	1.0	1.2	1.5
承重外墙尽端至门窗洞边的最小距离	1.0	1.0	1.2	1.5
非承重外墙尽端至门窗洞边的最小距离	1.0	1.0	1.0	1.0
内墙阳角至门窗洞边的最小距离	1.0	1.0	1.5	2.0
无锚固女儿墙（非出入口处）的最大高度	0.5	0.5	0.5	0

注：1.局部尺寸不足时应采取局部加强措施弥补。

2.出入口处的女儿墙应有锚固。

（3）房屋有下列情况之一时宜设置防震缝，缝两侧均应设置墙体，缝宽应根据烈度和房屋高度确定，可采用50～100 mm：①房屋立面高差在6 m以上；②房屋有错层且楼板高差较大；③各部分结构刚度、质量截然不同。

（4）楼梯间不宜设置在房屋的尽端和转角处。

（5）烟道、风道、垃圾道等不应削弱墙体；当墙体被削弱时，应对墙体采取加强措施；不宜采用无竖向配筋的附墙烟囱及出屋面的烟囱。

（6）教学楼、医院等横墙较少、跨度较大的房屋，宜采用现浇钢筋混凝土楼盖、屋盖。

（7）不应采用无锚固的钢筋混凝土预制挑檐。

（二）多层黏土砖房抗震构造措施

震害分析表明，在多层砖房中的适当部位设置钢筋混凝土构造柱，并与圈梁连接使之共同工作，可以增加房屋的延性，提高抗倒塌能力，防止或延缓房屋在地震作用下发生突然倒塌，或者减轻房屋的损坏程度。

1.构造柱的设置

多层普通砖、多孔砖房，应按下列要求设置现浇钢筋混凝土构造柱。

1）构造柱设置部位

（1）构造柱设置部位，一般情况下应符合表3-18的要求。

表 3-18 砖房构造柱设置要求

<table>
<tr><th colspan="4">房屋层数</th><th colspan="2" rowspan="2">设置部位</th></tr>
<tr><th>6度</th><th>7度</th><th>8度</th><th>9度</th></tr>
<tr><td>四、五</td><td>三、四</td><td>二、三</td><td></td><td rowspan="3">楼电梯间四角，楼梯段上下端对应的墙体处；
外墙四角和对应转角，错层部位横墙与外纵墙交接处；
大房间内外墙交接处，较大洞口两侧</td><td>7、8度时，楼电梯间的四角；隔15 m或单元横墙与纵墙交接处</td></tr>
<tr><td>六、七</td><td>五</td><td>四</td><td>二</td><td>隔开间横墙（轴线）与外墙交接处，山墙与内纵墙交接处；7～9度时，楼电梯间的四角</td></tr>
<tr><td>八</td><td>六、七</td><td>五、六</td><td>三、四</td><td>内墙（轴线）与外墙交接处，内墙的局部较小墙垛处；7～9度时，楼电梯间的四角；9度时内纵墙与横墙（轴线）交接处</td></tr>
</table>

(2)外廊式和单面走廊式的多层房屋,应根据房屋增加一层后的层数,按表3-18的要求设置构造柱,且单面走廊两侧的纵墙均应按外墙处理。教学楼、医院等横墙较少的房屋,应根据房屋增加一层后的层数,按表3-18的要求设置构造柱。

(3)当教学楼、医院等横墙较少的房屋为外廊式或单面走廊式时,应按(2)要求设置构造柱,但6度不超过四层、7度不超过三层和8度不超过两层时,应按增加两层后的层数对待。

2)构造柱的截面尺寸及配筋

构造柱是指夹在墙体中沿高度设置的钢筋混凝土小柱,砌体结构设置构造柱后,可增强房屋的整体工作性能。由于构造柱不作为承重柱对待,因而无需计算而仅按构造要求设置。构造柱最小截面可采用240 mm×180 mm,纵向钢筋宜采用4 ϕ 12,箍筋间距不宜大于250 mm,且在柱上下端宜适当加密;7度时超过六层、8度时超过五层和9度时,构造柱纵向钢筋宜采用4 ϕ 14,箍筋间距不应大于200 mm;房屋四角的构造柱可适当加大截面及配筋。

3)构造柱的连接

(1)构造柱与墙连接处应砌成马牙槎(见图3-102),并应沿墙高每隔500 mm设2 ϕ6拉结钢筋,每边伸入墙内不宜小于1 m(见图3-103)。

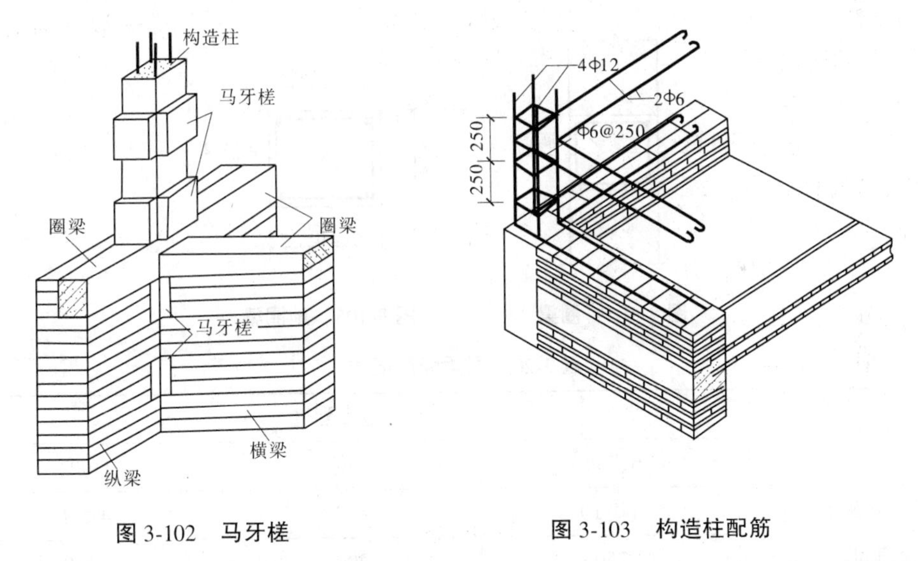

图3-102　马牙槎　　　　图3-103　构造柱配筋

(2)构造柱与圈梁连接处,构造柱的纵筋应穿过圈梁,保证构造柱纵筋上下贯通。

(3)构造柱可不单独设置基础,但应伸入室外地面下500 mm,或与埋深小于500 mm的基础圈梁相连。

2.圈梁的设置

设置钢筋混凝土圈梁是加强墙体的连接、提高楼(屋)盖刚度、抵抗地基不均匀沉降、限制墙体裂缝开展、保证房屋整体性、提高房屋抗震能力的有效构造措施。

1)圈梁的设置部位

(1)装配式钢筋混凝土楼(屋)盖或木楼屋盖的砖房,横墙承重时应按表3-19的要求设置圈梁;纵墙承重时每层均应设置圈梁,且抗震横墙上的圈梁间距应比表3-19的要求适当加密。

(2)现浇或装配整体式钢筋混凝土楼盖、屋盖与墙体有可靠连接的房屋,应允许不另设圈梁,但楼板沿墙体周边应加强配筋并应与相应的构造柱钢筋可靠连接。

表 3-19　砖房现浇钢筋混凝土圈梁设置要求

墙类	地震烈度		
	6、7 度	8 度	9 度
外墙和内纵墙	屋盖处及每层楼盖处	屋盖处及每层楼盖处	屋盖处及每层楼盖处
内横墙	屋盖处及每层楼盖处，屋盖处间距不应大于 7 m，楼盖处间距不应大于 15 m，构造柱对应部位	屋盖处及每层楼盖处，屋盖处沿所有横墙，且间距不应大于 7 m，楼盖处间距不应大于 7 m，构造柱对应部位	屋盖处及每层楼盖处，各层所有横墙

2）圈梁的截面尺寸及配筋

圈梁（见图 3-104）的截面高度不应小于 120 mm，配筋应符合表 3-20 的要求。但在软弱黏性土层、液化土、新近填土或严重不均匀土层上的基础圈梁，截面高度不应小于 180 mm，配筋不应少于 4 φ 12（见图 3-105）。

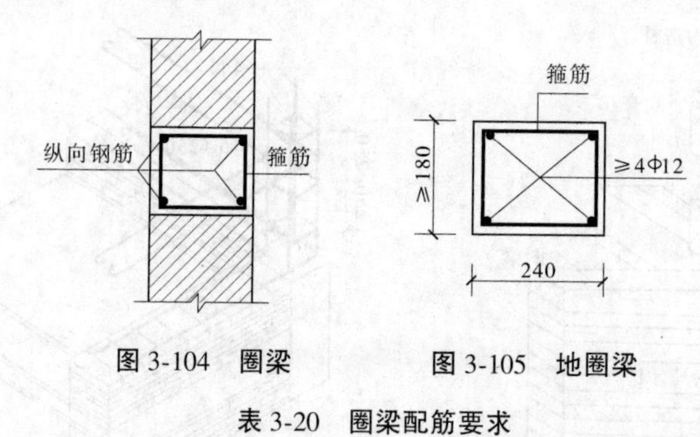

图 3-104　圈梁　　　图 3-105　地圈梁

表 3-20　圈梁配筋要求

配筋	地震烈度		
	6、7 度	8 度	9 度
最小纵筋	4 φ 10	4 φ 12	4 φ 14
最大箍筋间距（mm）	250	200	150

3）圈梁的构造

圈梁应闭合，遇有洞口时圈梁应上下搭接。圈梁宜与预制板设在同一标高处或紧靠板底（见图 3-106）。当表 3-20 要求的间距内无横墙时，应利用梁或板缝中配筋替代圈梁（见图 3-107）。

3.楼盖、屋盖与墙体的连接

（1）现浇钢筋混凝土楼板或屋面板伸进纵墙、横墙内的长度，均不应小于 120 mm。

（2）装配式钢筋混凝土楼板或屋面板，当圈梁未设在板的同一标高时，板端伸进外墙的长度不应小于 120 mm，伸进内墙的长度不应小于 100 mm，在梁上不应小于 80 mm。

（3）当板的跨度大于 4.8 m 且与外墙平行时，靠外墙的预制板侧边应与墙或圈梁拉结（见图 3-108）。

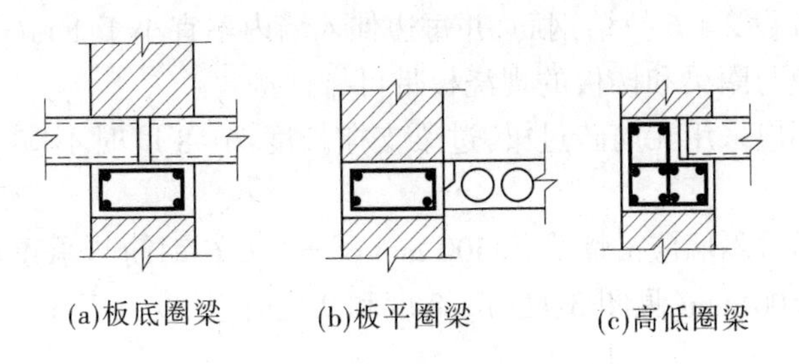

图 3-106　圈梁与楼板的关系

(4)房屋端部大房间的楼盖 8 度时房屋的屋盖和 9 度时房屋的楼盖、屋盖，当圈梁设在板底时，钢筋混凝土预制板应相互拉结，并应与梁、墙或圈梁拉结(见图 3-109)。

(5)楼盖、屋盖的钢筋混凝土梁或屋架应与墙、柱(包括构造柱)或圈梁可靠连接，6 度时，梁与砖柱的连接不应削弱柱截面，各层独立砖柱顶部应在两个方向均有可靠连接。7~9 度时，不得采用独立砖柱。跨度不小于 6 m 大梁的支撑构件应采取组合砌体等加强措施，并满足承载力要求。

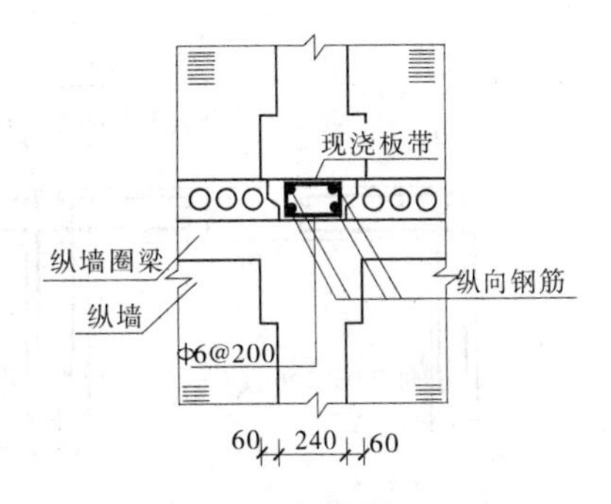

图 3-107　板缝配筋示意图

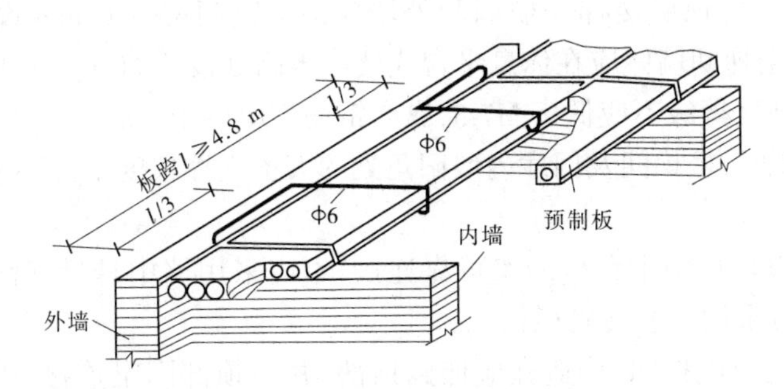

图 3-108　墙与预制板的拉结

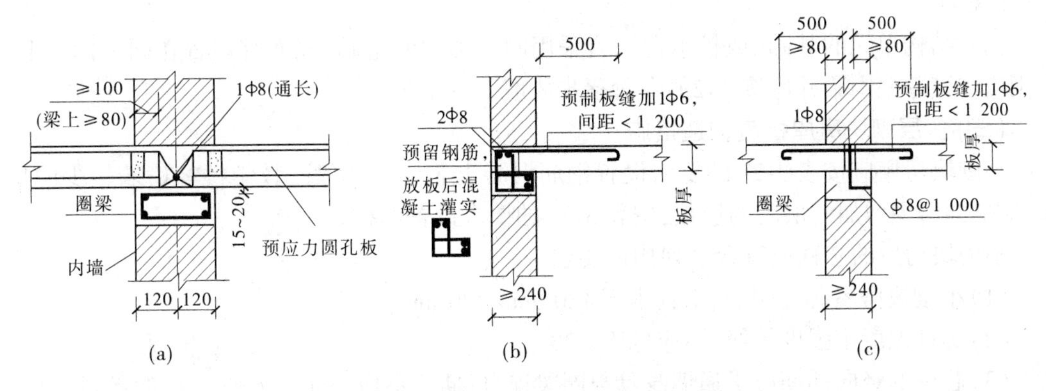

图 3-109　预制板板缝间、板与圈梁的拉结

(6)7 度时长度大于 7.2 m 的大房间，以及 8 度和 9 度时，外墙转角及内外墙交接处，应

沿墙高每隔 500 mm 设 2φ6 拉结钢筋,并每边伸入墙内不宜小于 1 m(见图 3-110)。

(7)预制阳台应与圈梁和楼板的现浇板带可靠连接。

(8)门窗洞处不应采用无筋砖过梁,过梁支撑长度:6~8 度时不应小于 240 mm,9 度时不应小于 360 mm。

(9)后砌的非承重隔墙应沿墙高每 500 mm 配置 2φ6 钢筋与承重墙或柱拉结,且每边伸入墙内不应小于 500 mm(见图 3-111)。8 度和 9 度时,长度大于 5 m 的后砌隔墙,墙顶应与楼板或梁拉结。

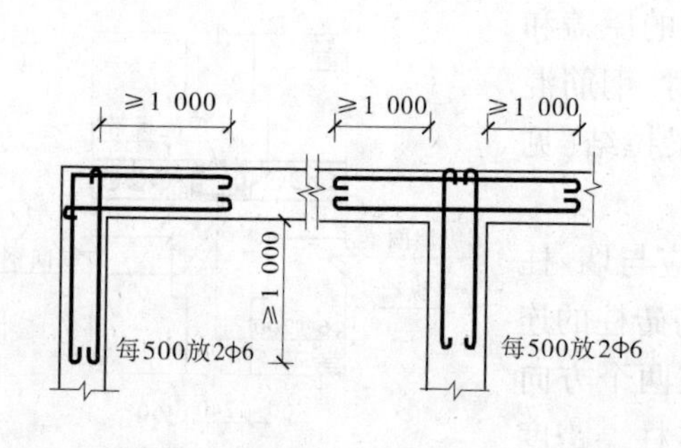

图 3-110 墙体的拉结筋示意图

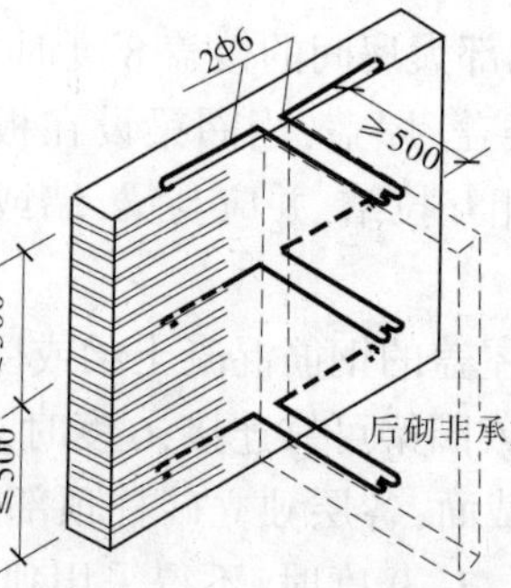

图 3-111 后砌非承重墙与承重墙的拉结

4.楼梯间的抗震构造

(1)8 度和 9 度时,顶层楼梯间横墙和外墙应沿墙高每隔 500 mm 设 2φ6 通长钢筋;7~9度时其他各层楼梯间墙体应在休息平台或楼层半高处设置 60 mm 厚的钢筋混凝土带或配筋砖带,其砂浆强度等级不应低于 M7.5,纵向钢筋不应少于 2φ10。

(2)8 度和 9 度时,楼梯间及门厅内墙阳角处的大梁支撑长度不应小于 500 mm,并应与圈梁连接。

(3)装配式楼梯段应与平台板的梁可靠连接,不应采用墙中悬挑式踏步或踏步竖肋插入墙体的楼梯,不应采用无筋砖砌栏板。

(4)突出屋顶的楼电梯间,构造柱应伸到顶部,并与顶部圈梁连接,内外墙交接处应沿墙高每隔 500 mm 设 2φ6 通长拉结钢筋,且每边伸入墙内不应小于 1 m。

5.基础

同一结构单元的基础(或桩承台),宜采用同一类型的基础,底面宜埋置在同一标高上,否则应增设基础圈梁并应按 1:2的台阶逐步放坡。

(三)多层砌块房屋抗震构造措施

小砌块房屋应按表 3-21 的要求设置钢筋混凝土芯柱,对医院、教学楼等横墙较少的房屋,应根据房屋增加一层后的层数,按表 3-21 的要求设置芯柱。

小砌块房屋的芯柱应符合下列构造要求:

(1)小砌块房屋芯柱,截面不宜小于 120 mm×120 mm。

(2)芯柱混凝土强度等级,不应低于 C20。

(3)芯柱的竖向插筋应贯通墙身且与圈梁连接;插筋不应小于 1φ12,7 度时超过五层,8 度时超过四层和 9 度时,插筋不应小于 1φ14。

(4)芯柱应伸入室外地面下 500 mm 或与埋深小于 500 mm 的基础圈梁相连。

(5)为提高墙体抗震受剪承载力而设置的芯柱，宜在墙体内均匀布置，最大净距不宜大于2.0 m。

表3-21　小砌块房屋芯柱设置要求

房屋层数			设置部位	设置数量
6度	7度	8度		
四、五	三、四	二、三	外墙转角，楼梯间四角；大房间内外墙交接处；隔15 m或单元横墙与外纵墙交接处	外墙转角，灌实3个孔；内外墙交接处，灌实4个孔
六	五	四	外墙转角，楼梯间四角；大房间内外墙交接处；山墙与内纵墙交接处；隔开间横墙（轴线）与外纵墙交接处	
七	六	五	外墙转角，楼梯间四角；各内墙（轴线）与外纵墙交接处；8、9度时，内纵墙与横墙（轴线）交接处和洞口两侧	外墙转角，灌实5个孔；内外墙交接处，灌实4个孔；内墙交接处，灌实4~5个孔；洞口两侧各灌实1个孔
	七	六	外墙转角，楼梯间四角；各内墙（轴线）与外纵墙交接处；8、9度时，内纵墙与横墙（轴线）交接处和洞口两侧，横墙内芯柱间距不宜大于2 m	外墙转角，灌实7个孔；内外墙交接处，灌实5个孔；内墙交接处，灌实4~5个孔；洞口两侧各灌实1个孔

注：外墙转角、内外墙交接处、楼电梯间四角等部位，应允许采用钢筋混凝土构造柱替代部分芯柱。

小砌块房屋中替代芯柱的钢筋混凝土构造柱，应符合下列构造要求：

(1)构造柱最小截面可采用190 mm×190 mm，纵向钢筋宜采用4ϕ12箍筋，间距不宜大于250 mm，且在柱上下端宜适当加密；7度时超过五层，8度时超过四层和9度时，构造柱纵向钢筋宜采用4ϕ14，箍筋间距不应大于200 mm；外墙转角的构造柱可适当加大截面及配筋。

(2)构造柱与砌块墙连接处应砌成马牙槎，与构造柱相邻的砌块孔洞，6度时宜填实，7度时应填实，8度时应填实并插筋；沿墙高每隔600 mm应设拉结钢筋网片，每边伸入墙内不宜小于1 m。

(3)构造柱与圈梁连接处，构造柱的纵筋应穿过圈梁，保证构造柱纵筋上下贯通。

(4)构造柱可不单独设置基础，但应伸入室外地面下500 mm或与埋深小于500 mm的基础圈梁相连。

小砌块房屋的现浇钢筋混凝土圈梁应按表3-22的要求设置，圈梁宽度不应小于190 mm，配筋不应少于4ϕ12，箍筋间距不应大于200 mm。

表3-22　小砌块房屋现浇钢筋混凝土圈梁设置要求

墙类	设置部位	设置数量
外墙和内纵墙	屋盖处及每层楼盖处	屋盖处及每层楼盖处
内横墙	屋盖处及每层楼盖处，屋盖处沿所有横墙，楼盖处间距不应大于7 m，构造柱对应部位	屋盖处及每层楼盖处，各层所有横墙

砌块房屋墙体交接处或芯柱与墙体连接处应设置拉结钢筋网片,可采用直径 4 mm 的钢筋点焊而成,沿墙高每隔 600 mm 设置,每边伸入墙内不宜小于 1 m。

小砌块房屋的层数,6 度时超过七层、7 度时超过五层、8 度时超过四层,在底层和顶层的窗台标高处,沿纵横墙应设置通长的水平现浇钢筋混凝土带;其截面高度不小于 60 mm,纵筋不少于 2 φ 10,并应有分布拉结钢筋;其混凝土强度等级不应低于 C20。

第四章 建筑施工与管理

第一节 地基与基础工程

一、土方工程

土方与基坑工程是建筑工程施工的主要工种工程之一，它主要包括场地平整，土方的开挖、运输和填筑等，以及施工排水、降水和土壁支撑等准备和辅助工作。

(一)概述

1.土的工程分类

土的种类繁多，分类方法也较多。在这里只介绍与土方施工密切相关的工程分类。在建筑工程施工中，常根据土方施工时的开挖难易程度，将土分为八类，称为土的工程分类。土的分类及其现场鉴别方法如表4-1所示。土的开挖难易程度影响着土方开挖的方法、劳动量的消耗、工期的长短、工程的费用。因此，在建筑工程管理中应首先根据土的工程分类确定土的类别。

表4-1 土的分类方法与现场鉴别方法

土的分类	土的名称	开挖方法	可松性系数	
			K_s	K'_s
一类土(松软土)	砂土、粉土、冲积砂土、种植土、泥炭(淤泥)	能用锹、锄头挖掘	1.08~1.17	1.01~1.04
二类土(普通土)	粉质黏土，潮湿的黄土，夹有碎石、卵石的砂，种植土，填筑土	用锹、锄头挖掘少许，用镐翻松	1.14~1.28	1.02~1.05
三类土(坚土)	软及中等密实黏土，重粉质黏土，粗砾石，干黄土及含碎石、卵石的黄土，粉质黏土，压实的填筑土	主要用镐，少许用锹、锄头，部分用撬棍	1.24~1.30	1.04~1.07
四类土(砂砾坚土)	重黏土及含碎石、卵石的黏土，粗卵石，密实的黄土，天然级配砂石，软的泥灰岩及蛋白石	用镐、撬棍，然后用锹挖掘，部分用楔子及大锤	1.26~1.37	1.06~1.15
五类土(软石)	硬石炭纪黏土，中等密实的页岩、泥灰岩，白垩土，胶结不紧的砾岩，软的石灰岩	用镐或撬棍、大锤，部分使用爆破	1.30~1.45	1.10~1.20
六类土(次坚石)	泥岩，砂岩，砾岩，坚实的页岩、泥灰岩，密实的石灰岩，风化花岗岩、片麻岩	用爆破方法，部分用风镐	1.30~1.45	1.10~1.20
七类土(坚石)	大理岩，辉绿岩，粗、中粒花岗岩，坚实的白云岩、砂岩、砾岩、片麻岩、石灰岩	用爆破方法	1.30~1.45	1.10~1.20
八类土(特坚石)	玄武岩、花岗片麻岩、坚实的细粒花岗岩、闪长岩、石英岩、辉绿岩	用爆破方法	1.45~1.50	1.20~1.30

2. 土的工程性质

土的工程性质对土方工程的施工有直接影响，其中基本的工程性质有土的可松性、土的含水量、土的渗透性、土的密度、土的密实度、土的压缩性等。

1) 土的可松性

土的可松性是指在自然状态下的土经开挖后，其体积因松散而增大，以后虽经回填压实，也不能恢复其原来体积的性质。由于土方工程量是以自然状态的体积来计算的，所以在土方调配、计算土方机械生产率及运输工具数量等的时候必须考虑土的可松性。

土的可松性程度用可松性系数表示，即

$$K_s = \frac{V_2}{V_1} \qquad K_s' = \frac{V_3}{V_1} \tag{4-1}$$

式中 K_s——最初可松性系数；

K_s'——最后可松性系数；

V_1——土在天然状态下的体积，m^3；

V_2——土经开挖后的松散体积，m^3；

V_3——土经回填压实后的体积，m^3。

2) 土的含水量

土的含水量 w 是土中所含水的质量与土的固体颗粒的质量之比，以百分数表示，用式(4-2)表示为

$$w = \frac{G_1 - G_2}{G_2} \times 100\% \tag{4-2}$$

式中 G_1——含水状态时土的质量，kg；

G_2——土烘干后的质量，kg。

土的最佳含水量和最大干密度参考值见表 4-2。

表 4-2 土的最佳含水量和最大干密度参考值

土的种类	最佳含水量(质量比)(%)	最大干密度(g/cm^3)
砂土	8~12	1.80~1.88
粉土	16~22	1.61~1.80
黏土	19~23	1.58~1.70
粉质黏土	12~15	1.85~1.95

3) 土的渗透性

土的渗透性是指水在土体中渗流的性能，一般以渗透系数 K 表示。表 4-3 所列数据仅供参考。

(二) 场地平整

1. 土方工程施工前的准备工作

土方工程施工前应做好下述准备工作：

(1) 场地清理；

(2) 排除地面水；

表4-3　土的渗透系数参考值

土的种类	K(m/d)	土的种类	K(m/d)
黏土	<0.005	中砂	5~20
粉质黏土	0.005~0.10	均质中砂	35~50
粉土	0.1~0.50	粗砂	20~50
黄土	0.25~0.50	圆砾石	50~100
细砂	1.00~5.00	砾石	100~500

(3)修筑好临时道路及供水、供电等临时设施;

(4)做好材料、机具及土方机械的进场工作;

(5)做好土方工程测量、放线工作;

(6)根据土方施工设计做好土方工程的辅助工作,如边坡稳定、基坑(槽)支护、降低地下水等。

2.场地平整的施工方案

场地平整的施工方案主要有:

(1)先平整场地后开挖基坑(槽);

(2)先开挖基坑(槽)后平整场地;

(3)边开挖基坑(槽)边平整场地。

在实际施工过程中,具体采用何种方案要根据施工现场的实际情况选择切合本工程实际的施工方案。

(三)基坑(槽)开挖

1.建筑物的定位与放线

基坑(槽)的施工首先应进行房屋定位和标高引测,然后根据基础的底面尺寸、埋置深度、土质好坏、地下水位的高低及季节性变化等不同情况,考虑施工需要,确定是否需要留工作面(施工人员操作、支模板等所需要的平面位置,如混凝土基础施工时工作面一般留300 mm)、放坡、增加排水设施和设置支撑等,从而定出挖土边线和进行放线工作。

基槽放线时,根据房屋主轴线控制点,首先将外墙轴线的交点用木桩测设在地面上,并在桩顶钉上铁钉作为标志。房屋外墙轴线测定以后,根据建筑物平面图,将内部开间所有轴线都一一测出。最后根据边坡系数计算的开挖宽度在中心轴线两侧用石灰在地面上撒出基槽开挖边线。同时,在房屋四周设置龙门板,以便于基础施工时复核轴线位置。

大基坑开挖,根据房屋的控制点用经纬仪放出基坑四周的挖土边线。

2.土壁支护

1)土方边坡及其稳定

土方边坡坡度以其高度 H 与其底宽 B 之比表示。边坡可做成直线形、折线形或踏步形(见图4-1)。

$$\text{土方边坡坡度} = \frac{H}{B} = \frac{1}{B/H} = \frac{1}{m} \tag{4-3}$$

式中　m——坡度系数,$m = B/H$。

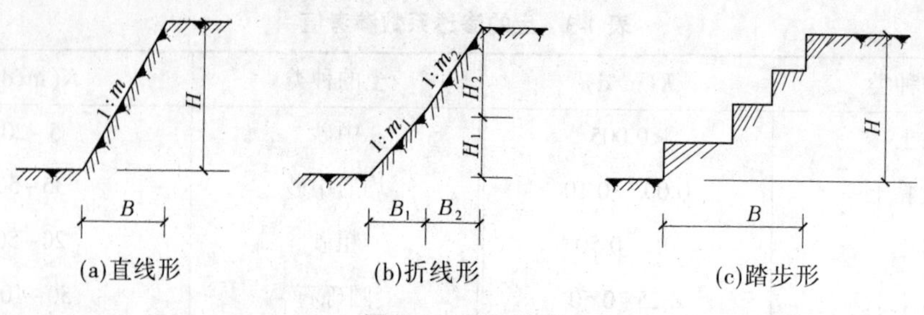

图 4-1　土方边坡

2）基坑（槽）支护

基坑（槽）支护结构的主要作用是支撑土壁。此外，钢板桩、混凝土板桩及水泥土搅拌桩等围护结构还兼有不同程度的隔水作用。

基坑（槽）支护结构的形式有多种，根据受力状态可分为横撑式支撑、板桩式支护结构、重力式支护结构，其中，板桩式支护结构又分为悬臂式和支撑式。

（1）横撑式支撑。

开挖较窄的沟槽，多用横撑式土壁支撑。横撑式土壁支撑根据挡土板的不同，分为水平挡土板式和垂直挡土板式两类，水平挡土板的布置又分为间断式和连续式两种。横撑式支撑示意如图 4-2 所示。

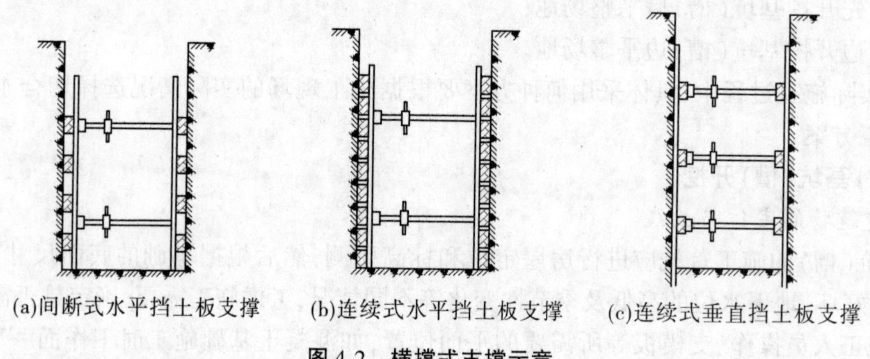

图 4-2　横撑式支撑示意

（2）板桩式支护结构。

板桩式支护结构由两大系统组成：挡墙系统和支撑（或拉锚）系统。悬臂式板桩支护结构则不设支撑（或拉锚）。板桩破坏情况示意如图 4-3 所示。

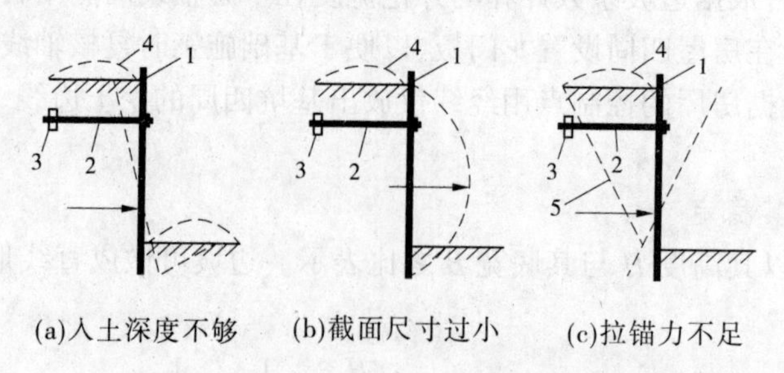

1—板桩；2—锚杆；3—锚锭；4—土堆；5—破坏面

图 4-3　板桩破坏情况示意

(3)重力式支护结构。

重力式支护结构主要通过加固基坑周边土形成一定厚度的重力式墙，以达到挡土的目的。

①水泥土搅拌桩。常用深层搅拌水泥桩支护墙，即在基坑四周用深层搅拌法将水泥与土拌和，形成块状连续壁或格状连续壁与壁间土组成复合重力式支护结构。当两桩间搭接200 mm时，这种支护墙具有防渗和挡土的双重功能。其宜用于场地较开阔，挖深不大于6 m，承载力标准值小于150 kPa的软土或较软土中。此外，尚有高压旋喷帷幕墙、水泥粉喷桩、化学注浆防渗挡土墙等形式的重力式支护结构。

②土钉墙结构。最常用的土钉墙结构是在分层分段挖土的条件下，分层分段施做土钉和配有钢筋网的喷射混凝土面层，挖土与土钉施工交叉作业，并保证每一施工阶段基坑的稳定性。

3.基坑(槽)土方量计算

1)基坑土方工程量计算

基坑土方量可按几何中的拟柱体(由两个平行的平面做底的一种多面体)，如图4-4所示，体积公式计算为

$$V = \frac{H}{6}(A_1 + 4A_0 + A_2) \tag{4-4}$$

式中 H——基坑深度，m；

A_1、A_2——基坑上、下底面的面积，m^2；

A_0——基坑的中截面面积，m^2。

2)基槽土方工程量计算

基槽土方工程量计算如图4-5所示，计算公式为

$$V = AL \tag{4-5}$$

式中 V——基槽的土方工程量，m^3；

A——基槽横断面面积，m^2；

L——基槽的长度，m，外墙中心线之间的长度，内墙净长线之间的长度。

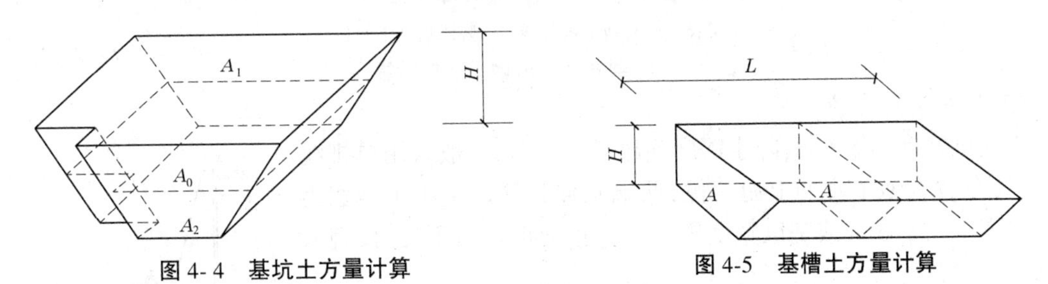

图4-4 基坑土方量计算　　图4-5 基槽土方量计算

4.施工排水与降低地下水位

当基坑(槽)开挖和基础施工期间的最高地下水位高于坑底设计标高时，应对地下水进行处理，以保证开挖期间获得干燥的作业面，保证坑(槽)底、边坡和基础底板的稳定，同时确保邻近基坑的建筑物和其他设施的正常运行。

根据基坑(槽)开挖深度、场地水文地质条件和周围环境，可采用集水井降水法和井点降水法进行降水。

1)集水井降水法

在基坑或沟槽开挖时,采用截、疏、抽的方法进行排水。开挖时,沿坑底周围或中央开挖排水沟,再在沟底设集水井,使基坑内的水经排水沟流向集水井,然后用水泵抽走,集水井降水如图4-6所示。

2)井点降水法

井点降水法(人工降低地下水位),是在基坑开挖前预先在基坑四周埋设一定的管(井),利用抽水设备,从井点管中将地下水不断抽出,使地下水位降低到基坑底面以下一定位置。

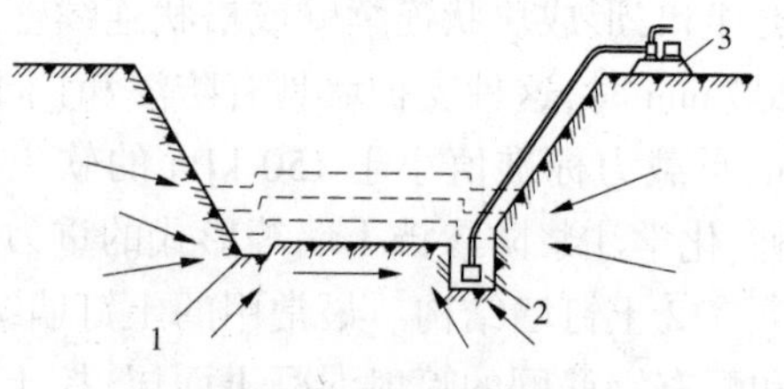

1—排水沟;2—集水井;3—水泵

图4-6 集水井降水

井点降水法有轻型井点、喷射井点、电渗井点、管井井点和深井井点。其中,轻型井点应用较为广泛,这里将作主要介绍。

轻型井点是沿基坑四周将许多根井点管沉入地下蓄水层内,井点管上端通过弯联管与集水总管相连接,并利用抽水设备将地下水从井点管内不断抽出,从而将地下水位降低至基底以下。

(1)轻型井点设备。

轻型井点系统由滤管、井点管、弯联管、集水总管和抽水设备等组成,如图4-7所示。

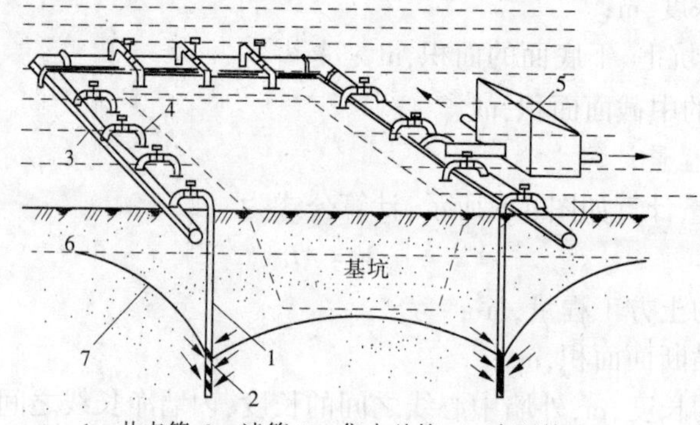

1—井点管;2—滤管;3—集水总管;4—弯联管;

5—水泵房;6—原有地下水位线;7—降水后地下水位线

图4-7 轻型井点降低地下水位示意

(2)轻型井点布置。

当基坑宽度小于6 m,降水深度不超过6 m时,一般采用单排线状井点,布置在地下水的上游一侧,两端延伸长度以不小于槽宽为宜。当宽度大于6 m或基坑宽度虽不大于6 m但土质不良时,宜采用双排线状井点。

此外,确定井点管埋深时,还要考虑到井点管上口一般要比地面高0.2 m。当一级井点系统达不到降水深度要求时,可采用二级井点,即先挖去第一级井点所疏干的土,然后再在其底部装设第二级井点(见图4-8)。

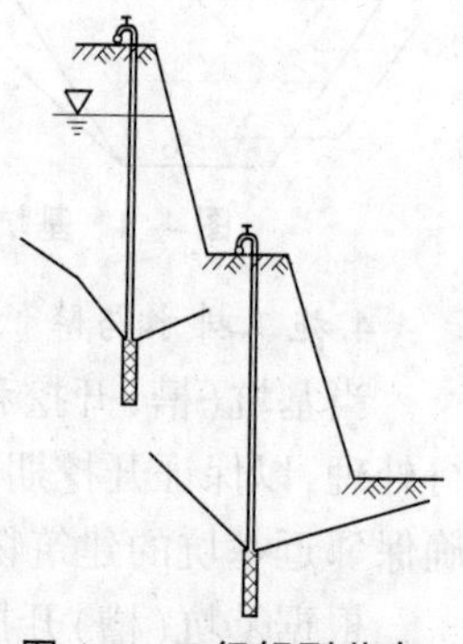

图4-8 二级轻型井点

(四)基坑(槽)开挖

基坑(槽)开挖有人工开挖和机械开挖两种,对于大型基坑应优先考虑选用机械化施工，以加快施工进度。

土方工程施工机械的种类繁多，有推土机、铲运机、平土机、松土机、单斗挖土机及多斗挖土机和各种碾压、夯实机械等。

1.推土机施工

推土机操作机动灵活，运转方便迅速，所需工作面小，易于转移，在建筑工程中应用最多，目前主要使用的是液压式，其外形如图 4-9所示。

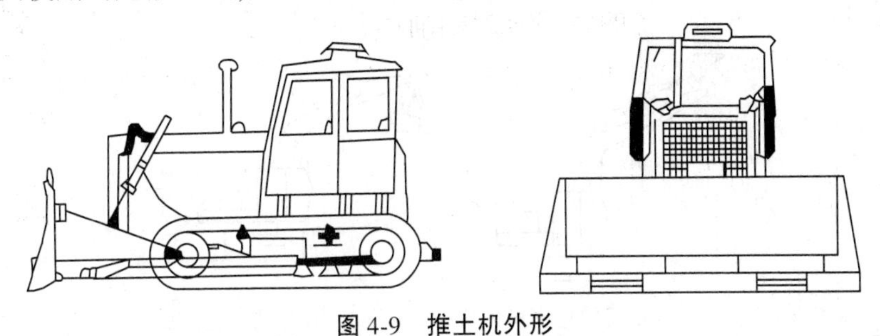

图 4-9　推土机外形

2.铲运机施工

铲运机可完成挖土、铲土、装土、运土、卸土、压实、填筑和平土等多道工序。铲运机按行走方式分为自行式和拖式两种。

3.单斗挖土机施工

单斗挖土机按工作装置不同分为正铲挖土机、反铲挖土机、拉铲挖土机、抓铲挖土机。按操纵机构不同分为机械式（见图 4-10）和液压式（见图 4-11）两种。

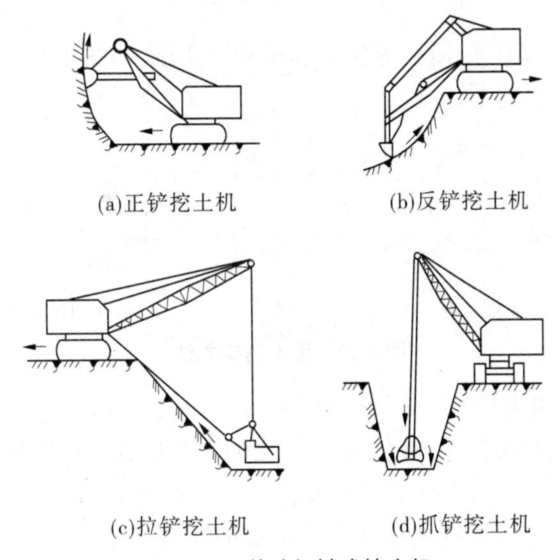

(a)正铲挖土机　(b)反铲挖土机

(c)拉铲挖土机　(d)抓铲挖土机

图 4-10　单斗机械式挖土机

（五）土方的回填与压实

1.填筑的要求

为了保证填方工程强度和稳定性方面的要求，必须正确选择填土的种类和填筑方法。

填方土料应符合设计要求。填土应分层进行，并尽量采用同类土填筑。当采用不同土填筑时，应将透水性较大的土层置于透水性较小的土层之下，不能将各种土混杂在一起使

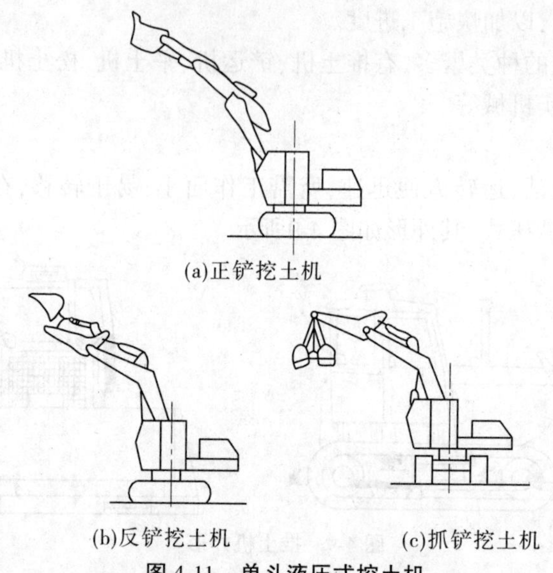

图 4-11　单斗液压式挖土机

用,以免填方内形成水囊。

碎石类土或爆破石渣做填料时,其最大粒径不得超过每层铺土厚度的 2/3,使用振动碾时,不得超过每层铺土厚度的 3/4,铺填时,大块料不应集中,且不得填在分段接头或填方与山坡连接处。

回填土应分层填筑,分层压实,应控制土的含水量处于最佳含水量范围之内。

2. 填土压实方法

填土的压实方法一般有碾压法、夯实法和振动压实法,如图 4-12 所示。

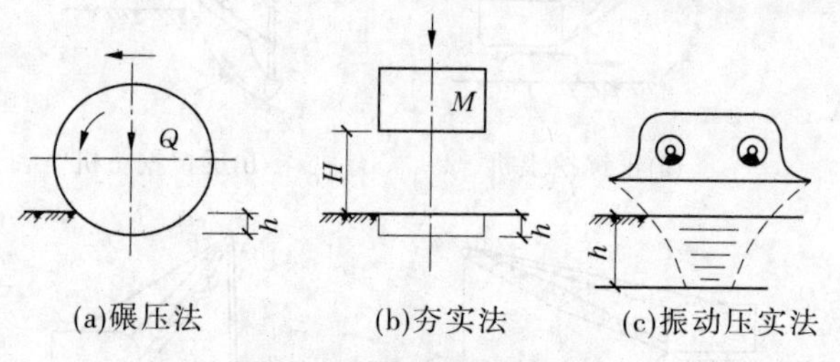

图 4-12　填土压实方法

3. 填土压实的影响因素

填土压实的影响因素较多,主要有压实功、土的含水量以及每层铺土厚度。

1) 压实功的影响

填土压实后的密度与压实机械在其上所施加的功有一定的关系。当土的含水量一定时,在开始压实时,土的密度急剧增加,待到接近土的最大密度时,压实功虽然增加许多,而土的密度则变化甚小。在实际施工中,砂土只需碾压或夯击 2~3 遍,粉土只需碾压或夯击 3~4 遍,粉质黏土或黏土只需碾压或夯击 5~6 遍。

2) 含水量的影响

在同一压实功条件下,填土的含水量对压实质量有直接影响。较为干燥的土颗粒之间的摩阻力较大,因而不易压实。当含水量超过一定限度时,土颗粒之间孔隙由水填充而呈饱和状态,也不能压实。

3)每层铺土厚度的影响

每层铺土厚度和压实遍数如表4-4所示。

表4-4 填方每层的铺土厚度和压实遍数

压实机具	每层铺土厚度(mm)	每层压实遍数(遍)
平碾	250~300	6~8
振动压实机	250~350	3~4
柴油打夯机	200~250	3~4
人工打夯	<200	3~4

注:人工打夯时,土块粒径不应大于50 mm。

二、桩基础工程

随着我国国民经济的发展和城市建设规模的扩大,桩基础成为我国目前常用的一种深基础形式,它由若干根桩和桩顶的承台组成,如图4-13所示。

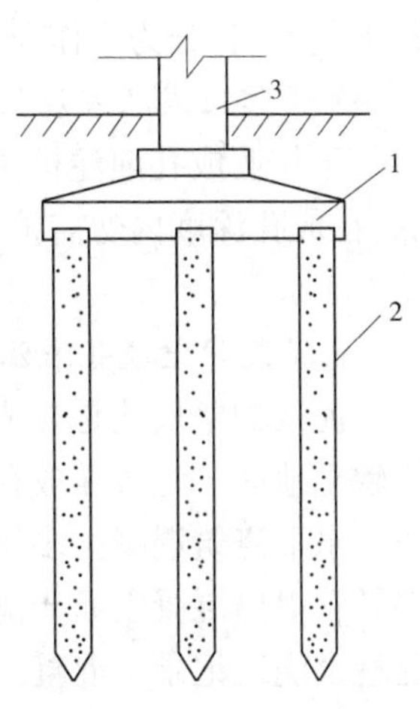

1—承台;2—桩身;3—上部结构

图4-13 桩基础

桩基础按桩的受力情况,可分为摩擦桩和端承桩两类。桩基按桩的施工方法,可分为预制桩和灌注桩两类。

(一)钢筋混凝土预制桩施工

钢筋混凝土预制桩混凝土强度等级不宜低于C30,混凝土管桩是以离心法在工厂生产的,通常都施加了预应力,直径多为400~600 mm,壁厚常为80~100 mm,每节长度为8~10 m,用法兰连接,桩的接头不宜超过4个。

1.预制桩的制作、起吊、运输和堆放

为节省场地,预制桩多采用叠浇法制作。叠浇预制桩的层数一般不宜超过4层。

预制桩的混凝土浇筑应由桩顶向桩尖连续浇筑,严禁中断。上层桩或邻桩的浇筑,在下层或邻桩的混凝土达到设计强度等级的30%以后方可进行。

钢筋混凝土预制桩在混凝土达到设计强度标准值的75%时方可起吊,达到100%方能运输和打桩。若提前起吊,必须作强度和抗裂度验算,并采取必要措施。起吊时,吊点位置应符合设计规定。

堆放时场地应平整、坚实、排水良好;桩应按规格、桩号分层叠置,支撑点应设在吊点处;上下垫木应在同一直线上,支撑平稳;堆放层数不宜超过4层。

2.预制桩的沉桩

钢筋混凝土预制桩的沉桩方法有静力压桩法、锤击沉桩法、振动沉桩法和水冲沉桩法等。

1)静力压桩法

静力压桩法是利用静压力将桩压入土中,施工中存在挤土效应,但没有振动、噪声和冲击力,施工应力小。其适用于软弱土层和邻近有怕振动的建(构)筑物的情况。

2)锤击沉桩法

锤击沉桩也称打入桩。锤击沉桩法是利用桩锤的冲击力克服土对桩的阻力,使桩沉入土中的一种沉桩方法。

3)振动沉桩法

振动沉桩法是利用振动机,将桩与振动机连接在一起,振动机产生的振动力通过桩身使土体振动,使土体的内摩擦角减小、强度降低而将桩沉入土中。

4)水冲沉桩法

水冲沉桩法是锤击沉桩法的一种辅助方法,利用高压水流经过桩侧面或空心桩内部的射水管冲击桩尖附近土层,便于锤击。

(二)灌注桩施工

灌注桩是直接在桩位上就地成孔,然后在孔内安放钢筋笼、灌注混凝土而成的。根据成孔工艺不同,分为干作业成孔灌注桩、泥浆护壁成孔灌注桩、套管成孔灌注桩等。

1.干作业成孔灌注桩

干作业成孔灌注桩主要是用螺旋钻机在桩位钻孔、取土成孔的。其适用于地下水位较低、在成孔深度内勿需护壁可直接取土成孔的土质。目前,常用螺旋钻机成孔,亦可用洛阳铲人工成孔。

2.泥浆护壁成孔灌注桩

泥浆护壁成孔是在成孔过程中,用泥浆保护孔壁,排出土后成孔。此法常用于含水量高的软土地区。泥浆在成孔过程中可以护壁、携渣、冷却和润滑钻头。

水下浇筑混凝土多用导管法,如图4-14所示。水下混凝土浇筑应连续不断,并且严禁将导管提出混凝土面。浇筑时应有专人测量导管埋深及管内外混凝土面的高差,填写水下混凝土浇筑记录。混凝土浇筑至桩顶时应适当超过桩顶设计标高,以保证在凿除含有泥浆的桩段后,桩顶标高和混凝土质量均符合设计要求。

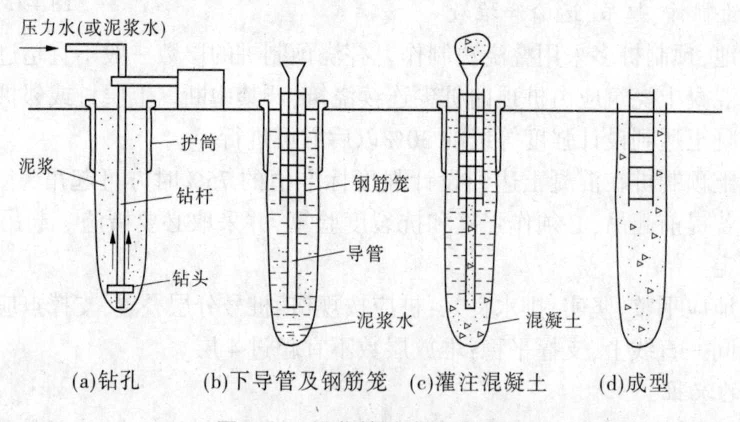

图4-14 泥浆护壁成孔灌注桩

3.套管成孔灌注桩

套管成孔灌注桩,又称为沉管灌注桩,是利用锤击打桩法或振动打桩法,将带有钢筋混凝土桩靴(又叫桩尖)或带有活瓣式桩靴的钢管沉入土中,然后边灌注混凝土边拔管而成的。套管成孔灌注桩按其沉管方式不同,分为振动沉管灌注桩和锤击沉管灌注桩。

1)振动沉管灌注桩

振动沉管灌注桩是用振动沉桩机将带有活瓣式桩靴或钢筋混凝土预制桩靴的桩管,利用振动锤产生的激振力和冲击力,将桩管沉入土中。桩管到达设计标高后,边向桩管内浇筑混凝土,边振边拔出桩管而形成灌注桩。此法适用于稍密的砂土地基。

振动沉管灌注桩的施工工艺可分为单打法、反插法、复打法。

2)锤击沉管灌注桩

锤击沉管灌注桩是利用锤击沉桩设备将管桩打入土中成孔,桩尖常用预制混凝土桩尖。此法适用于一般黏性土、淤泥土、砂土和人工填土地基。

第二节　主体结构施工

一、砌体工程

砌体工程是指砖砌体、石砌体、配筋砌体和各类砌块砌体。

砌体工程是一个综合性的施工过程,它包括材料准备、材料运输、脚手架搭设、砌体砌筑和勾缝。

(一)砌体材料

砌体工程所用的主要材料有砖、石、各种砌块和砌筑砂浆。

1.砖

砖有实心砖、多孔砖和空心砖,按其生产方式不同又分为烧结砖和蒸压(或蒸养)砖两大类。

砖的品种、强度等级必须符合设计要求,并应规格一致。

2.砌块

砌块按形状分为实心砌块和空心砌块,按材料分为粉煤灰砌块、加气混凝土砌块、混凝土砌块、硅酸盐砌块等,按规格分为小型砌块、中型砌块和大型砌块。

3.砌筑砂浆

砌筑砂浆一般采用水泥混合砂浆或水泥砂浆。

砂浆的种类、强度等级应符合设计要求。为便于操作,提高劳动生产率和砌体质量,砂浆应有适宜的稠度和良好的保水性。

水泥品种和强度等级应符合设计要求。水泥进场使用前,应分批对其强度、安定性进行复验。在使用中对水泥质量有怀疑或水泥出厂日期超过 3 个月等情况下,应经试验鉴定后方可使用。不同品种的水泥不得混合使用。

砂浆应采用机械搅拌,自投料完算起,拌和时间应符合下列规定:水泥砂浆和水泥混合砂浆不得少于 2 min,水泥粉煤灰砂浆和掺用外加剂的砂浆不得少于 3 min,掺有机塑化剂的砂浆应为 3~5 min。拌和后的砂浆倒入储灰器内。

砂浆应具有良好的保水性,砂浆的保水性是用分层度来衡量的。砂浆应具有一定的流动性,流动性也叫稠度。砂浆的稠度是用沉入度来衡量的。

砂浆应随拌随用。水泥砂浆和水泥混合砂浆必须分别在拌成后 3 h 和 4 h 内使用完毕;当施工期间最高气温超过 30 ℃时,必须分别在拌成后 2 h 和 3 h 内使用完毕。

砂浆强度等级是用边长 70.7 mm 的立方体试块，在(20±3) ℃及正常湿度条件下，置于室内不通风处养护 28 d 的平均抗压极限强度确定的，其强度等级有 M20、M15、M10、M7.5、M5、M2.5 六种。

(二)脚手架

脚手架是建筑施工中堆放材料、工人进行操作及进行材料短距离水平运送的一种临时设施。在造价工程中，属于直接费中的措施费，因此这里只作为一般了解内容。

1.脚手架种类和基本要求

脚手架按搭设位置可分为外脚手架和里脚手架，按脚手架的设置形式可分为单排脚手架、双排脚手架、满堂脚手架等，按构造形式可分为杆件组合式脚手架(也称多立杆式脚手架)、框架组合式脚手架(如门型脚手架)、吊挂式脚手架、悬挑式脚手架、工具式脚手架等多种。

对脚手架的基本要求：宽度应满足工人操作、材料堆置和运输的需要，脚手架的宽度一般为 1.5~2.0 m，并保证有足够的强度、刚度和稳定性，构造简单，装拆方便且能多次周转使用。

2.外脚手架

这里重点介绍扣件式钢管脚手架。

扣件式钢管脚手架目前应用广泛，虽然其一次性投资较大，但其周转次数多，摊销费低，装拆方便，搭设高度大，能适应建筑物平立面的变化。

扣件式钢管脚手架由钢管、扣件、脚手板和底座等组成，如图 4-15 所示。钢管一般用直径 48 mm、厚 3.5 mm 的焊接钢管。扣件用于钢管之间的连接，其基本形式有三种，如图 4-16 所示：①直角扣件(十字扣)，用于两根钢管呈垂直交叉连接；②旋转扣件(回转扣)，用于两根钢管呈任意角度交叉连接；③对接扣件(一字扣)，用于两根钢管的对接连接。立柱底端立于底座上，以传递荷载到地面上，底座如图 4-17 所示。脚手板可采用冲压钢脚手板、钢木脚手板、竹脚手板等。每块脚手板的质量不宜大于 30 kg。扣件式钢管脚手架的基本形式有双排、单排两种。单排和双排一般用于外墙砌筑与装饰。

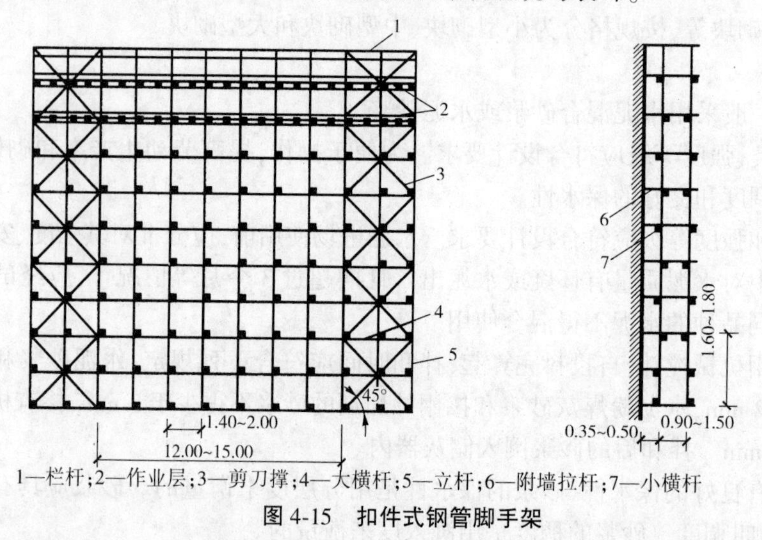

1—栏杆；2—作业层；3—剪刀撑；4—大横杆；5—立杆；6—附墙拉杆；7—小横杆

图 4-15　扣件式钢管脚手架

脚手板一般应采用三点支撑。当脚手板长度小于 2 m 时，可采用两点支撑，但应将两端固定，以防倾翻；脚手板宜采用对接平铺，其外伸长度应为 130~150 mm；当采用搭接铺设时，其搭接长度不得小于 200 mm。脚手架对接、搭接构造如图 4-18 所示。

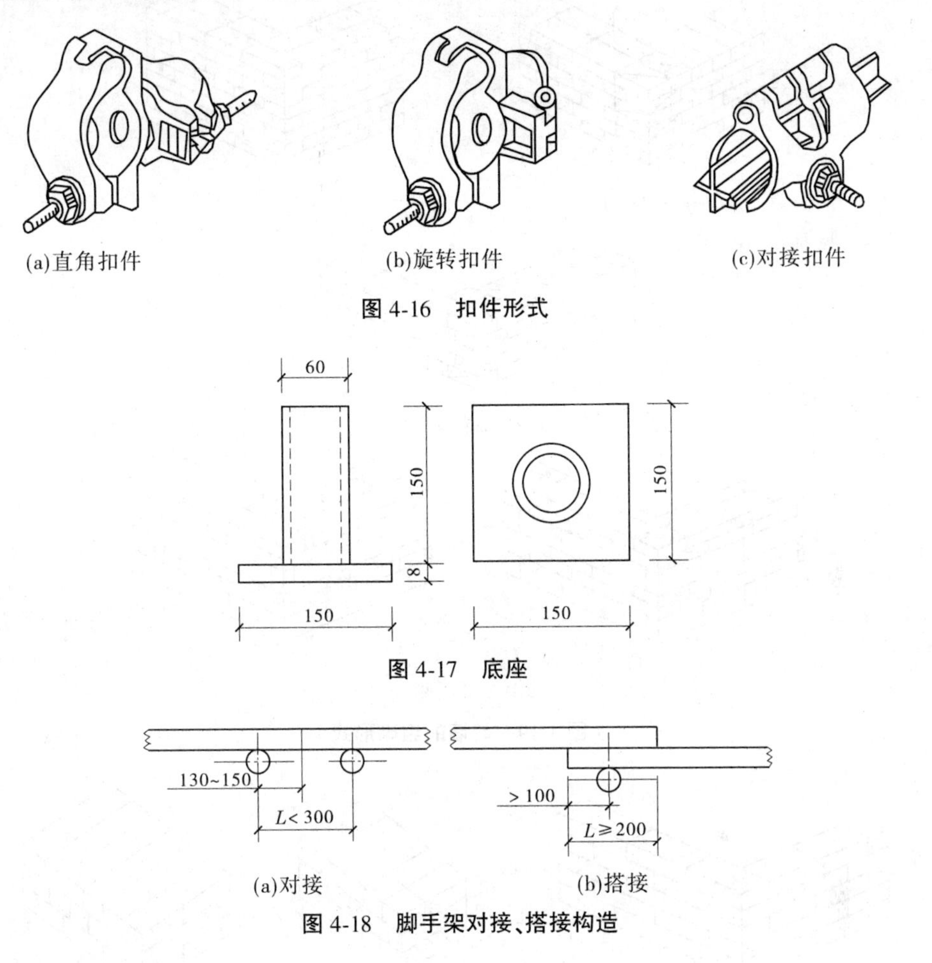

(a)直角扣件　(b)旋转扣件　(c)对接扣件

图 4-16　扣件形式

图 4-17　底座

(a)对接　(b)搭接

图 4-18　脚手架对接、搭接构造

(三)砌体工程的施工

1.砖砌体

1)砖砌体的组砌形式

砖砌体的组砌要求是：上下错缝，内外搭接，以保证砌体的整体性；同时组砌要有规律，少砍砖，以提高砌筑效率，节约材料。

(1)砖墙的组砌形式有以下几种：

①一顺一丁(又称为满丁满条)，如图 4-19(a)所示。

②三顺一丁，如图 4-19(b)所示。

③梅花丁砌法(又称沙包式、十字式)，如图 4-19(c)所示。

④二平一侧(二平一侧又称 18 墙)，如图 4-19(d)所示。

⑤全顺砌法，如图 4-20(a)所示。

⑥全丁砌法，如图 4-20(b)所示。

上述各种砌法中，每层墙的最下一皮和最上一皮，在梁和梁垫的下面，墙的阶台水平面上，窗台最上一皮，钢筋砖过梁最下一皮均应丁砖砌筑。

(2)砖柱组砌。应使柱面上下皮的竖缝相互错开 1/2 砖长或 1/4 砖长，在柱心无通天

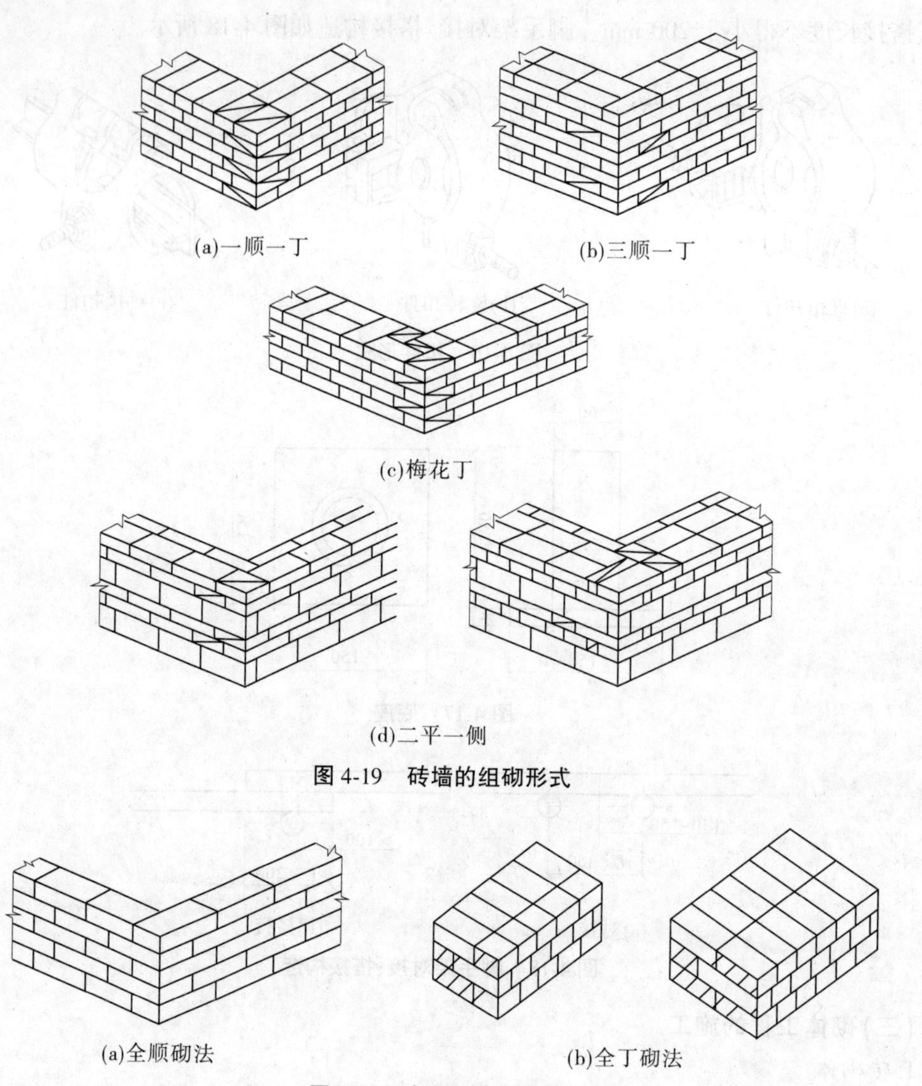

(a)一顺一丁　(b)三顺一丁

(c)梅花丁

(d)二平一侧

图 4-19　砖墙的组砌形式

(a)全顺砌法　(b)全丁砌法

图 4-20　全顺和全丁砌法

缝,少砍砖,并尽量利用二分头砖体(即 1/4 砖)。严禁包心砌法(先砌四周后填心的组砌法)。

2) 砖砌体砌筑工艺

砖砌体的砌筑工艺一般为:抄平→放(弹)线→立皮数杆→摆砖样(排脚、铺底)→盘角(砌头角)→挂线→砌筑→勾缝→楼层轴线标高引测及检查等。

(1)抄平、放线。为了保证建筑物平面尺寸和各层标高的正确,砌筑前,必须准确地定出各层楼面的标高和墙柱的轴线位置,以作为砌筑时的控制依据。放线示意如图 4-21 所示。

(2)立皮数杆。皮数杆是一种控制墙体竖向标高的方木标志杆。

(3)摆砖样。摆砖样是指在基础墙顶面上,按墙身长度和组砌方式先用砖块试摆。摆砖的目的是使每层砖的砖块排列和灰缝均匀,并尽可能减少砍砖,组砌得当。在砌清水墙时尤其重要。

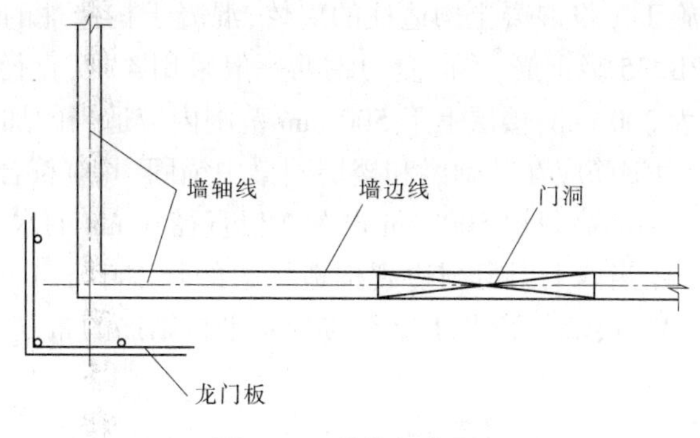

图 4-21　放线示意图

(4)盘角(砌头角)、挂线。皮数杆立好后,通常是先按皮数杆砌墙角(盘角),每次盘角不得超过五皮砖,在砌筑过程中应勤靠勤吊,一般三皮一吊,五皮一靠。

(5)墙体砌筑、勾缝。砖砌体的砌筑方法有三一砌法、挤浆法、刮浆法和满口灰法等。一般采用一块砖、一铲灰、一挤揉的三一砌法。墙体的勾缝有加浆勾缝和原浆勾缝两种。

(6)为了保证各层墙身轴线的重合和施工方便,在弹墙身轴线时,应根据龙门板上的轴线位置将轴线引测到房屋的墙基上。二层以上各层的轴线,可用经纬仪或线锤引测到楼层上去,同时还应根据图纸上的轴线尺寸用钢尺进行校核。各楼层外墙窗口位置亦用线锤吊线校核,检查是否在同一铅垂线上。

3)砖砌体的技术要求

砖砌体砌筑时砖和砂浆的强度等级必须符合设计要求。

砌筑时水平灰缝的厚度一般为 8~12 mm,竖缝宽一般为 10 mm。为减少灰缝变形引起砌体沉降,一般每日砌筑高度以不超过 1.8 m 为宜,雨天施工时,每日砌筑高度不宜超过 1.2 m。

墙体的接槎是指先砌砌体和后砌砌体之间的接合方式。对不能同时砌筑而又必须留置的临时间断处,应砌成斜槎,斜槎水平投影长度不应小于高度的 2/3(见图 4-22(a))。若临时间断处留斜槎确有困难,除转角处外,可留直槎,但直槎必须做成阳槎,并应加设拉结钢筋,拉结钢筋的数量为每 120 mm 墙厚放置 1 Φ 6 拉结钢筋(240 mm 厚墙放置 2 Φ 6 拉结钢筋),间距沿墙高不应超过 500 mm,埋入长度从留槎处算起每边均不应小于 500 mm,对抗震设防烈度 6 度、7 度地区,不应小于 1 000 mm;末端应有 90°弯钩,如图 4-22(b)所示。

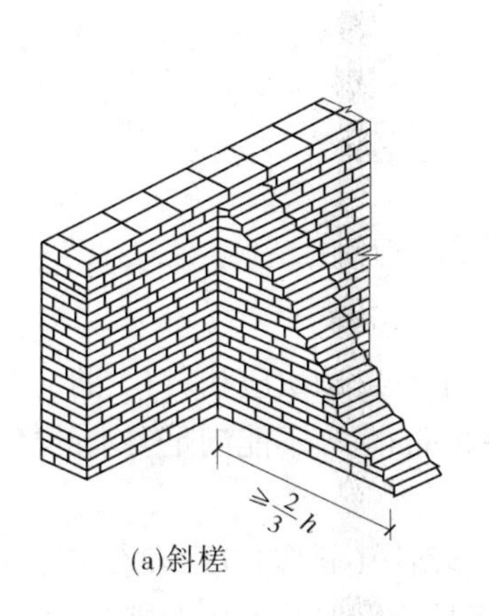

(a)斜槎

≤500
≥500

(b)直槎

图 4-22　接槎形式

混凝土构造柱的施工。设混凝土构造柱的墙体,混凝土构造柱的截面一般为 240 mm×240 mm,钢筋采用 HPB235 级钢筋,竖向受力钢筋一般采用 4 根,直径为 12 mm。箍筋采用直径为 6 mm,其间距为 200 mm,楼层上下 500 mm 范围内应适当的加密箍筋,其间距为 100 mm。构造柱的竖向受力钢筋应在基础梁和楼层圈梁中锚固,并应符合受拉钢筋的锚固长度要求。砖墙与构造柱应沿墙高每隔 500 mm 设置 2 根直径 6 mm 的水平拉结筋,拉结筋每边伸入墙内不应少于 1 m。当墙上门窗洞边到构造柱边的长度小于 1 m 时,水平拉结筋伸到洞口边为止。图 4-23 是一砖墙转角及 T 字交接处水平拉结筋的布置。

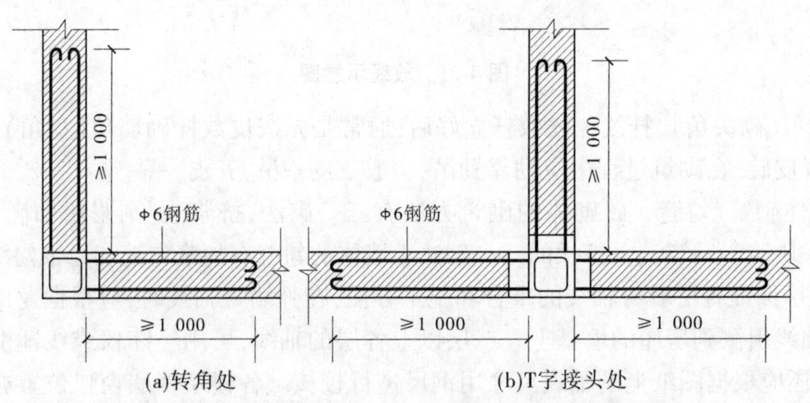

图 4-23　一砖墙转角及 T 字交接处水平拉结筋的布置

砖墙与构造柱相接处,应砌成马牙槎,每个马牙槎高度方向的尺寸不宜超过 300 mm(或五皮砖砖高),每个马牙槎应退进不小于 60 mm。每个楼层面开始应先退槎后进槎。砖墙马牙槎的布置如图 4-24 所示。

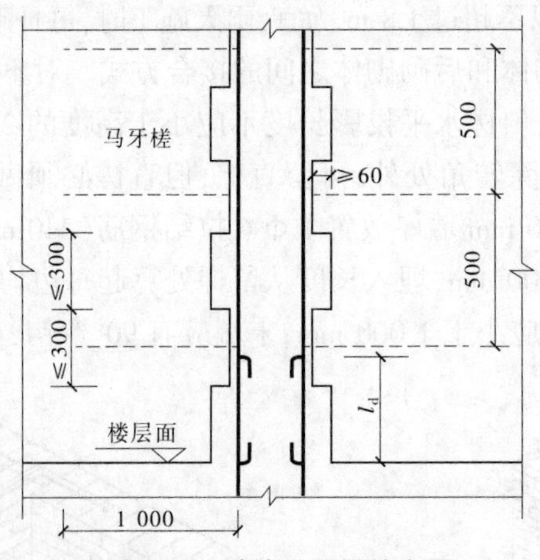

图 4-24　砖墙马牙槎的布置

2. 砌块施工

砌块一般采用全顺组砌,上下皮错缝 1/2 砌块长度,上下皮砌块应孔对孔、肋对肋,个别无法对孔砌筑时,可错孔砌筑,但其搭接长度不应小于 90 mm。当不能满足要求的搭接长度时,应在灰缝中设拉结钢筋。

墙体临时间断处应设置在门窗洞口处,或砌成阶梯形斜槎(斜槎长度≥2/3 斜槎高度),当设置斜槎有困难时,也可砌成直槎,但必须采用拉结网片或采取其他构造措施。

水平灰缝的砂浆饱满度不低于90%,竖缝的砂浆饱满度不得低于80%。

在圈梁底部或梁端支撑处,可先用混凝土填实砌块孔洞后砌筑。

(四)质量要求

砌筑工程的质量应满足以下要求:

(1)砌筑质量应符合《砌体工程施工质量验收规范》(GB 50203—2002)的要求。

(2)砖砌体应横平竖直,砂浆饱满,上下错缝,内外搭砌,接槎牢固。

(3)任意一组砂浆试块的强度不得低于设计强度的75%。

(4)砌体的位置及垂直度允许偏差如表4-5所示。

表4-5 砌体的位置及垂直度允许偏差

<table>
<tr><th>项次</th><th colspan="3">项目</th><th>允许偏差(mm)</th><th>检验方法</th></tr>
<tr><td>1</td><td colspan="3">轴线位置偏移</td><td>10</td><td>用经纬仪和尺检查或用其他测量仪器检查</td></tr>
<tr><td rowspan="3">2</td><td rowspan="3">垂直度</td><td colspan="2">每层</td><td>5</td><td>用2 m托线板检查</td></tr>
<tr><td rowspan="2">全高</td><td>≤10 m</td><td>10</td><td rowspan="2">用经纬仪、吊线和尺检查,或用其他测量仪器检查</td></tr>
<tr><td>>10 m</td><td>20</td></tr>
</table>

二、钢筋混凝土工程

随着我国国民经济的迅速发展,多层及高层建筑越来越多,其中大多数采用钢筋混凝土结构。因此,钢筋混凝土工程已成为建筑施工中主要工种工程之一。

钢筋混凝土构件由混凝土和钢筋两种材料组成。钢筋混凝土工程由模板工程、钢筋工程和混凝土工程所组成,在施工中三者之间要紧密配合,才能保证质量,缩短工期,降低成本。

(一)模板工程

模板工程是钢筋混凝土工程的重要组成部分,特别是在现浇钢筋混凝土结构施工中占主导地位,决定着施工方法和施工机械的选择,直接影响工期和造价。在一般情况下,模板工程费用占结构工程费用的30%左右,劳动量占50%左右。

1.模板的作用、组成及基本要求

1)作用

模板是使钢筋混凝土结构或构件按所要求的形状和尺寸成型的模型板。

2)组成

模板系统由模板、支架和紧固件三部分组成。

3)基本要求

在现浇钢筋混凝土结构施工中,对模板系统的基本要求是:

(1)要保证结构和构件各部分的形状、尺寸及相互位置的正确性;

(2)具有足够的强度、刚度和稳定性;

(3)构造简单,装拆方便,能多次周转使用;

(4)接缝严密,不漏浆。

2.模板的分类

(1)模板按其所用的材料不同,可分为木模板、钢模板、钢木模板、胶合板模板、塑料模板、玻璃钢薄壳模板等。组合钢模板常用构件如图 4-25 所示。

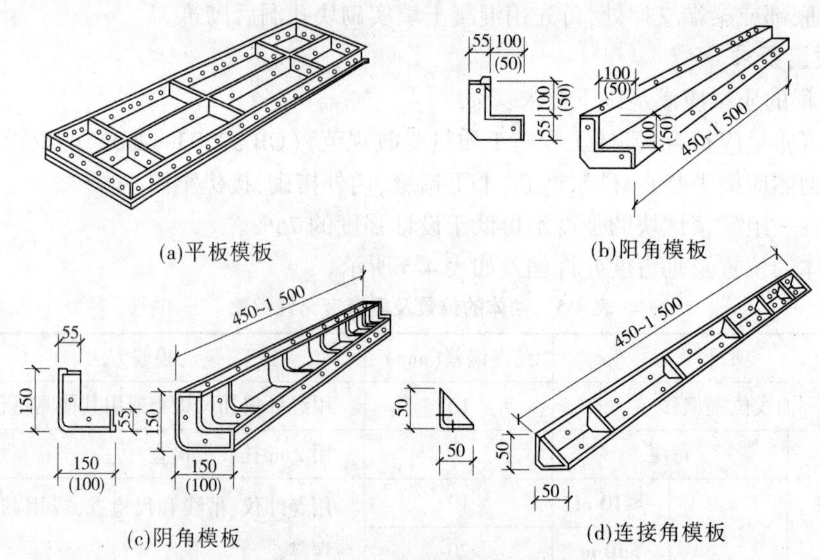

(a)平板模板　(b)阳角模板　(c)阴角模板　(d)连接角模板

图 4-25　组合钢模板常用构件

(2)模板按其施工方法不同,可分为固定式、移动式和装拆式。

(3)模板按规格形式不同,可分为定型模板(如钢模板)和非定型模板(如木模板、胶合板模板等散装模板)。

(4)模板按结构类型不同,可分为基础模板、柱模板、墙模板、梁和楼板模板、楼梯模板等。

3.模板的构造与安装

1)木模板

木模板一般是在木工车间或木工棚加工成基本元件(拼板),然后在现场进行拼装。拼板由一些板条用拼条钉拼而成。板条厚度一般为 25~50 mm,宽度不宜超过 200 mm。拼条的间距取决于混凝土的侧压力和板条厚度,一般为 400~500 mm。

2)定型组合钢模板

定型组合钢模板由模板、连接件和支撑件组成。

模板包括平面模板(P)、阴角模板(E)、阳角模板(Y)、连接角模板(J)等,如表 4-6 所示。

表 4-6　钢模板规格　(单位:mm)

名称	宽度	长度	肋高
平面模板	600、550、500、450、400、350、300、250、200、150、100	1 800、1 500、1 200、900、750、600、450	55
阴角模板	150×150、100×150		
阳角模板	100×100、50×50		
连接角模板	50×50		

定型组合钢模板的连接件包括 U 形卡、L 形插销、钩头螺栓、紧固螺栓、对拉螺栓和扣件等。钢模板连接件如图 4-26 所示。

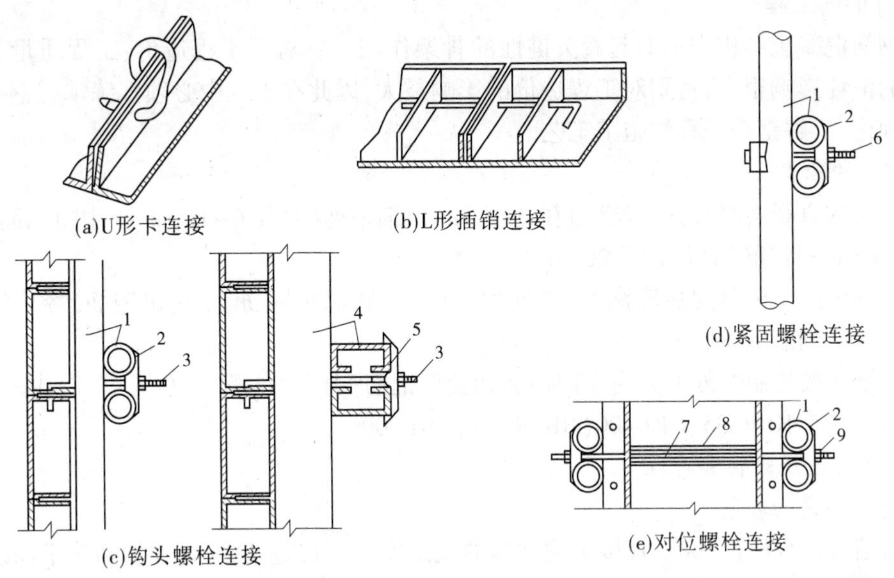

(a)U形卡连接　(b)L形插销连接　(c)钩头螺栓连接　(d)紧固螺栓连接　(e)对位螺栓连接

1—钢管;2—弓形扣件;3—钩头螺栓;4—槽钢;5—蝶形扣件;

6—紧固螺栓;7—对拉螺栓;8—塑料套管;9—螺母

图 4-26　钢模板连接件

4.模板的拆除

1)拆除日期

模板的拆除日期取决于混凝土的强度、模板的用途、结构的性质及混凝土硬化时的气温。

(1)非承重的侧模板应在混凝土强度能保证其表面及棱角不因拆除模板而受损坏时,方可拆除。一般当混凝土强度达到 2.5 MPa 后,即可拆除。

(2)承重模板应在混凝土强度达到表 4-7 规定的强度后方能拆除。

表 4-7　底模拆除时的混凝土强度要求

构件类型	构件跨度(m)	按设计的混凝土强度标准值的百分率(%)
板	≤2	≥50
	2~8	≥75
	>8	≥100
梁、拱、壳	≤8	≥75
	>8	≥100
悬臂构件	—	≥100

2)拆除顺序

模板拆除时,一般是先支的后拆,后支的先拆,先拆除非承重部分,后拆除承重部分。重大复杂模板的拆除,事先应制订拆模方案。对于框架结构模板的拆除顺序,首先是柱模板,然后是楼板底模板、梁侧模板,最后是梁底模板。

多层楼板模板支架的拆除,应按下列要求进行:上层楼板正在浇筑混凝土时,下一层楼板的模板支架不得拆除,再下一层的楼板模板的支架仅可拆除一部分。跨度 4 m 及 4 m 以下的梁下均应保留支架,其间距不得大于 3 m。

（二）钢筋工程

在钢筋混凝土结构中钢筋起着关键性的骨架作用。它对于工程造价、工程质量、工期、劳动量的消耗影响很大，特别对工程造价的影响最大，因此在工程中必须熟练掌握钢筋工程的基本理论，了解钢筋工程的施工工艺。

1. 钢筋的分类

按钢筋的直径大小分为钢丝（直径 3~5 mm）、细钢筋（直径 6~10 mm）、中粗钢筋（直径 12~20 mm）和粗钢筋（直径大于 20 mm）。

钢筋按生产工艺分为热轧钢筋、热处理钢筋、冷轧带肋钢筋、冷轧扭钢筋、冷拔螺旋钢筋、碳素钢丝、刻痕钢丝和钢绞线。

热轧钢筋按轧制的外形分为光圆钢筋和变形钢筋（月牙纹、螺旋纹、人字纹），按力学性能分为 HPB235、HRB335、HRB400（RRB400）、HRB500。

2. 钢筋的进场验收和存放

1）钢筋的进场验收

钢筋是否符合质量标准，直接影响结构的使用安全。在施工中，必须加强对钢筋进场验收和质量检查工作。

钢筋进场应持有出厂质量证明书或试验报告单，每捆（盘）钢筋均应有标牌。验收的内容包括查对标牌、外观检查，并按规定抽取试样进行机械性能试验，检查合格后方可使用。

2）钢筋的存放

当钢筋运进施工现场后，必须严格按批分等级、牌号、直径、长度挂牌分别存放，并注明数量，不得混淆。钢筋应尽量堆入仓库或料棚内。堆放时钢筋下面要加垫木，离地不宜少于 200 mm，以防钢筋锈蚀和污染。

3. 钢筋的连接

钢筋接头连接方法有绑扎连接、焊接连接和机械连接。绑扎连接浪费钢筋，且连接不可靠，故宜限制使用。焊接连接的方法较多，成本较低，质量可靠，宜优先选用。机械连接设备简单，节约能源，不受气候影响，可全天候施工，连接可靠，技术易于掌握，适用范围广，尤其适用于焊接有困难的现场，但费用较高。

1）绑扎连接

钢筋搭接处应在中心及两端用 20~22 号铁丝扎牢。《混凝土结构工程施工质量验收规范》（GB 50204—2002）规定，位于同一连接区段内的受拉钢筋搭接接头面积百分率应符合设计要求。当设计无具体要求时，应符合下列规定：①对梁、板类及墙类构件，不宜大于 25%；②对柱类构件，不宜大于 50%；③当工程中确有必要增大时，对于梁类构件也不应大于 50%，对于板类、墙类及柱类构件可根据实际情况放宽。纵向受压钢筋搭接接头面积百分率不宜大于 50%。

2）焊接连接

采用焊接代替绑扎，可改善结构受力性能，提高工效，节约钢筋，降低成本。钢筋常用的焊接方法有闪光对焊、电弧焊、电渣压力焊、电阻点焊、埋弧压力焊以及气压焊等。

（1）闪光对焊。

钢筋闪光对焊的原理如图 4-27 所示，是利用对焊机使两段钢筋接触，通过低压的强电流，待钢筋被加热到一定温度变软后，进行轴向加压顶段，形成对焊接头。

闪光对焊广泛用于钢筋接长以及预应力钢筋与螺丝端杆的焊接。热轧钢筋的接长宜优先用闪光对焊,不可能时才用电弧焊。

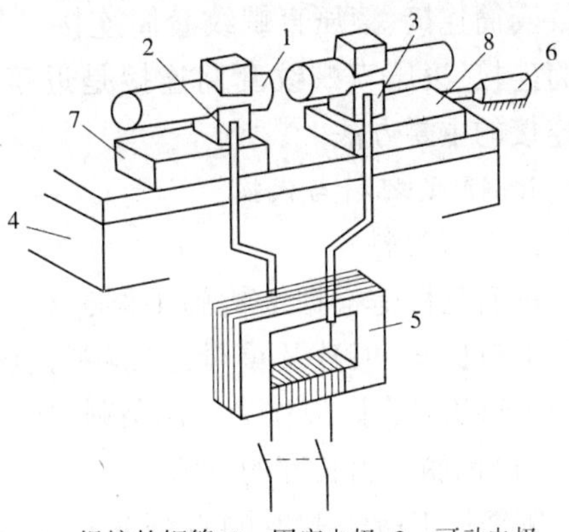

1—焊接的钢筋;2—固定电极;3—可动电极;
4—基座;5—变压器;6—平动顶压机构;
7—固定支座;8—滑动机构

图 4-27　钢筋闪光对焊原理

(2)电弧焊。

电弧焊是利用弧焊机使焊条与焊件之间产生高温电弧,使焊条和电弧燃烧范围内的焊件熔化,待其凝固后便形成焊缝或接头。电弧焊广泛用于钢筋接头、钢筋骨架焊接、装配式结构接头的焊接、钢筋与钢板的焊接及各种钢结构焊接。

钢筋电弧焊的接头形式有搭接焊(单面焊缝或双面焊缝)接头、帮条焊接头(单面焊缝或双面焊缝)、坡口焊接头(平焊或立焊)、熔槽帮条焊接头等,如图 4-28 所示。

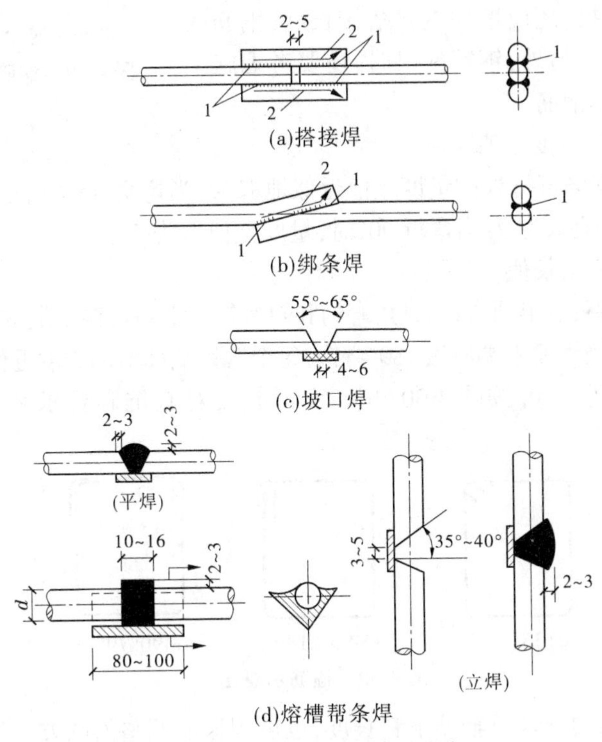

1—定位焊缝;2—弧坑拉出方位

图 4-28　电弧焊接头形式

(3)电渣压力焊。

电渣压力焊是利用电流通过电渣池产生的电阻热将钢筋端部熔化,然后施加压力使钢筋焊合,多用于现浇混凝土结构构件内竖向或斜向(倾斜度在 4∶1的范围内)钢筋的接长。钢筋电渣压力焊示意如图 4-29 所示。

3)机械连接

机械连接是指通过连接件的机械咬合作用或钢筋端面的承压作用,将一根钢筋中的力传递至另一根钢筋的连接方法。钢筋机械连接包括套筒挤压连接、锥螺纹套筒连接、镦粗直螺纹套筒连接、滚压直螺纹套筒连接。其中,镦粗直螺纹套筒连接、滚压直螺纹套筒连接是近年来大直径钢筋现场连接的主要方法。

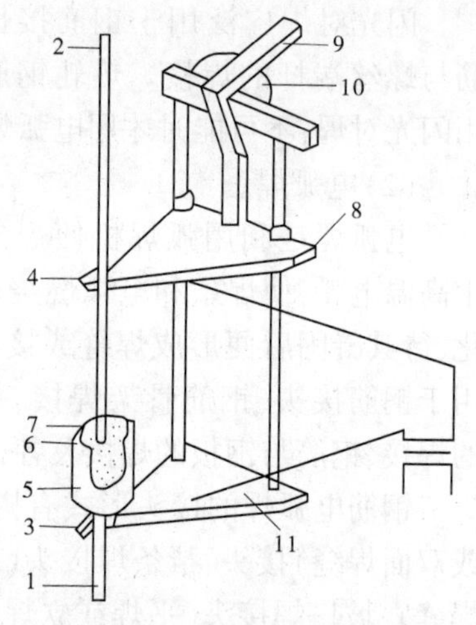

1,2—钢筋;3—固定夹具;4—活动夹具;5—焊剂盒;6—导电剂;7—焊药;8—滑动架;9—操作手柄;10—支架;11—固定架

图 4-29　钢筋电渣压力焊示意

4.钢筋的配料与代换

1)钢筋配料

钢筋配料是根据结构施工图,分别计算构件各根钢筋的下料长度、根数及重量,并编制钢筋配料单,绘出钢筋加工形状、尺寸,以作为钢筋备料、加工和结算的依据。

(1)钢筋下料长度的计算。

钢筋加工所需截取的直钢筋长度称为下料长度,其表达式为

$$钢筋下料长度 = 图示尺寸 - 弯曲量度差 + 端部增长值 \tag{4-6}$$

以上钢筋若需搭接,还应增加钢筋搭接长度,钢筋的搭接长度应符合规定。另外,钢筋配料时,还要考虑施工需要的附加钢筋、构造钢筋。

(2)钢筋弯折处的量度差值。

为了计算方便,钢筋弯折处的量度差值近似地取为:当弯折 45°时,量度差值取为 $0.5d$;当弯折 60°时,量度差值取为 d;当弯折 90°时,量度差值取为 $2d$。

(3)钢筋末端弯钩增长值。

钢筋弯钩有三种形式:半圆弯钩、直角弯钩和斜弯钩。半圆弯钩是最常用的一种弯钩。根据规范规定,HPB235 级钢筋末端应做 180°弯钩,每个弯钩端部增加长度近似地取为$6.25d$。

箍筋弯钩的一般形式可按图 4-30(b)、(c)加工,对有抗震要求和受扭的结构,可按图 4-30(a)加工。

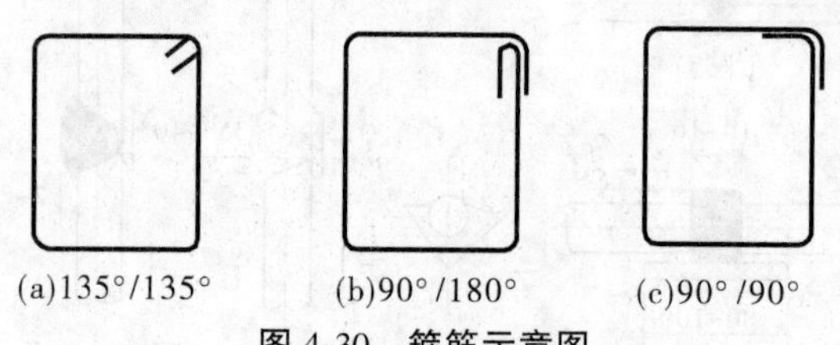
(a)135°/135°　(b)90°/180°　(c)90°/90°

图 4-30　箍筋示意图

对于一般结构,为便于计算箍筋下料长度,也可用箍筋调整值的方法计算。调整值即为弯钩增长值和弯曲调整值之差,如表 4-8 所示。计算时将箍筋外包尺寸(外周长)或内皮尺寸(内周长)加上箍筋调整值即为箍筋下料长度。

表 4-8　箍筋调整值

箍筋量度方法	箍筋直径(mm)			
	4~5	6	8	10~12
量外包尺寸	40	50	60	70
量内皮尺寸	80	100	120	150~170

2)钢筋代换

(1)代换原则。

在钢筋配料中,当遇施工现场钢筋品种或规格与设计要求不符,需要代换时,可参照以下原则进行钢筋代换。

①等强度代换:不同种类的钢筋代换,按抗拉强度值相等的原则进行代换。

②等面积代换:相同种类和级别的钢筋代换,应按面积相等的原则进行代换。

(2)钢筋代换注意事项。

钢筋代换时,应征得设计单位同意,并应符合下列规定:

①对于重要构件,如吊车梁、薄腹梁桁架下弦等,不宜用光面钢筋代替变形钢筋,以免裂缝开展过大。

②钢筋代换后,应满足《混凝土结构设计规范》(GB 50010—2002)中所规定的钢筋间距、锚固长度、最小钢筋直径、根数等要求。

③当构件受裂缝宽度或挠度控制时,钢筋代换后应进行刚度、裂缝验算。

④梁的纵向受力钢筋与弯起钢筋应分别代换,以保证正截面与斜截面强度。

⑤有抗震要求的梁、柱和框架,不宜以强度等级较高的钢筋代换原设计中的钢筋。当必须代换时,还应符合抗震对钢筋的要求。

⑥预制构件的吊环必须采用未经冷拉的 HPB235 热轧钢筋制作,严禁以其他钢筋代换。

(三)混凝土工程

混凝土是以胶凝材料、水、细集料、粗集料,需要时掺入外加剂和矿物掺合料,按适当比例配合,经过均匀拌制、密实成型及养护硬化而成的人工石材。

混凝土工程施工工艺包括配料、搅拌、运输、浇筑、振捣和养护等施工过程。

1.混凝土的配料

施工配料是保证混凝土质量的重要环节之一,必须加以严格控制。

1)施工配合比换算

设实验室配合比为:水泥:砂子:石子 $=1:x:y$,并测得砂子的含水量 w_x,石子的含水量为 w_y,则施工配合比应为:$1:x(1+w_x):y(1+w_y)$。

2)施工配料

求出每立方米混凝土材料用量后,还必须根据工地现有搅拌机出料容量确定每次需用几袋水泥,然后按水泥用量来计算砂石的每次拌用量。

为严格控制混凝土的配合比,搅拌混凝土时应根据计算出的各组成材料的质量准确投料。其质量偏差不得超过以下规定:水泥、外掺混合材料为±2%,粗集料、细集料为±3%,水、外加剂溶液为±2%。

2.混凝土的搅拌

混凝土的搅拌就是将水、水泥和粗集料、细集料进行均匀拌和及混合的过程。

1)混凝土搅拌机

混凝土搅拌机按搅拌原理分为自落式搅拌机和强制式搅拌机两类。

我国规定混凝土搅拌机以其出料容量(m^3)×1 000 为标定规格。

2)搅拌制度

为拌制出均匀优质的混凝土,除正确选择搅拌机的类型外,还必须正确确定搅拌制度,其内容包括进料容量、搅拌时间与投料顺序等。

(1)进料容量。

搅拌机的容量有三种表示方式,即出料容量、进料容量和几何容量。

(2)搅拌时间。

搅拌时间应为全部材料投入搅拌筒起,到开始卸料为止所经历的时间。它是影响混凝土质量及搅拌机生产率的一个主要因素。

(3)投料顺序。

常用的方法有一次投料法、二次投料法和水泥裹砂法(SEC)等。

3.混凝土的运输

混凝土自搅拌机中卸出后,应及时运至浇筑地点。为保证混凝土的质量,对混凝土运输的基本要求是:

(1)混凝土运输过程中要能保持良好的均匀性,不离析、不漏浆;

(2)保证混凝土具有设计配合比所规定的坍落度;

(3)使混凝土在初凝前浇入模板并捣实完毕;

(4)保证混凝土浇筑能连续进行。

4.混凝土的浇筑与振捣

1)混凝土的浇筑

(1)混凝土浇筑的一般规定。

①混凝土浇筑前不应发生初凝和离析现象。混凝土运至现场后,其坍落度应满足表4-9的要求。

表4-9　混凝土浇筑时的坍落度

序号	结构种类	坍落度(mm)
1	基础或地面等的垫层、无配筋的大体积结构(挡土墙、基础等)或配筋稀疏的结构	10~30
2	板、梁和大型及中型截面的柱子等	30~50
3	配筋密列的结构(薄壁、斗仓、筒仓、细柱等)	50~70
4	配筋特密的结构	70~90

②控制混凝土自由倾倒高度以防离析:混凝土倾倒高度一般不宜超过2 m,竖向结构(如墙、柱)不宜超过3 m,否则,应采用串筒、溜槽或振动串筒下料,如图4-31所示。

③浇筑竖向结构混凝土前,应先在底部填筑一层50~100 mm厚与混凝土成分相同的水泥砂浆,然后再浇筑混凝土。

④为了使混凝土振捣密实,必须分层浇筑,每层浇筑厚度与振捣方法、结构配筋有关,应符合表4-10的规定。

(2)施工缝的留设与处理。

由于技术上的原因或设备、人力的限制,混凝土的浇筑不能连续进行,中间的间歇时间需超过混凝土的初凝时间时,则应留置施工缝。所谓施工缝,是指先浇的混凝土与后浇的混凝土之间的薄弱接触面。施工缝宜留在结构受力(剪力)较小且便于施工的部位。

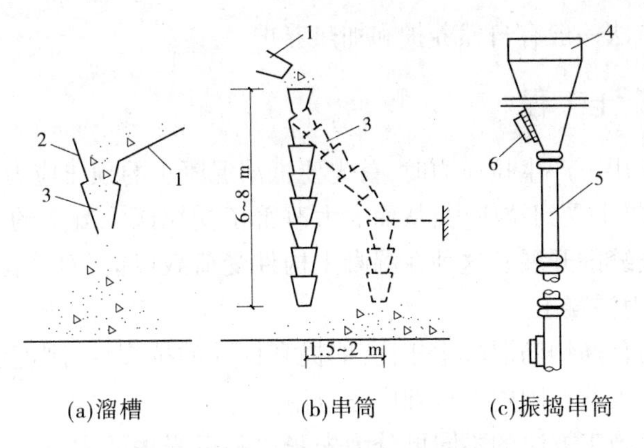

(a)溜槽　(b)串筒　(c)振捣串筒

1—溜槽;2—挡板;3—串筒;4—漏斗;5—节管;6—振动器

图 4-31　溜槽与串筒

表 4-10　混凝土浇筑层厚度

项次	捣实混凝土的方法		浇筑层的厚度(mm)
1	插入式振捣器		振捣器作用部分长度的 1.25 倍
2	表面式振捣器		200
3	人工捣固	在基础、无配筋混凝土或配筋稀疏的结构中	250
		在梁、墙板、柱结构中	200
		在配筋密列的结构中	150
4	插入式振捣器		300
	表面振动(振动时需加压)		200

2)混凝土的振捣

混凝土的振捣分人工捣实和机械振实两种方式。

混凝土振捣设备按其工作方式分为内部振动器、表面振动器、外部振动器和振动台,如图 4-32 所示。

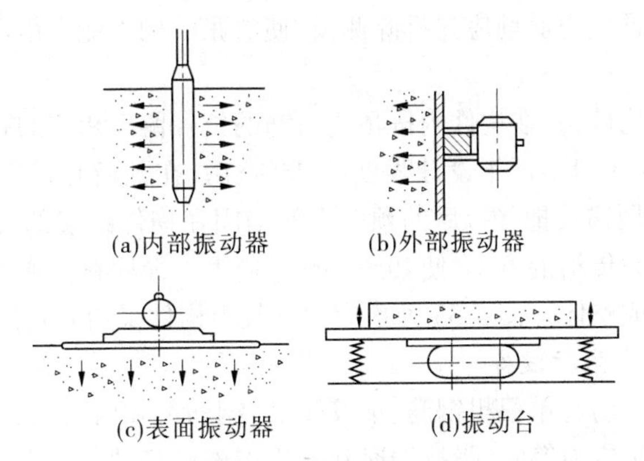

(a)内部振动器　(b)外部振动器

(c)表面振动器　(d)振动台

图 4-32　振动机械示意图

5.混凝土的养护

混凝土成型后,为保证水泥能充分进行水化反应,应及时进行养护。

混凝土养护的方法一般有自然养护和加热养护。

三、预应力混凝土工程

当构件在荷载作用下产生拉应力时，首先要抵消混凝土的预压应力，然后随着荷载的不断增加，受拉区的混凝土受到拉应力，从而大大改善了受拉区混凝土的受力性能，推迟了裂缝的出现并限制了裂缝的开展。这种在混凝土构件受荷载以前，对受拉区预先施加压应力的混凝土，称为预应力混凝土。

预应力混凝土与普通钢筋混凝土相比，能提高构件的抗裂性、刚度和耐久性，并可节约钢材，减轻结构自重，因此在国内外得到广泛应用。

预应力混凝土按施工方法的不同可分为先张法和后张法两大类，按钢筋张拉方式不同可分为机械张拉法、电热张拉法与自应力张拉法等。

(一)先张法

先张法是在浇筑混凝土之前，先张拉预应力钢筋，并将预应力钢筋临时固定在台座或钢模上，待混凝土达到一定强度(一般不低于混凝土设计强度标准值的75%)，混凝土与预应力筋具有一定的黏结力时，放松预应力筋，在预应力筋的弹性回缩力作用下，借助于混凝土与预应力钢筋之间的黏结力，对构件受拉区的混凝土产生预压应力。

先张法适用于生产定型的中小型构件，如空心板、屋面板、吊车梁、檩条等。先张法施工中常用的预应力筋有钢丝和钢筋两类。

1.张拉程序

(1)用钢丝作为预应力筋时，由于张拉工作量大，宜采用一次张拉程序，即

$$0 \longrightarrow 1.03\sigma_{con} \sim 1.05\sigma_{con} \text{锚固}$$

(2)钢筋作为预应力筋时，为减小应力松弛损失，常采用下列程序张拉

$$0 \longrightarrow 1.05\sigma_{con} \xrightarrow{\text{持荷 2 min}} \sigma_{con} \text{锚固}$$

2.预应力筋的放张

当构件的混凝土达到设计要求(设计无特殊规定时不得低于强度等级的75%)时，即可放张预应力筋。放张预应力筋前应先拆除侧模，使放张的构件能自由压缩。

(二)后张法

后张法是先制作构件，并在构件内按预应力筋的位置留出相应的孔道，待构件的混凝土强度达到规定的强度(一般不低于设计强度的75%)后，在预留孔道中穿入预应力钢筋(或钢丝)进行张拉，并利用锚具把张拉后的预应力筋锚固在构件的端部，依靠构件端部的锚具将预应力筋的预张拉力传给混凝土，使其产生预压应力。最后在孔道中灌入水泥浆，使预应力筋与混凝土构件形成整体。图4-33为预应力混凝土构件采用后张法生产的示意图。

1.锚具、预应力筋和张拉设备

现在常用的预应力筋有单根粗钢筋、钢绞线束(钢筋束)和钢丝束三类。

用单根粗钢筋做预应力筋时，张拉端通常采用螺丝端杆锚具，固定端采用帮条锚具、镦头锚具。

钢筋束和钢绞线束常使用JM型、QM型、XM型等锚具。

钢丝束预应力筋一般由几根到几十根直径为3~5 mm平行的钢丝组成。常用的锚具有

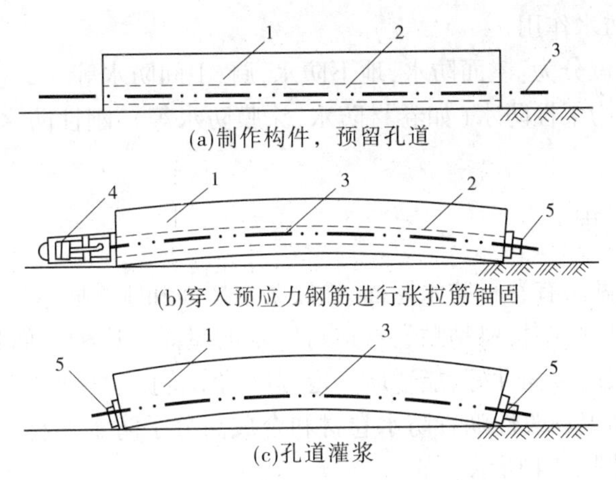

1—混凝土构件；2—预留孔道；3—预应力筋；4—千斤顶；5—锚具

图 4-33　后张法施工顺序

钢质锥形锚具、钢丝束墩头锚具和锥形螺杆锚具。

2.后张法施工工艺

在后张法施工工艺中，与建立预应力有关的工序为孔道留设、预应力筋张拉和孔道灌浆三部分。

1）孔道留设

预留孔道形状有直线形、曲线形和折线形三种。

孔道留设方法有钢管抽芯法、胶管抽芯法和预埋波管法，其中钢管抽芯法只用于直线形孔道的留设。

采用钢管抽芯法施工时，要预先将钢管埋设在模板内的孔道位置处，在混凝土浇筑过程中和浇筑之后，每隔一定的时间慢慢转动钢管，使之不与混凝土黏结，待混凝土初凝后终凝前抽出钢管，即形成孔道。该法适用于留设直线形孔道。

采用胶管抽芯法留孔时，一般用 5~7 层帆布夹层、壁厚 6~7 mm 的普通橡胶管，此种胶管可用于直线、曲线或折线孔道的留设。

预埋波纹管法中的波纹管是镀锌波纹金属软管。它可以根据要求做成曲线、折线等各种形状的孔道。所用波纹管施工后留在构件中，可省去抽管工序。

2）孔道灌浆

预应力筋张拉后，孔道应尽快灌浆。用连接器连接的多跨度连续预应力筋的孔道灌浆，应张拉完一跨随即灌注一跨，不应在各跨全部张拉完毕后，再一次连续灌浆。

为了增加孔道灌浆的密实性，在水泥浆中可掺入对预应力筋无腐蚀作用的外加剂，如可掺入占水泥质量 0.25%的木质素磺酸钙，或占水泥质量 0.05%的铝粉。

第三节　防水工程

防水工程按其构造做法分为结构自防水和防水层防水两大类。结构自防水，主要是依靠建筑物构件材料自身的密实性及某些构造措施（设置坡度、埋设止水带等），使结构构件起到防水作用；防水层防水，是在建筑物构件的迎水面或背水面以及接缝处，附加防水材料做成防水层，以起到防水作用。

防水工程按其部位分为：屋面防水，地下防水，厨、卫间防水等。

防水工程又可分为柔性防水（如卷材防水、涂膜防水等）、刚性防水（如刚性材料防水、结构自防水等）。

一、屋面防水工程

防水屋面的常用做法有卷材防水屋面、涂膜防水屋面和刚性防水屋面等。

卷材防水屋面是用胶结材料粘贴卷材进行防水的屋面。这种屋面具有质量轻、防水性能好的优点，其防水层的柔韧性好，能适应一定程度的结构振动和胀缩变形。所用卷材有传统的沥青防水卷材、高聚物改性沥青防水卷材和合成高分子防水卷材等三大系列。卷材防水屋面的构造层次如图 4-34 所示。

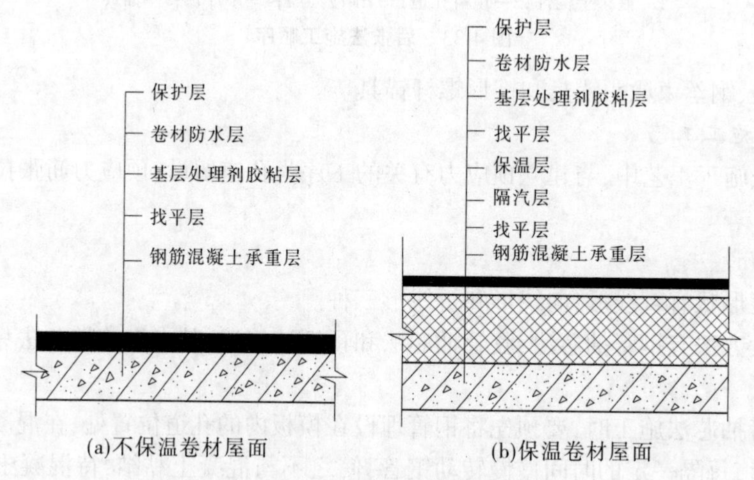

图 4-34　卷材防水屋面构造层次

铺贴多跨和高、低跨的房屋卷材防水层时，应按先高后低、先远后近的顺序进行；铺贴同一跨房屋防水层时，应先铺排水比较集中的水落口、檐口、斜沟、天沟等部位及卷材附加层，按标高由低到高向上施工；坡面与立面的油毡，应由下开始向上铺贴，使卷材按流水方向搭接。卷材平行屋脊铺贴搭接要求如图 4-35 所示。

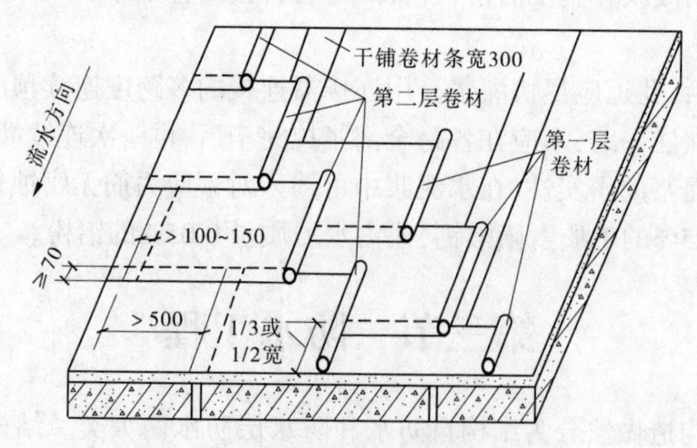

图 4-35　卷材平行屋脊铺贴搭接要求

卷材铺贴的方向应根据屋面坡度或屋面是否存在振动而确定。当坡度小于3%时，卷材宜平行屋脊方向铺贴；坡度在3%～5%时，卷材可平行或垂直屋脊方向铺贴；当坡度大于15%或屋面受振动时，应垂直屋脊铺贴。卷材防水屋面坡度不宜超过25%。卷材平行于屋脊铺贴时，长边搭接不应小于70 mm；短边搭接平屋顶不应小于100 mm，坡屋顶不宜小于150 mm。当第一层卷材采用条粘、点粘或空铺时，长边搭接不应小于100 mm，短边搭接不应小于150 mm，相邻两幅卷材短边搭接缝应错开不小于500 mm。上、下两层卷材应错开1/3或1/2幅宽；上、下两层卷材不宜相互垂直铺贴；垂直于屋脊的搭接缝应顺主导风向搭接；接头顺水流方向，每幅卷材铺过屋脊的长度应不小于200 mm。

沥青防水卷材一般为叠层铺设，采用热铺贴法施工。该法分为满贴法、条粘法、空铺法和点粘法四种。

高聚物改性沥青防水卷材施工方法有冷粘法、热熔法和自粘法。

合成高分子防水卷材施工方法一般有冷粘法、自粘法和热风焊接法三种。

二、地下防水工程施工

当地下结构的底部标高低于地下正常水位时，必须考虑结构的防水、抗渗能力。通过选择合理的防水方案，采取有效措施以确保地下结构的正常使用。目前，常用的有以下几种防水方案：

（1）防水层防水。它是在地下结构外表面加设防水层防水，常用的有水泥砂浆防水层、卷材防水层、涂膜防水层等。

（2）混凝土结构自防水。它是以地下结构本身的密实性（即防水混凝土）实现防水功能，使结构承重和防水合为一体。

（3）“防排结合”防水。采取防水加排水措施，排水方案可采用盲沟排水、渗排水、内排水等。防水加排水措施适用于地形复杂、受高温影响、地下水为上层滞水且防水要求较高的地下建筑。

（一）防水层防水

防水层防水又称构造防水，是通过结构内外表面加设防水层来达到防水效果的。常用的做法有卷材防水层防水、水泥砂浆防水层防水、涂膜防水层防水等。

这里只介绍卷材防水层的施工方法。

外贴法是先在垫层上抹水泥砂浆找平，然后刷冷底子油，再将底面防水层贴在找平层上；为了防止伸出的卷材接头受损，要先在垫层周围砌保护墙，保护墙的下部为永久性保护墙，高度不小于底板厚再加200～500 mm，上部为临时性保护墙，用混合砂浆砌高150×（油毡层数+1）mm。在保护墙上抹1∶3水泥砂浆找平，然后将卷材防水层牢固粘贴在保护墙和垫层上。卷材接头应保护好，使其不被损坏和沾污，等墙体和底板结构施工完毕抹平后，再将卷材接头分开，依次将接头逐层搭接好，并牢固地粘贴在墙体上。接着砌永久保护墙，分段留伸缩缝，在保护墙和防水层间用砂浆填实，最后及时填土，并做好防水坡。外贴法示意如图4-36所示。

铺贴时应注意底板铺贴宜平行于长边，减少搭接。在墙面应按垂直方向铺贴，自下向上进行，沥青胶厚为1.5～2.5 mm，最大不要超过3 mm，一层铺后再铺贴第二层。相邻卷材间搭接宽度：高聚物改性沥青卷材为150 mm，合成高分子卷材为100 mm。上、下接缝应错开

1/3 卷材宽。转角、平面交角处和阴阳角等是防水层的薄弱部位,转角处找平层应做成圆弧形,立面与底面转角处,卷材接缝应留在距墙根不小于 600 mm 的底面上。转角处应增贴附加层,附加层一般用两层相同油毡或沥青玻璃布油毡贴紧。

内贴法(见图 4-37)是在混凝土底板垫层做好以后,在垫层四周干铺一层油毡并在上面砌一砖厚的保护墙;在内侧用 1:3水泥砂浆抹找平层,待找平层干燥后刷冷底子油一遍,然后铺卷材防水层。铺贴时应先贴垂直面,后贴水平面;先贴转角,后贴大面。在全部转角处应铺贴卷材附加层(附加层可用两层同类油毡或一层抗拉强度较高的卷材),并应仔细粘贴紧密。卷材防水层铺完经验收合格后即应做好保护层。立面可抹水泥砂浆、贴塑料板,或用氯丁系胶粘剂粘铺石油沥青纸胎油毡;平面可抹水泥砂浆,或浇筑不少于 50 mm 厚的细石混凝土。若为混凝土结构,则永久保护墙可作为一侧模板,结构顶板卷材防水层上的细石混凝土保护层厚度应不小于 70 mm,防水层若为单层卷材,则其与保护层之间应设置隔离层。结构完工后,方可回填土。

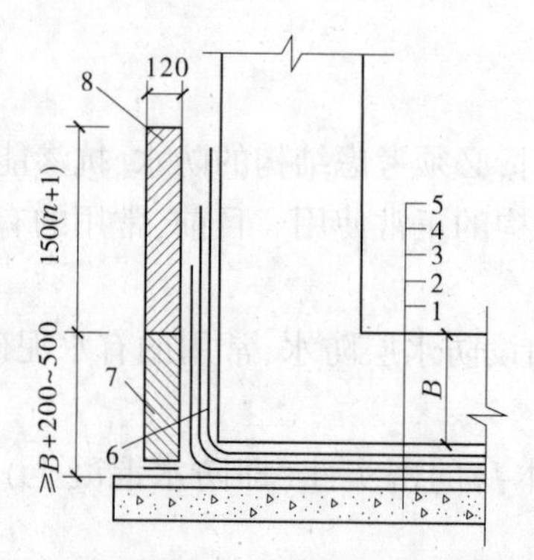

1—垫层;2—找平层;3—卷材防水层;4—保护层;
5—构筑物;6—油毡;7—永久性保护墙;8—临时性保护墙

图 4-36　外贴法示意

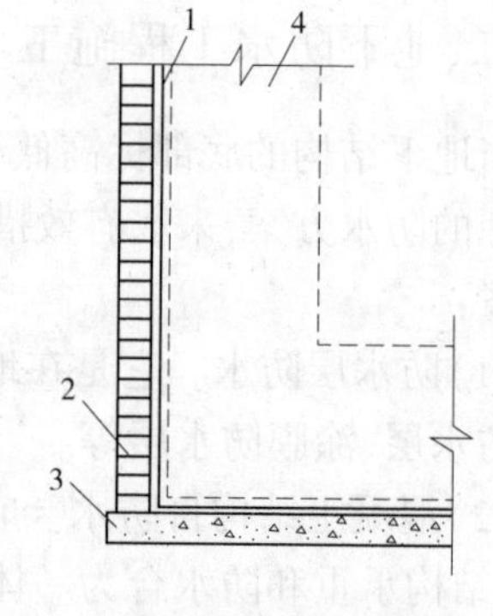

1—卷材防水层;2—保护墙;
3—垫层;4—建筑物

图 4-37　内贴法示意

(二)混凝土结构本身自防水

防水混凝土分为普通防水混凝土和掺外加剂的防水混凝土两类。

1.普通防水混凝土

普通防水混凝土是通过调整混凝土的配合比来提高混凝土的密实度,以达到提高其抗渗能力的一种混凝土。由于混凝土是一种非均质材料,它的渗水是通过孔隙和裂缝进行的,因此通过控制混凝土的水灰比、水泥用量和砂率来保证混凝土中砂浆的质量和数量,以控制孔隙的形成,切断混凝土毛细管渗水通路,从而提高混凝土的密实性和抗渗性能。

2.掺外加剂的防水混凝土

掺外加剂的防水混凝土,是在混凝土中掺入适量的外加剂,以改善混凝土的密实度,提高其抗渗能力。目前常用的有三乙醇胺防水混凝土、加气防水混凝土。

目前,通常采用防水层防水、结构本身自防水二者并有。

第四节　装饰工程

装饰工程施工工程量大,工期长,用工量多,所占造价比重高,装饰材料和施工技术更新快，施工管理复杂，并且装饰工程开工时间受到一定的限制。

建筑装饰工程的内容包括抹灰工程、门窗工程、吊顶工程、轻质隔墙工程、饰面板（砖）工程、幕墙工程、涂饰工程、裱糊与软包工程及细部工程等内容。

一、抹灰工程

抹灰是将各种砂浆、装饰性石屑浆、石子浆涂抹在建筑物的墙面、顶棚、地面等表面，除保护建筑物外，还可以作为饰面层起到装饰作用。

（一）抹灰工程的分类

抹灰工程按其使用的材料和装饰效果的不同分为一般抹灰和装饰抹灰两大类。一般抹灰适用于石灰砂浆、水泥砂浆、混合砂浆、聚合物水泥砂浆、膨胀珍珠岩水泥砂浆、麻刀灰、纸筋灰、石膏灰等抹灰工程。装饰抹灰主要有水刷石、水磨石、斩假石、干粘石、喷涂、滚涂、弹涂、仿石和彩色抹灰等。

（二）一般抹灰施工

抹灰层一般分三层：底层、中层和面层（或罩面），如图 4-38 所示。

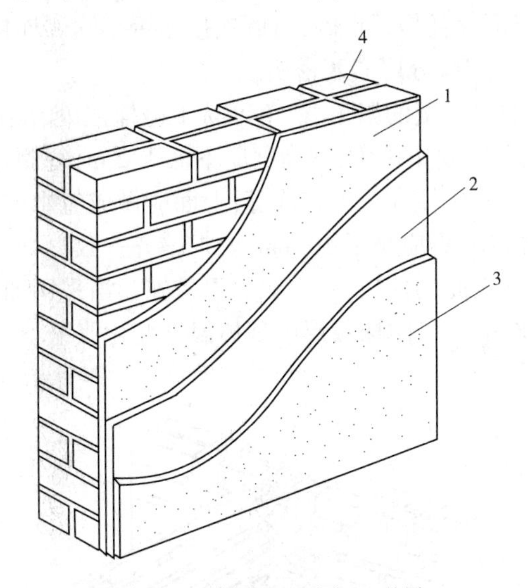

1—底层；2—中层；3—面层；4—基层

图 4-38　抹灰层的组成

底层主要起与基层黏结的作用，厚度一般为 5～9 mm；中层起找平的作用，应分层施工，每层厚度应控制在 5～9 mm；面层起装饰作用，要求涂抹光滑、洁净。

抹灰层的平均总厚度不得大于以下规定：

（1）顶棚。板条、空心砖、现浇混凝土为 15 mm，预制混凝土为 18 mm，金属网为 20 mm。

（2）内墙。普通抹灰为 18～20 mm，高级抹灰为 25 mm。

（3）外墙为 20 mm，勒脚及突出墙面部分为 25 mm。

（4）石墙为 35 mm。

（5）当抹灰厚度≥35 mm 时，应采取加强措施。

涂抹水泥砂浆每遍厚度宜为 5～7 mm，涂抹石灰砂浆和水泥混合砂浆每遍厚度宜为7～9 mm。面层抹灰经赶平压实后的厚度，麻刀石灰不得大于 3 mm，纸筋石灰、石膏灰不得大于

2 mm。

1.组成及质量要求

一般抹灰按质量要求分为普通抹灰和高级抹灰两个等级。

普通抹灰为一道底层和一道面层或一道底层、一道中层和一道面层，要求表面光滑、洁净、接槎平整、分格缝应清晰。

高级抹灰由一道底层、数道中层和一道面层组成。其表面要求光滑、洁净、颜色均匀、无抹纹，分格缝和灰线应清晰美观。

抹灰层与基层之间及各抹灰层之间必须黏结牢固，抹灰层应无脱层、空鼓，面层应无爆灰和裂缝。

2.抹灰材料要求

一般抹灰所用材料的品种和性能应符合设计要求。水泥的凝结时间和安定性复验应合格。石灰膏应在储灰池中常温熟化不少于 15 d，罩面用的磨细石灰粉的熟化期不应少于 30 d。同时，应防止冻结和污染。生石灰不宜长期存放，保质期不宜超过 1 个月。

3.抹灰前基层处理

抹灰前应检查门、窗框位置是否正确，与墙连接是否牢固。连接处的缝隙应用水泥砂浆或水泥混合砂浆(加少量麻刀)分层嵌塞密实。

在内墙的阳角和门洞口侧壁的阳角、柱角等易于碰撞之处，应按设计要求施工，设计无要求时，应采用 1∶2水泥砂浆制作护角，其高度应不低于 2 m，每侧宽度不小于 50 mm。对于外墙窗台、窗楣、雨篷、阳台、压顶和突出腰线等，上面应做成流水坡度，下面应做滴水线或滴水槽，滴水槽的深度和宽度均不应小于 10 mm，要求整齐一致。

不同材料基体交接处表面的抹灰，应采取加强措施。当采用加强金属网时，搭接宽度从缝边起两侧均不小于 100 mm，以防抹灰层因基体温度变化胀缩不一而产生裂缝。砖木交接处基体处理如图 4-39 所示。

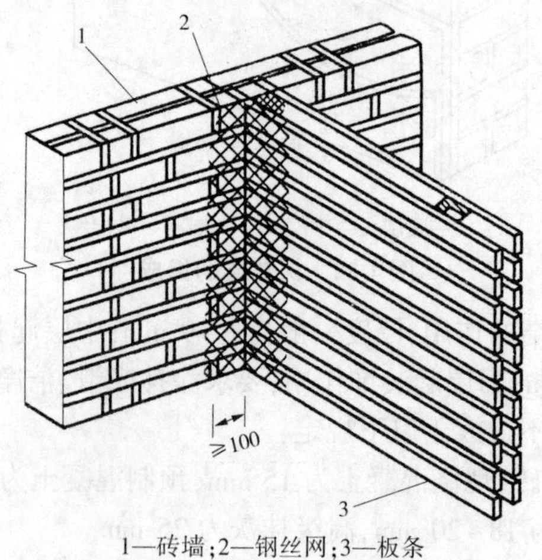

1—砖墙；2—钢丝网；3—板条

图 4-39　砖木交接处基体处理

4.抹灰施工

抹灰一般遵循先外墙后内墙，先上面后下面，先顶棚和墙面后地面的顺序，也可根据具体工程的不同而调整抹灰先后顺序。一般抹灰施工过程为：浇水湿润基层→做灰饼→设置标筋→阳角护角→抹底层灰→抹中层灰→抹面层灰→清理。

(三)装饰抹灰施工

装饰抹灰种类很多,其底层均为1:3水泥砂浆打底,面层主要有水刷石、斩假石、干粘石、水磨石、假面砖等。

(四)抹灰工程质量要求

普通抹灰表面应光滑、洁净、接槎平整,分格缝应清晰,高级抹灰表面则应光滑、洁净、颜色均匀、无抹纹,分格缝和灰线应清晰美观。

水刷石的质量要求是石粒清晰、分布均匀、色泽一致、平整密实,不得有掉粒和接槎的痕迹。

干粘石的质量要求是色泽一致、不露浆、不漏粘,石粒应黏结牢固、分布均匀,阳角处应无明显黑边。

一般抹灰工程质量的允许偏差和检验方法应符合表4-11的规定。

表4-11　一般抹灰工程质量的允许偏差和检验方法

项次	项目	允许偏差(mm)		检验方法
		普通抹灰	高级抹灰	
1	立面垂直度	4	3	用2 m垂直检测尺检查
2	表面平整度	4	3	用2 m靠尺和塞尺检查
3	阴阳角方正	4	3	用直角检测尺检查
4	分格条(缝)直线度	4	3	拉5 m线,不足5 m拉通线,用钢直尺检查
5	墙裙、勒脚上口直线度	4	3	拉5 m线,不足5 m拉通线,用钢直尺检查

装饰抹灰工程质量的允许偏差和检验方法应符合表4-12的规定。

表4-12　装饰抹灰工程质量的允许偏差和检验方法

项次	项目	允许偏差(mm)			检验方法
		水刷石	斩假石	干粘石	
1	立面垂直度	5	4	5	用2 m垂直检测尺检查
2	表面平整度	3	3	5	用2 m靠尺和塞尺检查
3	阴阳角方正	3	3	4	用直角检测尺检查
4	分格条(缝)直线度	3	3	3	拉5 m线,不足5 m拉通线,用钢直尺检查
5	墙裙、勒脚上口直线度	3	3	—	拉5 m线,不足5 m拉通线,用钢直尺检查

二、饰面工程

饰面工程是指将块料面层镶贴(或安装)在墙、柱表面以形成装饰层。块料面层的种类基本可分为饰面砖和饰面板两大类。

(一)饰面砖镶贴

饰面砖镶贴的一般工序为:底层找平→弹线→镶贴饰面砖→勾缝→清洁面层。

1. 釉面砖镶贴

釉面砖的排列方法有对缝排列和错缝排列两种(见图 4-40)。

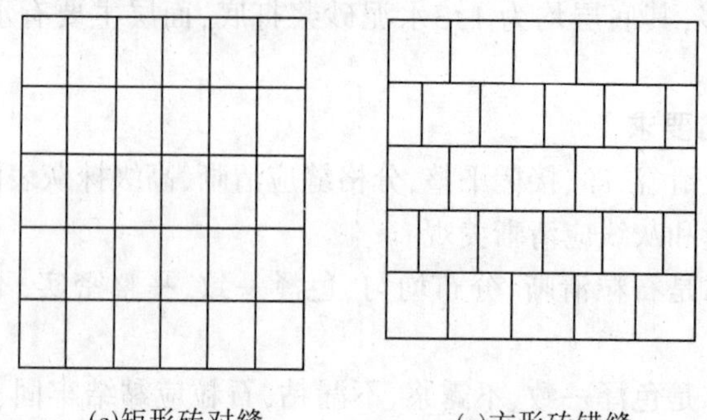

(a)矩形砖对缝　　(a)方形砖错缝

图 4-40　釉面砖镶贴形式

釉面砖镶贴的施工工艺为:

(1)在清理干净的找平层上,依照室内标准水平线,校核地面标高和分格线。

(2)以所弹地平线为依据,设置支撑釉面砖的地面木托板。

(3)调制糊状的水泥浆,其配合比为水泥:砂=1:2(体积比),另掺水泥质量3%~4%的108胶。

(4)镶贴。

(5)清理。

2. 外墙釉面砖镶贴

外墙釉面砖镶贴由底层灰、中层灰、结合层及面层组成。

外墙釉面砖的镶贴形式由设计而定。矩形釉面砖宜竖向镶贴;釉面砖的接缝宜采用离缝,缝宽不大于10 mm的釉面砖一般应对缝排列,不宜采用错缝排列。

(二)饰面板镶贴

1. 小规格饰面板的安装

小规格大理石板、花岗石板、青石板、预制水磨石板,板材尺寸小于300 mm×300 mm,板厚8~12 mm,粘贴高度低于1 m的踢脚线板、勒脚、窗台板等,可采用水泥砂浆粘贴的方法安装。

2. 大规格饰面板的安装

大规格大理石板、花岗石板、青石板、预制水磨石板可采用安装的方法。

1)湿法铺贴工艺

湿法铺贴工艺适用于板材厚为20~30 mm的大理石、花岗石或预制水磨石板,墙体为砖墙或混凝土墙。

湿法铺贴工艺是传统的铺贴方法,即在竖向基体上预挂钢筋网(见图4-41),用铜丝或镀锌铁丝绑扎板材并灌水泥砂浆粘牢。这种方法的优点是牢固可靠,缺点是工序烦琐,卡箍多样,板材上钻孔易损坏,特别是灌注砂浆易污染板面和使板材移位。

2)干法铺贴工艺

干法铺贴工艺,通常称为干挂法施工,即在饰面板材上直接打孔或开槽,用各种形式的连接件与结构基体用膨胀螺栓或其他架设金属连接而不需要灌注砂浆或细石混凝土。饰面

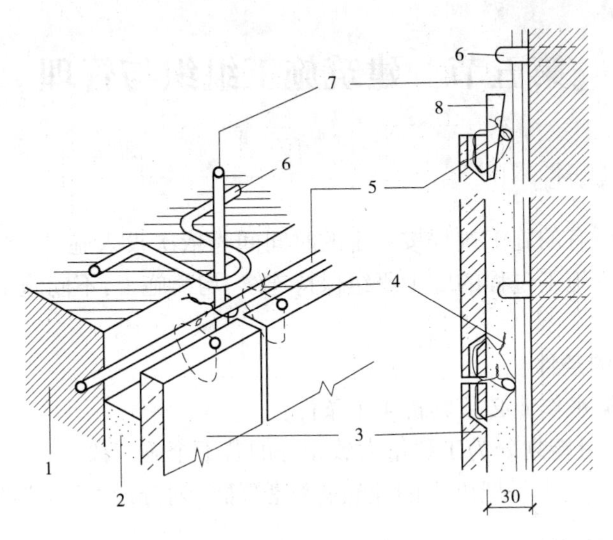

1—墙体；2—水泥砂浆；3—大理石板；4—钢丝；5—横筋；6—铁环；7—立筋；8—定位木楔

图 4-41　饰面板钢筋网片固定及安装方法

板与墙体之间留出 40~50 mm 的空腔。这种方法适用于 30 m 以下的钢筋混凝土结构基体上，不适用于砖墙和加气混凝土墙。

干法铺贴工艺主要采用扣件固定法，如图 4-42 所示。

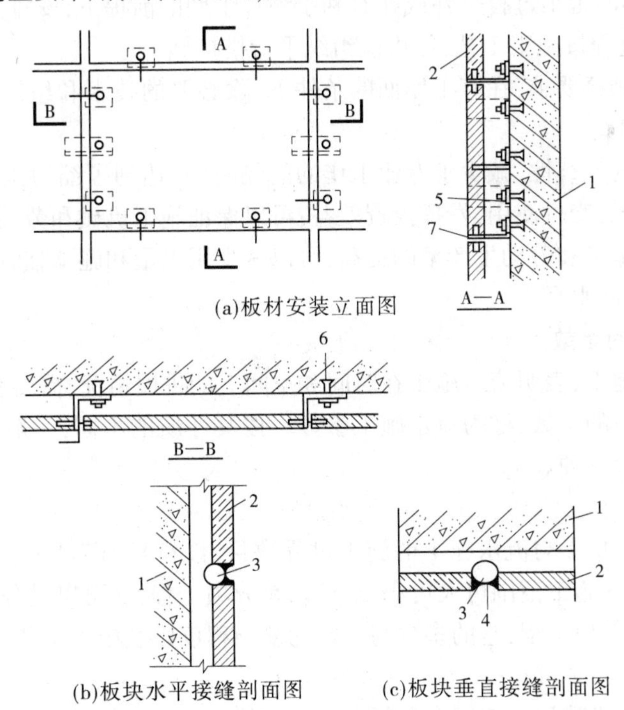

1—混凝土外墙；2—饰面石板；3—泡沫聚乙烯嵌条；4—密封硅胶；5—钢扣件；6—胀铆螺栓；7—销钉

图 4-42　用扣件固定大规格石材饰面板的干作业做法

扣件固定法的安装施工步骤如下：板材切割→磨边→钻孔→开槽→涂防水剂→墙面修整→弹线→墙面涂刷防水剂→板材安装→板材固定→板材接缝的防水处理。

第五节　建筑施工组织与管理

一、流水施工概述

流水施工是指所有的施工过程按一定的时间间隔依次投入施工,各个施工过程陆续开工、陆续竣工,使同一施工过程的施工班组保持连续、均衡施工,不同施工过程尽可能平行搭接施工的组织方式。

(一)流水施工的条件

组织建筑施工流水作业必须具备4个条件:

(1)把建筑物尽可能划分为工程量大致相等的若干个施工段。

划分施工段(区)是为了把庞大的建筑物(建筑群)划分成"批量"的"假定产品",从而形成流水施工的前提。

(2)把建筑物的整个建筑过程分解为若干个施工过程,每个施工过程组织独立的施工班组进行施工。

(3)安排主导施工过程的施工班组连续、均衡地施工。

对工程量较大、施工时间较长的施工过程,必须组织连续、均衡地施工;对其他次要施工过程,可考虑与相邻的施工过程合并或在有利于缩短工期的前提下,安排其间断施工。

(4)不同施工过程按施工工艺,尽可能组织平行搭接施工。

按照施工先后顺序要求,在有工作面的条件下,除必要的技术和组织间歇时间外,尽可能组织平行搭接施工。

由于流水施工的连续性,减少了专业工作的间隔时间,达到了缩短工期的目的,可使拟建工程项目尽早竣工,交付使用,发挥投资效益;可以保证施工机械和劳动力得到充分、合理地利用。工人技术水平和劳动生产率的提高,可以减少用工量和施工临时设施的建造量,降低工程成本,提高利润水平。

(二)流水施工的参数

为了组织流水施工,表明流水施工在时间和空间上的进展情况,需要引入一些描述施工特征和各种数量关系的参数,称为流水施工参数。按其性质的不同,一般可分为工艺参数、空间参数和时间参数三种。

1.工艺参数

工艺参数主要是指参与流水施工的施工过程数目,以符号"n"表示。在工程项目施工中,施工过程所包含的施工范围可大可小,既可以是分项工程,又可以是分部工程,也可以是单位工程,还可以是单项工程,它的多少与建筑的复杂程度以及施工工艺等因素有关。

2.空间参数

空间参数是用来表达流水施工在空间布置上所处状态的参数,包括工作面、施工段和施工层。

1)工作面

工作面是指供某专业工种的工人或某种施工机械进行施工的活动空间。工作面的大小表明能安排施工人数或机械台班数的多少。每个作业的工人或每台施工机械所需工作面的大小取决于单位时间内其完成的工程量和安全施工的要求。

2）施工段

将施工对象在平面上划分成若干个劳动量大致相等的施工区段，施工段的数目通常用符号“m”表示，它是流水施工的基本参数之一。划分施工段的目的在于能使不同工种的专业队同时在工程对象的不同工作面上进行作业，这样能充分利用空间，为组织流水施工创造条件。

3）施工层

在多、高层建筑物的流水施工中：平面上是按照施工段的划分，从一个施工段向另一个施工段逐步进行的；而在垂直方向上，则是逐层进行的，一层的各个施工过程完工后，自然就形成了第二层的工作面，于是不断循环，直至完成全部工作。这些为满足专业工种的操作和施工工艺要求而划分的操作层称为施工层。

3.时间参数

时间参数是指用来表达组织流水施工的各施工过程在时间排列上所处状态的参数。它包括流水节拍、流水步距、间歇时间、平行搭接时间及流水工期等。

1）流水节拍(t)

流水节拍是指在组织流水施工时，某一施工过程在某一施工段上的作业时间。其大小可以反映施工速度的快慢。因此，正确、合理地确定各施工过程的流水节拍具有很重要的意义。

2）流水步距(K)

流水步距是指相邻两个专业工作队（组）相继投入同一施工段开始工作的时间间隔。流水步距用$K_{i,i+1}$表示，它是流水施工的重要参数之一。

3）间歇时间(Z)

在组织流水施工时，有些施工过程完成后，后续施工过程不能立即投入施工，必须有足够的间歇时间，即技术间歇时间和组织间歇时间。

技术间歇时间是指由于施工工艺或质量保证的要求，在相邻两个施工过程之间客观存在的时间间隔，如混凝土浇筑后养护的时间。

组织间歇时间是指由于组织方面的因素，在相邻两个施工过程之间留有的时间间隔。这是为对前一施工过程进行检查验收或为后一施工过程的开始做必要的施工组织准备而考虑的间歇时间，如浇混凝土之前要检查钢筋及预埋件并作记录的时间。

4）平行搭接时间(C)

平行搭接时间是指在同一施工段上，不等前一施工过程施工完，后一施工过程就提前投入施工，相邻两施工过程同时在同一施工段上的工作时间。平行搭接时间可使工期缩短，但要有足够的工作面才可搭接。

5）流水工期(T_L)

流水工期是指完成一项任务或一个流水组施工所需的时间。

二、流水施工方法

通常，流水施工的节奏是由节拍决定的，由于建筑工程的多样性，各分部分项工程的工程量差异较大，要使所有的流水施工都组织成统一的流水节拍是很困难的。因此，根据流水施工节拍特征的不同,流水施工的基本方式可分为有节奏流水施工和无节奏流水施工。

(一)有节奏流水施工

有节奏流水施工是指同一个施工过程在不同施工段上的流水节拍都相等的一种流水施工方式。根据不同施工过程之间的流水节拍是否相等,有节奏流水施工又可分为等节奏流水施工和异节奏流水施工。

1.等节奏流水施工

等节奏流水施工是指同一个施工过程在不同施工段上的流水节拍都相等,不同施工过程之间流水节拍也全相等的一种流水施工方式,也称为全等节拍流水施工。

等节奏流水施工,即 t 为常数,有 $t_A^1 = t_A^2 = \cdots = t_A^m = t_B^1 = t_B^2 = \cdots = t_B^m$。其计算工期为

$$T_L = (m + n - 1)t_i \tag{4-7}$$

式中 m——施工段数;

n——施工过程数。

【例 4-1】 某分部工程划分为 A、B、C、D 四个施工过程,每个施工过程分为 5 个施工段,流水节拍均为 3 d,试组织等节奏流水施工。

解 (1)计算工期为

$$T_L = (5 + 4 - 1) \times 3 = 24(\text{d})$$

(2)用横道图绘制流水进度计划,如图 4-43 所示。

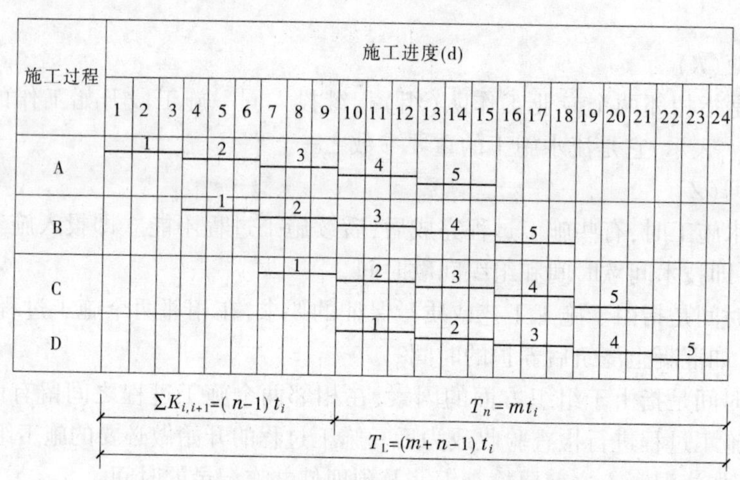

图 4-43 某分部工程无间歇流水施工进度计划(横道图)

2.异节奏流水施工

异节奏流水施工是指同一施工过程在不同施工段上流水节拍都相等,但不同施工过程之间流水节拍不全相等的流水施工方式。根据流水步距是否相等,异节奏流水施工又分为异步距异节拍流水施工和等步距异节拍流水施工。

异节奏流水施工即 $t_A^1 = t_A^2 = \cdots = t_A^m \neq t_B^1 = t_B^2 = \cdots = t_B^m$。

1)异步距异节拍流水施工

异步距异节拍流水施工是指同一施工过程在各个施工段上流水节拍相等,不同施工过程之间流水节拍不全相等的流水施工方式。

流水步距的确定方式为

$$K_{i,i+1} = t_i \quad (当 t_i \leqslant t_{i+1} 时) \tag{4-8}$$

$$K_{i,i+1} = mt_i - (m-1)t_{i+1} \quad (当 t_i > t_{i+1} 时) \tag{4-9}$$

式中 t_i——第 i 个施工过程的流水节拍；

t_{i+1}——第 i+1 个施工过程的流水节拍。

【例 4-2】 某工程划分为甲、乙、丙、丁四个施工过程，分三个施工段组织流水施工，各施工过程的流水节拍分别为 $t_甲=2$ d，$t_乙=3$ d，$t_丙=5$ d，$t_丁=2$ d，施工过程乙完成后需有 1 d 的技术间歇时间。试求各施工过程之间的流水步距及该工程的工期。

解 (1)计算流水步距。

由 $t_甲<t_乙 \quad Z_{甲,乙}=0 \quad C_{甲,乙}=0$

可得 $K_{甲,乙}=t_甲+Z_{甲,乙}-C_{甲,乙}=2+0-0=2(\mathrm{d})$

由 $t_乙<t_丙 \quad Z_{乙,丙}=1 \quad C_{乙,丙}=0$

可得 $K_{乙,丙}=t_乙+Z_{乙,丙}-C_{乙,丙}=3+1-0=4(\mathrm{d})$

由 $t_丙>t_丁 \quad Z_{丙,丁}=0 \quad C_{丙,丁}=0$

可得 $K_{丙,丁}=mt_丙-(m-1)t_丁+Z_{丙,丁}-C_{丙,丁}=3\times5-(3-1)\times2+0-0=11(\mathrm{d})$

(2)计算流水工期。

$$T_L = \sum K_{i,i+1} + T_n \tag{4-10}$$

式中 T_n——最后一个施工过程各施工段上流水节拍之和。

则 $T_L=2+4+11+3\times2=23(\mathrm{d})$

根据计算的流水参数绘制施工进度计划表，如图 4-44 所示。

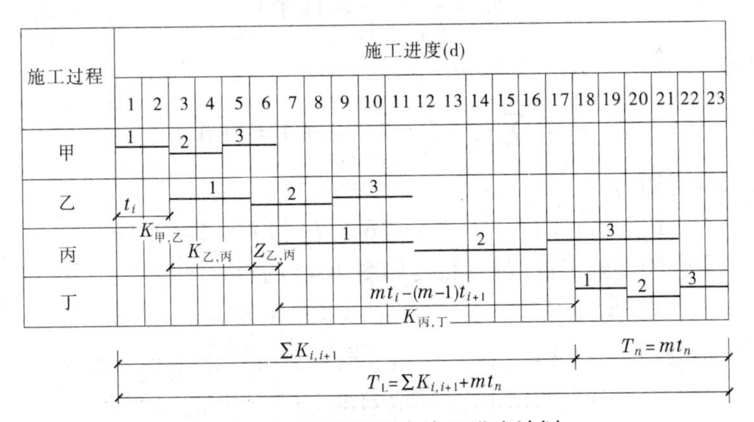

图 4-44 异节拍流水施工进度计划

2)等步距异节拍流水施工

等步距异节拍流水施工是指同一施工过程在各个施工段上流水节拍相等，不同施工过程之间流水节拍不全相等，但它们之间互成倍数关系(或者说存在除 1 外的公约数)，故也称为成倍节拍流水施工。

流水步距的确定式为

$$K_{i,i+1} = K_b \tag{4-11}$$

式中 K_b——成倍节拍流水步距，取流水节拍的最大公约数。

每个施工过程的施工队组数确定式为

$$b_i = \frac{t_i}{K_b} \tag{4-12}$$

$$n' = \sum b_i \tag{4-13}$$

式中　b_i——某施工过程所需施工队组数；

　　n'——施工队组总数目。

流水施工工期的确定式为

$$T_L = (m + n' - 1)K_b \tag{4-14}$$

【例 4-3】 某分部工程有 A、B、C、D 四个施工过程，$m=6$，流水节拍分别为 $t_A=2$ d，$t_B=6$ d，$t_C=4$ d，$t_D=2$ d，试组织成倍节拍流水施工。

解　由题意知

$$K_b = 2 \text{ d}$$

则

$$b_A = \frac{t_A}{K_b} = \frac{2}{2} = 1(\text{个})$$

$$b_B = \frac{t_B}{K_b} = \frac{6}{2} = 3(\text{个})$$

$$b_C = \frac{t_C}{K_b} = \frac{4}{2} = 2(\text{个})$$

$$b_D = \frac{t_D}{K_b} = \frac{2}{2} = 1(\text{个})$$

则施工队总数为

$$n' = \sum_{i=1}^{4} b_i = 1 + 3 + 2 + 1 = 7(\text{个})$$

由式(4-14)可求得工期为

$$T_L = (m + n' - 1)K_b = (6 + 7 - 1) \times 2 = 24(\text{d})$$

根据计算的流水参数绘制施工进度计划表，如图 4-45 所示。

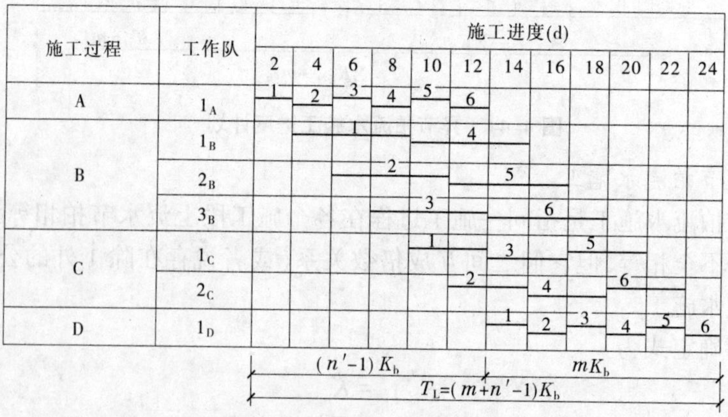

施工过程	工作队	施工进度(d)											
		2	4	6	8	10	12	14	16	18	20	22	24
A	1_A	1	2	3	4	5	6						
B	1_B			1			4						
	2_B				2			5					
	3_B					3			6				
C	1_C					1		3		5			
	2_C						2		4		6		
D	1_D							1	2	3	4	5	6

$(n'-1)K_b$　　mK_b

$T_L=(m+n'-1)K_b$

图 4-45　成倍节拍流水施工进度计划

(二)无节奏流水施工

无节奏流水施工是指同一施工过程在不同施工段上流水节拍不完全相等的一种流水施工方式。

流水步距的确定采用累加数列法,即“累加数列,错位相减,取大差”。

(1)将每个施工过程的流水节拍逐段累加,求出各累加数列。

(2)根据施工顺序,对所求相邻的两累加数列错位相减。

(3)根据错位相减的结果,从中选取数值最大者为该相邻施工过程间的流水步距。

【例 4-4】 某分部工程流水节拍如表 4-13 所示,试计算流水步距和工期。

表 4-13 某分部工程的流水节拍值 (单位:d)

施工过程	施工段			
	1	2	3	4
A	3	2	1	4
B	2	3	2	3
C	1	3	2	3
D	2	4	3	1

解 (1)计算流水步距。

由于每一个施工过程的流水节拍不相等,故采用上述累加数列法计算,现计算如下。

①求 $K_{A,B}$,可得

$$\begin{array}{rrrrrr} & 3 & 5 & 6 & 10 & \\ - & & 2 & 5 & 7 & 10 \\ \hline & 3 & 3 & 1 & 3 & -10 \end{array}$$

则
$$K_{A,B}=3\ d$$

②求 $K_{B,C}$,可得

$$\begin{array}{rrrrrr} & 2 & 5 & 7 & 10 & \\ - & & 1 & 4 & 6 & 9 \\ \hline & 2 & 4 & 3 & 4 & -9 \end{array}$$

则
$$K_{B,C}=4\ d$$

③求 $K_{C,D}$,可得

$$\begin{array}{rrrrrr} & 1 & 4 & 6 & 9 & \\ - & & 2 & 6 & 9 & 10 \\ \hline & 1 & 2 & 0 & 0 & -10 \end{array}$$

则
$$K_{C,D}=2\ d$$

(2)流水工期计算。由式(4-10)可得

$$T_L = \sum K_{i,i+1} + T_n = 3 + 4 + 2 + 10 = 19(d)$$

根据计算的流水参数绘制施工进度计划表,如图 4-46 所示。

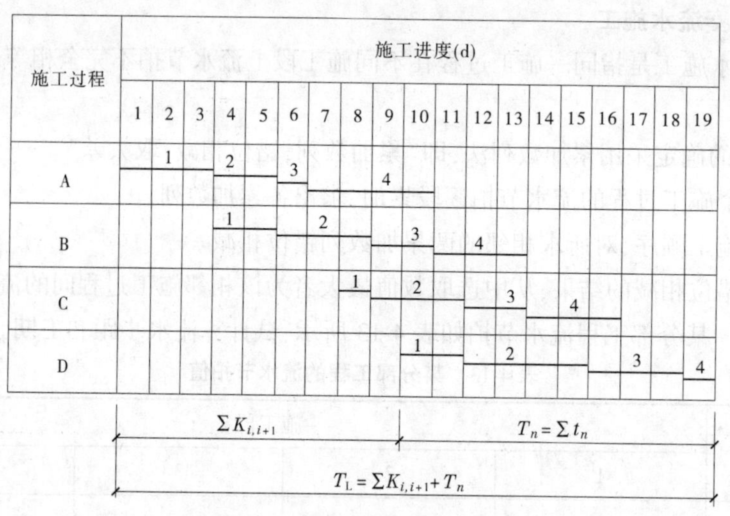

图 4-46　无节奏流水施工进度计划

三、网络计划技术

(一)网络计划的表示形式

网络计划的表示形式是网络图。所谓网络图,是指由箭线和节点组成的,用来表示工作流程的有向网状图形。

网络图按节点和箭线所代表的含义不同,可分为双代号网络图和单代号网络图。双代号网络图是以箭线及其两端节点的编号表示工作的网络图;单代号网络图是以节点及其编号表示工作,以箭线表示工作之间的逻辑关系的网络图。

网络图按网络计划时间表达的不同,分为时标网络计划和非时标网络计划。工作的持续时间以时间坐标为尺度绘制的网络计划称为时标网络计划,工作的持续时间以数字形式标注在箭线下面绘制的网络计划称为非时标网络计划。

(二)双代号网络计划

在双代号网络图中,要正确反映各工作的逻辑关系,即根据施工顺序和施工组织的要求,正确反映各项工作的先后顺序和相互关系,这些关系是多种多样的,以下列举了几种常见的逻辑关系表达方法,如表 4-14 所示。

表 4-14　网络图中逻辑关系表达方法

序号	逻辑关系	双代号表示方法	单代号表示方法
1	A 完成后进行 B,B 完成后进行 C	○—A→○—B→○—C→○	(A)→(B)→(C)
2	A 完成后同时进行 B 和 C	○—A→○, 之后分出 B→○ 和 C→○	(A)→(B); (A)→(C)
3	A 和 B 都完成后进行 C	○—A→○, ○—B→同一节点, 该节点—C→○	(A)→(C); (B)→(C)

续表 4-14

序号	逻辑关系	双代号表示方法	单代号表示方法
4	A 和 B 都完成后同时进行 C 和 D	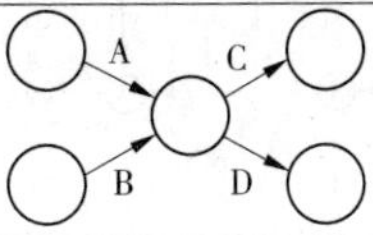	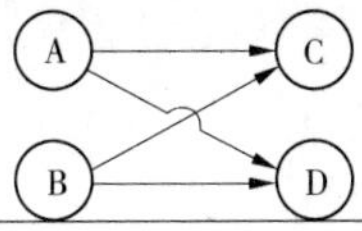
5	A 完成后进行 C,A 和 B 都完成后进行 D	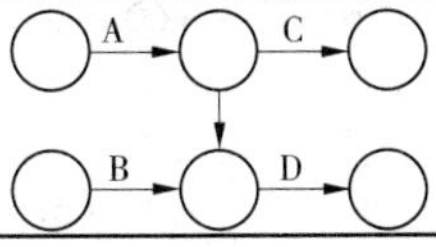	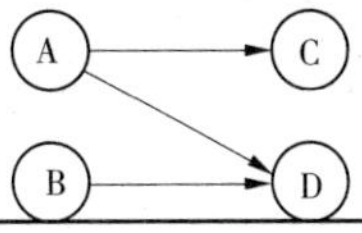

【例 4-5】 试根据表 4-15 给出的逻辑关系绘制其双代号网络图。

表 4-15 某工程逻辑关系

工作	紧前工作	紧后工作	工作	紧前工作	紧后工作
A	—	C、E、F	E	A、B	G、H
B	—	E、F	F	A、B	H
C	A	D	G	D、E	—
D	C	G	H	E、F	—

解 根据绘图基本规则和表 4-15 的逻辑关系绘出的网络图如图 4- 47 所示。绘图时,可根据紧前工作和紧后工作的任何一种关系进行绘制。按紧前工作绘制时,从没有紧前工作的工作开始,依次向后,将紧前工作一一绘出,注意不要把没有关系的工作拉上了关系,应使用好虚箭线,并将最后的工作结束于一点,以形成一个终点节点。按紧后工作进行绘制时,亦应从没有紧前工作的工作开始,依次向后,将紧后工作一一绘出,直至没有紧后工作的工作绘完,形成一个终点节点。使用一种关系绘完图后,可利用另一种关系检查无误后,再自左向右编号。在绘制网络图时,要始终记住绘图基本规则,最后用绘图规则进行检查,直到无误。要熟悉绘图,就必须多进行练习。

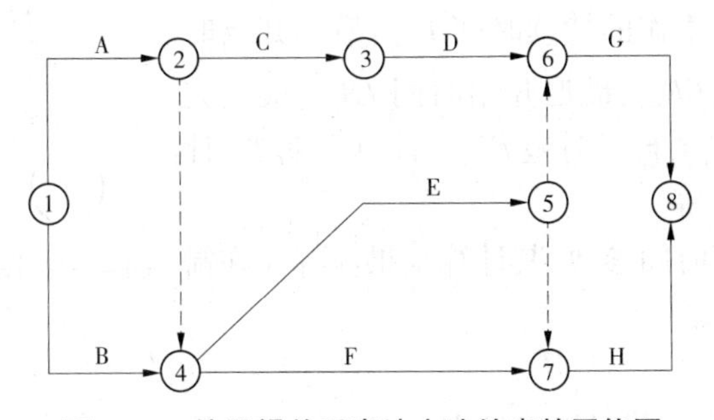

图 4- 47 按逻辑关系表达方法绘出的网络图

【例 4- 6】 某基础工程划分为挖土、垫层、基础、回填四个施工过程,共划分两个施工段,试用双代号网络图表达其施工进度计划。

解 某基础工程施工进度计划如图 4- 48 所示。

【例 4-7】 某四层装饰工程,每层划分为地面、天棚粉刷、内墙粉刷和安装门窗扇四个施工过程,试用双代号网络图表达其施工进度计划。

解 某四层装饰工程施工进度计划如图 4-49 所示。

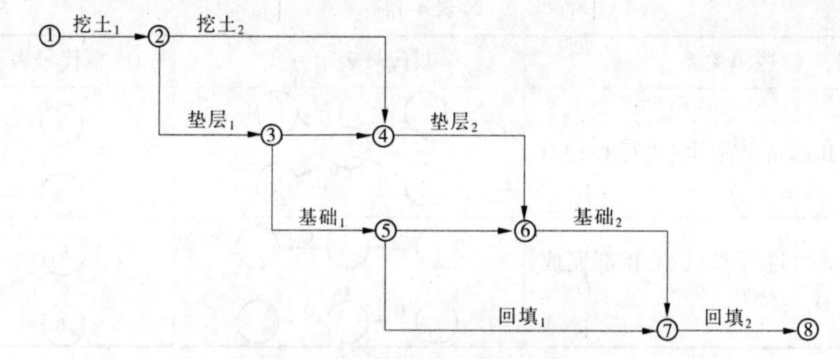

图 4-48　某基础工程施工进度计划

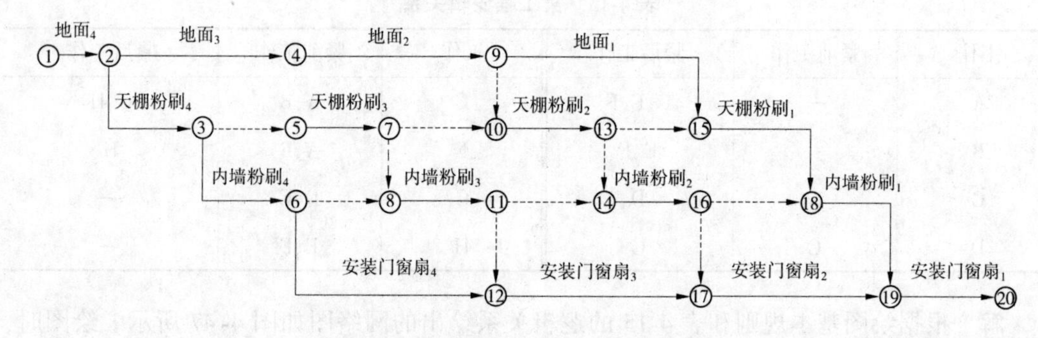

图 4-49　某四层装饰工程施工进度计划

(三)双代号网络计划时间参数的计算

网络图上各工作标以时间后，便成为网络计划，可进行时间参数计算。计算网络时间参数是为了确定关键线路和关键工作，抓住施工重点。同时，还可以计算非关键工作的机动时间，向非关键工作要资源，进行网络计划优化，进行对总工期的控制。

双代号网络计划的时间参数有按工作计算法和按节点计算法两种。

1.时间参数及标注方法

网络图时间参数有工作的持续时间 $D_{i\text{-}j}$、最早开始时间 $ES_{i\text{-}j}$、最早完成时间 $EF_{i\text{-}j}$、最迟开始时间 $LS_{i\text{-}j}$、最迟完成时间 $LF_{i\text{-}j}$、总时差 $TF_{i\text{-}j}$、自由时差 $FF_{i\text{-}j}$、计算工期 T_c、计划工期 T_p、要求工期 T_r 等。

ES_{i-j}	EF_{i-j}	TF_{i-j}
LS_{i-j}	LF_{i-j}	FF_{i-j}

i —工作名称 / 持续时间→ j

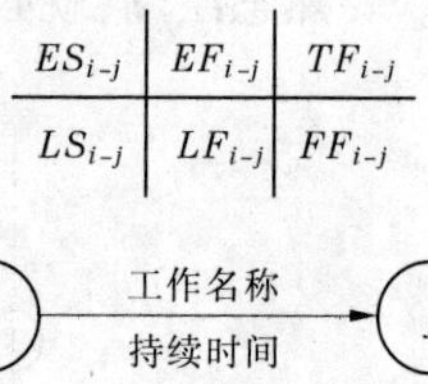

图 4-50　按工作计算法的标注内容

注：当为虚工作时，图中的箭线为虚箭线

按工作计算法计算时间参数，其计算结果应标注在箭线之上，如图 4-50 所示。

2.工作计算法计算

按工作计算法计算，双代号网络计划的时间参数包括工作最早开始时间 $ES_{i\text{-}j}$、工作最早完成时间 $EF_{i\text{-}j}$、工作最迟完成时间 $LF_{i\text{-}j}$、工作最迟开始时间 $LS_{i\text{-}j}$、工作总时差 $TF_{i\text{-}j}$、工作自由时差 $FF_{i\text{-}j}$、工作持续时间 $D_{i\text{-}j}$ 和计算工期 T_c。

1)工作最早开始时间 $ES_{i\text{-}j}$ 的计算

工作最早开始时间是指各紧前工作全部完成后，本工作有可能开始的最早时刻。工作最早开始时间应从网络计划的起点节点开始，顺着箭线方向依次逐项计算。

（1）以起点节点 i 为开始的工作 $i\text{-}j$ 若未规定其最早开始时间，其值等于零，即

$$ES_{i-j}=0(i=1) \tag{4-15}$$

例如，由图 4-51 可得

$$ES_{1-2}=ES_{1-3}=0$$

（2）其他工作 $i\text{-}j$ 的最早开始时间是其各紧前工作的最早开始时间 ES_{h-i} 及其持续时间 D_{h-i} 之和的最大值，即

$$ES_{i-j}=\max\{ES_{h-i}+D_{h-i}\} \tag{4-16}$$

式中 ES_{h-i}——工作 $i\text{-}j$ 紧前工作 $h\text{-}i$ 的最早开始时间；

D_{h-i}——工作 $i\text{-}j$ 紧前工作 $h\text{-}i$ 的持续时间。

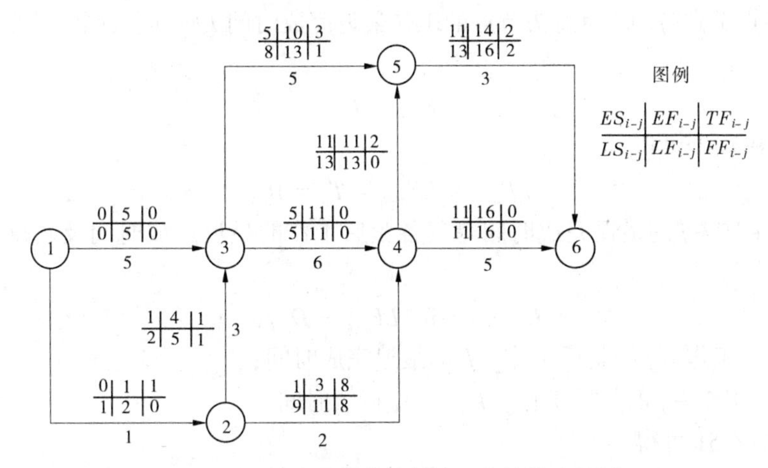

图 4-51 双代号网络计划按工作计算法算例

例如，由图 4-51 可得

$$ES_{2-3}=ES_{2-4}=ES_{1-2}+D_{1-2}=0+1=1$$

$$ES_{3-4}=ES_{3-5}=\max\{ES_{1-3}+D_{1-3},ES_{2-3}+D_{2-3}\}=\max\{0+5,1+3\}=5$$

2）工作最早完成时间 EF_{i-j} 的计算

工作的最早完成时间是工作最早开始时间加本工作持续时间之和，即

$$EF_{i-j}=ES_{i-j}+D_{i-j} \tag{4-17}$$

例如，由图 4-51 可得

$$EF_{1-2}=ES_{1-2}+D_{1-2}=0+1=1$$

$$EF_{3-4}=ES_{3-4}+D_{3-4}=5+6=11$$

$$EF_{3-5}=ES_{3-5}+D_{3-5}=5+5=10$$

3）网络计划计算工期 T_c 和计划工期 T_p 的计算

网络计划的计算工期是由最早时间参数计算确定的工期，其计算公式为

$$T_c=\max\{EF_{i-n}\} \tag{4-18}$$

式中 EF_{i-n}——以终点节点（$j=n$）为箭头节点的工作 $i\text{-}n$ 的最早完成时间。

例如，由图 4-51 可得

$$T_c=\max\{EF_{4-6},EF_{5-6}\}=\max\{16,14\}=16$$

如果有要求工期 T_r（即任务委托人所提出的指令性工期），则计划工期 T_p（即根据要求工期和计算工期所确定的作为实施目标的工期）小于或等于要求工期 T_r，即

$$T_p \leqslant T_r \tag{4-19}$$

如果没有要求工期 T_r，则该计算工期 T_c 就是计划工期 T_p，即

$$T_p = T_c \tag{4-20}$$

例如，由图 4-51 可得

$$T_p = 16$$

4）工作最迟完成时间 LF_{i-j} 的计算

工作最迟完成时间是在不影响整个任务按期完成的条件下，本工作最迟必须完成的时刻。工作最迟完成时间的计算应符合下列规定：

（1）工作 $i-j$ 的最迟完成时间 LF_{i-j} 应从网络计划的终点节点开始，逆着箭线方向依次逐项计算。以终点节点（$j=n$）为箭头节点的工作最迟完成时间 LF_{i-n} 应按网络计划的计划工期 T_p 确定，即

$$LF_{i-n} = T_p \tag{4-21}$$

例如，由图 4-51 可得

$$LF_{4-6} = LF_{5-6} = T_p = 16$$

（2）其他工作 $i-j$ 的最迟完成时间是其各紧后工作的最迟完成时间及其持续时间之差的最小值，即

$$LF_{i-j} = \min\{LF_{j-k} - D_{j-k}\} \tag{4-22}$$

式中　LF_{j-k}——工作 $i-j$ 的紧后工作 $j-k$ 的最迟完成时间；

D_{j-k}——工作 $i-j$ 的紧后工作 $j-k$ 的工作持续时间。

例如，由图 4-51 可得

$$LF_{3-5} = LF_{4-5} = LF_{5-6} - D_{5-6} = 16 - 3 = 13$$

$$LF_{3-4} = LF_{2-4} = \min\{LF_{4-5} - D_{4-5}, LF_{4-6} - D_{4-6}\} = \min\{13 - 0, 16 - 5\} = 11$$

$$LF_{1-3} = LF_{2-3} = \min\{LF_{3-4} - D_{3-4}, LF_{3-5} - D_{3-5}\} = \min\{11 - 6, 13 - 5\} = 5$$

5）工作最迟开始时间 LS_{i-j} 的计算

工作最迟开始时间是在不影响整个任务按期完成的条件下，本工作最迟必须开始的时刻。其值为本工作的最迟完成时间减去本工作的工作持续时间，即

$$LS_{i-j} = LF_{i-j} - D_{i-j} \tag{4-23}$$

例如，由图 4-51 可得

$$LS_{5-6} = LF_{5-6} - D_{5-6} = 16 - 3 = 13$$

$$LS_{3-4} = LF_{3-4} - D_{3-4} = 11 - 6 = 5$$

6）工作总时差 TF_{i-j} 的计算

工作 $i-j$ 的总时差是指在不影响总工期的前提下，该工作所具有的最大机动时间，其计算公式为

$$TF_{i-j} = LS_{i-j} - ES_{i-j} \quad 或 \quad TF_{i-j} = LF_{i-j} - EF_{i-j} \tag{4-24}$$

例如，由图 4-51 可得

$$TF_{1-2} = LS_{1-2} - ES_{1-2} = 1 - 0 = 1 \quad 或 \quad TF_{1-2} = LF_{1-2} - EF_{1-2} = 2 - 1 = 1$$

$$TF_{2-4} = LS_{2-4} - ES_{2-4} = 9 - 1 = 8 \quad 或 \quad TF_{2-4} = LF_{2-4} - EF_{2-4} = 11 - 3 = 8$$

7）工作自由时差 FF_{i-j} 的计算

工作 $i-j$ 的自由时差是指在不影响其紧后工作最早开始时间的前提下，工作 $i-j$ 所具有

的机动时间，其计算公式为

$$FF_{i-j} = ES_{j-k} - ES_{i-j} - D_{i-j} \quad 或 \quad FF_{i-j} = ES_{j-k} - EF_{i-j} \tag{4-25}$$

式中 ES_{j-k}——工作 $i-j$ 的紧后工作 $j-k$ 的最早开始时间。

例如，由图 4-51 可得

$$FF_{1-2} = ES_{2-3} - ES_{1-2} - D_{1-2} = 1 - 0 - 1 = 0$$
$$FF_{2-4} = ES_{4-6} - ES_{2-4} - D_{2-4} = 11 - 1 - 2 = 8$$

或

$$FF_{1-2} = ES_{2-3} - EF_{1-2} = 1 - 1 = 0$$
$$FF_{2-4} = ES_{4-6} - EF_{2-4} = 11 - 3 = 8$$

3.关键工作和关键线路的确定

确定关键工作和关键线路是网络计划编制的核心。掌握了关键工作，也就是抓住了计划控制的主要矛盾，使有限的资源得到合理的调配和使用，保证施工项目能有序地按计划进行。

在网络计划中，关键工作和关键线路由总时差确认。当网络计划有要求工期且小于计算工期时，总时差值最小的工作为关键工作；当网络计划按计算工期编制，或计算工期等于计划工期时，总时差为零的工作为关键工作。总之，总时差最小的工作应为关键工作。自始至终全部由关键工作组成的线路或线路上总的工作持续时间最长的线路应为关键线路。该线路在网络图上应用粗箭线、双箭线或彩色箭线标注。

（四）双代号时标网络计划

时标网络计划一般按工作的最早开始时间绘制，可用直接绘制法绘制。

直接绘制法即不经过计算网络计划的时间参数，直接按草图在时标计划表上绘制，应按下面的方法逐步进行：

（1）将起点节点定位在时标计划表的起始刻度线上。

（2）按工作持续时间在时标计划表上绘制起点节点的外向箭线。

（3）除起点节点外的其他节点必须在其所有内向箭线绘出以后，定位在这些内向箭线中最晚完成的时间刻度上。其他内向箭线长度不足以到达该节点时，用波形线补足。

（4）用上述方法自左至右依次确定其他节点位置，直至终点节点定位绘完。

例如表 4-16 所示的逻辑关系，根据绘制方法和步骤，可绘出如图 4-52 所示的时标网络图。

表 4-16　工作间逻辑关系举例

工作	A	B	C	D	E	F	G	H	K
紧前工作	—	A	A	A	B	B	C	D	F,G,H
紧后工作	B,C,D	E,F	G	H	—	K	K	K	—
持续时间	3	2	3	4	5	3	4	2	2

（五）单代号网络计划时间参数的计算

在确定了各项工作的持续时间以后，便可着手进行时间参数的计算，单代号网络计划的时间参数包括工作最早开始时间 ES_i、工作最早完成时间 EF_i、计算工期 T_c、计划工期 T_p、间隔时间 LAG_{i-j}、工作最迟开始时间 LS_i、工作最迟完成时间 LF_i、工作总时差 TF_i 和自由时差 FF_i。

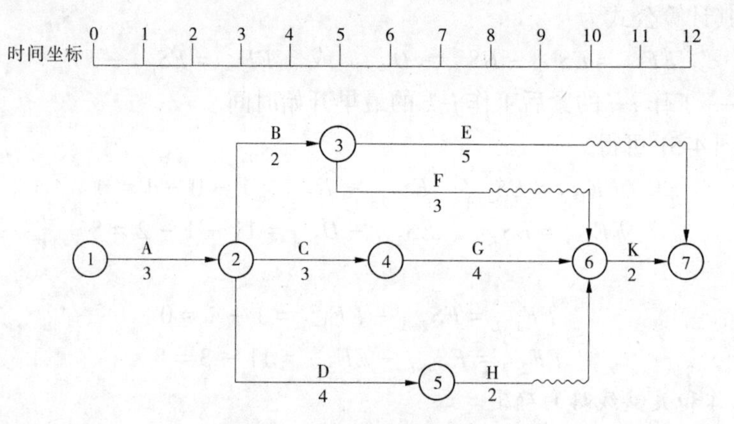

图 4-52　时标网络计划示例

当用圆圈表示工作时，时间参数在图上的标注形式可采用图 4-53 所示形式；当用方框表示工作时，时间参数在图上的标注形式可采用图 4-54。

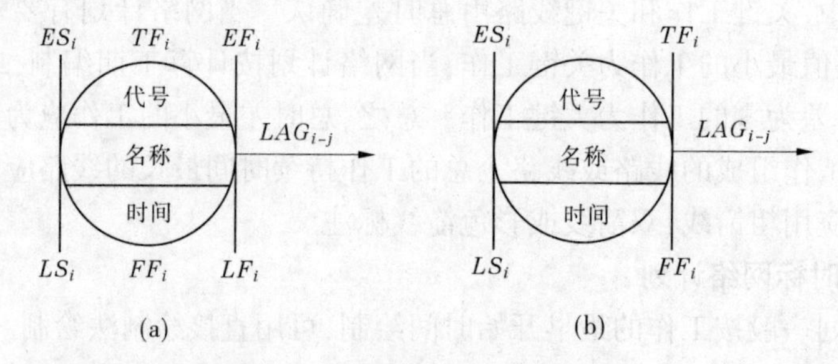

图 4-53　时间参数标注形式之一

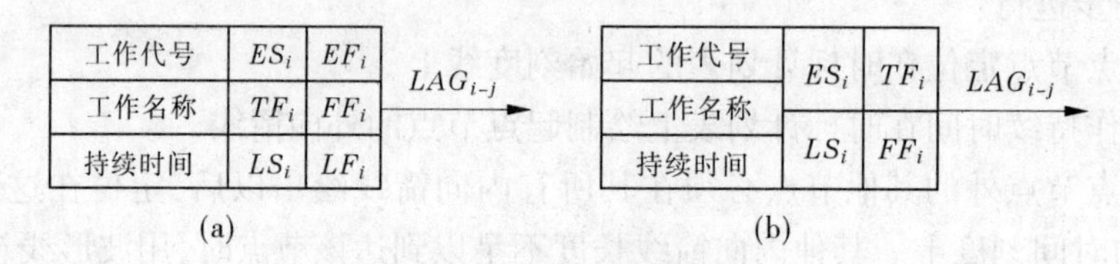

图 4-54　时间参数标注形式之二

1. 工作最早时间的计算

以图 4-55 为例，具体计算方法如下。

1）工作最早开始时间 ES_i 的计算

工作最早开始时间的计算从网络图的起点节点开始，顺着箭线方向依次逐个计算。起点节点的最早开始时间 $ES_i = 0(i=0)$，其他工作的最早开始时间应为

$$ES_i = \max\{EF_h\} \quad 或 \quad ES_i = \max\{ES_h + D_h\} \tag{4-26}$$

式中　ES_h——工作 i 的紧前工作 h 的最早开始时间；

EF_h——工作 i 的紧前工作 h 的最早完成时间；

D_h——工作 i 的紧前工作 h 的持续时间。

例如，由图 4-55 可得

$$ES_2 = ES_4 = 0 + 4 = 4$$

$$ES_5 = \max\{ES_2 + D_2, ES_4 + D_4\} = \max\{4 + 3, 4 + 3\} = 7$$

$$ES_6 = \max\{ES_3 + D_3, ES_5 + D_5\} = \max\{7 + 4, 7 + 2\} = 11$$

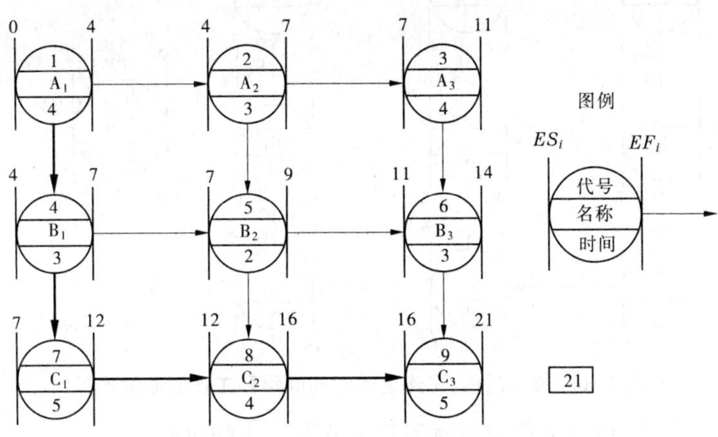

图 4-55　最早时间计算

依此类推,直到终点节点 9 的最早开始时间求出,如图 4-55 所示节点 9 的左上角数字。

2)工作 i 的最早完成时间 EF_i 的计算

工作 i 的最早完成时间 EF_i 的计算式为

$$EF_i = ES_i + D_i \tag{4-27}$$

例如,由图 4-55 可得

$$EF_1 = 0 + 4 = 4$$

$$EF_2 = 4 + 3 = 7$$

$$\vdots$$

依此类推,直到终点节点 9 的最早完成时间 EF_9 求出,见图 4-56 节点 9 的右上角数字。

2. 工期计算

1)计算工期 T_c

单代号网络计划的计算工期按式(4-28)计算

$$T_c = EF_n \tag{4-28}$$

式中　EF_n——终点节点的最早完成时间。

图 4-55 的计算工期 $T_c = EF_n = EF_9 = 21$。

2)计划工期 T_p

当已规定了要求工期 T_r 时,$T_p \leqslant T_r$;当未规定要求工期时,$T_p = T_c$。

图 4-55 中,$T_p = T_c = 21$。

3. 工作最迟时间的计算

以图 4-56 为例,具体计算方法如下。

1)工作最迟完成时间 LF_i 的计算

工作最迟完成时间应从网络图的终点节点开始,逆着箭线方向依次逐项计算。当部分工作分期完成时,有关工作的最迟完成时间应从分期完成的节点开始,逆向逐项计算。

终点节点所代表的工作 n 的最迟完成时间 $LF_i(i=n)$ 应按网络计划工期 T_p 确定,即

$$LF_n = T_p \tag{4-29}$$

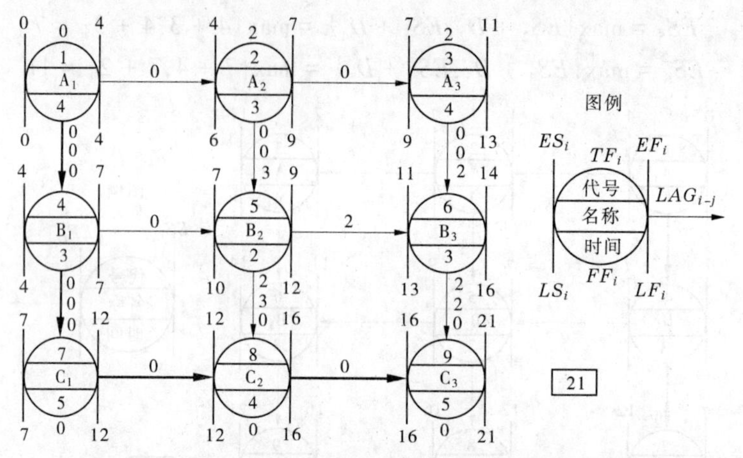

图 4-56　最迟时间、工作之间时间间隔和工作时差的计算

分期完成的那项工作的最迟完成时间等于分期完成的时刻。

图 4-56 所示没有分期完成的工作，故其终点节点 9 的最迟完成时间 $LF_9 = T_p = 21$。其他工作的最迟完成时间为

$$LF_i = \min\{LF_j - D_j\} \tag{4-30}$$

式中　LF_j——工作 i 的紧后工作 j 的最迟完成时间；

D_j——工作 i 的紧后工作 j 的持续时间。

由图 4-56 可得

$$LF_8 = LF_9 - D_9 = 21 - 5 = 16$$

$$LF_5 = \min\{LF_8 - D_8, LF_6 - D_6\} = \min\{16 - 4, 16 - 3\} = 12$$

依此类推，直到起点的最迟完成时间 LF_1 求出。计算结果标注在图 4-56 各节点的右下角。

2）工作最迟开始时间 LS_i 的计算

工作 i 的最迟开始时间 LS_i 按式（4-31）计算

$$LS_i = LF_i - D_i \tag{4-31}$$

由图 4-56 可得

$$LS_9 = LF_9 - D_9 = 21 - 5 = 16$$

$$LS_8 = LF_8 - D_8 = 16 - 4 = 12$$

依此类推，计算的结果标注在图 4-56 各节点的左下角。

4. 相邻两项工作 i 和 j 之间的时间间隔 LAG_{i-j} 的计算

相邻两项工作 i 和 j 之间的时间间隔的计算按式（4-32）进行

$$LAG_{i-j} = ES_j - EF_i \tag{4-32}$$

由图 4-56 可得

$$LAG_{1-2} = ES_2 - EF_1 = 4 - 4 = 0$$

$$LAG_{2-3} = ES_3 - EF_2 = 7 - 7 = 0$$

$$LAG_{1-4} = ES_4 - EF_1 = 4 - 4 = 0$$

$$LAG_{2-5} = ES_5 - EF_2 = 7 - 7 = 0$$

$$LAG_{5-8} = ES_8 - EF_5 = 12 - 9 = 3$$

依此类推，计算的结果标注在图 4-56 的箭线上方或右方。

5. 工作时差的计算

工作总时差可按式（4-33）计算

$$TF_i = LS_i - ES_i \quad 或 \quad TF_i = LF_i - EF_i \tag{4-33}$$

由图 4-56 可得

$$TF_1 = LS_1 - ES_1 = 0 - 0 = 0$$
$$TF_2 = LS_2 - ES_2 = 6 - 4 = 2$$
$$\vdots$$

或

$$TF_2 = LF_2 - EF_2 = 9 - 7 = 2$$
$$TF_6 = LF_6 - EF_6 = 16 - 14 = 2$$
$$\vdots$$

依此类推，直到所有工作的总时差均计算完成，计算结果标注于图 4-57 各工作节点之上方。

6. 工作自由时差的计算

工作自由时差可按式（4-34）计算

$$FF_i = \min\{LAG_{i-j}\} \quad 或 \quad FF_i = \min\{ES_j - EF_i\} \tag{4-34}$$

由图 4-56 可得

$$FF_1 = \min\{LAG_{1-2,}, LAG_{1-4}\} = \min\{0,0\} = 0$$
$$FF_5 = \min\{LAG_{5-8}, LAG_{5-6}\} = \min\{3,2\} = 2$$

依此类推，计算图 4-56 各工作自由时差标注于各工作节点的下方。

7. 关键工作和关键线路的确定

网络计划的关键工作是该计划中总时差最小的工作。在图 4-56 中，由于计划工期等于计算工期，故关键工作是总时差为 0 的工作，工作 1、4、7、8、9 均为关键工作。

网络计划的关键线路是关键工作以及两项关键工作之间的时间间隔 LAG_{i-j} 为 0 的工作连接起来形成的通路。本例的关键线路是 1→4→7→8→9。关键线路用特殊箭线描绘，如粗箭线、双箭线、彩色箭线，图 4-56 中用粗箭线描绘。

四、单位工程施工组织设计

单位工程施工组织设计，根据工程性质、规模、结构特点以及技术繁简程度的不同，其内容和深度、广度要求也应不同，但内容必须要具体、实用、简明扼要、有针对性，使其真正能起到指导现场施工的作用。其基本内容可以概括为以下几个方面。

（一）工程概况

为了对工程有大致的了解，应先对拟建工程的概况及特点进行分析并加以简述，这样做可使编制者对症下药，也让使用者心中有数，同时使审批者对工程有概略认识。

工程概况包括拟建工程的性质和规模、建筑结构特点、建设条件、施工条件、建设地点特征、建设单位及上级的要求等。

（二）施工方案

施工方案的选择是在施工单位分析工程概况及特点分析的基础上，再结合自身的人力、材料、机械、资金和可采用的施工方法等生产因素进行相应的优化组合，全面具体布置施工任务，在对拟建工程可能采用的几个方案进行技术经济的对比分析的基础上，选择最佳方案。施工方案包括确定施工顺序和施工流向，确定施工方法和施工机械，制订保证成本、质量、安全的技术组织措施等。

1.施工顺序

施工顺序是指各分项工程或工序之间施工的先后顺序。施工顺序的科学合理，能够使施工过程在时间上、空间上得到合理安排，考虑施工顺序时应注意以下几点。

(1)先准备、后施工，严格执行开工报告制度。

单位工程开工前必须做好一系列准备工作，具备开工条件后还应写出开工报告，经上级审查批准后才能开工。施工准备工作应满足一定的施工条件，整个建设项目开工前，应完成全场性的准备工作，如平整场地、路通、水通、电通等。

(2)遵守"先地下后地上"、"先主体后围护"、"先结构后装修"、"先土建后设备"的一般原则。

①"先地下后地上"是指地上工程开始之前，尽量把管道、线路等地下设施、土方工程和基础工程完成或基本完成，以免对地上部分施工产生干扰，提供良好的施工场地。

②"先主体后围护"主要是指框架建筑、排架建筑等先主体结构，后围护结构的总的程序和安排。

③"先结构后装修"是指一般情况而言。有时为了缩短工期，也可以部分搭接施工。

④"先土建后设备"是指不论是工业建筑还是民用建筑，一般说来，土建施工应先于水暖煤电卫等建筑设备的施工。但它们之间更多的是穿插配合的关系，尤其在装修阶段，应处理好各工种之间协作配合的关系。

(3)应做好土建施工与设备安装的程序安排。

对于工业厂房的施工，除要完成一般土建工程施工外，还要完成工艺设备和电器、管道等安装工作。为了早日竣工投产，在考虑施工方案时应合理安排土建施工与设备安装之间的施工程序。

(4)安排好收尾工作。

收尾工作主要包括设备调试、生产或使用准备、交工验收等工作。做到前有准备，后有收尾，才是周密的施工组织。

2.施工流程

施工流程是指单位工程在平面或空间上施工的开始部位及其展开方向。对于单层的建筑物，如单层厂房，按其车间、工段或节间，分区分段地确定出平面上的施工流程；对于多层建筑物，除确定出每层平面上的施工流程外，还要确定竖向的施工流向。例如，多层房屋内墙抹灰施工采用自上而下，还是自下而上地进行，它涉及一系列施工活动的开展和进程，是组织施工的重要一环。

确定单位工程施工起点流向时，一般应考虑以下几个因素：

(1)施工方法是确定施工流向的关键因素。

(2)车间的生产工艺过程，往往是确定施工流向的基本因素。从工艺上考虑，先投产使用的工段先施工或影响其他工段试车投产的工段先施工。

(3)根据单位工程各分部分项工程施工的繁简程度，一般来说，对技术复杂、施工进度较慢、工期长的工段或部位,应先施工。比如高层建筑,应先施工主楼,裙楼部分后施工。

(4)施工场地的大小、道路布置和施工方案中采用的施工机械也是确定施工流向的重要因素。根据工程条件,选用施工机械(挖土机械和吊装机械),这些机械开行路线或布置位置便决定了基础挖土及结构吊装的施工起点流向。如土方工程,在边开挖边余土外运时,则施工流向起点应确定在离道路远的部位,并应按由远及近的方向进行。

(5)考虑当地的气候条件。当冬季室内装饰施工时,应先安装门窗扇和玻璃,后做其他装饰工程。

(6)多层砖混结构工程主体结构施工的起点流向,必须从下而上,从平面上看,哪一边先开始均可以。对装饰抹灰来说,外装饰要求从上而下,内装修则可有从下而上、从上而下两种流向,从施工工期要求来说,如果工期短,则内装修宜从下而上地进行施工。

3.选择施工方法和施工机械

选择施工方法和施工机械是施工方案中的关键问题,直接影响施工进度、质量和安全以及工程成本。我们必须根据建筑结构的特点、工程量的大小、工期长短、资源供应情况、施工现场情况和周围环境等因素,制订出几个可行方案,在此基础上进行技术经济分析比较,以确定最优的施工方案。选择施工机械时应着重考虑以下几方面:

(1)根据工程特点,选择适宜主导工程的施工机械。

(2)各种辅助机械或运输工具应与主导机械的生产能力协调配套,以充分发挥主导机械的效率。当土方工程施工中采用汽车运土时,汽车的载重量应为挖土机斗容量的整数倍,汽车的数量应保证挖土机连续工作。

(3)在同一工地上,应力求建筑机械的种类和型号尽可能少一些,以利于机械管理,可选择多用途机械施工。

(4)施工机械的选择还应考虑充分发挥施工单位现有机械的能力。当本单位的机械能力不能满足工程需要时,则应购置或租赁所需的新型机械或多用途机械。

4.制订技术组织措施

技术组织措施是指在技术和组织方面对保证工程质量、保证施工进度、降低工程成本和文明安全施工制订的一套管理方法。其主要包括技术、工程质量、安全及文明生产、降低成本等措施。

(三)施工进度计划

施工进度计划是工程进度的依据,它反映了施工方案在时间上的安排。施工进度计划包括划分施工过程、计算工程量、计算劳动量或机械量、确定工作天数及相应的作业人数或机械台数、编制进度计划表及检查与调整等。通常采用横道图或网络计划作为表现形式。

1.施工进度计划的编制程序

单位工程施工进度计划的编制程序如图4-57所示。

2.施工进度计划的编制

1)划分施工项目

编制施工进度计划时,首先应按照图纸和施工顺序将拟建单位工程的各个施工过程列出,并结合施工方法、施工条件、劳动组织等因素,加以适当调整,使之成为编制施工进度计划所需的施工项目。施工项目是包括一定工作内容的施工过程,它是施工进度计划的基本组成单元。

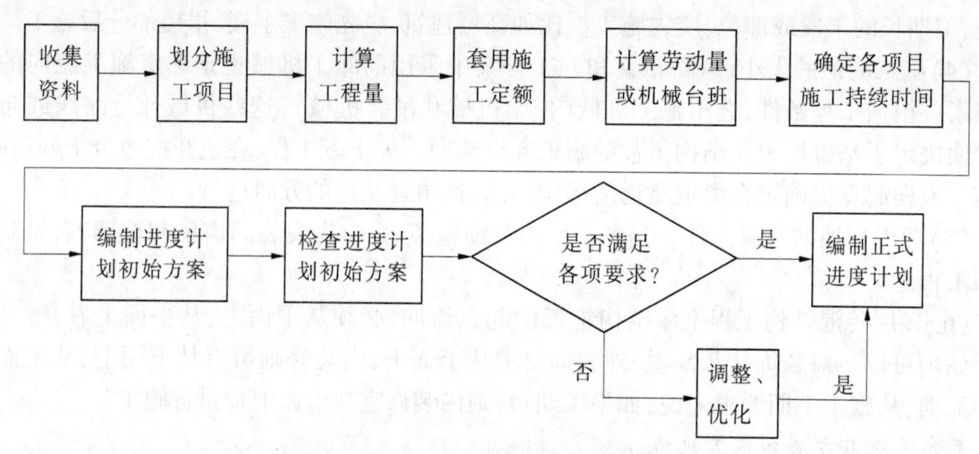

图 4-57　单位工程施工进度计划的编制程序

2)计算工程量

工程量计算是一项十分烦琐的工作,应根据施工图纸、有关计算规则及相应的施工方法进行,使计算所得工程量与施工实际情况相符合。若已编制预算文件,应合理利用预算文件中的工程量,以免重复计算。施工进度计划中的施工项目大多可直接采用预算文件中的工程量,可按施工过程的划分情况将预算文件中有关项目的工程量汇总。

3)套用施工定额

根据所划分的施工项目和施工方法,即可套用施工定额以确定劳动量和机械台班量。套用定额时,须注意结合本单位工人的技术等级、实际施工操作水平、施工机械情况和施工现场条件等因素,确定完成定额的实际水平,使计算出来的劳动量、机械台班量符合实际需要,为准确编制施工进度计划打下基础。

4)劳动量与机械台班数的确定

根据各分部分项工程的工程量、施工方法和现行的施工定额,结合本单位的实际情况,可按式(4-35)和式(4-36)计算劳动量或机械台班量

$$P = \frac{Q}{S} \tag{4-35}$$

或

$$P = QH \tag{4-36}$$

式中　P——所需的劳动量(工日)或机械台班量(台班);

Q——工程量,m^3、m^2、t 等;

S——采用的产量定额,m^3/工日、m^2/工日、t/工日、m^3/台班、m^2/台班、t/台班等;

H——采用的时间定额,工日/m^3、工日/m^2、工日/t、台班/m^3、台班/m^2、台班/t 等。

5)施工过程持续时间的计算

根据劳动力和机械需要量、各工序每天可能出勤人数与机械数量等,并考虑工作面的大小来确定各分部分项工程的作业时间。可按式(4-37)计算

$$t = \frac{p}{rb} \tag{4-37}$$

式中　t——某分部分项工程的施工天数;

p——某分部分项工程所需的机械台班数量(台班)或劳动量(工日);

r——每班安排在某分部分项工程上的施工机械台班数或劳动人数;

b——每天工作班数。

在确定施工过程的持续时间时,某些主要施工过程由于工作面限制,工人人数不能太多,而一班制又将影响工期时,可以采用两班制或三班制。

6)编制施工进度计划的初步方案

流水施工是组织施工、编制施工进度计划的主要方式,在前面已作了详细介绍。编制施工进度计划时,必须考虑各分部分项工程的合理施工顺序,尽可能组织流水施工,力求主要工种的施工班组连续施工。

7)施工进度计划的检查与调整

检查与调整的目的在于使施工进度计划的初始方案满足规定的目标。可检查各施工过程的施工工序是否正确;工期是否满足合同工期要求;主要工种工人是否连续施工,劳动力消耗、物资消耗是否均衡;主要施工机械是否充分利用等。初始方案经过检查,对不符合要求的部分需进行反复调整,直至满足要求,使一般满足变成优化满足。

(四)施工准备工作计划与各种资源需要量计划

施工准备工作计划主要是明确施工前应完成的施工准备工作的内容、起止期限、质量要求等。各种资源需要量计划主要包括资金、劳动力、施工机具、主要材料、半成品的需要量及加工供应计划。

单位工程施工前,应编制施工准备工作计划,这也是施工组织设计的一项重要内容。为使准备工作有计划地进行并便于检查、监督,各项准备工作应有明确的分工、专人负责并规定期限,其计划表格形式如表4-17所示。

表4-17 施工准备工作计划

序号	准备工作项目	工作量		简要内容	负责单位或负责人	起止日期		备注
		单位	数量			日/月	日/月	

劳动力需要量计划主要根据确定的施工进度计划提出,其方法是按进度表上每天所需人数分工种分别统计,得出每天所需工种及人数,按时间进度要求汇总编制,其表格形式参见表4-18。

表4-18 劳动力需要量计划

序号	工种名称	总工日数	需要人数及时间											
			×月			×月			×月			×月		
			上旬	中旬	下旬	上旬	中旬	下旬	上旬	中旬	下旬	上旬	中旬	下旬

施工机械、主要机具需要量计划主要是根据单位工程分部分项施工方案及施工进度计划要求,提出各种施工机械、主要机具的名称、规格、型号、数量及使用时间,其表格形式参见表4-19。

表 4-19　施工机具需要量计划

序号	机械名称	类型型号	需要量		货源	使用起止日期	备注
			单位	数量			

预制构件包括钢筋混凝土构件、木构件、钢构件、混凝土制品等,其需要量计划表格形式见表 4-20。

表 4-20　构件需要量计划

序号	品名	规格	图号	需要量		使用部位	加工单位	供应日期	备注
				单位	数量				

主要材料需要量计划主要根据工程量及预算定额统计计算并汇总的施工现场需要的各种主要材料用量编制,为组织供应材料、拟订现场堆放场地及仓库面积需用量及运输计划提供依据。编制时,应提出各种材料的名称、规格、数量、使用时间等要求,其计划表格形式见表 4-21。

表 4-21　主要材料需要量计划

序号	材料名称	需要量		供应时间	备注
		单位	数量		

(五)施工平面图

施工平面图是施工方案和施工进度计划在空间上的全面安排。主要包括各种主要材料、构件、半成品堆放安排、施工机具布置、各种必须的临时设施及道路、水电等安排与布置。

(六)主要技术经济指标

对确定的施工方案、施工进度计划及施工平面图的技术经济效益进行全面的评价,主要用到的指标通常有施工工期、全员劳动生产率、资源利用系数、机械使用总台班量等。

1.工期指标

在确保工程质量和施工安全的条件下,以国家有关规定及建设地区类似建筑物的平均工期为参考,以合同工期为目标来满足工期指标或尽量缩短工期。

2.机械化程度指标

在考虑施工方案时应尽量提高施工机械化程度,降低工人的劳动强度。把机械化施工程度的高低,作为衡量施工方案优劣的重要指标。其可用式(4-38)表示为

$$施工机械化程度 = \frac{机械完成的实物工程量}{全部实物工程量} \times 100\% \tag{4-38}$$

3.主要材料消耗指标

其反映若干施工方案的主要材料节约情况,用主要材料节约率表示为

$$主要材料节约率 = \frac{主要材料预算用量 - 施工组织设计计划用量}{主要材料预算用量} \times 100\% \quad (4\text{-}39)$$

4.降低成本指标

它综合反映工程项目或分部分项工程由于采用不同的施工方案而产生不同的经济效果。其指标可以用降低成本额和降低成本率来表示

$$降低成本额 = 预算成本 - 计划成本 \quad (4\text{-}40)$$

$$降低成本率 = \frac{降低成本额}{预算成本} \times 100\% \quad (4\text{-}41)$$

5.单位建筑面积造价

它是人工、材料、机械和管理费的综合货币指标,其表达式为

$$单位建筑面积造价 = \frac{施工实际费用}{建筑总面积} \quad (4\text{-}42)$$

五、施工现场的管理

施工现场管理是指项目经理部按照《施工现场管理规定》和有关法规,科学合理地安排使用施工现场,协调各专业管理和各项施工活动,控制污染,创造文明安全的施工环境和人流、物流、资金流畅通的施工秩序,所进行的一系列管理工作。具体内容包括:

(1)合理规划施工用地,保证场内占地合理使用。在满足施工的条件下,要紧凑布置,尽量不占或少占农田。当场内空间不充分时,应会同建设单位、规划部门和公安交通部门申请,经批准后才能获得并使用场外临时施工用地。

(2)在施工组织设计中,科学地进行施工总平面图设计。施工总平面图设计的目的就是对施工场地进行科学规划,合理利用,便于工程施工。

(3)根据施工进展的具体需要,按阶段调整施工现场的平面布置。不同的施工阶段,施工的需要不同,现场的平面布置也应该随施工阶段的不同而调整。

(4)加强对施工现场使用的检查。现场管理人员经常检查现场布置是否按平面布置图进行,若不按平面图布置应及时改正,保证按现场布置施工。

(5)文明施工。文明施工即指按照有关法规的要求,使施工现场和临时占地范围内秩序井然。文明施工有利于提高工程质量和工作质量,提高企业信誉。

(6)完工清场。施工结束,应及时组织清场,将临时设施拆除,剩余物资退场,组织向新工程转移。

(一)施工现场环境保护

为了保护和改善生活环境和生态环境,防止由于建筑施工造成的作业污染和扰民,保障建筑工地附近居民和施工人员的身体健康,必须做好建筑施工现场的环境保护工作。施工现场的环境保护是文明施工的具体体现,也是施工现场管理达标考评的一项重要指标,所以必须采取现代化的管理措施来做好这项工作。

1.采取措施防止噪声污染

此类措施包括严格控制人为噪声进入施工现场,不得高声喊叫、无故甩打模板,最大限

度地减少噪声扰民;在人口稠密区进行强噪声作业时,应严格控制作业时间;采取措施从声源上降低噪声,如尽量选用低噪声设备和加工工艺代替高噪声设备和加工工艺,如低噪声振捣器、风机、空压机、电锯等在声源处安装消声器消声;采用吸声、隔声、隔振和阻尼等声学处理的方法,在传播途径上控制噪声。

2.采取措施防止水源污染

禁止将有毒、有害废弃物作为土方回填;施工现场搅拌站废水、现制水磨石的污水、电石的污水应经沉淀池沉淀后再排入污水管道或河流,当然最好能采取措施回收利用;现场存放的油料必须对库房地面进行防渗处理,防止油料跑、冒、滴、漏,污染水体;化学药品、外加剂等应妥善保管,库内存放,防止污染环境。

3.采取措施防止大气污染

施工现场垃圾要及时清理出现场。高层建筑物和多层建筑物清理施工垃圾时,应搭设封闭式专用垃圾道,采用容器吊运或将永久性垃圾道随结构安装好以供施工使用,严禁凌空随意抛撒。

施工现场道路采用焦渣、级配砂石、粉煤灰级配砂石、沥青混凝土或水泥混凝土等,有条件的可以利用永久性道路并指定专人定期洒水清扫,防止道路扬尘。袋装水泥、白灰、粉煤灰等易飞扬的细颗粒散体材料应在库内存放;室外临时露天存放时必须下垫上盖,防止扬尘。

除设有符合规定的装置外,禁止在施工现场焚烧油毡、橡胶、皮革、树叶等,以及其他会产生有毒、有害烟尘的物质。

施工现场的混凝土搅拌站是防止大气污染的重点。有条件的应修建集中搅拌站,利用计算机控制进料、搅拌和输送全过程,在进料仓上方安装除尘器。采用普通搅拌站时,应将搅拌站封闭严密,尽量不使粉尘外扬,并利用水雾除尘。

此外,为了创造一个舒适的工作环境,养成良好的文明施工作风,保证职工身体健康,施工现场要做到勤打扫,保持整洁卫生,场地平整,道路畅通,做到无积水、无垃圾、排水顺畅;施工现场零散材料和垃圾,要及时清理,垃圾临时堆放不得超过3 d;楼内清理出的垃圾要用容器或小推车装盛,用塔吊或提升设备运下,严禁高空抛撒;最后要定期检查施工现场,发现问题,限期改正,并且要保存检查评分记录。

(二)施工现场消防保安管理

(1)现场设立门卫,根据需要设置警卫,负责施工现场保卫工作,并采取必要的防盗措施。施工现场的主要管理人员在施工现场应当佩戴证明其身份的证、卡,其他现场施工人员宜有标识。有条件时可对进出场人员使用磁卡管理。

(2)承包人必须严格按照《中华人民共和国消防法》的规定,建立和执行消防管理制度。现场必须有满足消防车出入和行驶的道路,并设置符合要求的防火报警系统和固定式灭火系统,消防设施应保持完好的备用状态。在火灾易发地区施工或储存、使用易燃、易爆器材时,承包人应当采取特殊的消防安全措施。现场严禁吸烟,必要时可设吸烟室。

(3)施工现场的通道、消防出入口、紧急疏散楼道等,均应有明显标志或指示牌。有高度限制的地点应有限高标志。

(4)施工中需要进行爆破作业的,必须经政府主管部门审查批准,并提供爆破器材的品名、数量、用途、爆破地点、四邻距离等文件和安全操作规程,向所在地县、市(区)公安局申领"爆破物品使用许可证",由具备爆破资质的专业队伍按有关规定进行施工。

(三)单位工程施工平面图

施工平面图是单位工程施工组织设计的重要组成部分,是进行施工现场布置的依据,也是施工准备工作的一项重要内容。施工现场布置是有组织按计划进行文明施工,节约并合理利用场地,减少临时设施费用等进行施工现场管理的重要保证,所以施工平面图的合理设计具有重要意义。施工平面图要根据拟建工程的规模、施工方案、施工进度及施工生产中的需要,结合现场的具体情况和条件,对施工现场作出规划、部署和具体安排。

施工平面图布置的内容及步骤为:确定垂直起重运输机械的位置→确定材料和构件堆场、加工场地及仓库的位置→运输道路的布置→临时设施的布置→水电管网的布置→确定安全及消防设施的位置。

1.确定起重运输机械的位置

(1)井架、门架等固定式垂直运输设备的布置,要根据建筑物的平面形状、高度、材料、构件的重量,考虑机械的负荷能力和服务范围,做到便于运送和组织分层分段流水施工,以及楼层和地面的短距离运输。

(2)履带吊和轮胎吊等自行式起重机的行驶路线要考虑吊装顺序,构件重量,建筑物的平面形状、高度,堆放场位置及吊装方法。

(3)塔式起重机要根据建筑物的形状及四周的场地情况布置。起重高度、幅度及起重量要满足要求,塔下若有高压线应设防护架,并限制塔吊的旋转范围。多台塔式起重机的塔臂高度要错开,以防碰撞。尽量避免机械能力的浪费。

2.确定材料和构件堆场、加工场地及仓库的位置

材料、构件堆放应尽量靠近使用地点,并考虑到运输及卸料方便。当采用固定式垂直运输设备时,则材料、构件堆场应尽量靠近垂直运输设备,以缩短地面水平运距;当采用轨道式塔式起重机时,材料、构件堆场应布置在塔式起重机有效起吊服务范围之内;当采用无轨自行式起重机时,材料、构件堆场的位置应沿着起重机的开行路线布置,且应在起重臂的最大起重半径范围之内。

构件的堆放位置,应考虑到安装顺序。先吊的放在上面、前面,后吊的放在下面。构件进场时间应与安装进度密切配合,力求直接就位,避免二次搬运。

材料、构件堆放应尽量靠近使用地点,并考虑到运输及卸料方便,底层以下用料可堆放在基础四周,但不宜离基坑、槽边太近,以防塌方。当采用固定式垂直运输设备时,材料、构件堆场应尽量靠近垂直运输设备,以缩短地面水平运距;当采用轨道式塔式起重机时,材料、构件堆场以及搅拌站出料口等均应布置在塔式起重机有效起吊服务范围之内;当采用无轨自行式起重机时,材料、构件堆场及搅拌站的位置应沿着起重机的开行路线布置,且应在起重臂的最大起重半径范围之内。

加工场地(如木工棚、钢筋加工棚)的位置,宜布置在建筑物四周稍远位置,且应有一定的材料、成品的堆放场地;木材、钢筋及水电器材等仓库,应与加工棚结合布置,以便就近取材加工。

3.运输道路的布置

运输道路的布置主要解决运输和消防两个问题。现场主要道路应尽可能利用永久性道路的路面或路基,或先修好永久性道路的路基,在土建工程结束之前再铺路面,以节约费用。

现场道路布置时要保证行驶畅通，在有条件的情况下，出入口应分开布置，使运输工具有回转的可能性，并能直接到达材料堆场。因此，运输线路最好绕建筑物布置成环形道路，路基要经过设计，转弯半径要满足运输要求，消防车道宽度不小于3.5 m。

4.临时设施的布置

施工现场的临时设施分为生产性临时设施与非生产性临时设施，包括行政管理用房、料具仓库、加工间及生活用房等。临时设施的位置一般应遵循使用方便，有利施工，并且符合消防要求的原则。各种临时设施均不能布置在拟建工程、拟建地下管沟、取土、弃土等地点。施工现场范围应设置临时围墙、围网或围笆。要努力节约，尽量利用已有的设施或正式工程，必须修建时要经过计算确定面积。为了减少临时设施费用，临时设施可以沿工地围墙布置，尽量合并搭建；各种临时设施尽可能采用活动式、装拆式结构或就地取材。

通常办公室应靠近施工现场，设在工地出入口处。工人休息室应设在工人作业区，宿舍应布置在安全的上风口。生活性与生产性临时设施应有明显的划分，不要互相干扰。

（四）施工平面图管理

1.施工平面图管理依据

施工现场平面管理，依据施工平面图，法律法规，政策，政府主管部门、建设单位、上级单位等对施工现场的管理要求。

2.施工现场管理要点

(1)施工现场管理的目的是：使场容美观整洁，道路畅通，材料放置有序，施工有条不紊，安全有效，利益相关者都满意，赢得广泛的社会信誉，现场各种活动得以良好开展，贯彻相关法律法规，处理好各相关方的工作关系。

(2)总体要求是：文明施工、安全有序、整洁卫生、不扰民、不损害公众利益；在现场入口处的醒目位置，公示“五牌二图”（即工程概况牌，安全纪律牌，防火须知牌，安全无重大事故计时牌，安全生产、文明施工牌；施工平面图，项目经理部组织构架及主要管理人员名单图）；项目经理应经常巡视检查施工现场，认真听取各方意见和反映，及时抓好整改。

(3)现场大门设置警卫岗亭，安排警卫人员24 h值班，查人员出入证、材料运输单、安全管理等。

(4)设专人清扫办公区和生活区，并对施工作业区和临时道路洒水和清扫。

3.规范场容

(1)用施工平面图设计的科学合理化、物料堆放与机械设备定位标准化，保证施工现场场容规范化。

(2)在施工现场周边按规范要求设置临时维护设施。

(3)现场内沿路设置畅通的排水系统。

(4)现场道路及结构以上施工用的主要场地做硬化处理。

4.环境保护

工程施工可能对环境造成的影响有大气污染、室内空气污染、水污染、土壤污染、噪声污染、光污染、垃圾污染等。对这些污染均应按有关环境保护的法规和相关规定进行防治。

5.消防保卫

必须按照《中华人民共和国消防法》的规定，建立和执行消防管理制度；现场道路应方便消防；设置符合要求的防火报警系统；在火灾易发生地区施工和储存，使用易燃、易爆器材,应采取特殊消防安全措施。

(五)施工现场防火

1.建立防火制度

施工现场都要建立健全防火检查制度。临时木工间、油漆间、木机具间等,每 25 m^2 配备一只灭火器;24 m 高度以上高层建筑的施工现场,应设置高压水泵等。

2.施工现场防火要求

(1)施工组织设计中的施工平面图、施工方案均要符合消防安全要求。

(2)施工现场明确划分作业区、易燃可燃材料堆场、仓库、易燃废品集中站和生活区。

(3)施工现场夜间应有照明设施,保持车辆畅通,值班巡逻。

(4)不得在高压线下搭设临时性建筑物或堆放可燃物品。

(5)施工现场应配备足够的消防器材,设专人维护、管理,定期更新,保证完整好用。

(6)在土建施工时,应先将消防器材和设施配备好,有条件的室外敷设好消防水管和消防栓。

(7)危险物品之间的距离不得少于 10 m,危险物品与易燃、易爆品之间的距离不得小于 3 m。

(8)施工现场的焊、割作业,必须符合防火要求。

(9)冬季施工采取保温加热措施时,应符合规定要求。

(10)施工现场动火作业必须执行审批制度。

(六)施工临时用电

施工现场临时用电工程电源中性点直接接地的 220/380 V 三相四线制低压电力系统,必须符合下列规定:采用 TN-S 接零保护系统,采用三级配电系统,采用二级漏电保护系统。采用专用变压器、TN-S 接零保护供电系统的施工现场,电气设备的金属外壳必须与保护零线连接。保护零线应由工作接地线、配电室(总配电箱)电源侧零线或总漏电保护器电源侧零线处引出。施工现场用的变压器,应布置在现场边缘高压线接入处,四周设置铁丝网等围栏。变压器不宜布置在交通要道口;配电室应靠近变压器,便于管理。

现场架空线必须采用绝缘铜线或绝缘铝线。架空线必须设在专用电杆上,并布置在道路一侧,严禁架设在树木、脚手架上。现场正式的架空线(工期超过半年的现场,须按正式线架设)与施工建筑物的水平距离不小于 10 m,与地面的垂直距离不小于 6 m,跨越建筑物或临时设施时,与其顶部的垂直距离不小于 2.5 m,距树木不应小于 1 m。架空线木杆间距一般为 25~40 m,分支线及引入线均应从杆上横担处连接。

配电系统应采用配电柜或总配电箱、分配电箱、开关箱三级配电方式。总配电箱应设在靠近电源的区域;分配电箱应设在用电设备或负荷相对集中的区域,分配电箱与开关箱的距离不得超过 30 m,开关箱与其控制的固定式用电设备的水平距离不宜超过 3 m。每台用电设备必须有各自专用的开关箱,严禁用同一个开关箱直接控制 2 台及 2 台以上用电设备(含插座)。

用电容量可通过式(4-43)计算

$$p = (1.05 \sim 1.1)\left(k_1 \sum \frac{p_1}{\cos\varphi} + k_2 \sum p_2 + k_3 \sum p_3 + k_4 \sum p_4\right) \quad (4\text{-}43)$$

式中　p——供电设备总需要容量;

p_1——电动机额定功率；

p_2——电焊机额定容量；

p_3——室内照明容量；

p_4——室外照明容量；

$\cos\varphi$——电动机的平均功率因数（在施工现场最高为0.75~0.78）；

k_1, k_2, k_3, k_4——用电需要系数。

（七）施工临时用水

施工临时用水量包括现场施工用水量、施工机械用水量、施工现场生活用水量、生活区生活用水量和消防用水量。

供水管道一般从建设单位的干管或自行布置的干管接到用水地点，应力求管网总长度最短。管径的大小和出水龙头的数目及设置，应视工程规模的大小通过计算确定。管道可埋于地下，也可铺于路上，以当地的气候条件和使用期限的长短而定。

临时水管最好埋设在地面以下，以防汽车及其他机械在上面行走时压坏。严寒地区应埋设在冰冻线以下，明管部分应做保温处理。工地临时管线不要布置在二期拟建建筑物或管线位置上，以免开工时切断水源，影响施工。

临时施工用水管网布置时，除要满足生产、生活要求外，还要满足消防用水的要求，并设法使管道铺设越短越好。消火栓间距不大于120 m；距拟建房屋不小于5 m，不大于25 m，距路边不大于2 m。

根据实践经验，一般面积在5 000~10 000 m^2 的单位工程施工用水的总管用直径为100 mm的管，支管用直径为38 mm或25 mm的管，直径为100 mm的管可用于消火栓的水量供给。

施工总用水量（Q）可按式（4-44）或式（4-45）计算。

（1）当（$q_1+q_2+q_3+q_4$）≤q_5 时，则

$$Q = q_5 + \frac{1}{2}(q_1 + q_2 + q_3 + q_4) \tag{4-44}$$

（2）当（$q_1+q_2+q_3+q_4$）>q_5 时，则

$$Q = q_5 \tag{4-45}$$

式中 q_1——施工用水量；

q_2——机械用水量；

q_3——施工现场生活用水量；

q_4——生活区生活用水量；

q_5——消防用水量。

最后计算出的总用水量还应增加10%的漏水损失。

第五章　建筑工程法规及相关知识

第一节　建设法规概述

一、建设法规的概念

建设法规是指有立法权的国家机关或其授权的行政机关制定的，旨在调整政府部门、企事业单位、社会团体、其他经济组织及公民个人在建设活动中相互之间所发生的各种社会关系的法律规范的总称。

二、建设法规体系

建设法规体系是指构成建设法规的各部分形成的有机联系的整体，是国家法律体系的组成部分，但又相对独立、自成体系，相互协调配套，不得出现与其他法规重复、矛盾和抵触的现象，并能够覆盖建设活动的各个行业、各个领域，使建设活动的各个方面都有法可依。

建设法规体系是由很多不同层次的法规组成的，它的组成形式一般有宝塔形和梯形两种。宝塔形组成形式，是先制定一部基本法律，将该领域内业务可能涉及的所有问题都在该法中作出规定，然后分别制定不同层次的单行法律、行政法规、部门规章。梯形组成形式，是指不设立基本法律，而以若干并列的专项法律共同组成体系框架的顶层，依序再配置相应的行政法规和部门规章，形成若干相互联系又相对独立的小体系。我国建设法规体系采用的是梯形结构形式。

建设法律体系的基本框架，由纵向结构和横向结构组成。从建设法律体系的纵向结构看，按照现行的立法权限可分为五个层次，即法律、行政法规、部门规章和地方性法规、规章。

法律是指由全国人大及其常务委员会审议通过的，它是建设法律体系的核心，是制定行政法规、部门规章、地方性法规等规范性文件的依据。

行政法规是指国务院依法制定并颁布的调整建设关系的法律规范的总称，它在建设法律体系中居“中坚”地位，地方性法规、行政规章、规范性文件不得与行政法规相抵触。

部门规章是指国家建设行政主管部门及其有关建设管理部门根据国务院规定的职责范围，依法制定并颁布的各项规章，或由国家建设行政主管部门与国务院有关部门联合制定并发布的规章。

地方性法规是指在不与宪法、法律、行政法规相抵触的前提下，由省、自治区、直辖市人大及其常委会制定并发布在所辖区域内适用的调整建设关系的法律规范的总称。

省会（自治区首府）城市和经国务院批准的较大的市的人大及其常委会制定的，报经省、自治区人大或其常委会批准的规范性文件也属于地方性法规。地方性法规在其行政区域内有法律效力。

地方规章是指省、自治区、直辖市及省会（自治区首府）城市和经国务院批准的较大的市的人民政府，根据法律和国务院的行政法规，制定并颁布的建设方面的行政规章。

三、建设法规的调整对象

建设法规的调整对象就是建设法律关系。在建设活动中，形成了错综复杂的社会关系，法律对其中具有重要意义的社会关系加以调整和规范，形成建设法律关系。具体如下。

（一）建设活动中的行政管理关系

建设活动中的行政管理关系包括两个相互关联的方面：一方面是规划、指导、协调与服务；另一方面是检查、监督、控制与调节。建设活动中的行政管理关系不但明确各种建设行政管理部门相互间及内部各方面的责、权、利关系，而且还要科学地建立建设行政管理部门同各类建设活动主体及中介服务机构之间规范的管理关系。

（二）建设活动中的经济协作关系

建设活动中的经济协作关系是一种平等自愿、互利互助的横向协作关系，一般应以经济合同的形式确定。

（三）建设活动中的民事关系

建设活动中的民事关系是指因从事建设活动而产生的国家、单位法人、公民之间的民事权利、义务关系。主要包括：在建设活动中发生的有关自然人的损害、侵权、赔偿关系，建设领域从业人员的人身和经济权利保护关系，房地产交易中买卖、租赁、产权关系，土地征用、房屋拆迁导致的拆迁安置关系等。这三种调整对象又不尽相同：它们各自的形成条件不同，处理关系的原则或调整手段不同，适用的范围不同，适用范围的法律后果也不完全相同。它们又是三种并行不悖的社会关系，既不能混同，也不能相互取代。

四、建设法规的作用

建设法规的作用就是保护、巩固和发展社会主义的经济基础，最大限度地满足人们日益增长的物质和文化生活的需要。具体来讲，建设法规的作用主要有以下几点。

（一）规范指导建设行为

人们所进行的各种具体行为必须遵循一定的准则。只有在法律规定的范围内进行的行为才能得到国家的承认与保护，也才能实现行为人预期的目的。从事各种具体的建设活动所应遵循的行为规范即建设法律规范。

（二）保护合法建设行为

建设法规的作用不仅在于对建设主体的行为加以规范和指导，还应对一切符合法规的建设行为给予确认和保护。这种确认和保护一般是通过建设法规的原则规定反映的。如《中华人民共和国建筑法》第四条规定的“国家扶持建设业的发展，支持建设科学技术研究，提高房屋建设设计水平，鼓励节约能源和保护环境，提倡采用先进技术、先进设备、先进工艺、新型建筑材料和现代管理方式”，第五条规定的“任何单位和个人都不得妨碍和阻挠依法进行的建设活动”，即属于保护合法建设行为的规定。

（三）处罚违法建设行为

建设法规要实现对建设行为的规范和指导作用，必须对违法建设行为给予应有的处罚；否则，建设法规所确定的法律制度由于得不到实施过程中强制手段的法律保障，就会变成无实际意义的规范。因此，建设法规都有对违法建设行为的处罚规定。如《中华人民共和国建筑法》第七十二条规定:“建设单位违反本法规定,要求建筑设计单位或者建筑施工企业违反建筑工程质量、安全标准,降低工程质量的,责令改正,可以处以罚款;构成犯罪的,依法追究刑事责任。”

第二节　建设法律责任

一、《中华人民共和国建筑法》关于法律责任的规定

(1)未取得施工许可证或者开工报告未经批准擅自施工的,责令改正,对不符合开工条件的责令停止施工,并可处以罚款。

(2)发包单位将工程发包给不具有相应资质条件的承包单位的,或者违反本法规定将建筑工程肢解发包的,责令改正,处以罚款。

超越本单位资质等级承揽工程的,责令停止违法行为,处以罚款,可以责令停业整顿,降低资质等级;情节严重的,吊销资质证书;有违法所得的,予以没收。

未取得资质证书承揽工程的,予以取缔,并处罚款;有违法所得的,予以没收。

以欺骗手段取得资质证书的,吊销资质证书,处以罚款;构成犯罪的,依法追究刑事责任。

(3)建筑施工企业转让、出借资质证书或者以其他方式允许他人以本企业的名义承揽工程的,责令改正,没收违法所得,并处罚款,可以责令停业整顿,降低资质等级;情节严重的,吊销资质证书。对因该项承揽工程不符合规定的质量标准造成的损失,建筑施工企业与使用本企业名义的单位或者个人承担连带赔偿责任。

(4)承包单位将承包的工程转包的,或者违反本法规定进行分包的,责令改正,没收违法所得,并处罚款,可以责令停业整顿,降低资质等级;情节严重的,吊销资质证书。

承包单位有上述规定的违法行为的,对因转包工程或者违法分包的工程不符合规定的质量标准造成的损失,与接受转包或者分包的单位承担连带赔偿责任。

(5)在工程发包与承包中索贿、受贿、行贿,构成犯罪的,依法追究刑事责任;不构成犯罪的,分别处以罚款,没收贿赂的财物,对直接负责的主管人员和其他直接责任人员给予处分。

对在工程承包中行贿的承包单位,除依照上述规定处罚外,可以责令停业整顿,降低资质等级或者吊销资质证书。

(6)工程监理单位与建设单位或者建筑施工企业串通,弄虚作假、降低工程质量的,责令改正,处以罚款,降低资质等级或者吊销资质证书;有违法所得的,予以没收;造成损失的,承担连带赔偿责任;构成犯罪的,依法追究刑事责任。

工程监理单位转让监理业务的,责令改正,没收违法所得,可以责令停业整顿,降低资质等级;情节严重的,吊销资质证书。

(7)涉及建筑主体或者承重结构变动的装修工程擅自施工的,责令改正,处以罚款;造成损失的,承担赔偿责任;构成犯罪的,依法追究刑事责任。

(8)建筑施工企业违反本法规定,对建筑安全事故隐患不采取措施予以消除的,责令改正,可以处以罚款;情节严重的,责令停业整顿,降低资质等级或者吊销资质证书;构成犯罪的,依法追究刑事责任。

建筑施工企业的管理人员违章指挥、强令职工冒险作业,因而发生重大伤亡事故或者造成其他严重后果的,依法追究刑事责任。

(9)建设单位违反本法规定,要求建筑设计单位或者建筑施工企业违反建筑工程质量、安全标准,降低工程质量的,责令改正,可以处以罚款;构成犯罪的,依法追究刑事责任。

(10)建筑设计单位不按照建筑工程质量、安全标准进行设计的,责令改正,处以罚款;造成工程质量事故的,责令停业整顿,降低资质等级或者吊销资质证书,没收违法所得,并处罚款;造成损失的,承担赔偿责任;构成犯罪的,依法追究刑事责任。

(11)建筑施工企业在施工中偷工减料的,使用不合格的建筑材料、建筑构配件和设备的,或者有其他不按照工程设计图纸或者施工技术标准施工的行为,责令改正,处以罚款;情节严重的,责令停业整顿,降低资质等级或者吊销资质证书;造成建筑工程质量不符合规定的质量标准的,负责返工、修理,并赔偿因此造成的损失;构成犯罪的,依法追究刑事责任。

(12)建筑施工企业违反本法规定,不履行保修义务或者拖延履行保修义务的,责令改正,可以处以罚款,并对在保修期内因屋顶、墙面渗漏、开裂等质量缺陷造成的损失,承担赔偿责任。

(13)本法规定的责令停业整顿、降低资质等级和吊销资质证书的行政处罚,由颁发资质证书的机关决定;其他行政处罚,由建设行政主管部门或者有关部门依照法律和国务院规定的职权范围决定。

依照本法规定被吊销资质证书的,由工商行政管理部门吊销其营业执照。

(14)违反本法规定,对不具备相应资质等级条件的单位颁发该等级资质证书的,由其上级机关责令收回所发的资质证书,对直接负责的主管人员和其他直接责任人员给予行政处分;构成犯罪的,依法追究刑事责任。

(15)政府及其所属部门的工作人员违反本法规定,限定发包单位将招标发包的工程发包给指定的承包单位的,由上级机关责令改正;构成犯罪的,依法追究刑事责任。

(16)负责颁发建筑工程施工许可证的部门及其工作人员对不符合施工条件的建筑工程颁发施工许可证的,负责工程质量监督检查或者竣工验收的部门及其工作人员对不合格的建筑工程出具质量合格文件或者按合格工程验收的,由上级机关责令改正,对责任人员给予行政处分;构成犯罪的,依法追究刑事责任;造成损失的,由该部门承担相应的赔偿责任。

(17)在建筑物的合理使用寿命内,因建筑工程质量不合格受到损害的,有权向责任者要求赔偿。

二、《中华人民共和国招标投标法》关于法律责任的规定

(一)招标人法律责任

(1)必须进行招标的项目而不招标的,将必须进行招标的项目化整为零或者以其他任何方式规避招标的,责令限期改正,可以处项目合同金额5‰以上10‰以下的罚款;对全部

或者部分使用国有资金的项目,可以暂停项目执行或者暂停资金拨付;对单位直接负责的主管人员和其他直接责任人员依法给予处分。

(2)招标人以不合理的条件限制或者排斥潜在投标人的,对潜在投标人实行歧视待遇的,强制要求投标人组成联合体共同投标的,或者限制投标人之间竞争的,责令改正,可以处1万元以上5万元以下的罚款。

(3)依法必须进行招标的项目的招标人向他人透露已获取招标文件的潜在投标人的名称、数量或者可能影响公平竞争的有关招标投标的其他情况的,或者泄露标底的,给予警告,可以并处1万元以上10万元以下的罚款;对单位直接负责的主管人员和其他直接责任人员依法给予处分;构成犯罪的,依法追究刑事责任。上述所列行为影响中标结果的,中标无效。

(4)依法必须进行招标的项目,招标人违反本法规定,与投标人就投标价格、投标方案等实质性内容进行谈判的,给予警告,对单位直接负责的主管人员和其他直接责任人员依法给予处分。上述所列行为影响中标结果的,中标无效。

(5)招标人在评标委员会依法推荐的中标候选人以外确定中标人的,或依法必须进行招标的项目在所有投标被评标委员会否决后自行确定中标人的,中标无效。责令改正,可以处中标项目金额5‰以上10‰以下的罚款;对单位直接负责的主管人员和其他直接责任人员依法给予处分。

(二)招标代理机构法律责任

招标代理机构违反本法规定,泄露应当保密的与招标投标活动有关的情况和资料的,或者与招标人、投标人串通损害国家利益、社会公共利益或者他人合法权益的,处5万元以上25万元以下的罚款,对单位直接负责的主管人员和其他直接责任人员处单位罚款数额5‰以上10‰以下的罚款;有违法所得的,并处没收违法所得;情节严重的,暂停直至取消招标代理资格;构成犯罪的,依法追究刑事责任。给他人造成损失的,依法承担赔偿责任。上述所列行为影响中标结果的,中标无效。

(三)投标人法律责任

(1)投标人相互串通投标或者与招标人串通投标的,投标人以向招标人或者评标委员会成员行贿的手段谋取中标的,中标无效,处中标项目金额5‰以上10‰以下的罚款,对单位直接负责的主管人员和其他直接责任人员处单位罚款数额5‰以上10‰以下的罚款;有违法所得的,并处没收违法所得;情节严重的,取消其1年至2年内参加依法必须进行招标的项目的投标资格并予以公告,直至由工商行政管理机关吊销营业执照;构成犯罪的,依法追究刑事责任。给他人造成损失的,依法承担赔偿责任。

(2)投标人以他人名义投标或者以其他方式弄虚作假,骗取中标的,中标无效,给招标人造成损失的,依法承担赔偿责任;构成犯罪的,依法追究刑事责任。依法必须进行招标的项目的投标人有上述所列行为尚未构成犯罪的,处中标项目金额5‰以上10‰以下的罚款,对单位直接负责的主管人员和其他直接责任人员处单位罚款数额5‰以上10‰以下的罚款;有违法所得的,并处没收违法所得;情节严重的,取消其1年至3年内参加依法必须进行招标的项目的投标资格并予以公告,直至由工商行政管理机关吊销营业执照。

(四)评标委员会法律责任

评标委员会成员收受投标人的财物或者其他好处的,评标委员会成员或者参加评标的有关工作人员向他人透露对投标文件的评审和比较、中标候选人的推荐及与评标有关的其他情况的,给予警告,没收收受的财物,可以并处3千元以上5万元以下的罚款,对有所列违法行为的评标委员会成员取消担任评标委员会成员的资格,不得再参加任何依法必须进行招标的项目的评标;构成犯罪的,依法追究刑事责任。

(五)中标人法律责任

(1)中标人将中标项目转让给他人的,将中标项目肢解后分别转让给他人的,违反本法规定将中标项目的部分主体、关键性工作分包给他人的,或者分包人再次分包的,转让、分包无效,处转让、分包项目金额5‰以上10‰以下的罚款;有违法所得的,并处没收违法所得;可以责令停业整顿;情节严重的,由工商行政管理机关吊销营业执照。

(2)中标人不履行与招标人订立的合同的,履约保证金不予退还,给招标人造成的损失超过履约保证金数额的,还应当对超过部分予以赔偿;没有提交履约保证金的,应当对招标人的损失承担赔偿责任。

(3)中标人不按照与招标人订立的合同履行义务,情节严重的,取消其2年至5年内参加依法必须进行招标的项目的投标资格并予以公告,直至由工商行政管理机关吊销营业执照。

(六)行政监督机关法律责任

对招标投标活动依法负有职责的国家机关工作人员徇私舞弊、滥用职权或者玩忽职守,构成犯罪的,依法追究刑事责任;不构成犯罪的,依法给予行政处分。

三、《建设工程勘察设计管理条例》关于法律责任的规定

(1)违反本条例第八条规定的,责令停止违法行为,处合同约定的勘察费、设计费1倍以上2倍以下的罚款,有违法所得的,予以没收(注:第八条　建设工程勘察、设计单位应当在其资质等级许可的范围内承揽建设工程勘察、设计业务。)。

(2)未经注册,擅自以注册建设工程勘察、设计人员的名义从事建设工程勘察、设计活动的,责令停止违法行为,没收违法所得,处违法所得2倍以上5倍以下罚款;给他人造成损失的,依法承担赔偿责任。

(3)建设工程勘察、设计注册执业人员和其他专业技术人员未受聘于一个建设工程勘察、设计单位或者同时受聘于两个以上建设工程勘察、设计单位,从事建设工程勘察、设计活动的,责令停止违法行为,没收违法所得,处违法所得2倍以上5倍以下的罚款。

(4)发包方将建设工程勘察、设计业务发包给不具有相应资质等级的建设工程勘察、设计单位的,责令改正,处50万元以上100万元以下的罚款。

(5)违反本条例规定,建设工程勘察、设计单位将所承揽的建设工程勘察、设计转包的,责令改正,没收违法所得,处合同约定的勘察费、设计费25%以上50%以下的罚款。

(6)有下列行为之一的,依照《建设工程质量管理条例》第六十三条的规定给予处罚(10万元以上30万元以下罚款):①勘察单位未按照工程建设强制性标准进行勘察的;②设计

单位未根据勘察成果文件进行工程设计的;③设计单位指定建筑材料、建筑构配件的生产厂、供应商的;④设计单位未按照工程建设强制性标准进行设计的。

(7)降低资质等级和吊销资质证书、资格证书的行政处罚,由颁发机关决定;其他行政处罚,由建设行政主管部门依据法定职权范围决定。

(8)国家机关工作人员玩忽职守构成犯罪的,依法追究。

四、《建设工程质量管理条例》关于法律责任的规定

(一)建设单位法律责任

(1)建设单位将建设工程发包给不具有相应资质等级的勘察、设计、施工单位或者委托给不具有相应资质等级的工程监理单位的,责令改正,处50万元以上100万元以下的罚款。

(2)建设单位将建设工程肢解发包的,责令改正,处工程合同价款0.5%以上1%以下的罚款;对全部或者部分使用国有资金的项目,并可以暂停项目执行或者暂停资金拨付。

(3)建设单位有下列行为之一的,责令改正,处20万元以上50万元以下的罚款:①迫使承包方以低于成本的价格竞标的;②任意压缩合理工期的;③明示或者暗示设计单位或者施工单位违反工程建设强制性标准,降低工程质量的;④施工图设计文件未经审查或者审查不合格,擅自施工的;⑤建设项目必须实行工程监理而未实行工程监理的;⑥未按照国家规定办理工程质量监督手续的;⑦明示或者暗示施工单位使用不合格的建筑材料、建筑构配件和设备的;⑧未按照国家规定将竣工验收报告、有关认可文件或者准许使用文件报送备案的。

(4)建设单位未取得施工许可证或者开工报告未经批准,擅自施工的,责令停止施工,限期改正,处工程合同价款1%以上2%以下的罚款。

(5)建设单位有下列行为之一的,责令改正,处工程合同价款2%以上4%以下的罚款;造成损失的,依法承担赔偿责任:①未组织竣工验收,擅自交付使用的;②验收不合格,擅自交付使用的;③对不合格的建设工程按照合格工程验收的。

建设工程竣工验收后,建设单位未向建设行政主管部门或者其他有关部门移交建设项目档案的,责令改正,处1万元以上10万元以下的罚款。

(二)勘察、设计、施工、工程监理单位法律责任

(1)勘察、设计、施工、工程监理单位超越本单位资质等级承揽工程的,责令停止违法行为,对勘察、设计单位或者工程监理单位处合同约定的勘察费、设计费或者监理酬金1倍以上2倍以下的罚款;对施工单位处工程合同价款2%以上4%以下的罚款。

(2)勘察、设计、施工、工程监理单位允许其他单位或者个人以本单位名义承揽工程的,责令改正,没收违法所得,对勘察、设计单位和工程监理单位处合同约定的勘察费、设计费和监理酬金1倍以上2倍以下的罚款;对施工单位处工程合同价款2%以上4%以下的罚款。

(3)承包单位将承包的工程转包或者违法分包的,责令改正,没收违法所得,对勘察、设计单位处合同约定的勘察费、设计费25%以上50%以下的罚款;对施工单位处工程合同价款0.5%以上1%以下的罚款。

工程监理单位转让工程监理业务的,责令改正,没收违法所得,处合同约定的监理酬金

25%以上50%以下的罚款。

(4)违反本条例规定,有下列行为之一的,责令改正,处10万元以上30万元以下的罚款:①勘察单位未按照工程建设强制性标准进行勘察的;②设计单位未根据勘察成果文件进行工程设计的;③设计单位指定建筑材料、建筑构配件的生产厂、供应商的;④设计单位未按照工程建设强制性标准进行设计的。

(5)施工单位在施工中偷工减料的,处工程合同价款2%以上4%以下的罚款。

(6)施工单位未对建筑材料、建筑构配件、设备和商品混凝土进行检验,或者未对涉及结构安全的试块、试件以及有关材料取样检测的,责令改正,处10万元以上20万元以下的罚款。

(7)施工单位不履行保修义务或者拖延履行保修义务的,责令改正,处10万元以上20万元以下的罚款。

(8)工程监理单位有下列行为之一的,责令改正,处50万元以上100万元以下的罚款:①与建设单位或者施工单位串通,弄虚作假、降低工程质量的;②将不合格的建设工程、建筑材料、建筑构配件和设备按照合格签字的。

(9)工程监理单位与被监理工程的施工承包单位及建筑材料、建筑构配件和设备供应单位有隶属关系或者其他利害关系承担该项建设工程的监理业务的,责令改正,处5万元以上10万元以下的罚款。

(10)违反本条例规定,涉及建筑主体或者承重结构变动的装修工程,没有设计方案擅自施工的,责令改正,处50万元以上100万元以下的罚款;房屋建筑使用者在装修过程中擅自变动房屋建筑主体和承重结构的,责令改正,处5万元以上10万元以下的罚款。有上述所列行为,造成损失的,依法承担赔偿责任。

(三)其他相关部门人员法律责任

(1)发生重大工程质量事故隐瞒不报、谎报或者拖延报告期限的,对直接负责的主管人员和其他责任人员依法给予行政处分。

(2)供水、供电、供气、公安消防等部门或者单位明示或者暗示建设单位或者施工单位购买其指定的生产供应单位的建筑材料、建筑构配件和设备的,责令改正。

(3)注册建筑师、注册结构工程师、注册监理工程师等注册执业人员因过错造成质量事故的,责令停止执业1年;造成重大质量事故的,吊销执业资格证书,5年以内不予注册;情节特别恶劣的,终身不予注册。

(4)建设单位、设计单位、施工单位、工程监理单位违反国家规定,降低工程质量标准,造成重大安全事故,构成犯罪的,对直接责任人员依法追究刑事责任。

(5)国家机关工作人员在建设工程质量监督管理工作中玩忽职守、尚不构成犯罪的,依法给予行政处分。

(6)建设、勘察、设计、施工、工程监理单位的工作人员因调动工作、退休等原因离开该单位后,被发现在该单位工作期间违反国家有关建设工程质量管理规定,造成重大工程质量事故的,仍应当依法追究法律责任。

五、《中华人民共和国安全生产法》关于法律责任的规定

(一)安全生产监督管理部门相关法律责任

(1)负有安全生产监督管理职责的部门的工作人员,有下列行为之一的,给予降级或者撤职的处分;构成犯罪的,依照刑法有关规定追究刑事责任:①对不符合法定安全生产条件的涉及安全生产的事项予以批准或者验收通过的;②发现未依法取得批准、验收的单位擅自从事有关活动或者接到举报后不予取缔或者不依法予以处理的;③对已经依法取得批准的单位不履行监督管理职责,发现其不再具备安全生产条件而不撤销原批准或者发现安全生产违法行为不予查处的;④在监督检查中发现重大事故隐患,不依法及时处理的。

负有安全生产监督管理职责的部门的工作人员有上述规定以外的滥用职权、玩忽职守、徇私舞弊行为的,依法给予处分;构成犯罪的,依照刑法有关规定追究刑事责任。

(2)负有安全生产监督管理职责的部门,要求被审查、验收的单位购买其指定的安全设备、器材或者其他产品的,在对安全生产事项的审查、验收中收取费用的,由其上级机关或者监察机关责令改正,责令退还收取的费用;情节严重的,对直接负责的主管人员和其他直接责任人员依法给予处分。

(3)承担安全评价、认证、检测、检验工作的机构,出具虚假证明的,没收违法所得;违法所得在10万元以上的,并处违法所得2倍以上5倍以下的罚款;没有违法所得或者违法所得不足10万元的,单处或者并处10万元以上20万元以下的罚款;对其直接负责的主管人员和其他直接责任人员处2万元以上5万元以下的罚款;给他人造成损害的,与生产经营单位承担连带赔偿责任;构成犯罪的,依照刑法有关规定追究刑事责任。

对有上述违法行为的机构,吊销其相应资质。

(二)生产经营单位相关法律责任

(1)生产经营单位的决策机构、主要负责人、个人经营的投资人不依照本法规定保证安全生产所必需的资金投入,致使生产经营单位不具备安全生产条件的,对个人经营的投资人处2万元以上20万元以下的罚款。

(2)责令限期改正,逾期未改正的,尚不够刑事处罚的,给予撤职处分或者处2万元以上20万元以下的罚款。

生产经营单位的主要负责人依照上述规定受刑事处罚或者撤职处分的,自刑罚执行完毕或者受处分之日起,5年内不得担任任何生产经营单位的主要负责人。

(3)生产经营单位有下列行为之一的,责令停产停业整顿,可以并处2万元以下的罚款:①未按照规定设立安全生产管理机构或者配备安全生产管理人员的;②危险物品的生产、经营、储存单位及矿山、建筑施工单位的主要负责人和安全生产管理人员未按照规定经考核合格的;③未按照规定对从业人员进行安全生产教育和培训;④特种作业人员未按照规定经专门的安全作业培训并取得特种作业操作资格证书,上岗作业的。

(4)生产经营单位有下列行为之一的,责令停产停业整顿,可以并处5万元以下的罚款:①矿山建设项目或者用于生产、储存危险物品的建设项目没有安全设施设计或者安全设施设计未按照规定报经有关部门审查同意的;②矿山建设项目或者用于生产、储存危险物品

的建设项目的施工单位未按照批准的安全设施设计施工的;③矿山建设项目或者用于生产、储存危险物品的建设项目竣工投入生产或者使用前,安全设施未经验收合格的;④未在有较大危险因素的生产经营场所和有关设施、设备上设置明显的安全警示标志的;⑤安全设备的安装、使用、检测、改造和报废不符合国家标准或者行业标准的;⑥未对安全设备进行经常性维护、保养和定期检测的;⑦未对从业人员提供标准的劳动防护用品的;⑧设备未经取得专业资质的机构检测、检验合格,取得安全使用证或者安全标志,投入使用的;⑨使用国家明令淘汰、禁止使用的危及生产安全的工艺、设备的。

(5)擅自生产、经营、储存危险物品的,违法所得 10 万元以上的,并处违法所得 1 倍以上 5 倍以下的罚款,没有违法所得或者违法所得不足 10 万元的,单处或者并处 2 万元以上 10 万元以下的罚款。

(6)生产经营单位有下列行为之一的,责令限期改正;逾期未改的,责令停产停业整顿,可以并处 2 万元以上 10 万元以下的罚款:①经营、储存、使用危险物品,未建立专门安全管理制度、未采取可靠的安全措施或者不接受有关主管部门依法实施的监督管理的;②对重大危险源未登记建档,或者未进行评估、监控,或者未制定应急预案的;③进行爆破、吊装等危险作业,未安排专门管理人员进行现场安全管理的。

(7)生产经营单位将生产经营项目、场所、设备发包或者出租给不具备安全生产条件或者相应资质的单位或者个人的,与承包方、承租方承担连带赔偿责任。

(8)两个以上生产经营单位在同一作业区域内进行可能危及对方安全生产的生产经营活动,未签订安全生产管理协议或者未指定专职安全生产管理人员进行安全检查与协调的,责令限期改正;逾期未改正的,责令停产停业。

(9)生产经营单位与从业人员订立协议,免除或者减轻其对从业人员因生产安全事故伤亡依法应承担的责任的,该协议无效;对生产经营单位的主要负责人、个人经营的投资人处 2 万元以上 10 万元以下的罚款。

(11)造成重大事故,构成犯罪的,依照刑法有关规定追究刑事责任。

(12)生产经营单位主要负责人在本单位发生重大生产安全事故时,不立即组织抢救或者在事故调查处理期间擅离职守或者逃匿的,给予降职、撤职的处分,对逃匿的处 15 日以下拘留;构成犯罪的,依照刑法有关规定追究刑事责任。

生产经营单位主要负责人对生产安全事故隐瞒不报、谎报或者拖延不报的,依照上述规定处罚。

六、工程建设强制性条文关于法律责任的规定

(一)建设单位法律责任

建设单位有下列行为之一的,责令改正,并处以 20 万元以上 50 万元以下的罚款:

(1)明示或者暗示施工单位使用不合格的建筑材料、建筑构配件和设备的。

(2)明示或者暗示设计单位或者施工单位违反工程建设强制性标准,降低工程质量的。

(二)勘察、设计单位法律责任

勘察、设计单位违反工程建设强制性标准进行勘察、设计的,责令改正,并处以 10 万元

以上30万元以下的罚款。

（三）施工单位法律责任

施工单位违反工程建设强制性标准的，责令改正。处工程合同价款2%以上4%以下的罚款。

（四）工程监理单位法律责任

工程监理单位违反强制性标准规定，将不合格的建设工程及建筑材料、建筑构配件和设备按照合格签字的，责令改正，处50万元以上100万元以下的罚款。

（五）主管部门法律责任

工作人员玩忽职守，追究其责任。

（六）处罚规定

（1）按照《建设工程质量管理条例》有关规定，对事故责任单位和责任人进行处罚。

（2）由颁发资质证书的机关决定或由建设行政主管部门或者有关部门依照法定职权决定。

第三节　安全生产法律制度

一、建筑工程安全生产管理

（一）建筑工程安全生产管理的基本制度

2003年11月24日《建设工程安全生产管理条例》（国务院令第393号）颁布实施，该条例依据《中华人民共和国建筑法》和《中华人民共和国安全生产法》的规定进一步明确了建筑工程安全生产管理基本制度。

1.安全生产责任制度

安全生产责任制度是建筑生产中最基本的安全管理制度，是所有安全规章制度的核心。安全生产责任制度是指将各种不同的安全责任落实到有安全管理责任的人员和具体岗位人员身上的一种制度。安全生产责任制度既包括行业主管部门建立健全建筑安全的监督管理体系，制定建筑安全生产监督管理工作制度，组织落实各级领导分工负责的建筑安全生产责任制；又包括参与建筑活动各方的建设单位、设计单位特别是建筑施工企业的安全生产责任制；还包括施工现场的安全责任制。《建筑法》还明确规定了建筑施工企业的法定代表人对本企业的安全生产负责等。

这一制度是安全第一、预防为主方针的具体体现，是建筑安全生产的基本制度。在建筑活动中，只有明确安全责任，分工负责，才能形成完整有效的安全管理体系，激发每个人的安全责任感，严格执行建筑工程安全的法律、法规和安全规程、技术规范，防患于未然，减少和杜绝建筑工程事故，为建筑工程的生产创造一个良好的环境。

2.群防群治制度

群防群治制度是职工进行预防和治理安全的一种制度。群防群治制度是在建筑安全生产中，充分发挥广大职工的积极性，加强群众性监督检查工作，以预防和治理建筑生产中的伤亡事故。这一制度要求建筑企业职工在施工中应当遵守有关生产的法律、法规和建筑行业安全规章、规程,不得违章作业;对于危及生命安全和身体健康的行为有权提出批评、检举和控告。这一制度也是安全第一、预防为主的具体体现,同时也是群众路线在安全工作中的具体体现,是企业进行民主管理的重要内容。

3.安全生产教育培训制度

《建筑法》第四十六条明确规定:建筑施工企业应当建立健全劳动安全生产教育培训制度,加强对职工安全生产的教育培训;未经安全生产教育培训的人员,不得上岗作业。

安全生产教育培训制度是对广大建筑干部职工进行安全教育培训,提高安全意识,增加安全知识和技能的制度。安全生产,人人有责。只有通过对广大职工进行安全教育、培训,才能使广大职工真正认识到安全生产的重要性、必要性,才能使广大职工掌握更多更有效的安全生产的科学技术知识,牢固树立安全第一的思想,自觉遵守各项安全生产和规章制度。分析许多建筑安全事故,一个重要的原因就是有关人员安全意识不强,安全技能不够,这些都是没有搞好安全教育培训工作的后果。

4.安全生产检查制度

安全生产检查制度是上级管理部门或企业自身对安全生产状况进行定期或不定期检查的制度。通过检查可以发现问题,查出隐患,从而采取有效措施,堵塞漏洞,把事故消灭在发生之前,做到防患于未然,是预防为主的具体体现。通过检查,还可总结出好的经验加以推广,为进一步搞好安全工作打下基础。安全生产检查制度是安全生产的保障。

检查以自查为主,互查为辅。以查思想、查制度、查纪律、查领导、查隐患为主要内容。要结合季节特点,开展防洪、防雷电、防坍塌、防煤气中毒、防火等"五防"检查。对查出的隐患要立即整改,不能立即整改的,要建立登记、整改、检查、销项制度。要制订整改计划,定人、定措施、定经费、定完成日期。在隐患没有消除前,必须采取可靠的防护措施,若有危及人身安全的紧急险情,应立即停止作业。

5.伤亡事故处理报告制度

伤亡事故处理报告制度是在施工中发生事故时,建筑企业应当采取紧急措施减少人员伤亡和事故损失,并按照国家有关规定及时向有关部门报告的制度。事故处理必须遵循一定的程序,做到三不放过(事故原因不清不放过、事故责任者和群众没有受到教育不放过、没有防范措施不放过)。通过对事故的严格处理,可以总结出教训,为制定规程、规章提供第一手素材,做到亡羊补牢。

6.安全责任追究制度

法律责任中规定建设单位、设计单位、施工单位、监理单位,由于没有履行职责造成人员伤亡和事故损失的,视情节给予相应处理;情节严重的,责令停业整顿,降低资质等级或吊销资质证书;构成犯罪的,依法追究刑事责任。

7.工伤保险制度

《建筑法》第四十八条规定:建筑施工企业必须为从事危险作业的职工办理意外伤害保险,支付保险费。这里的意外伤害保险不同于一般的商业保险。商业保险是《中华人民共和国保险法》调整的对象。意外伤害保险是人身保险的一种,它是以人的生命或身体为保险标的,在被保险人因意外事故而致残废、死亡或丧失工作能力时,保险公司按保险合同的规定,向被保险人或受益人给付医疗费用或保险金的保险。

(二)建筑工程安全生产的监督管理

1.建设工程安全生产的行政监督管理

根据《中华人民共和国安全生产法》和《建设工程安全生产管理条例》的有关规定,国务院是负责安全生产监督管理的部门,对全国建设工程安全生产工作实施综合监督管理。国务院铁路、交通、水利等有关部门按照国务院的职责分工,负责有关专业建设工程安全生产的监督管理。

国务院建设行政主管部门负责建设工程安全生产的统一监督管理,并依法接受国家安全生产综合管理部门的指导和监督。国务院铁道、交通、水利等有关部门按照国务院规定职责分工,负责有关专业建设工程安全生产的监督管理。

根据《建设工程安全生产管理条例》第四十四条的规定:建设行政主管部门或者其他有关部门可以将施工现场的监督检查委托给建设工程安全监督机构具体实施。

县级以上地方人民政府建设行政主管部门负责本行政区内的建设工程安全生产管理。县级以上地方人民政府交通、水利等有关部门在各自的职责范围内,负责本行政区域内的专业建设工程安全生产的监督管理。

2.建筑安全生产监督管理部门的职责

建筑安全生产监督机构根据同级人民政府建设行政主管部门的授权,依据有关的法规标准,对本行政区域内建筑安全实施监督管理。其职责如下:

(1)贯彻执行党和国家的安全生产方针、政策和决议。

(2)进入生产经营单位进行检查,调阅有关资料,向有关单位和人员了解情况。

(3)监察各工地对国家、建设部、省、市政府颁布的安全法规、标准、规章制度、办法和安全技术措施的执行情况。

(4)对检查中发现的安全生产违法行为,当场予以纠正或者要求限期改正;对依法应当给予行政处罚的行为,依照本法和其他有关法律、行政法规的规定作出行政处罚决定。

(5)总结、推广建筑施工安全科学管理,先进安全装置、措施等经验,并及时给予奖励。

(6)对检查中发现的事故隐患时,应当责令立即排除;重大事故隐患排除前或者排除过程中无法保证安全的,应当责令从危险区域内撤出作业人员,责令暂时停产停业或者停止使用;重大事故隐患排除后,经审查同意,方可恢复生产经营和使用。

(7)制止违章指挥和违章作业行为,对情节严重者按相关规定给予经济处罚,对隐患严重的现场或机械、电气设备等,及时签发停工指令,并提出改进的措施。

(8)对有根据认为不符合保障安全生产的国家标准或者行业标准的设施、设备、器材予以查封或者扣押,并应当在 15 日内依法作出处理决定。监督检查不得影响被检查单位的正常生产经营活动。

(9)参加建筑行业重大伤亡事故的调查处理,对建筑施工队伍负责人、安全检查员、特种作业人员进行安全教育培训、考核发证工作;参加建筑施工企业新建、扩建、改建和挖潜、革新、改造工程项目设计和竣工验收工作,负责安全卫生设施“三同时”(《中华人民共和国劳动法》第五十三条规定:新建、改建、扩建工程的劳动安全卫生设施必须与主体工程同时设计、同时施工、同时投入生产和使用。这就是人们常说的建筑安全方面的“三同时”制度）的审查工作，及时召开安全施工或重大伤亡事故现场会议。

二、建筑活动主体的安全生产责任

（一）建设单位安全生产管理的责任和义务

1.向施工单位提供资料

（1）建设单位应当向施工单位提供施工现场及毗邻区域内供水、排水、供电、供气、供热、通信、广播电视等地下管线资料，气象和水文观测资料，相邻建筑物和构筑物、地下工程的有关资料，并保证资料的真实、准确、完整，建筑施工企业应当采取措施加以保护。

（2）建设单位提供的资料将成为施工单位后续工作的主要参考依据。这些资料如果不真实、准确、完整，并因此导致了施工单位的损失，施工单位可以就此向建设单位要求赔偿。

（3）涉及建筑主体和承重结构变动的装修工程，建设单位应当在施工前委托原设计单位或者具有相应资质条件的设计单位提出设计方案；没有设计方案的，不得施工。

2.依法履行合同的责任

（1）建设单位不得对勘察、设计、施工、工程监理等单位提出不符合建设工程安全生产法律、法规和强制性标准规定的要求，不得压缩合同约定的工期。

（2）建设单位与勘察、设计、施工、工程监理等单位都是完全平等的合同双方的关系，不存在建设单位是这些单位的管理单位的关系。其对这些单位的要求必须要以合同为根据且不得触犯相关的法律、法规。

3.建设单位不得向有关单位提出影响安全生产的违法要求

建设单位不得对勘察、设计、施工、工程监理等单位提出不符合建设工程安全生产法律、法规和强制性标准规定的要求，不得压缩合同约定的工期。

4.建设单位办理施工许可证或开工报告时应当报送安全施工措施

建设单位在申请领取施工许可证时，应当提供建设工程有关安全施工措施的资料。依法批准开工报告的建设工程，建设单位应当自开工报告批准之日起 15 日内，将保证安全施工的措施报送建设工程所在地的县级以上人民政府建设行政主管部门或者其他有关部门备案。

5.建设单位应当保证安全生产投入

建设单位在编制工程概算时，应当确定建设工程安全作业环境及安全施工措施所需费用。

6.建设单位不得明示或暗示施工单位使用不符合安全施工要求的物资

建设单位不得明示或者暗示施工单位购买、租赁、使用不符合施工要求的安全防护用具、机械设备、施工机具及配件、消防设施和器材。

7.建设单位应当将拆除工程发包给具有相应资质的施工单位

建设单位应当将拆除工程发包给具有相应资质等级的施工单位。建设单位应当在拆除工程施工 15 日前，将下列资料报送建设工程所在地的县级以上地方人民政府主管部门或者其他有关部门备案：

（1）施工单位资质等级证明；

（2）拟拆除建筑物、构筑物及可能危及毗邻建筑的说明；

(3)拆除施工组织方案;

(4)堆放、清除废弃物的措施。

8.实施爆破作业的规定

实施爆破作业的,还应当遵守国家有关民用爆炸物品管理的规定。

(二)监理单位安全生产管理的责任

1.审查责任

《建设工程安全生产管理条例》第十四条规定:工程监理单位应当审查施工组织设计中的安全技术措施或者专项施工方案是否符合工程建设强制性标准。

2.监理安全生产的责任

工程监理单位和监理工程师应当按照法律、法规和工程建设强制性标准实施监理,并对建设工程安全生产承担监理责任。发现存在安全事故隐患的,应当要求施工单位整改;情况严重的,应当要求施工单位暂时停止施工,并及时报告建设单位。施工单位拒不整改或者不停止施工的,工程监理单位应当及时向有关主管部门报告。

注册执业人员(注:不局限于监理工程师)未执行法律、法规和工程建设强制性标准的,责令停止执业3个月以上1年以下;情节严重的,吊销执业资格证书,5年内不予注册;造成重大安全事故的,终身不予注册;构成犯罪的,依照刑法有关规定追究刑事责任。

(三)勘察、设计单位安全生产管理的责任

1.勘察单位的安全责任

建设工程勘察是工程建设的基础性工作。建设工程勘察文件是建设工程项目规划、选址和设计的重要依据,其勘察成果是否科学、准确,对建设工程安全生产具有重要影响。

1)确保勘察文件的质量,以保证后续工作安全

勘察单位应当按照法律、法规和工程建设强制性标准进行勘察,提供的勘察文件应当真实、准确,满足建设工程安全生产的需要。

2)勘察单位在勘察作业时,严格执行操作规程

勘察单位在勘察作业时,应当严格执行操作规程,采取措施保证各类管线、设施和周边建筑物、构筑物的安全。

2.设计单位的安全责任

建筑工程设计应当符合按照国家规定制定的建筑安全规程和技术规范,保证工程的安全性能。建设项目安全设施的设计人、设计单位应当对安全设施设计负责。《建设工程安全生产管理条例》第十三条规定:设计单位和注册建筑师等注册执业人员应当对其设计负责。

1)科学设计的责任

设计单位应当按照法律、法规和工程建设强制性标准进行设计,防止因设计不合理导致生产安全事故的发生。

2)设计单位应当考虑施工安全操作和防护的需要

设计单位应当考虑施工安全操作和防护的需要,对涉及施工安全的重点部位和环节在设计文件中注明,并对防范生产安全事故提出指导意见。

3)设计单位应当在设计中提出保障安全方面的建议

采用新结构、新材料、新工艺的建设工程和特殊结构的建设工程,设计单位应当在设计

中提出保障施工作业人员安全和预防生产安全事故的措施建议。

3.法律责任

勘察单位、设计单位有下列行为之一的,责令限期改正,处以罚款;情节严重的,责令停业整顿,降低资质等级,直至吊销资质证书;造成重大安全事故,构成犯罪的,对直接责任人员,依照刑法有关规定追究刑事责任;造成损失的,依法承担赔偿责任:

(1)未按照法律、法规和工程建设强制性标准进行勘察、设计的;

(2)采用新结构、新材料、新工艺的建设工程和特殊结构的建设工程,设计单位未在设计中提出保障施工作业人员安全和预防生产安全事故的措施建议的。

(四)施工单位的安全责任

1.生产管理人员的安全责任

建筑施工企业和作业人员在施工过程中,应当遵守有关安全生产的法律、法规和建筑行业安全规章、规程,不得违章指挥或者违章作业。作业人员有权对影响人身健康的作业程序和作业条件提出改进意见,有权获得安全生产所需的防护用品。作业人员对危及生命安全和人身健康的行为有权提出批评、检举和控告。

施工单位主要负责人依法对本单位的安全生产工作全面负责。施工单位应当建立健全安全生产责任制度和安全生产教育培训制度,制定安全生产规章制度和操作规程,保证本单位安全生产条件所需资金的投入,对所承担的建设工程进行定期和专项安全检查,并作好安全检查记录。

施工单位的项目负责人应当由取得相应执业资格的人员担任,对建设工程项目的安全施工负责,落实安全生产责任制度、安全生产规章制度和操作规程,确保安全生产费用的有效使用,并根据工程的特点组织制订安全施工措施,消除安全事故隐患,及时、如实报告生产安全事故。

专职安全生产管理人员是指经建设主管部门或者其他有关部门安全生产考核合格,并取得安全生产考核合格证书在企业从事安全生产管理工作的专职人员,包括施工单位安全生产管理机构的负责人及其工作人员和施工现场专职安全生产管理人员。专职安全生产管理人员的安全责任主要包括:对安全生产进行现场监督检查,发现安全事故隐患时,应当及时向项目负责人和安全生产管理机构报告;对于违章指挥、违章操作的,应当立即制止。

垂直运输机械作业人员、安装拆卸工、爆破作业人员、起重信号工、登高架设作业人员等特种作业人员,必须按照国家有关规定经过专门的安全作业培训,并取得特种作业操作资格证书后,方可上岗作业。

作业人员应当遵守安全施工的强制性标准、规章制度和操作规程,正确使用安全防护用具、机械设备等。

作业人员进入新的岗位或者新的施工现场前,应当接受安全生产教育培训。未经教育培训或者教育培训考核不合格的人员,不得上岗作业。

2.企业的安全责任

施工单位的主要负责人、项目负责人、专职安全生产管理人员应当经建设行政主管部门或者其他有关部门考核合格后方可任职。

施工单位应当对管理人员和作业人员每年至少进行一次安全生产教育培训,其教育培训情况记入个人工作档案。安全生产教育培训考核不合格的人员,不得上岗。

施工单位在采用新技术、新工艺、新设备、新材料时,也应当对作业人员进行相应的安全生产教育培训。

建筑施工企业在编制施工组织设计时,应当根据建筑工程的特点制订相应的安全技术措施;对专业性较强的工程项目,应当编制专项安全施工组织设计,并采取安全技术措施。

建筑施工企业应当在施工现场采取维护安全、防范危险、预防火灾等措施;有条件的,应当对施工现场实行封闭管理。施工现场对毗邻的建筑物、构筑物和特殊作业环境可能造成损害的,建筑施工企业应当采取安全防护措施。

施工单位从事建设工程的新建、扩建、改建和拆除等活动,应当具备国家规定的注册资本、专业技术人员、技术装备和安全生产等条件,依法取得相应等级的资质证书,并在其资质等级许可的范围内承揽工程。

施工单位对列入建设工程概算的安全作业环境及安全施工措施所需费用,应当用于施工安全防护用具及设施的采购和更新、安全施工措施的落实、安全生产条件的改善,不得挪作他用。

施工单位应当在施工现场入口处、施工起重机械、临时用电设施、脚手架、出入通道口、楼梯口、电梯井口、孔洞口、桥梁口、隧道口、基坑边沿、爆破物及有害危险气体和液体存放处等危险部位,设置明显的安全警示标志。安全警示标志必须符合国家标准。

施工单位应当将施工现场的办公、生活区与作业区分开设置,并保持安全距离;办公、生活区的选址应当符合安全性要求。职工的膳食、饮水、休息场所等应当符合卫生标准。施工单位不得在尚未竣工的建筑物内设置员工集体宿舍。

施工单位应当向作业人员提供安全防护用具和安全防护服装,并书面告知危险岗位的操作规程和违章操作的危害。

施工单位在使用施工起重机械和整体提升脚手架、模板等自升式架设设施前,应当组织有关单位进行验收,也可以委托具有相应资质的检验检测机构进行验收;使用承租的机械设备和施工机具及配件的,由施工总承包单位、分包单位、出租单位和安装单位共同进行验收。验收合格的方可使用。

施工单位应当为施工现场从事危险作业的人员办理意外伤害保险。

施工单位还应当根据施工和周围环境及季节、气候的变化,在施工现场采取相应的安全施工措施。施工现场暂时停止施工的,施工单位应当做好现场防护,所需费用由责任方承担,或按照合同约定执行。

施工单位应当设立安全生产管理机构,配备专职安全生产管理人员。专职安全生产管理人员负责对安全生产进行现场监督检查。发现安全事故隐患时,应当及时向项目负责人和安全生产管理机构报告;对违章指挥、违章操作的,应当立即制止。

施工现场的安全防护用具、机械设备、施工机具及配件必须由专人管理,定期进行检查、维修和保养,建立相应的资料档案,并按照国家有关规定及时报废。

3.总承包单位和分包单位的安全责任

《建设工程安全生产管理条例》第二十四条规定:建设工程实行施工总承包的,由总承包单位对施工现场的安全生产负总责。为了防止违法分包和转包等违法行为的发生,真正落实施工总承包单位的安全责任,《建设工程安全生产管理条例》第二十四条进一步强调:总承包单位应当自行完成建设工程主体结构的施工。这也是《建筑法》的要求,避免由于分包单位的能力不足而导致安全生产事故的发生。

总承包单位依法将建设工程分包给其他单位的,分包合同中应当明确各自的安全生产方面的权利、义务。总承包单位和分包单位对分包工程的安全生产承担连带责任。

分包单位应当服从总承包单位的安全生产管理,分包单位不服从管理导致安全生产事故的,由分包单位承担主要责任。

三、建筑工程事故处理

事故是指建筑施工过程中造成人员伤亡、财产损失的情形。事故分一般事故和重大事故。一般事故是指发生的轻伤和重伤2人(包括2人)以下,直接经济损失10万元(不包括10万元)以下的事故。重大事故是指死亡2人以上、重伤3人以上、直接经济损失10万元以上的事故。

(一)建筑工程重大事故的含义和等级

1.建筑工程重大事故

建筑工程重大事故是指因违反有关建设工程安全的法律、法规和强制性标准,造成人身伤亡或者重大经济损失的事故。

对于工程建设重大事故,应当按建设部颁布的《工程建设重大事故报告和调查程序规定》处理。

2.建筑工程重大事故的等级

重大事故分为四个等级:一级重大事故、二级重大事故、三级重大事故和四级重大事故。

1)一级重大事故

具备下列条件之一者为一级重大事故:

(1)死亡30人以上;

(2)直接经济损失300万元以上。

2)二级重大事故

具备下列条件之一者为二级重大事故:

(1)死亡10人以上29人以下;

(2)直接经济损失100万元以上不满300万元。

3)三级重大事故

具备下列条件之一者为三级重大事故:

(1)死亡3人以上9人以下;

(2)重伤20人以上;

(3)直接经济损失30万元以上不满100万元。

4)四级重大事故

具备下列条件之一者为四级重大事故:

(1)死亡2~3人;

(2)重伤3人以上19人以下;

(3)直接经济损失10万元以上不满30万元。

(二)建筑工程重大事故处理

1.工程建设重大事故的报告

工程建设重大事故发生后,事故现场有关人员应当立即报告本单位负责人。事故发生单位必须以最快方式,将事故的简要情况向上级主管部门和事故发生地的市、县级建设行政主管部门及安检、检察、劳动(如有人身伤亡)部门报告;负有安全生产监督管理职责的部门和有关地方人民政府对事故情况不得隐瞒不报、谎报或者拖延不报。

对于发生了有可能失控、有可能引发更大更严重事故的事故,施工现场负责人或其他有关人员,除按上述程序报告外,还应立即向当地人民政府报告,以期由当地人民政府根据事故的危险状况迅速统一组织事故发生地周围居民疏散、调动社会力量控制防范事故扩大、对事故伤及人员进行搜救等工作。

其中,特大事故报告应包括以下内容:

(1)事故发生的时间、地点、单位;

(2)事故的简单经过、伤亡人数、直接经济损失的初步统计;

(3)事故发生原因的初步判断;

(4)事故发生后采取的补救措施及事故控制情况;

(5)事故报告单位。

2.事故的处理

生产安全事故调查处理应当遵守以下基本规定:

(1)事故调查处理应当按照实事求是、尊重科学的原则,及时、准确地查清事故原因,查明事故性质和责任,总结事故教训,提出整改措施,并对事故责任者提出处理意见。

(2)生产经营单位发生生产安全事故,经调查确定为责任事故的,除应当查明事故单位的责任并依法予以追究外,还应当查明对安全生产的有关事项负有审查批准和监督职责的行政部门的责任,对有失职、渎职行为的,追究法律责任。

(3)任何单位和个人不得阻挠和干涉对事故的依法调查处理。生产经营单位发生生产安全事故,经调查确定为责任事故的,除应当查明事故单位的责任并依法予以追究外,还应当查明对安全生产的有关事项负有审查批准和监督职责的行政部门的责任,对有失职、渎职行为的,依照有关法律的规定追究法律责任。

任何单位和个人不得阻挠和干涉对事故的依法调查处理。

第四节　其他相关法律法规

一、消防法

消防法指的是 2009 年 5 月 1 日起施行的新《中华人民共和国消防法》(以下简称《消防法》),该法的目的在于预防火灾和减少火灾危害,保护公民人身、公共财产和公民财产的安全,维护公共安全。

我国《消防法》第一条规定:为了预防火灾和减少火灾,应加强应急救援工作,保护公民人身、财产安全,维护公共安全,保障社会主义现代化建设的顺利进行。这就是《消防法》的立法根本。根据我国消防工作的实践经验和实际工作需要,消防工作应贯彻预防为主、防消结合的方针,并坚持专门机关与群众相结合的原则,严格实行防火安全责任制。

(一)消防设计的审核与验收

按照国家工程建筑消防技术标准需要进行消防设计的建筑工程,设计单位应当按照国家工程建筑消防技术标准进行设计,建设单位应当将建筑工程的消防设计图纸及有关资料报送公安消防机构审核;未经审核或者经审核不合格的,建设行政主管部门不得发给施工许可证,建设单位不得施工。消防设计审核内容包括:

(1)总平面布局和平面布置中涉及消防安全的防火间距、消防车道、消防水源等;

(2)建筑的火灾危险性类别和耐火等级;

(3)建筑防火防烟分区和建筑构造;

(4)安全疏散和消防电梯;

(5)消防给水和自动灭火系统;

(6)防烟、排烟和通风、空调系统的防火设计;

(7)消防电源及其配电;

(8)火灾应急照明、应急广播和疏散指示标志;

(9)火灾自动报警系统和消防控制室;

(10)建筑内部装修的防火设计;

(11)建筑灭火器配置;

(12)有爆炸危险的甲类、乙类厂房的防爆设计;

(13)国家工程建设标准中有关消防设计的其他内容。

根据《消防法》,按照国家工程建筑消防技术标准进行消防设计的建筑工程竣工时,必须经公安消防机构进行消防验收;未经验收或者经验收不合格的,不得投入使用。

(二)工程建设消防安全知识

(1)制定消防安全制度、消防安全操作规程。针对自身情况制定用电制度、用火制度、易燃易爆危险物品保管制度、消防安全检查制度、消防设施维护保养制度和员工消防教育培训制度等,还应制定生产、经营、储运、科研过程中防火的具体操作规程,确保消防安全。

(2)在设有车间或者仓库的建筑物内,不得设置员工集体宿舍。在设有车间或者仓库的建筑物内,已经设置员工集体宿舍的,应当限期加以解决。对于暂时确有困难的,应当采取必要的消防安全措施,经公安消防机构批准后,可以继续使用。

(3)实行防火安全责任制,确定本单位和所属各部门、岗位的消防安全责任人。我国实行逐级消防安全责任制和消防安全重点岗位防火责任制。在每一个单位中都有一名责任人具体负责防火安全工作。

(4)生产、储存、运输、销售或者使用、销毁易燃易爆危险物品的单位、个人,必须执行国家有关消防安全的规定。进入生产、储存易燃易爆危险物品的场所,必须执行国家有关消防安全的规定。禁止携带火种进入生产、储存易燃易爆危险物品的场所。储存可燃物资仓库的管理,必须执行国家有关消防安全的规定。

(5)组织防火检查,及时消除火灾隐患。防火检查是指单位组织的对本单位进行的检查,是单位在消防安全方面进行自我管理、自我约束的一种主要形式。在消防安全检查中,努力做到发现问题,及时纠正,及时处理,及时上报,消除火灾隐患。

(6)禁止在具有火灾、爆炸危险的场所使用明火;因特殊情况需要使用明火作业的,应当按照规定事先办理审批手续。作业人员应当遵守消防安全规定,并采取相应的消防安全措施。进行电焊、气焊等具有火灾危险的作业人员和自动消防系统的操作人员,必须持证上岗,并严格遵守消防安全操作规程。

(7)消防产品的质量必须符合国家标准或者行业标准。禁止生产、销售或者使用未经依照《中华人民共和国产品质量法》的规定确定的检验机构检验合格的消防产品。禁止使用不符合国家标准或者行业标准的配件或者灭火剂等维修消防设施和器材。公安消防机构及其工作人员不得利用职务之便为用户指定消防产品的销售单位和品牌。

(8)电器产品、燃气用具的质量必须符合国家标准或者行业标准。电器产品、燃气用具的安装、使用和线路、管路的设计、敷设,必须符合国家有关消防安全技术规定。

(9)按照国家有关规定配置消防设施和器材、设置消防安全标志,并定期组织检验、维修,确保消防设施和器材完好、有效。每一个单位都应依照消防法规和国家工程建筑消防技术标准配置消防设施和器材、设置消防安全标志。建筑消防设施是否能够发挥预防和扑灭火灾的作用,关键是日常的保养维修是否到位。因此,单位要对消防器材经常检查,定期维修。

(10)任何单位、个人不得损坏或者擅自挪用、拆除、停用消防设施、器材,不得埋压、圈占消火栓,不得占用防火间距,不得堵塞消防通道。公用和城建等单位在修建道路以及停电、停水、截断通信线路时有可能影响消防队灭火救援的,必须事先通知当地公安消防机构。

(11)针对本单位的特点对职工进行消防宣传教育,使其增强消防安全意识,了解火灾特点,学会使用消防器材,掌握自救逃生方法。

二、劳动法

劳动法的概念有广义和狭义之分。广义上,劳动法是指用来调整劳动关系以及与劳动关系有密切联系的其他关系的法律规范总和;狭义上,劳动法是指目前正在施行的《中华人民共和国劳动法》(以下简称《劳动法》)。《劳动法》于1994年7月5日第八届全国人民代表大会常务委员会第八次会议通过,自1995年1月1日起施行,并于2007年6月修订后,新的劳动法于2008年1月1日起施行。《劳动法》的调整对象包括劳动关系和与劳动关系密切联系的其他关系,其中劳动关系是《劳动法》调整的主要对象。

《劳动法》适用范围:中华人民共和国境内的企业、个体经济组织和与之形成劳动关系的劳动者,适用本法。国家机关、事业组织、社会团体和与之建立劳动合同关系的劳动者,依照本法执行。

(一)劳动合同的基本概念与特征

1.基本概念

劳动合同也称劳动契约、劳动协议,是指劳动者同用人单位(包括企业、事业、机关单位等)为确立劳动关系,明确双方责任、权利和义务而签订的书面协议。根据《劳动法》第十七条规定:订立和变更劳动合同,应当遵循平等自愿、协商一致的原则,不得违反法律、行政法规的规定。劳动合同依法订立即具有法律约束力,当事人必须履行劳动合同规定的义务。根据合同约定,劳动者加入某一用人单位,承担某一工作和任务,应遵守单位内部的劳动规则和其他规章制度。同时,用人单位也应履行有关义务,按照劳动者的劳动数量和质量支付报酬,并根据劳动法律、法规和双方的协议,提供各种劳动条件,保证劳动者享受本单位成员的各种权利和福利待遇。

2.特征

劳动合同是劳动者与用人单位确立劳动关系，明确双方权利和义务的书面协议。与民事合同相比较，劳动合同具有如下特征：

(1)劳动合同主体具有特定性。劳动法的主体是特定的，包括劳动者和用人单位。劳动合同是建立劳动关系的一种法律形式，以合同形式确立了劳动者与用人单位的权利和义务。

(2)劳动合同双方当事人中，一方必须是具有劳动权利能力和劳动行为能力的公民本人，另一方必须是企业等用人单位的行政机构，不能是企业的党团组织或工会组织。

(3)书面劳动合同是劳动者与用人单位确立劳动关系的法定形式，劳动合同的当事人之间存在着职业上的从属关系，即作为劳动合同一方当事人的劳动者，在订立劳动合同后，成为另一方当事人企业等用人单位的一员，用人单位有权指派劳动者完成劳动合同规定的属于劳动者劳动职能范围内的任何任务。这种职业上的从属关系，是劳动合同区别于其他合同的重要特点之一。

(4)劳动合同内容主要以劳动法律、法规为依据，且具有强制性规定。法律虽允许劳动者和用人单位协商订立劳动合同，但协商的内容不得违反法律、行政法规，否则无效。

(5)劳动合同双方当事人的权利和义务是统一的，即双方当事人既是劳动权利主体，又是劳动义务主体，根据签订的劳动合同，劳动者有义务完成工作任务，遵守本单位内部的劳动规则，用人单位有义务按照劳动者劳动数量和质量支付劳动报酬。

(6)劳动者有权享受法律、法规及劳动合同规定的劳动保险和生活福利待遇，用人单位有义务提供劳动法律、法规及劳动合同规定的劳动保护条件。劳动合同的订立、变更、终止和解除，应按照国家劳动法律、法规的规定。

(二)劳动合同的内容及效力

1.劳动合同的内容

根据签约期限，劳动合同分为固定期限、无固定期限和以完成一定的工作为期限的劳动合同，共三类。劳动合同的内容具体表现为劳动合同的条款，应当以书面形式订立，并具备以下条款：

(1)劳动合同期限；

(2)工作内容；

(3)劳动保护和劳动条件；

(4)劳动报酬；

(5)劳动纪律；

(6)劳动合同终止的条件；

(7)违反劳动合同的责任；

(8)劳动合同除前款规定的必备条款外，当事人可以协商约定其他内容。

2.劳动合同的效力

劳动合同依法成立，即具有法律效力，对双方当事人都有约束力，双方必须履行劳动合同中规定的义务。

无效的劳动合同是指当事人违反法律、法规，订立的不具有法律效力的劳动合同。根据

《劳动法》第十八条的规定,下列劳动合同无效:

(1)违反法律、行政法规的劳动合同;

(2)采取欺诈、威胁等手段订立的劳动合同。

(三)劳动合同的解除

劳动合同的解除,是指劳动合同当事人在劳动合同期限届满之前依法提前终止劳动合同的法律行为。根据我国《劳动法》的规定,劳动合同的解除包括协商解除、用人单位单方解除和劳动者单方解除。

解除劳动合同的情形如下:

(1)经劳动合同当事人双方协商一致,劳动合同可以解除。

(2)无需通知,用人单位可以随时解除劳动合同的情形。具体情况如下:①在试用期间被证明不符合录用条件的;②严重违反劳动纪律或者用人单位规章制度的;③严重失职,营私舞弊,对用人单位利益造成重大损害的;④被依法追究刑事责任的。

(3)预告解除即用人单位应当提前30日以书面形式通知劳动者本人方可解除合同,适用于劳动者有下列情形之一:①劳动者患病或者非因工负伤,医疗期满后,不能从事原工作也不能从事由用人单位另行安排工作的;②劳动者不能胜任工作,经过培训或者调整工作岗位,仍不能胜任工作的;③劳动合同订立时所依据的客观情况发生重大变化,致使原劳动合同无法履行,经当事人协商不能就变更劳动合同达成协议的。

(4)用人单位濒临破产进行法定整顿期间或者生产经营状况发生严重困难,确需裁减人员的,应当提前30日向工会或者全体职工说明情况,听取工会或者职工的意见,经向劳动行政部门报告后,可以裁减人员。用人单位依据本条规定裁减人员,在6个月内录用人员的,应当优先录用被裁减的人员。

(5)为了保护劳动者的合法权益,《劳动法》第二十九条还规定了用人单位不得解除劳动合同的情形,具体有:①患职业病或者因工负伤并被确认丧失或者部分丧失劳动能力的;②患病或者负伤,在规定的医疗期内的;③女职工在孕期、产期、哺乳期内的;④法律、行政法规规定的其他情形。

(6)劳动者单方解除劳动合同,应当提前30日以书面形式通知用人单位。有下列情形之一的,劳动者可以随时通知用人单位解除劳动合同:①在试用期内的;②用人单位以暴力、威胁或者非法限制人身自由的手段强迫劳动的;③用人单位未按照劳动合同约定支付劳动报酬或者提供劳动条件的。

为防止劳动者滥用解除劳动合同的权利而损害用人单位的利益,《劳动法》第一百零二条还规定:劳动者违反本法规定的条件解除劳动合同或者违反劳动合同中约定的保密事项,对用人单位造成经济损失的,应当依法承担赔偿责任。

(四)劳动争议的产生与解决

1.劳动争议的产生

劳动争议又称劳动纠纷,是指劳动关系当事人之间关于劳动权利和义务的争议。产生劳动争议的前提条件是劳动关系已建立。由于利益或者其他方面的冲突,导致合同当事人双方产生劳动争议,冲突原因如下:

(1)劳动报酬问题引起的争议;

(2)录用、调动、辞职、自动离职和开除、除名、辞退就业者引起的争议;

(3)职业技能培训问题引起的争议；

(4)劳动保险和生活福利问题引起的争议；

(5)工作时间、休息时间、女工及未成年人保护、劳动安全与卫生问题引起的争议；

(6)奖励和处罚问题引起的争议；

(7)履行、变更、解除和终止劳动合同引发的争议；

(8)其他有关劳动权利、义务问题引起的争议。

2.劳动争议的解决

我国《劳动法》第七十七条明确规定：用人单位与劳动者发生劳动争议，当事人可以依法申请调解、仲裁、提起诉讼，也可以协商解决。即我国劳动争议的解决途径有协商、调解、仲裁和诉讼。这一点与普通的民事纠纷的解决途径是相同的。

1)协商

协商是一种简便易行、最有效、最经济的方法，能及时解决争议，消除分歧，提高办事效率，节省费用，也有利于双方的团结和相互的协作关系。

在一般的劳动争议中，通过劳动者直接与用人单位有关领导进行沟通，提出自己的合理要求和解决方法，最终达到当事人都能满意，这是最好的结果。协商解决纠纷应遵循以下两个原则：

(1)平等自愿的原则。即在互利、互谅、互让的基础上解决纠纷，任何一方不得以威胁或行政命令等手段强迫对方进行协商，否则，对方有权拒绝。

(2)合法的原则。即协商必须符合国家的法律、法规、规章和政策，也不得损害国家、集体和第三人的合法权益。

2)调解

在发生劳动争议后，采用协商的方法仍无法解决的，可以向劳动争议调解委员会申请调解。一般来说，劳动争议调解委员会设在企业工会委员会里面。委员会组成成员包括员工代表、公司代表和工会代表。

申请调解程序为：从就业者知道或者应当知道自己的权益被侵害之日起30天内，以口头形式或者书面形式提出申请要求，并要填写“劳动争议调解申请书”；经调解后达成协议的，要制作调解协议书，要求争议双方自觉履行该协议。由于调解协议是自愿执行，不具备法律强制力，是不能向法院申请强制执行的。

3)仲裁

当调解无法解决劳动争议时，可以向劳动争议仲裁委员会申请仲裁。仲裁委员会的办事机构一般设在县、市、区的劳动局。通常，仲裁委员会对劳动争议先进行调解，若调解达成协议，则需制作调解书，一旦调解书被送至当事人手中后，就产生了法律效力。

如果对裁决没有意见，就必须履行。对于仲裁裁决，当事方均没有反对，应当执行。当一方不服裁决时，可在收到裁决书后15天内向法院提出诉讼。仲裁裁决在作出后15天开始生效。仲裁裁决可以向法院申请强制执行。

(1)劳动争议仲裁委员会。

劳动争议仲裁委员会是依法成立的，通过仲裁方式处理劳动争议的专门机构，它独立行使劳动争议仲裁权。仲裁委员会组成人员必须是单数，主任由劳动行政主管部门的负责人担任。

仲裁委员会可以聘任劳动行政主管部门或者政府其他有关部门的人员、工会工作者、专家学者和律师为专职的或者兼职的仲裁员。兼职仲裁员与专职仲裁员在执行仲裁公务时享有同等权利。

(2)劳动争议仲裁的原则。

首先,一次裁决原则,即劳动争议仲裁实行一个裁级一次裁决制度,一次裁决即为终局裁决。当事人如不服仲裁裁决,只能依法向人民法院起诉,不得向上一级仲裁委员会申请复议或要求重新处理。其次,合议原则,仲裁庭裁决劳动争议案件,实行少数服从多数的原则。再次,强制原则,劳动争议仲裁实行强制原则,主要表现为:当事人申请仲裁无须双方达成一致协议,只要一方申请,仲裁委员会即可受理;在仲裁庭对争议调解不成时,无须得到当事人的同意,可直接行使裁决权;对发生法律效力的仲裁文书,可申请人民法院强制执行。

4)诉讼

在产生劳动争议后,员工不能直接向法院提出诉讼,必须先经过劳动争议仲裁程序。对于例外情况,法律法规也有所规定,比如单独订立的保密协议等。人民法院受理劳动争议案件的条件:其一是争议案件已经过劳动争议仲裁委员会仲裁,其二是争议案件的当事人在接到仲裁决定书之日起 15 日内向法院提起诉讼。

人民法院处理劳动争议适用《中华人民共和国民事诉讼法》规定的程序,由各级人民法院受理,实行两审终审。若对一审结果不服,可以向二审法院上诉。为了保障弱势一方的正当权益,在一审中对作出的劳动仲裁裁决,如果员工提出支付工资等情况,法院可视情况先予以执行仲裁裁决。

三、建筑节能

为了推进全社会节约能源,提高能源利用效率和经济效益,保护环境,保障国民经济和社会的发展,满足人民生活需要,我国于 1997 年 11 月 1 日发布了《中华人民共和国节约能源法》(简称《节约能源法》),并于 2007 年 10 月 28 日修订,于 2008 年 4 月 1 日起施行。

所谓节能,是指加强用能管理,采取技术上可行、经济上合理以及环境和社会可以承受的措施,减少从能源生产到消费各个环节中的损失和浪费,更加有效、合理地利用能源。

(一)建筑工程项目的节能要求

建筑工程项目的设计和建设,应当遵守合理用能标准和节能设计规范。达不到合理用能标准和节能设计规范要求的项目,依法审批的机关不得批准建设;项目建成后,达不到合理用能标准和节能设计规范要求的,不予验收。建设单位组织竣工验收,应当对民用建筑是否符合民用建筑节能强制性标准进行查验,对不符合民用建筑节能强制性标准的,不得出具竣工验收合格报告。

(二)参建各方的节能责任

1.建设单位

(1)建设单位应当按照建筑节能政策要求和建筑节能标准委托工程项目的设计。建设单位不得以任何理由要求设计单位、施工单位擅自修改经审查合格的节能设计文件,降低建筑节能标准。

(2)建设单位在竣工验收过程中,有违反建筑节能强制性标准行为的,按照《建设工程质量管理条例》的有关规定,重新组织竣工验收。

(3)建设单位不得明示或者暗示设计单位、施工单位违反民用建筑节能强制性标准进行设计、施工,不得明示或者暗示施工单位使用不符合施工图设计文件要求的墙体材料、保温材料、门窗、采暖制冷系统和照明设备。

(4)按照合同约定由建设单位采购墙体材料、保温材料、门窗、采暖制冷系统和照明设备的,建设单位应当保证其符合施工图设计文件要求。

(5)建设单位、设计单位、施工单位不得在建筑活动中使用列入禁止使用目录的技术、工艺、材料和设备。

2.设计、监理、施工各方

(1)设计单位应当依据节能标准的要求进行设计,保证节能设计质量。

(2)施工图设计文件审查机构在进行审查时,应当审查节能设计的内容,在审查报告中单列节能审查章节;不符合节能强制性标准的,施工图设计文件审查结论应当定为不合格。

(3)设计单位、施工单位、工程监理单位及其注册执业人员,应当按照民用建筑节能强制性标准进行设计、施工、监理。

(4)监理单位应当依照法律、法规以及节能标准、节能设计文件、建设工程承包合同及监理合同对节能工程建设实施监理。工程监理单位发现施工单位不按照民用建筑节能强制性标准施工的,应当要求施工单位改正;施工单位拒不改正的,工程监理单位应当及时报告建设单位,并向有关主管部门报告。

(5)墙体、屋面的保温工程施工时,监理工程师应当按照工程监理规范的要求,采用旁站、巡视和平行检验等形式实施监理。

(6)监理单位应当依照法律、法规以及建筑节能标准、节能设计文件、建设工程承包合同及监理合同对节能工程建设实施监理。

(7)未经监理工程师签字,墙体材料、保温材料、门窗、采暖制冷系统和照明设备不得在建筑上使用或者安装,施工单位不得进行下一道工序的施工。

(8)施工单位应当对进入施工现场的墙体材料、保温材料、门窗、采暖制冷系统和照明设备进行查验;不符合施工图设计文件要求的,不得使用。

(9)施工单位应当按照审查合格的设计文件和节能施工标准的要求进行施工,保证工程施工质量。

(三)建设工程节能的其他规定

(1)国家鼓励和扶持在新建建筑和既有建筑节能改造中采用太阳能、地热能等可再生能源。对具备太阳能利用条件的地区,有关地方人民政府及其部门应当采取有效措施,鼓励单位、个人安装和使用太阳能热水系统、供热系统、采暖制冷系统等太阳能利用系统。

(2)国家推广使用民用建筑节能的新技术、新工艺、新材料和新设备,限制使用或者禁止使用能源消耗高的技术、工艺、材料和设备。国家限制进口或者禁止进口能源消耗高的技术、材料和设备。

(3)新建民用建筑应当严格执行建筑节能标准要求,民用建筑工程扩建和改建时,应当对原建筑进行节能改造。

(4)县级以上地方人民政府规划主管部门依法对民用建筑进行规划审查,应当就设计方案是否符合民用建筑节能强制性标准征求同级建设主管部门的意见;对不符合民用建筑节能强制性标准的,不得颁发建设工程规划许可证。

(5)实行集中供热的建筑应当安装分户室内温度调控装置,并安装分栋或者分户用热计量装置和供热系统调控装置;公共建筑还应当安装用电分项计量装置。各分项计量装置经依法检定合格方可使用。

(6)建筑的公共走廊、楼梯等部位,应当安装、使用节能灯具和电气控制装置。对具备可再生能源利用条件的建筑,建设单位应当选择合适的可再生能源,用于采暖、制冷、照明和热水供应等。

(7)建设可再生能源利用设施,应当与建筑主体工程同步设计、同步施工、同步验收。

(8)国家机关办公建筑和大型公共建筑的所有权人应当对建筑的能源利用效率进行测评和标识,并将测评结果予以公示,接受社会监督。

附　录

附录一　建筑工程施工转包违法分包等违法行为认定查处管理办法(试行)

第一条　为了规范建筑工程施工承发包活动,保证工程质量和施工安全,有效遏制违法发包、转包、违法分包及挂靠等违法行为,维护建筑市场秩序和建设工程主要参与方的合法权益,根据《建筑法》、《招标投标法》、《合同法》以及《建设工程质量管理条例》、《建设工程安全生产管理条例》、《招标投标法实施条例》等法律法规,结合建筑活动实践,制定本办法。

第二条　本办法所称建筑工程,是指房屋建筑和市政基础设施工程。

第三条　住房城乡建设部负责统一监督管理全国建筑工程违法发包、转包、违法分包及挂靠等违法行为的认定查处工作。

县级以上地方人民政府住房城乡建设主管部门负责本行政区域内建筑工程违法发包、转包、违法分包及挂靠等违法行为的认定查处工作。

第四条　本办法所称违法发包,是指建设单位将工程发包给不具有相应资质条件的单位或个人,或者肢解发包等违反法律法规规定的行为。

第五条　存在下列情形之一的,属于违法发包:

(一)建设单位将工程发包给个人的;

(二)建设单位将工程发包给不具有相应资质或安全生产许可的施工单位的;

(三)未履行法定发包程序,包括应当依法进行招标未招标,应当申请直接发包未申请或申请未核准的;

(四)建设单位设置不合理的招投标条件,限制、排斥潜在投标人或者投标人的;

(五)建设单位将一个单位工程的施工分解成若干部分发包给不同的施工总承包或专业承包单位的;

(六)建设单位将施工合同范围内的单位工程或分部分项工程又另行发包的;

(七)建设单位违反施工合同约定,通过各种形式要求承包单位选择其指定分包单位的;

(八)法律法规规定的其他违法发包行为。

第六条　本办法所称转包,是指施工单位承包工程后,不履行合同约定的责任和义务,将其承包的全部工程或者将其承包的全部工程肢解后以分包的名义分别转给其他单位或个人施工的行为。

第七条　存在下列情形之一的,属于转包:

(一)施工单位将其承包的全部工程转给其他单位或个人施工的;

(二)施工总承包单位或专业承包单位将其承包的全部工程肢解以后,以分包的名义分别转给其他单位或个人施工的;

(三)施工总承包单位或专业承包单位未在施工现场设立项目管理机构或未派驻项目负责人、技术负责人、质量管理负责人、安全管理负责人等主要管理人员,不履行管理义务,未对该工程的施工活动进行组织管理的;

(四)施工总承包单位或专业承包单位不履行管理义务,只向实际施工单位收取费用,主要建筑材料、构配件及工程设备的采购由其他单位或个人实施的;

(五)劳务分包单位承包的范围是施工总承包单位或专业承包单位承包的全部工程,劳务分包单位计取的是除上缴给施工总承包单位或专业承包单位“管理费”之外的全部工程价款的；

（六）施工总承包单位或专业承包单位通过采取合作、联营、个人承包等形式或名义，直接或变相的将其承包的全部工程转给其他单位或个人施工的；

（七）法律法规规定的其他转包行为。

第八条 本办法所称违法分包，是指施工单位承包工程后违反法律法规规定或者施工合同关于工程分包的约定，把单位工程或分部分项工程分包给其他单位或个人施工的行为。

第九条 存在下列情形之一的，属于违法分包：

（一）施工单位将工程分包给个人的；

（二）施工单位将工程分包给不具备相应资质或安全生产许可的单位的；

（三）施工合同中没有约定，又未经建设单位认可，施工单位将其承包的部分工程交由其他单位施工的；

（四）施工总承包单位将房屋建筑工程的主体结构的施工分包给其他单位的，钢结构工程除外；

（五）专业分包单位将其承包的专业工程中非劳务作业部分再分包的；

（六）劳务分包单位将其承包的劳务再分包的；

（七）劳务分包单位除计取劳务作业费用外，还计取主要建筑材料款、周转材料款和大中型施工机械设备费用的；

（八）法律法规规定的其他违法分包行为。

第十条 本办法所称挂靠，是指单位或个人以其他有资质的施工单位的名义，承揽工程的行为。

前款所称承揽工程，包括参与投标、订立合同、办理有关施工手续、从事施工等活动。

第十一条 存在下列情形之一的，属于挂靠：

（一）没有资质的单位或个人借用其他施工单位的资质承揽工程的；

（二）有资质的施工单位相互借用资质承揽工程的，包括资质等级低的借用资质等级高的，资质等级高的借用资质等级低的，相同资质等级相互借用的；

（三）专业分包的发包单位不是该工程的施工总承包或专业承包单位的，但建设单位依约作为发包单位的除外；

（四）劳务分包的发包单位不是该工程的施工总承包、专业承包单位或专业分包单位的；

（五）施工单位在施工现场派驻的项目负责人、技术负责人、质量管理负责人、安全管理负责人中一人以上与施工单位没有订立劳动合同，或没有建立劳动工资或社会养老保险关系的；

（六）实际施工总承包单位或专业承包单位与建设单位之间没有工程款收付关系，或者工程款支付凭证上载明的单位与施工合同中载明的承包单位不一致，又不能进行合理解释并提供材料证明的；

（七）合同约定由施工总承包单位或专业承包单位负责采购或租赁的主要建筑材料、构配件及工程设备或租赁的施工机械设备，由其他单位或个人采购、租赁，或者施工单位不能提供有关采购、租赁合同及发票等证明，又不能进行合理解释并提供材料证明的；

（八）法律法规规定的其他挂靠行为。

第十二条 建设单位及监理单位发现施工单位有转包、违法分包及挂靠等违法行为的，应及时向工程所在地的县级以上人民政府住房城乡建设主管部门报告。

施工总承包单位或专业承包单位发现分包单位有违法分包及挂靠等违法行为，应及时向建设单位和工程所在地的县级以上人民政府住房城乡建设主管部门报告；发现建设单位有违法发包行为的，应及时向工程所在地的县级以上人民政府住房城乡建设主管部门报告。

其他单位和个人发现违法发包、转包、违法分包及挂靠等违法行为的，均可向工程所在地的县级以上人民政府住房城乡建设主管部门进行举报并提供相关证据或线索。

接到举报的住房城乡建设主管部门应当依法受理、调查、认定和处理，除无法告知举报人的情况外，应当及时将查处结果告知举报人。

第十三条 县级以上人民政府住房城乡建设主管部门要加大执法力度，对在实施建筑市场和施工现场监督管理等工作中发现的违法发包、转包、违法分包及挂靠等违法行为，应当依法进行调查，按照本办法进行认定，并依法予以行政处罚。

（一）对建设单位将工程发包给不具有相应资质等级的施工单位的，依据《建筑法》第六十五条和《建设工程质量管理条例》第五十四条规定，责令其改正，处以50万元以上100万元以下罚款。对建设单位将建设工程肢解发包的，依据《建筑法》第六十五条和《建设工程质量管理条例》第五十五条规定，责令其改正，处工程合同价款0.5%以上1%以下的罚款；对全部或者部分使用国有资金的项目，并可以暂停项目执行或者暂停资金拨付。

（二）对认定有转包、违法分包违法行为的施工单位，依据《建筑法》第六十七条和《建设工程质量管理条例》第六十二条规定，责令其改正，没收违法所得，并处工程合同价款0.5%以上1%以下的罚款；可以责令停业整顿，降低资质等级；情节严重的，吊销资质证书。

（三）对认定有挂靠行为的施工单位或个人，依据《建筑法》第六十五条和《建设工程质量管理条例》第六十条规定，对超越本单位资质等级承揽工程的施工单位，责令停止违法行为，并处工程合同价款2%以上4%以下的罚款；可以责令停业整顿，降低资质等级；情节严重的，吊销资质证书；有违法所得的，予以没收。对未取得资质证书承揽工程的单位和个人，予以取缔，并处工程合同价款2%以上4%以下的罚款；有违法所得的，予以没收。对其他借用资质承揽工程的施工单位，按照超越本单位资质等级承揽工程予以处罚。

（四）对认定有转让、出借资质证书或者以其他方式允许他人以本单位的名义承揽工程的施工单位，依据《建筑法》第六十六条和《建设工程质量管理条例》第六十一条规定，责令改正，没收违法所得，并处工程合同价款2%以上4%以下的罚款；可以责令停业整顿，降低资质等级；情节严重的，吊销资质证书。

（五）对建设单位、施工单位给予单位罚款处罚的，依据《建设工程质量管理条例》第七十三条规定，对单位直接负责的主管人员和其他直接责任人员处单位罚款数额5%以上10%以下的罚款。

（六）对注册执业人员未执行法律法规的，依据《建设工程安全生产管理条例》第五十八条规定，责令其停止执业3个月以上1年以下；情节严重的，吊销执业资格证书，5年内不予注册；造成重大安全事故的，终身不予注册；构成犯罪的，依照刑法有关规定追究刑事责任。对注册执业人员违反法律法规规定，因过错造成质量事故的，依据《建设工程质量管理条例》第七十二条规定，责令停止执业1年；造成重大质量事故的，吊销执业资格证书，5年内不予注册；情节特别恶劣的，终身不予注册。

第十四条 县级以上人民政府住房城乡建设主管部门对有违法发包、转包、违法分包及挂靠等违法行为的单位和个人，除应按照本办法第十三条规定予以相应行政处罚外，还可以采取以下行政管理措施：

（一）建设单位违法发包，拒不整改或者整改仍达不到要求的，致使施工合同无效的，不予办理质量监督、施工许可等手续。对全部或部分使用国有资金的项目，同时将建设单位违法发包的行为告知其上级主管部门及纪检监察部门，并建议对建设单位直接负责的主管人员和其他直接责任人员给予相应的行政处分。

（二）对认定有转包、违法分包、挂靠、转让出借资质证书或者以其他方式允许他人以本单位的名义承揽工程等违法行为的施工单位，可依法限制其在3个月内不得参加违法行为发生地的招标投标活动、承揽新的工程项目，并对其企业资质是否满足资质标准条件进行核查，对达不到资质标准要求的限期整改，整改仍达不到要求的，资质审批机关撤回其资质证书。

对2年内发生2次转包、违法分包、挂靠、转让出借资质证书或者以其他方式允许他人以本单位的名义承揽工程的施工单位，责令其停业整顿6个月以上，停业整顿期间，不得承揽新的工程项目。

对2年内发生3次以上转包、违法分包、挂靠、转让出借资质证书或者以其他方式允许他人以本单位的名义承揽工程的施工单位，资质审批机关降低其资质等级。

（三）注册执业人员未执行法律法规，在认定有转包行为的项目中担任施工单位项目负责人的，吊销其执业资格证书，5年内不予注册，且不得再担任施工单位项目负责人。

对认定有挂靠行为的个人，不得再担任该项目施工单位项目负责人；有执业资格证书的吊销其执业资格证书,5 年内不予执业资格注册;造成重大质量安全事故的,吊销其执业资格证书,终身不予注册。

第十五条 县级以上人民政府住房城乡建设主管部门应将查处的违法发包、转包、违法分包、挂靠等违法行为和处罚结果记入单位或个人信用档案,同时向社会公示,并逐级上报至住房城乡建设部,在全国建筑市场监管与诚信信息发布平台公示。

第十六条 建筑工程以外的其他专业工程参照本办法执行。省级人民政府住房城乡建设主管部门可结合本地实际,依据本办法制定相应实施细则。

第十七条 本办法由住房城乡建设部负责解释。

第十八条 本办法自 2014 年 10 月 1 日起施行。住房城乡建设部之前发布的有关规定与本办法的规定不一致的,以本办法为准。

附录二　建筑工程施工许可管理办法

中华人民共和国住房和城乡建设部令第 18 号

《建筑工程施工许可管理办法》已经第 13 次部常务会议审议通过,现予发布,自 2014 年 10 月 25 日起施行。

住房城乡建设部部长　姜伟新

2014 年 6 月 25 日

第一条 为了加强对建筑活动的监督管理,维护建筑市场秩序,保证建筑工程的质量和安全,根据《中华人民共和国建筑法》,制定本办法。

第二条 在中华人民共和国境内从事各类房屋建筑及其附属设施的建造、装修装饰和与其配套的线路、管道、设备的安装,以及城镇市政基础设施工程的施工,建设单位在开工前应当依照本办法的规定,向工程所在地的县级以上地方人民政府住房城乡建设主管部门(以下简称发证机关)申请领取施工许可证。

工程投资额在 30 万元以下或者建筑面积在 300 平方米以下的建筑工程,可以不申请办理施工许可证。省、自治区、直辖市人民政府住房城乡建设主管部门可以根据当地的实际情况,对限额进行调整,并报国务院住房城乡建设主管部门备案。

按照国务院规定的权限和程序批准开工报告的建筑工程,不再领取施工许可证。

第三条 本办法规定应当申请领取施工许可证的建筑工程未取得施工许可证的,一律不得开工。

任何单位和个人不得将应当申请领取施工许可证的工程项目分解为若干限额以下的工程项目,规避申请领取施工许可证。

第四条 建设单位申请领取施工许可证,应当具备下列条件,并提交相应的证明文件:

(一)依法应当办理用地批准手续的,已经办理该建筑工程用地批准手续。

(二)在城市、镇规划区的建筑工程,已经取得建设工程规划许可证。

(三)施工场地已经基本具备施工条件,需要征收房屋的,其进度符合施工要求。

(四)已经确定施工企业。按照规定应当招标的工程没有招标,应当公开招标的工程没有公开招标,或者肢解发包工程,以及将工程发包给不具备相应资质条件的企业的,所确定的施工企业无效。

(五)有满足施工需要的技术资料,施工图设计文件已按规定审查合格。

(六)有保证工程质量和安全的具体措施。施工企业编制的施工组织设计中有根据建筑工程特点制定的相应质量、安全技术措施。建立工程质量安全责任制并落实到人。专业性较强的工程项目编制了专项质量、安全施工组织设计,并按照规定办理了工程质量、安全监督手续。

（七）按照规定应当委托监理的工程已委托监理。

（八）建设资金已经落实。建设工期不足一年的，到位资金原则上不得少于工程合同价的50%，建设工期超过一年的，到位资金原则上不得少于工程合同价的30%。建设单位应当提供本单位截至申请之日无拖欠工程款情形的承诺书或者能够表明其无拖欠工程款情形的其他材料，以及银行出具的到位资金证明，有条件的可以实行银行付款保函或者其他第三方担保。

（九）法律、行政法规规定的其他条件。

县级以上地方人民政府住房城乡建设主管部门不得违反法律法规规定，增设办理施工许可证的其他条件。

第五条　申请办理施工许可证，应当按照下列程序进行：

（一）建设单位向发证机关领取《建筑工程施工许可证申请表》。

（二）建设单位持加盖单位及法定代表人印鉴的《建筑工程施工许可证申请表》，并附本办法第四条规定的证明文件，向发证机关提出申请。

（三）发证机关在收到建设单位报送的《建筑工程施工许可证申请表》和所附证明文件后，对于符合条件的，应当自收到申请之日起十五日内颁发施工许可证；对于证明文件不齐全或者失效的，应当当场或者五日内一次告知建设单位需要补正的全部内容，审批时间可以自证明文件补正齐全后作相应顺延；对于不符合条件的，应当自收到申请之日起十五日内书面通知建设单位，并说明理由。

建筑工程在施工过程中，建设单位或者施工单位发生变更的，应当重新申请领取施工许可证。

第六条　建设单位申请领取施工许可证的工程名称、地点、规模，应当符合依法签订的施工承包合同。

施工许可证应当放置在施工现场备查，并按规定在施工现场公开。

第七条　施工许可证不得伪造和涂改。

第八条　建设单位应当自领取施工许可证之日起三个月内开工。因故不能按期开工的，应当在期满前向发证机关申请延期，并说明理由；延期以两次为限，每次不超过三个月。既不开工又不申请延期或者超过延期次数、时限的，施工许可证自行废止。

第九条　在建的建筑工程因故中止施工的，建设单位应当自中止施工之日起一个月内向发证机关报告，报告内容包括中止施工的时间、原因、在施部位、维修管理措施等，并按照规定做好建筑工程的维护管理工作。

建筑工程恢复施工时，应当向发证机关报告；中止施工满一年的工程恢复施工前，建设单位应当报发证机关核验施工许可证。

第十条　发证机关应当将办理施工许可证的依据、条件、程序、期限以及需要提交的全部材料和申请表示范文本等，在办公场所和有关网站予以公示。

发证机关作出的施工许可决定，应当予以公开，公众有权查阅。

第十一条　发证机关应当建立颁发施工许可证后的监督检查制度，对取得施工许可证后条件发生变化、延期开工、中止施工等行为进行监督检查，发现违法违规行为及时处理。

第十二条　对于未取得施工许可证或者为规避办理施工许可证将工程项目分解后擅自施工的，由有管辖权的发证机关责令停止施工，限期改正，对建设单位处工程合同价款1%以上2%以下罚款；对施工单位处3万元以下罚款。

第十三条　建设单位采用欺骗、贿赂等不正当手段取得施工许可证的，由原发证机关撤销施工许可证，责令停止施工，并处1万元以上3万元以下罚款；构成犯罪的，依法追究刑事责任。

第十四条　建设单位隐瞒有关情况或者提供虚假材料申请施工许可证的，发证机关不予受理或者不予许可，并处1万元以上3万元以下罚款；构成犯罪的，依法追究刑事责任。

建设单位伪造或者涂改施工许可证的，由发证机关责令停止施工，并处1万元以上3万元以下罚款；构成犯罪的，依法追究刑事责任。

第十五条　依照本办法规定，给予单位罚款处罚的，对单位直接负责的主管人员和其他直接责任人员处单位罚款数额5%以上10%以下罚款。

单位及相关责任人受到处罚的，作为不良行为记录予以通报。

第十六条 发证机关及其工作人员，违反本办法，有下列情形之一的，由其上级行政机关或者监察机关责令改正；情节严重的，对直接负责的主管人员和其他直接责任人员，依法给予行政处分：

（一）对不符合条件的申请人准予施工许可的；

（二）对符合条件的申请人不予施工许可或者未在法定期限内作出准予许可决定的；

（三）对符合条件的申请不予受理的；

（四）利用职务上的便利，收受他人财物或者谋取其他利益的；

（五）不依法履行监督职责或者监督不力，造成严重后果的。

第十七条 建筑工程施工许可证由国务院住房城乡建设主管部门制定格式，由各省、自治区、直辖市人民政府住房城乡建设主管部门统一印制。

施工许可证分为正本和副本，正本和副本具有同等法律效力。复印的施工许可证无效。

第十八条 本办法关于施工许可管理的规定适用于其他专业建筑工程。有关法律、行政法规有明确规定的，从其规定。

《建筑法》第八十三条第三款规定的建筑活动，不适用本办法。

军事房屋建筑工程施工许可的管理，按国务院、中央军事委员会制定的办法执行。

第十九条 省、自治区、直辖市人民政府住房城乡建设主管部门可以根据本办法制定实施细则。

第二十条 本办法自2014年10月25日起施行。1999年10月15日建设部令第71号发布、2001年7月4日建设部令第91号修正的《建筑工程施工许可管理办法》同时废止。

附录三 房屋建筑和市政基础设施工程质量监督管理规定

《房屋建筑和市政基础设施工程质量监督管理规定》已经第58次住房和城乡建设部常务会议审议通过，现予发布，自2010年9月1日起施行。

住房和城乡建设部部长 姜伟新

二〇一〇年八月一日

第一条 为了加强房屋建筑和市政基础设施工程质量的监督，保护人民生命和财产安全，规范住房和城乡建设主管部门及工程质量监督机构（以下简称主管部门）的质量监督行为，根据《中华人民共和国建筑法》、《建设工程质量管理条例》等有关法律、行政法规，制定本规定。

第二条 在中华人民共和国境内主管部门实施对新建、扩建、改建房屋建筑和市政基础设施工程质量监督管理的，适用本规定。

第三条 国务院住房和城乡建设主管部门负责全国房屋建筑和市政基础设施工程（以下简称工程）质量监督管理工作。

县级以上地方人民政府建设主管部门负责本行政区域内工程质量监督管理工作。

工程质量监督管理的具体工作可以由县级以上地方人民政府建设主管部门委托所属的工程质量监督机构（以下简称监督机构）实施。

第四条 本规定所称工程质量监督管理，是指主管部门依据有关法律法规和工程建设强制性标准，对工程实体质量和工程建设、勘察、设计、施工、监理单位（以下简称工程质量责任主体）和质量检测等单位的工程质量行为实施监督。

本规定所称工程实体质量监督，是指主管部门对涉及工程主体结构安全、主要使用功能的工程实体质量情况实施监督。

本规定所称工程质量行为监督,是指主管部门对工程质量责任主体和质量检测等单位履行法定质量责任和义务的情况实施监督。

第五条 工程质量监督管理应当包括下列内容:

(一)执行法律法规和工程建设强制性标准的情况;

(二)抽查涉及工程主体结构安全和主要使用功能的工程实体质量;

(三)抽查工程质量责任主体和质量检测等单位的工程质量行为;

(四)抽查主要建筑材料、建筑构配件的质量;

(五)对工程竣工验收进行监督;

(六)组织或者参与工程质量事故的调查处理;

(七)定期对本地区工程质量状况进行统计分析;

(八)依法对违法违规行为实施处罚。

第六条 对工程项目实施质量监督,应当依照下列程序进行:

(一)受理建设单位办理质量监督手续;

(二)制订工作计划并组织实施;

(三)对工程实体质量、工程质量责任主体和质量检测等单位的工程质量行为进行抽查、抽测;

(四)监督工程竣工验收,重点对验收的组织形式、程序等是否符合有关规定进行监督;

(五)形成工程质量监督报告;

(六)建立工程质量监督档案。

第七条 工程竣工验收合格后,建设单位应当在建筑物明显部位设置永久性标牌,载明建设、勘察、设计、施工、监理单位等工程质量责任主体的名称和主要责任人姓名。

第八条 主管部门实施监督检查时,有权采取下列措施:

(一)要求被检查单位提供有关工程质量的文件和资料;

(二)进入被检查单位的施工现场进行检查;

(三)发现有影响工程质量的问题时,责令改正。

第九条 县级以上地方人民政府建设主管部门应当根据本地区的工程质量状况,逐步建立工程质量信用档案。

第十条 县级以上地方人民政府建设主管部门应当将工程质量监督中发现的涉及主体结构安全和主要使用功能的工程质量问题及整改情况,及时向社会公布。

第十一条 省、自治区、直辖市人民政府建设主管部门应当按照国家有关规定,对本行政区域内监督机构每三年进行一次考核。

监督机构经考核合格后,方可依法对工程实施质量监督,并对工程质量监督承担监督责任。

第十二条 监督机构应当具备下列条件:

(一)具有符合本规定第十三条规定的监督人员。人员数量由县级以上地方人民政府建设主管部门根据实际需要确定。监督人员应当占监督机构总人数的75%以上;

(二)有固定的工作场所和满足工程质量监督检查工作需要的仪器、设备和工具等;

(三)有健全的质量监督工作制度,具备与质量监督工作相适应的信息化管理条件。

第十三条 监督人员应当具备下列条件:

(一)具有工程类专业大学专科以上学历或者工程类执业注册资格;

(二)具有三年以上工程质量管理或者设计、施工、监理等工作经历;

(三)熟悉掌握相关法律法规和工程建设强制性标准;

(四)具有一定的组织协调能力和良好职业道德。

监督人员符合上述条件经考核合格后,方可从事工程质量监督工作。

第十四条 监督机构可以聘请中级职称以上的工程类专业技术人员协助实施工程质量监督。

第十五条 省、自治区、直辖市人民政府建设主管部门应当每两年对监督人员进行一次岗位考核，每年进行一次法律法规、业务知识培训，并适时组织开展继续教育培训。

第十六条 国务院住房和城乡建设主管部门对监督机构和监督人员的考核情况进行监督抽查。

第十七条 主管部门工作人员玩忽职守、滥用职权、徇私舞弊，构成犯罪的，依法追究刑事责任；尚不构成犯罪的，依法给予行政处分。

第十八条 抢险救灾工程、临时性房屋建筑工程和农民自建低层住宅工程，不适用本规定。

第十九条 省、自治区、直辖市人民政府建设主管部门可以根据本规定制定具体实施办法。

第二十条 本规定自2010年9月1日起施行。

参 考 文 献

[1] 吴成霞.建筑力学与结构[M].北京:北京大学出版社,2009.

[2] 杨太生.建筑结构基础与识图[M].北京:中国建筑工业出版社,2008.

[3] 中华人民共和国建设部,中华人民共和国国家质量监督检验检疫总局 . GB 50010—2002 混凝土结构设计规范[S].北京:中国建筑工业出版社,2002.

[4] 中华人民共和国建设部,中华人民共和国国家质量监督检验检疫总局 . GB 50007—2002 建筑地基基础设计规范[S].北京:中国建筑工业出版社,2002.

[5] 中华人民共和国住房和城乡建设部 . JGJ 94—2008 建筑桩基技术规范[S].北京:中国建筑工业出版社,2008.

[6] 中华人民共和国建设部,中华人民共和国国家质量监督检验检疫总局 . GB 50009—2001 建筑结构荷载规范[S].北京:中国建筑工业出版社,2002.

[7]中华人民共和国建设部,中华人民共和国国家质量监督检验检疫总局.GB 50068—2001 建筑结构可靠度设计统一标准[S].北京:中国建筑工业出版社,2001.

[8] 中华人民共和国建设部,中华人民共和国国家质量监督检验检疫总局.GB 50011—2001 建筑抗震设计规范[S].2008 年版.北京:中国建筑工业出版社,2008.

[9] 中华人民共和国建设部,中华人民共和国国家质量监督检验检疫总局.GB 50003—2001 砌体结构设计规范[S].北京:中国建筑工业出版社,2002.

[10] 中华人民共和国建设部.JGJ 3—2002 高层建筑混凝土结构技术规程[S].北京:中国建筑工业出版社,2002.

[11] 中华人民共和国建设部.中华人民共和国建筑法务实全书[M].北京:中国法制出版社,1997.

[12] 俞宗卫.建设工程法规及相关知识实用指南[M]. 北京:中国建材工业出版社,2006.

[13] 李辉.建设工程法规[M].上海:同济大学出版社,2006.

[14] 陈东佐.建筑法规概论[M].北京:中国建筑工业出版社,2005.

[15] 全国一级建造师执业资格考试用书编写委员会.建设工程法规及相关知识[M].北京:中国建筑工业出版社,2009.

[16] 唐茂华.工程建设法律与制度[M].北京:北京大学出版社,2009.

[17] 隋卫东.建设工程法规及相关知识[M]. 北京:中国环境科学出版社,2005.

[18] 何佰洲.工程建设法规与案例[M].北京:中国建筑工业出版社,2004.

[19] 武家国,徐国忠.工程建设法概论[M].上海:同济大学出版社,2005.

[20] 丁士昭.建设工程法规及相关知识[M]. 北京:中国建筑工业出版社,2004.

[21] 中国建筑工业出版社.新版建筑工程施工质量验收规范汇编[C].北京:中国建筑工业出版社,中国计划出版社,2002.

[22] 魏杰,丁宪良 . 建筑施工工艺[M].北京:中国建筑工业出版社,2008.

[23] 姚谨英.建筑施工技术[M].北京:中国建筑工业出版社,2004.

[24] 毛鹤琴.建筑施工[M].北京:中国建筑工业出版社,2002.

[25] 廖代广.建筑施工技术[M].武汉:武汉工业大学出版社,2002.

[26] 危道军.建筑施工组织[M].北京:中国建筑工业出版社,2005.

[27] 李宏魁,江向东.建筑施工组织[M].武汉:中国地质大学出版社,2005.

[28] 蔡雪峰.建筑施工组织[M].武汉:武汉理工大学出版社,2008.

[29] 张爱云,陈明军.建设法规(第 2 版)[M].郑州:黄河水利出版社,2017.